Intelligente Optimierung mit dem Bienenalgorithmus

Duc Truong Pham · Marco Castellani ·
Luca Baronti

Intelligente Optimierung mit dem Bienenalgorithmus

Konzepte und Anwendungen

Springer Vieweg

Duc Truong Pham
Department of Mechanical Engineering
Univ Birmingham, Sch of Engineering
Birmingham, UK

Marco Castellani
Mech. Eng.
University of Birmingham
Birmingham, UK

Luca Baronti
Kingfisher PLC
London, UK

ISBN 978-3-032-14423-2 ISBN 978-3-032-14424-9 (eBook)
https://doi.org/10.1007/978-3-032-14424-9

Die Deutsche Nationalbibliothek verzeichnet diese Publikation in der Deutschen Nationalbibliografie; detaillierte bibliografische Daten sind im Internet über https://portal.dnb.de abrufbar.

Dieses Buch ist eine Übersetzung des Originals in Englisch „Intelligent Optimisation with the Bees Algorithm" von Duc Truong Pham et al., publiziert durch Springer Nature Switzerland AG im Jahr 2025. Die Übersetzung erfolgte mit Hilfe von künstlicher Intelligenz (maschinelle Übersetzung). Eine anschließende Überarbeitung im Satzbetrieb erfolgte vor allem in inhaltlicher Hinsicht, so dass sich das Buch stilistisch anders lesen wird als eine herkömmliche Übersetzung. Springer Nature arbeitet kontinuierlich an der Weiterentwicklung von Werkzeugen für die Produktion von Büchern und an den damit verbundenen Technologien zur Unterstützung der Autoren.

Springer Vieweg ist ein Imprint der eingetragenen Gesellschaft Springer Nature Switzerland AG und ist ein Teil von Springer Nature.
Die Anschrift der Gesellschaft ist: Gewerbestrasse 11, 6330 Cham, Switzerland

Wenn Sie dieses Produkt entsorgen, geben Sie das Papier bitte zum Recycling.

Vorwort

Im sich ständig weiterentwickelnden Bereich der ingenieurwissenschaftlichen Optimierung bleibt die Suche nach innovativen und effektiven Optimierungswerkzeugen und -techniken eine beständige treibende Kraft. Während Forscher und Ingenieure mit zunehmend komplexen Problemen konfrontiert werden, treten die Grenzen traditioneller Optimierungsmethoden deutlich zutage. In diesem Zusammenhang haben sich naturinspirierte Algorithmen, die in der Lage sind, die Problemlösungsstrategien biologischer Systeme nachzuahmen, als vielversprechender Ansatz herauskristallisiert.

Das Buch *Intelligente Optimierung mit dem Bienenalgorithmus* taucht ein in die faszinierende Welt der Bionik und deren Anwendung auf Optimierungsprobleme. Inspiriert vom Sammelverhalten der Honigbienen bietet der Bienenalgorithmus einen einzigartigen und leistungsstarken Ansatz zur Bewältigung anspruchsvoller Optimierungsaufgaben. Durch die Nachahmung der kollektiven Intelligenz und adaptiven Strategien dieser bemerkenswerten Lebewesen stellt der Algorithmus ein robustes und flexibles Rahmenwerk zur Verfügung, um optimale Lösungen zu finden.

Das Buch richtet sich an ein vielfältiges Publikum, darunter Forschende im Bereich der ingenieurwissenschaftlichen Optimierung, Graduierte, die ihr Wissen erweitern möchten, sowie praktizierende Ingenieurinnen und Ingenieure, die nach praxisnahen Werkzeugen zur Lösung realer Probleme suchen. Der Inhalt wird klar und verständlich präsentiert, wobei sowohl theoretische Grundlagen als auch praktische Anwendungen im Mittelpunkt stehen.

Die Reise beginnt mit einer Einführung in die grundlegenden Konzepte der Optimierung und schafft damit die Grundlage für das Verständnis der bevorstehenden Herausforderungen und Chancen. Wir unterscheiden zwischen verschiedenen Klassen von Parameteroptimierungsproblemen – diskrete Optimierung, kombinatorische Optimierung und kontinuierliche Optimierung – und gehen auf die jeweiligen Komplexitäten ein. Die Rolle von Heuristiken und Metaheuristiken wird erläutert, und der ‚No-Free-Lunch'-Satz wird eingeführt, um die Notwendigkeit maßgeschneiderter Optimierungsansätze zu verdeutlichen.

Das Buch geht dann zum Kern seines Themas über: dem Bienenalgorithmus. Wir beginnen mit der Erkundung der faszinierenden Welt des Nektarsammelns von

Honigbienen und ziehen Parallelen zwischen dem Nahrungsbeschaffungsverhalten dieser sozialen Insekten und der Suche nach optimalen Lösungen. Anschließend wird der Bienenalgorithmus ausführlich vorgestellt, wobei der Schwerpunkt auf seinen zentralen Komponenten liegt – dem Repräsentationsschema, der Initialisierung, dem Schwänzeltanz, der lokalen und globalen Suche, der Verkleinerung des Suchumfelds, dem Verlassen von Fundstellen, den Scout-Aktualisierungen und den Abbruchkriterien – sowie auf deren biologischer Inspiration.

Durch empirische und analytische Studien untersucht das Buch systematisch das Verhalten und die Leistungsfähigkeit des Bienenalgorithmus. Wir präsentieren eine kritische Analyse von Benchmarking-Methodologien und führen Experimente sowohl an standardisierten als auch an speziell entwickelten Benchmark-Funktionen durch, um die Fähigkeiten des Algorithmus zu bewerten. Eine formale Definition des Bienenalgorithmus wird bereitgestellt, und seine lokalen sowie globalen Suchmechanismen werden eingehend analysiert, um ein tieferes Verständnis seiner Funktionsweise zu gewinnen.

Das Buch veranschaulicht darüber hinaus die praktischen Anwendungen des Bienenalgorithmus anhand einer Reihe detaillierter Fallstudien. Diese Fallstudien decken verschiedene Bereiche ab, darunter die Optimierung der Robotersteuerung und die Optimierung der Leiterplattenbestückung (PCB), und zeigen so die Vielseitigkeit und Anpassungsfähigkeit des Algorithmus. Wir untersuchen außerdem die Herausforderungen von Mehrlösungsproblemen und stellen innovative Strategien wie den LORRE-BA-Algorithmus vor, um diese effektiv zu bewältigen.

Im letzten Kapitel untersuchen wir neue Entwicklungen in der Forschung zum Bienenalgorithmus, einschließlich aktueller Variationen und Erweiterungen, die darauf abzielen, die Leistungsfähigkeit zu steigern und die Anwendbarkeit zu erweitern. Das Potenzial des Bienenalgorithmus, neu auftretende Herausforderungen in der Optimierung zu bewältigen, wie beispielsweise dynamische Umgebungen und hochdimensionale Probleme, wird ebenfalls erörtert, was einen Ausblick auf die Zukunft dieses spannenden Forschungsgebiets bietet.

Im gesamten Buch bemühen wir uns, einen umfassenden und ausgewogenen Überblick über den Bienenalgorithmus zu geben. Wir sprechen offen über seine Einschränkungen und offene Fragestellungen, während wir gleichzeitig sein Potenzial zur Weiterentwicklung des Optimierungsbereichs hervorheben. Um das Verständnis zu fördern und zur weiteren Auseinandersetzung anzuregen, schließt jedes Kapitel mit einer Reihe von anregenden Fragen ab, die das Verständnis der Lesenden prüfen und zu vertiefter Beschäftigung anregen sollen.

Am Ende dieses Buches werden die Leser ein umfassendes Verständnis des Bienenalgorithmus und seiner Anwendungen besitzen. Sie werden mit dem Wissen und den Werkzeugen ausgestattet sein, um den Algorithmus auf ihre eigenen Optimierungsprobleme anzuwenden und zur laufenden Forschung und Entwicklung in diesem spannenden Fachgebiet beizutragen.

Ob Sie ein erfahrener Forscher, ein frisch graduierter Student oder ein praktizierender Ingenieur sind, dieses Buch bietet Ihnen eine wertvolle und aufschlussreiche Erkundung des Bienenalgorithmus und seines Potenzials, unseren Ansatz zur Optimierung zu transformieren. Wir laden Sie ein, uns auf dieser Reise der Entdeckung und Innovation zu begleiten und die Kraft der naturinspirierten Optimierung mit dem Bienenalgorithmus zu erleben.

Nützliche Links

Die *Bees Algorithm WebPage* enthält eine kurze Einführung in den Bienenalgorithmus, eine Liste ausgewählter Anwendungen, Links zu relevanten Veröffentlichungen sowie frei verfügbare Open-Source-Implementierungen des Standard-Bienenalgorithmus in C++ und Matlab zum Herunterladen. Ein umfangreicheres Repository mit frei verfügbaren Open-Source-Implementierungen des Standard-Bienenalgorithmus (C++, Matlab, Python) sowie der LORRE-BA-Variante (Python) ist auf GitLab verfügbar, zusammen mit einer Python-Bibliothek mit über 20 gängigen Benchmark-Funktionen.

Seit 2021 findet der *International Workshop on the Bees Algorithm and its Applications (BAA)* jährlich online statt. Die Teilnahme ist kostenlos, und ausgewählte Vorträge werden als Kapitel in einem von D. T. Pham und N. Hartono herausgegebenen, peer-reviewten Buch veröffentlicht. Neben Informationen zum bevorstehenden BAA-Workshop und zu vergangenen Veranstaltungen enthält die BAA-Website auch Links zu einer Fülle von Präsentationen, veröffentlichtem Material, Websites von Forschenden sowie Open-Source-Codes mehrerer Versionen des Bienenalgorithmus.

- Die Bees Algorithm WebPage:
  http://beesalgorithmsite.altervista.org
- Die Bees Algorithm GitLab-Gruppe:
  https://gitlab.com/bees-algorithm
- Das LORRE GitLab-Projekt:
  https://gitlab.com/luca.baronti/ba_lorre
- Luca Barontis GitLab Benchmark Python-Bibliothek:
  https://gitlab.com/luca.baronti/python_benchmark_functions
- Der International Workshop on the Bees Algorithm and its Applications (BAA):
  https://sites.google.com/view/baaworkshop/home

Birmingham, Vereinigtes Königreich — Duc Truong Pham
Birmingham, Vereinigtes Königreich — Marco Castellani
London, Vereinigtes Königreich — Luca Baronti
Januar 2025

Danksagungen Seit der Entstehung des Bienenalgorithmus vor fast 20 Jahren haben zahlreiche Menschen weltweit zu seiner Weiterentwicklung beigetragen. Wir können sie hier nicht alle einzeln würdigen. Dennoch möchten wir den unschätzbaren Beitrag ehemaliger und aktueller Mitglieder unseres Labors (liebevoll als ‚Bees' bezeichnet) sowie unserer internationalen Forschungspartner (oder ‚Honorary Bees') mit herzlichem Dank hervorheben: Dr. Siti Azfanizam Ahmad, Al Antoni Akhmad, Dr. Mei Choo Ang, Dr. Hasan Al-Jabbouli, Dr. Muhammad Syahril Bahari, Dr. Turki Binbakir, Dr. Mario Caterino, Prof. Ahmed Darwish, Anubhab Dasgupta, Prof. Nguyen Dinh Duc, Fatih Eker, Dr. Ashraf Fahmy, Dr. Nik Mohd Farid, Dr. Marcello Fera, Dr. Fabio Fruggiero, Dr. Afshin Ghanbarzadeh, Dr. Rongge Guo, Neha Gupta, Dr. Natalia Hartono, Dr. Azar Imanguliyev, Dr. Asrul Ismail, Soni Janhavi, Dr. Kaiwen Jiang, Prof. Mete Kalyoncu, Dr. Shafie Kamaruddin, Dr. Silah Kamsani, Dr. Ebubekir Koc, Anurakt Kumar, Satyam Kumar, Dr. Yuanjun Laili, Alessandro Lambiase, Dr. Feiying Lan, Dr. Ji Young Lee, Dr. Ji Li, Dr. Jiayi Liu, Prof. Quan Liu, Dr. Hosein Marzi, Dr. Ernesto Mastrocinque, Zaidi Muhamad, Mohamed Negm, Dr. Kok Weng Ng, Dr. Sameh Otri, Dr. Michael Packianather, Dr. Quang Tuan Pham, Dr. Janyarat Phrueksanant, Dr. Tran Quoc Quan, Prof. Francisco Javier Ramirez, Aryan Satpathy, Dr. Murat Sahin, Dr. Shahnorbanun Sahran, Dr. Michael Sholedolu, Abhijeet Singh, Dr. Yanjie Song, Dr. Anthony Soroka, Hamid Suluova, Dr. Nathinee Theinnoi, Prof. Guangdong Tian, Aaditri Vaibhav, Dr. Chao Wang, Yishuang Wang, Dr. Yongquan Xie, Dr. Shuo Xu, Prof. Wenjun Xu, Hang Yang, Sheng Yin, Dr. Baris Yuce, Dr. Sultan Zeybek, Dr. Biao Zhang, Dr. Xuesong Zhang, Dr. Zebang Zhang, Dr. Zhi-Cheng Zhang, Dr. Feifan Zhao, Dr. Senjing Zheng, Prof. Quan Zhou und Prof. Zude Zhou.

Unser Dank gilt auch Herrn Anthony Doyle, Executive Editor bei Springer, für seine Unterstützung sowohl als Verleger dieses Buches als auch als Partner in unserem von der EU geförderten Netzwerk für Exzellenz in innovativen Produktionsmaschinen und -systemen (I*PROMS). Es war die goldene I*PROMS-Periode, als der Bienenalgorithmus entstand.

Abschließend möchten wir dem Editorial- und Produktionsteam bei Springer, insbesondere Herrn Sanjiev Kumar Mathiyazhagan und Herrn Madanagopal D Deenadayalan, unseren aufrichtigen Dank für ihre fachkundige Unterstützung bei der Veröffentlichung dieses Buches aussprechen.

Juni 2025

Duc Truong Pham
Marco Castellani
Luca Baronti

Interessenkonflikte Die Autoren haben keine konkurrierenden Interessen zu erklären, die für den Inhalt dieses Manuskripts relevant sind.

Inhaltsverzeichnis

Abkürzungen

ABC	Artificial Bee Colony (Künstliche Bienenkolonie)
ACO	Ameisenkolonie-Optimierung
AI	Künstliche Intelligenz
ANN	Künstliches Neuronales Netzwerk
BA_ℓ	Lernalgorithmus der Bienen
BA_1	Einparameter-Bienenalgorithmus
BA_2	Zweiparameter-Bienenalgorithmus
BA_F	Fibonacci-Bienenalgorithmus
BP	Backpropagation
EA	Evolutionsalgorithmen
EP	Evolutionäres Programmieren
EVS	Evolutionsstrategien
FS	Fitness-Sharing
GA	Genetische Algorithmen
LJ Search	Luus-und-Jaakola-Suche
LORRE	Local Optimum Region Radius Estimator Bees Algorithm (Schätzer für den Radius des lokalen Optimumsbereichs)
LSTM	Long-Short-Term-Memory (Langzeit-Kurzzeitgedächtnis)
MBTD	Moving Board with Time Delay (Bewegliches Brett mit Zeitverzögerung)
MIMO	Mehrfacheingang-Mehrfachausgang
MISO	Mehrfacheingang-Einzelausgang
MLP	Multi-Layer Perceptron (Multi-Layer-Perzeptron)
NFL	No Free Lunch (Kein kostenloses Mittagessen)
NNO	Nearest Neighbour Optimiser (Nächster-Nachbar-Optimierer)
NP-schwer	Nichtdeterministisch-polynomiell schwer
PCB	Leiterplatte
PID	Proportional-Integral-Differential
PSO	Partikelschwarmoptimierung
QAP	Quadratisches Zuordnungsproblem
RMSE	Root-Mean-Square-Error (Quadratischer Mittelwert)

RPM	Umdrehungen pro Minute
RVNS	Reduced Variable Neighbourhood Search (Reduzierte Variable Nachbarschaftssuche)
SA	Simulated Annealing (Simuliertes Abkühlen)
SI	Schwarmintelligenz-Algorithmen
SN	Sequenzielles Niching (Sequenzielles Nischenverfahren)
TRIZ	Theorie des erfinderischen Problemlösens
TS	Tabu-Suche
TSP	Traveling-Salesman-Problem (Problem des Handlungsreisenden)
VNS	Variable Neighbourhood Search (Variable Nachbarschaftssuche)

Kapitel 1
Einführung

Viele Probleme in Wissenschaft, Technik und Wirtschaft bestehen darin, aus einer Menge von Alternativen das Element auszuwählen, das ein oder mehrere Qualitätskriterien optimiert. Beim Entwurf von Rennwagen testen Maschinenbauingenieure typischerweise die Aerodynamik vieler verschiedener Karosserieformen. Ihr Ziel ist es, die Form zu wählen, die den Anpressdruck maximiert oder den Luftwiderstand minimiert. In der Logistik möchten Unternehmen die Reihenfolge der Auslieferungen so bestimmen, dass die insgesamt von ihren Lieferwagen zurückgelegte Strecke minimiert wird, um Kraftstoffkosten zu senken. In der Fertigung muss die Auslastung der verschiedenen Maschinen einer Produktionslinie ausgeglichen werden, um die Produktion zu maximieren oder verspätete Aufträge zu minimieren. Die Liste der Beispiele ist nahezu endlos, und in einem globalen Markt, der von erbittertem Wettbewerb geprägt ist, ist die Fähigkeit, Kosten zu minimieren und Qualität zu maximieren, entscheidend für das Überleben.

Leider erweisen sich Optimierungsprobleme oft als äußerst komplex, sodass sie selbst von den leistungsfähigsten Computern in akzeptabler Zeit nicht exakt gelöst werden können. In solchen Fällen muss das ehrgeizige Ziel, die optimale Lösung zu finden, durch das praktische Ziel ersetzt werden, eine gute Lösung zu finden.

Was macht Optimierung also schwierig? Um diese Frage zu beantworten, ist es zunächst notwendig, formell zu definieren, was ein Optimierungsproblem ist. Dies geschieht in diesem Kapitel. Nachdem das Problem formalisiert sein wird, werden die beiden Hauptkategorien von Optimierungsproblemen beschrieben. Anhand von Beispielen werden die zentralen Herausforderungen der Optimierung diskutiert und die wichtigsten Strategien zu deren Bewältigung skizziert.

Optimierung ist nicht nur ein menschliches Problem. In der Natur kämpfen Arten, Tiergesellschaften, mikrobielle Gemeinschaften und einzelne Lebewesen täglich ums Überleben. Nach Darwins Theorie der natürlichen Selektion [6] hängt der Erfolg einer Art von der Fähigkeit ihrer Individuen ab, den Fortpflanzungserfolg zu maximieren, also die Anzahl der Nachkommen, die sich ihrerseits fortpflanzen. Der Fortpflanzungserfolg wiederum wird durch die Fähigkeit der Individuen bestimmt,

D. T. Pham et al., *Intelligente Optimierung mit dem Bienenalgorithmus*,
https://doi.org/10.1007/978-3-032-14424-9_1

eine Reihe anspruchsvoller Optimierungsprobleme wie Nahrungssuche, Vermeidung von Fressfeinden, Paarung und so weiter zu lösen. Kap. 2 beginnt mit der Erklärung der zugrundeliegenden Prinzipien vieler erfolgreicher Optimierungsstrategien, die von sozialen Tieren entwickelt wurden. Das Sammelverhalten von Honigbienen wird beschrieben, um das Thema dieses Buches einzuführen: den Bienenalgorithmus. In diesem Kapitel werden der Standardalgorithmus sowie seine wichtigsten Varianten und Anwendungen vorgestellt.

Kap. 3 widmet sich dem Verständnis des Verhaltens, der Stärken und Schwächen des Bienenalgorithmus anhand einer Reihe sorgfältig durchdachter Experimente. Dieses Kapitel enthält eine kritische Diskussion des Problems der Bewertung von Optimierungsalgorithmen.

Die Kap. 2 und 3 beschreiben die ersten zehn Jahre der Entwicklung und Charakterisierung des Bienenalgorithmus. Nach umfangreicher Entwicklung und Erprobung konzentrierte sich die Forschung darauf, ein tieferes analytisches Verständnis des Verhaltens des Bienenalgorithmus zu erlangen. Kap. 4 stellt die wichtigsten Ergebnisse einer mathematischen Untersuchung des Bienenalgorithmus vor.

Die nächsten drei Kapitel geben einen Überblick über Anwendungen des Bienenalgorithmus auf verschiedene ingenieurwissenschaftliche Problemstellungen. Auch wenn sie nicht das gesamte Anwendungsspektrum des Bienenalgorithmus abdecken, sind die ausgewählten Fälle hilfreich, um typische Herausforderungen bei der Implementierung zu verstehen, wie etwa die Anpassung an das Problemfeld, die Parametrisierung und die Validierung. Das Buch schließt mit einem Überblick über einige aktuelle Implementierungen des Bienenalgorithmus und gibt damit einen Ausblick auf aktuelle Trends und zukünftige Forschungsrichtungen.

1.1 Parameteroptimierung

Das allgemeine Gebiet der Optimierung lässt sich in zwei spiegelbildliche Klassen von Problemen unterteilen: Maximierungs- und Minimierungsprobleme. Konzentrieren wir uns zunächst auf Maximierungsprobleme. Typische Beispiele für Maximierungsprobleme sind die Optimierung der Leistung eines bestimmten Mechanismus, die Optimierung des Outputs eines bestimmten Prozesses und die Auswahl von Finanzanlagen in einem Investmentportfolio. In all diesen Beispielen wird eine Kandidatenlösung für das Maximierungsproblem vollständig durch die Werte einer Menge von *Entscheidungsvariablen* (Parametern) charakterisiert. Das heißt, eine Kandidatenlösung kann als Vektor $\boldsymbol{x} = (x_1, \ldots, x_n)$ aus n Entscheidungsvariablen dargestellt werden. Diese Variablen können diskrete, kontinuierliche oder sogar nominale Werte annehmen und Einschränkungen unterliegen. In weniger häufigen Fällen kann eine Kandidatenlösung auch durch komplexere Strukturen wie Matrizen oder Entscheidungsbäume repräsentiert werden.

Einschränkungen können sowohl für einzelne als auch für Teilmengen von Entscheidungsvariablen gelten. Beispielsweise kann eine bestimmte Entscheidungsvariable x_i auf positive Werte beschränkt sein. Diese Einschränkung wird als $x_i > 0$ beschrieben und als *Ungleichungsbedingung* bezeichnet. Andernfalls kann das Produkt zweier Entscheidungsvariablen x_i und x_j auf einen festen Wert beschränkt sein. Diese Einschränkung wird als $x_i \times x_j = c$ beschrieben und als *Gleichungsbedingung* bezeichnet. Im Allgemeinen kann jede Entscheidungsvariable x_i eine Menge von Werten U_i annehmen, und der Raum aller möglichen Lösungen ist $U_1 \times \cdots \times U_n = U$. Einschränkungen beschränken die Auswahl der Kandidatenlösungen auf den Teilraum der zulässigen Lösungen $A \subseteq U$, also $\boldsymbol{x} \in A \subseteq U$. Der n-dimensionale Teilraum A wird üblicherweise als *Lösungsraum* oder *Suchraum* bezeichnet.

Schließlich kann für jede Kandidatenlösung ein Qualitätskriterium in Form einer Funktion $\mathcal{F}(\boldsymbol{x})$ ausgedrückt werden, wobei $\boldsymbol{x} \in A$. Die Parametermaximierung besteht darin, den Vektor $\boldsymbol{x} \in A$ zu finden, der $\mathcal{F}(\boldsymbol{x})$ maximiert. Die Funktion $\mathcal{F}$ wird als *Zielfunktion* oder – aus historischen Gründen, die später erläutert werden – als *Fitnessfunktion* bezeichnet. Im einfachsten und häufigsten Fall besteht das Ziel der Optimierung darin, den Wert einer einzigen Zielfunktion zu maximieren. Diese Problemklasse wird als *Einzieloptimierung* bezeichnet. In anderen Fällen soll gleichzeitig der Wert mehrerer Zielfunktionen optimiert werden $\mathcal{F}(\boldsymbol{x})$, $\mathcal{G}(\boldsymbol{x}), \ldots, \mathcal{H}(\boldsymbol{x})$ für $\boldsymbol{x} \in A$. Beispielsweise möchte ein Hersteller sowohl die Anzahl als auch die Qualität der pro Tag produzierten Teile maximieren. In vielen Fällen führen diese Mehrfachziele zu einem Zielkonflikt zwischen konkurrierenden Zielen – zum Beispiel Qualität und Quantität in der Fertigung oder Leistung und Wirtschaftlichkeit bei Autos. Diese Problemklasse wird als *Mehrzieloptimierung* [17] bezeichnet. Bei der Mehrzieloptimierung existiert keine eindeutig optimale Lösung, sondern möglicherweise eine unendliche Anzahl gleichwertiger Lösungen. Diese gleichwertigen Lösungen gelten als optimal, weil der Wert keiner Zielfunktion verbessert werden kann, ohne den Wert mindestens einer anderen Zielfunktion zu verschlechtern. In diesem Buch werden ausschließlich Einzieloptimierungsprobleme betrachtet. Sofern nicht ausdrücklich anders angegeben, wird der Begriff Optimierung verwendet, um die Einzieloptimierung zu bezeichnen.

Formal lässt sich ein Parametermaximierungsproblem wie folgt beschreiben:

$$\boldsymbol{s} = \arg\max_{\boldsymbol{x} \in A}\{\mathcal{F}(\boldsymbol{x})\} \tag{1.1}$$

Betrachten wir beispielsweise den Fall eines Investors, der ein gegebenes Kapital in eine Menge von n verschiedenen Aktien investieren möchte. Das Anlageportfolio kann als ein n-dimensionaler Vektor $\boldsymbol{x}$ dargestellt werden, und der auf jede Aktie investierte Betrag x_i stellt eine Entscheidungsvariable dar. Wenn der Investor an der Londoner Börse investiert, kann jede Variable diskrete (positive ganzzahlige) Werte in Schritten von einem britischen Pfund (GBP) annehmen. Das heißt $\boldsymbol{x} = (x_1, \ldots, x_n)$, wobei $x_i \in \mathbb{N}$ und $\mathbb{N}$ die Menge der natürlichen (positiven ganzzahligen) Zahlen ist.

Das Ziel des Investors ist es, die Gesamtrendite $G(\boldsymbol{x})$ für ein gegebenes Portfoliorisiko $R(\boldsymbol{x})$ zu maximieren. Dem Investor steht ein bestimmtes Kapital C zur Verfügung, und für jede Aktie x_i sind die erwartete Rendite $g(x_i)$ und das prognostizierte Risiko $r(x_i)$ bekannt. In der Regel sind Anlagen mit hoher Rendite mit einem höheren Risiko verbunden, sodass der Investor erwartete Renditen und Risiken abwägen muss, um den Gewinn zu maximieren. Die Investition in jede Aktie ist durch zwei Nebenbedingungen begrenzt: die Höhe der verfügbaren Mittel ($\sum_{i=1}^{n} x_i = C$) und das insgesamt tolerierte Risiko $R(\boldsymbol{x}) = \sum_{i=1}^{n} r(x_i) \leq R$.

Im obigen Beispiel der Portfoliomaximierung wird die Funktion, die das Qualitätskriterium definiert, durch die Gesamtrendite $G(\boldsymbol{x}) = \sum_{i=1}^{n} g(x_i)$ gegeben. Genauer gesagt, ist $\mathcal{F}(\boldsymbol{x}) = G(\boldsymbol{x})$ die zu maximierende Funktion. Zusammengefasst sucht der Investor nach der maximalen Rendite:

$$
\begin{aligned}
&\boldsymbol{s} = \arg\max_{\boldsymbol{x}\in A} \left\{ G(\boldsymbol{x}) = \sum_{i=1}^{n} g(x_i)) \right\} \quad (\mathit{Ziel}) \\
&\boldsymbol{x} = (x_1, \ldots,\ x_n) \quad x_i \in \mathbb{N} \\
&\sum_{i=1}^{n} x_i = C \quad (\mathit{Gleichungsbedingung}) \\
&R(\boldsymbol{x}) = \sum_{i=1}^{n} r(x_i) \leq R \quad (\mathit{Ungleichungsbedingung})
\end{aligned}
\tag{1.2}
$$

Der Raum der möglichen Lösungen ist $U = \mathbb{N}^n$, während der Raum der zulässigen Lösungen A durch die Nebenbedingungen in Gl. (1.2) definiert ist. Bisher wurden nur Maximierungsprobleme beschrieben. Wie werden Minimierungsprobleme formalisiert und behandelt? Zu Beginn dieses Abschn. 1.1 wurden Maximierungs- und Minimierungsprobleme als „spiegelbildliche" Aufgaben beschrieben. Tatsächlich kann jedes Maximierungsproblem in ein Minimierungsproblem umgewandelt werden, indem das Negative der Zielfunktion betrachtet und minimiert wird. Das heißt:

$$
\arg\max_{\boldsymbol{x}\in A}\{f(\boldsymbol{x})\} = \arg\min_{\boldsymbol{x}\in A}\{-f(\boldsymbol{x})\} \tag{1.3}
$$

Die Äquivalenz ist in Abb. 1.1 dargestellt. Aus diesem Grund können die gleichen Techniken, die für Maximierungsprobleme verwendet werden, auch für Minimierungsprobleme eingesetzt werden. Es zeigt sich, dass der Hauptunterschied zwischen Optimierungsproblemen nicht das Ziel – Minimum oder Maximum der Zielfunktion – ist, sondern die Natur des Lösungsraums der Kandidatenlösungen. Viele Optimierungsprobleme sind nämlich über einer diskreten Menge von Lösungen definiert (zum Beispiel das oben genannte Beispiel der Portfolio-Optimierung). Probleme dieser Art werden als *diskrete Optimierungsprobleme* bezeichnet. Eine besonders wichtige Unterklasse diskreter Probleme sind *kombinatorische Optimierungsprobleme,* bei denen die Kandidatenlösungen durch die Kombination einer festen Anzahl

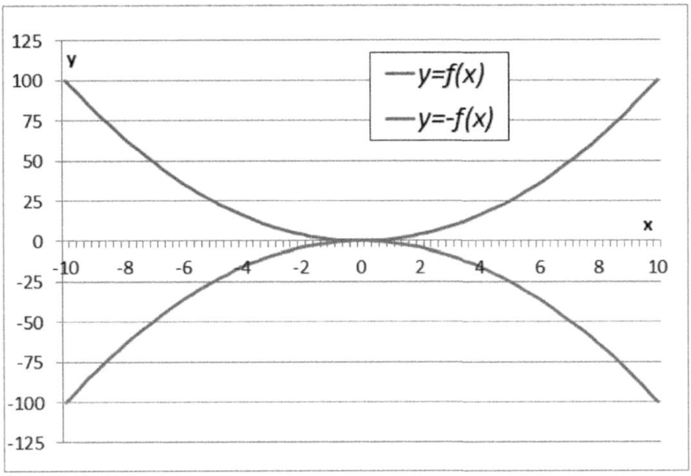

Abb. 1.1 Die Maximierung der Funktion $y = f(x) = x^2$ (in Blau) ist äquivalent zur Minimierung von $y = -f(x) = -x^2$ (in Rot)

von Elementen gebildet werden. Das heißt: Kandidatenlösungen sind (partielle) Permutationen einer gegebenen Anzahl k von Elementen. In anderen Fällen sind die n Entscheidungsvariablen innerhalb der durch die Nebenbedingungen definierten Grenzen kontinuierlich oder überall kontinuierlich mit Ausnahme einer endlichen Anzahl von Punkten. Probleme dieser Art werden als *kontinuierliche Optimierungsprobleme* bezeichnet. Die folgenden Unterabschnitte stellen einige Beispiele für die unterschiedlichen Herausforderungen vor, die diskrete und kontinuierliche Probleme mit sich bringen.

1.2 Kombinatorische Optimierung

Betrachten wir das folgende Minimierungsproblem:

> *Ein Handelsreisender muss n Städte besuchen. Um die Reisezeit zu minimieren, möchte er die kürzeste mögliche Route finden, die jede Stadt genau einmal besucht.*

Einfach in der Formulierung, wird das *Travelling Salesman Problem* (TSP) seit fast 200 Jahren untersucht [8] und dient als Benchmark für zahlreiche kombinatorische Optimierungsalgorithmen [21]. In einigen Veröffentlichungen wird es auch als *Travelling Salesperson Problem* bezeichnet [15]. Das TSP kann als ungerichteter, gewichteter Graph dargestellt werden, wobei die Knoten des Graphen die Städte sind, die Kanten die Verbindungen zwischen den Städten und die Kantengewichte die Entfernungen zwischen den Städten angeben.

In Anlehnung an den Formalismus in Abschn. 1.1 wird eine Kandidatenlösung für das TSP als ein Vektor von Nennwerten $\boldsymbol{x} \in C^n$ beschrieben, wobei $C = \{c_1, \ldots, c_n\}$

die Menge der zu besuchenden n Städte ist. Das erste Element von $\boldsymbol{x}$ steht für die erste zu besuchende Stadt, das zweite für die zweite Stadt und so weiter. Es gibt eine Einschränkung für die Kandidatenlösungen: Zwei verschiedene Elemente von $\boldsymbol{x}$ dürfen nicht denselben Wert annehmen ($x_i \neq x_j \quad \forall i \neq j$) – das heißt, dieselbe Stadt darf nicht zweimal besucht werden. Ist schließlich die Entfernung zwischen jedem Städtepaar $d\left(c_i,\ c_j\right) = d\left(c_j,\ c_i\right)$ bekannt, so ist die Zielfunktion einfach die Summe aller Distanzen $\mathcal{F}(\boldsymbol{x}) = \sum_{i=2}^{n} d\left(x_{i-1},\ x_i\right)$. Zusammengefasst:

$$
\begin{aligned}
&\boldsymbol{s} = \arg\min_{\boldsymbol{x} \in A} \left\{ \mathcal{F}(\boldsymbol{x}) = \sum_{i=2}^{n} d\left(x_{i-1},\ x_i\right) \right\} \quad (\textit{Ziel}) \\
&\boldsymbol{x} = (x_1, \ldots,\ x_n) \quad x_i \in \{c_1, \ldots,\ c_n\} \\
&x_i \neq x_j \quad \forall i \neq j \quad (\textit{Einschränkung})
\end{aligned}
\tag{1.4}
$$

Betrachten wir zum Beispiel das sehr einfache Problem, die minimale Entfernung zu finden, die die vier Städte in Tab. 1.1 verbindet. Eine Kandidatenlösung und deren Fitness wären:

$$
\begin{aligned}
&\boldsymbol{x} = \{\textit{London},\ \textit{Bristol},\ \textit{Glasgow},\ \textit{Birmingham}\} \\
&\mathcal{F}(\boldsymbol{x}) = 189 + 598 + 459 = 1246\ \textit{km}
\end{aligned}
\tag{1.5}
$$

In der Literatur wurden zahlreiche Varianten des TSP vorgeschlagen. Eine geringfügige Abweichung erfordert, dass der Reisende am Ende der Route in die Ausgangsstadt zurückkehrt. Im *asymmetrischen TSP* ist die Entfernung zwischen zwei Städten in entgegengesetzten Richtungen nicht gleich [11]. Dies wäre beispielsweise der Fall, wenn der Kraftstoffverbrauch des Autos als Maß für die Entfernung zwischen zwei Städten herangezogen wird und die beiden Städte auf unterschiedlichen Höhenlagen liegen. Beim *Bottleneck-TSP* [3] besteht das Ziel darin, die Route zu finden, die das längste Teilstück der kürzesten Entfernung enthält. Werden mehrere Verkäufer eingesetzt, um verschiedene Städte zu besuchen, spricht man vom *Vehicle Routing Problem* [5], während das *generalisierte TSP* Routen zwischen Instanzen von Städtegruppen betrachtet [10].

Tab. 1.1 Entfernungen in Kilometern zwischen vier britischen Städten

	London	Birmingham	Bristol	Glasgow
London	–	204	189	659
Birmingham	204	–	150	459
Bristol	189	150	–	598
Glasgow	659	459	598	–

Das TSP verdankt seine Popularität der Tatsache, dass es eine Vielzahl von Problemen mit erheblicher praktischer Bedeutung modelliert. Abgesehen von den offensichtlichen Anwendungen in der Logistik gibt es in der Fertigung zahlreiche Optimierungsprobleme, bei denen eine Maschine eine Anzahl von Teilen in möglichst kurzer Zeit montieren oder bearbeiten muss. Beispielsweise muss ein Roboter eine Reihe von Löchern bohren oder eine Bestückungsmaschine eine Sequenz von Bauteilen auf eine Leiterplatte (PCB) platzieren. In der Massenproduktion werden diese Vorgänge täglich tausendfach wiederholt, sodass selbst kleine Zeiteinsparungen auf einer einzelnen Route im Jahresverlauf zu erheblichen Zeiteinsparungen führen.

Die Komplexität des TSP wächst sehr schnell mit der Anzahl n der Städte, da die Anzahl N der zulässigen Lösungen (gültige Permutationen der Reihenfolge der besuchten Städte) gleich ist:

$$N = \frac{(n-1)!}{2} \tag{1.6}$$

Hier bezeichnet $a!$ die Fakultät einer ganzzahligen Zahl a. Zum Beispiel beträgt die Anzahl der zulässigen Lösungen 181.440 für ein TSP mit 10 Städten, während diese Zahl bei 20 Städten auf beeindruckende 10^{16} mögliche Routen ansteigt. Diese Wachstumsrate übersteigt schnell die Leistungsfähigkeit moderner Personal Computer, und eine vollständige Auswertung aller Lösungen wird für Probleme mit mehr als 20 Städten unpraktikabel. Das bislang größte exakt gelöste TSP umfasste 85.900 Städte und erforderte insgesamt 136 CPU-Jahre unter Verwendung eines linearen Programmierungsansatzes [1]. Die Lockerung der Bedingung, dass der Handlungsreisende keine Stadt zweimal durchqueren darf, verringert die Komplexität des Problems nicht wesentlich. In einer praktischen Anwendung wie der Leiterplattenbestückung übersteigt die Anzahl der zu platzierenden Bauteile leicht 50 Einheiten.

Wie das TSP beispielhaft zeigt, besteht jedes nicht-triviale Problem darin, das Optimum unter einer sehr großen Anzahl von Kandidatenlösungen zu finden. Neben der Unterklasse der kombinatorischen Probleme ist das Beispiel der Portfolio-Optimierung in Abschn. 1.1 ein weiteres Beispiel für ein diskretes Optimierungsproblem. In Abschn. 1.1 durfte jede Aktie einen beliebigen Wert im Intervall $[1, C]$ GBP annehmen. Ohne Berücksichtigung der beiden Nebenbedingungen ergibt sich die Anzahl der möglichen Lösungen zu C^n. Ein Anleger, der 100.000 GBP in zehn verschiedene Unternehmen investieren möchte, müsste somit 10^{50} mögliche Lösungen in Betracht ziehen. In der Praxis würde die Anzahl der zulässigen Lösungen durch die Nebenbedingungen eingeschränkt, bliebe aber dennoch extrem groß.

1.3 Kontinuierliche Optimierung

Ein häufiges mathematisches Problem besteht darin, die stationären Punkte (Maxima oder Minima) einer gegebenen Funktion $g(x)$ zu finden. In vielen Fällen existiert keine geschlossene Lösung oder sie ist zu komplex, um berechnet werden zu können.

Ist das Ziel die Optimierung des Outputs eines komplexen Systems, ist $g(x)$ selbst möglicherweise nicht bekannt. Beispielsweise ist in der maschinellen Lerntechnik die Optimierung des Outputs eines künstlichen neuronalen Netzes (ANN) [20] ein bekanntes kontinuierliches Minimierungsproblem. Dabei ist das Ziel die Minimierung des Klassifikationsfehlers über eine Menge von Trainingsbeispielen. Für jede nichttriviale ANN-Architektur ist dieser Fehler für jedes Trainingsbeispiel eine hochgradig nichtlineare Funktion einer sehr großen Menge von Entscheidungsvariablen – der Verbindungsgewichte der ANN-Knoten. In modernen, tiefen ANN-Strukturen [12] liegt die Anzahl der Verbindungsgewichte leicht im Millionenbereich, und die Größe des Trainingssatzes erreicht oft Hunderttausende. Eine präzise analytische Beschreibung und Lösung des ANN-Funktionsminimierungsproblems ist offensichtlich nicht praktikabel. Aus diesem Grund wird die Fehlerfunktion direkt durch Parametrisierung von ANN-Kopien mit Kandidatensätzen von Verbindungsgewichten abgetastet.

Formal betrachtet, besteht das Optimierungsproblem des KNN in der Minimierung der folgenden Fehler- (Fitness-)Funktion

$$\mathcal{F}(\boldsymbol{x}) = E(\boldsymbol{x}) = \sum_{i=1}^{m} e_i(\boldsymbol{x},\ p_i) \tag{1.7}$$

wobei $\boldsymbol{x}$ eine mögliche Parametrisierung des KNN ist, $e_i(\boldsymbol{x},\ p_i)$ den vom parametrisierten KNN auf dem Trainingsbeispiel p_i verursachten Fehler bezeichnet (die Fehlerfunktion e_i wird später im Buch noch ausführlicher erläutert) und m die Anzahl der Trainingsbeispiele ist. Der Vektor $\boldsymbol{x}$ aus n kontinuierlichen Entscheidungsvariablen kann beliebige reelle Werte annehmen – das heißt $\boldsymbol{x} \in \mathbb{R}^n$ – oder meist durch Ungleichungsnebenbedingungen beschränkt werden. Das Fehlerminimierungsproblem des KNN ist dann wie folgt definiert:

$$\boldsymbol{s} = \arg\min_{x \in A} \{\mathcal{F}(\boldsymbol{x})\} \tag{1.8}$$

Die Optimierung kann selbst dann äußerst anspruchsvoll sein, wenn die Funktion $\mathcal{F}$ bekannt ist. Das Lennard-Jones-Potenzial [13] ist ein einfaches, aber realistisches Modell für die Energie der intermolekularen Wechselwirkung zwischen zwei nicht gebundenen Atomen oder Molekülen, basierend auf deren Abstand. Proteine sind lange Ketten von Molekülen, die als Aminosäuren bezeichnet werden. Das *Protein-Faltungsproblem* besteht darin, aus der Sequenz der Aminosäuren die Struktur (Faltung) eines Proteins zu bestimmen. Diese Struktur legt die Stabilität und Funktion des Proteins fest. Leider können nicht alle Proteine kristallisiert und mit modernen atomaren Mikroskopen untersucht werden. Selbst bei den Proteinen, die untersucht werden können, ist die Strukturbestimmung ein zeitaufwändiges und kostspieliges Unterfangen. Aus diesem Grund ist die Struktur nur eines winzigen Bruchteils der Millionen bekannten Proteinsequenzen bislang bestimmt worden [7]. Das Hauptproblem bei der Bestimmung einer Proteinstruktur ist die enorme Anzahl möglicher dreidimensionaler Konfigurationen, die die Sequenz der Aminosäuren annehmen kann. Levinthal [14] schätzte diese Zahl auf die Größenordnung von 10^{300}! Wie beim TSP ist der Lösungsraum zu groß, um ihn vollständig durchsuchen zu können. Dennoch kann die Suche gelenkt werden, da bekannt ist, dass Proteine in die Konformation minimaler Energie falten – und diese Energie kann durch die Summe der Lennard-Jones-Wechselwirkungen aller Paare ihrer m Aminosäuren berechnet werden [4]. Das heißt, dass das Protein-Faltungsproblem gelöst werden kann, indem das Minimum von

$$V(\boldsymbol{x}) = \sum_{i=1}^{m-1} \sum_{j=i+1}^{m} \left(\frac{A}{r_{ij}}\right)^{12} - \left(\frac{B}{r_{ij}}\right)^{6} \tag{1.9}$$

gefunden wird, wobei $\boldsymbol{x}$ eine Kandidatenlösung ist, A und B Konstanten sind und

$$LJ(i,\ j) = \left(\frac{A}{r_{ij}}\right)^{12} - \left(\frac{B}{r_{ij}}\right)^{6} \tag{1.10}$$

das Lennard-Jones-Potenzial der Wechselwirkung zweier Moleküle i und j ist. Der Faktor r_{ij} ist der dreidimensionale euklidische Abstand zwischen i und j:

$$r_{ij} = \sqrt{\sum_{k=1}^{3} \left(x_{ik} - x_{jk}\right)^{2}} \tag{1.11}$$

wobei $\boldsymbol{x_l} = (x_{l1},\ x_{l2},\ x_{l3})$ der Vektor der kartesischen Koordinaten des Moleküls l ist.

In der Praxis kann eine Kandidaten-Proteinstruktur als ein $\mathbb{R}^{3m}$-Vektor $\boldsymbol{x} = (\boldsymbol{x_1}, \ldots,\ \boldsymbol{x_m})$ der verketteten dreidimensionalen Koordinaten der Position seiner m Aminosäuren dargestellt werden, und das Energie-Minimierungsproblem kann wie folgt geschrieben werden:

$$\boldsymbol{s} = \arg \min_{\boldsymbol{x} \in \mathbb{R}^{3m}} \{\mathcal{F}(\boldsymbol{x}) = V(\boldsymbol{x})\} \tag{1.12}$$

Hierbei ist $V(\boldsymbol{x})$ wie in Gl. (1.9) definiert. Angesichts der großen Anzahl von Aminosäuren, aus denen ein Protein besteht, und der Komplexität von $\mathcal{F}(\boldsymbol{x})$ ist die Berechnung der Minima äußerst komplex und bis heute für $m > 4$ unbekannt [18].

1.4 Heuristiken

Die bisher dargestellten Beispiele verdeutlichen das Problem, die optimale Lösung aus einer Menge von Alternativen zu finden, deren vollständige Durchsuchung derzeit technologisch nicht möglich ist. Diese Lösungsmenge kann unendlich groß sein – wie im Fall von kontinuierlichen Optimierungsproblemen oder im Fall eines diskreten

Optimierungsproblems, bei dem eine oder mehrere Variablen ungebundene ganze Zahlen sind $\mathbb{Z}$, oder keine obere oder untere Schranke besitzen (zum Beispiel $\mathbb{N}$). Selbst wenn die Anzahl der möglichen Verwendungen der Variablen beschränkt und relativ klein ist (zum Beispiel TSP), übersteigt die kombinatorische Explosion der Alternativen die Rechenleistung heutiger Maschinen. Im allgemeinsten Fall besteht eine Kandidatenlösung aus verschiedenen Arten von Variablen: diskret, kontinuierlich und nominal, und die Anzahl der Kandidatenlösungen ist unendlich.

Für praktische Zwecke spielt es keine Rolle, ob die Anzahl der zulässigen Lösungen endlich ist oder nicht, sobald der Lösungsraum zu groß ist, um ihn vollständig durchsuchen zu können – insbesondere, wenn nur ein kleiner Bruchteil der Kandidatenlösungen in angemessener Zeit generiert und bewertet werden kann. Im weiteren Verlauf dieses Buches wird, sofern nicht ausdrücklich anders angegeben, Optimierung im Kontext eines Suchraums verstanden, dessen Anzahl zulässiger Lösungen die Abtastfähigkeit des Problemlösers[1] bei Weitem übersteigt, ohne zwischen endlichen und unendlichen Lösungsräumen zu unterscheiden.

Es ist zu beachten, dass das Ausmaß, in dem der Suchraum abgetastet werden kann, sowohl von der Anzahl der alternativen Lösungen als auch von der Zeit und den Kosten für die Abtastung einer einzelnen Lösung abhängt. Wenn nur einige hundert Lösungen abgetastet werden können, wären bereits eine Million zulässiger Alternativen ein „riesiger" Suchraum. In seinem Artikel *„Closed-loop evolutionary multiobjective optimization"* diskutiert Knowles [9] verschiedene Probleme – von der Robotik bis zur Optimierung eines Medikamentencocktails –, bei denen die Bewertung jeder einzelnen Lösung Stunden oder sogar Tage an Experimenten erfordert und die Gesamtzahl der testbaren Lösungen sich auf „nur einige Dutzend oder Hunderte" belaufen kann.

Ein weiteres charakteristisches Merkmal der bisher diskutierten Probleme ist, dass das Optimum nicht durch eine Standardanalyse der stationären Punkte der Fitnessfunktion $\mathcal{F}$ gefunden werden kann. Dies kann entweder daran liegen, dass $\mathcal{F}$ zu komplex ist, um definiert zu werden, zu komplex, um analysiert zu werden, oder dass sie im Bereich der zulässigen Lösungen nicht überall differenzierbar ist (zum Beispiel bei einem diskreten Optimierungsproblem). In einigen Fällen können analytische Methoden wie die *lineare Programmierung* [5] dennoch die optimale Lösung finden. Lineare Programmierung erfordert, dass $\mathcal{F}$ eine realwertige affine lineare Funktion ist und die Lösungen nur linearen Gleichungs- und Ungleichungsbedingungen unterliegen. Lineare Programmierung ist auch anwendbar, wenn das Problem mit guter Näherung „linearisiert" oder in eine Menge linearer Teilprobleme zerlegt werden kann. Wenn keine analytische Lösung gefunden und der Lösungsraum nicht vollständig abgetastet werden kann, kann das Optimierungsproblem nur durch Versuch und Irrtum gelöst werden.

---

[1] Anmerkung zur Übersetzung: Bei der Übersetzung von im Englischen nicht nach Geschlecht differenzierten Personenbezeichnungen wie „problem solver" oder „designer" u. Ä. wurde im Deutschen meistens die männliche Form, also „Problemlöser", „Entwickler" etc. verwendet, um den Text kürzer und besser lesbar zu machen. Selbstverständlich sind damit Personen jeden Geschlechts gemeint.

Die Frage ist dann, wie ein sehr großer Lösungsraum intelligent abgetastet werden kann, sodass eine *zufriedenstellende* Lösung gefunden wird. Zunächst muss anerkannt werden, dass es aufgrund der Unfähigkeit des Lösers, alle Alternativen zu testen, keine Garantie dafür gibt, dass die optimale Lösung gefunden wird. Das Ziel des Optimierungsprozesses wird daher dahingehend gelockert, eine ausreichend gute Lösung oder die beste innerhalb einer vorgegebenen Rechenzeit zu finden. Dazu muss eine Suchstrategie entwickelt werden.

Moderne Optimierungsmethoden stützen sich stark auf rechnergestützte Techniken, die typischerweise als schrittweise numerische Verfahren formalisiert sind. Diese Verfahren werden als *Algorithmen* bezeichnet, benannt nach dem persischen Mathematiker Muhammad ibn Mūsā al-Khwārizmī aus dem 9. Jahrhundert und seinen Schriften zur indischen Arithmetik (die überwiegend prozedural war). Algorithmen können *exakt* sein, wenn der Lösungsraum vollständig abgetastet und das Optimum gefunden werden kann, oder *approximativ,* wenn der Lösungsraum zu groß ist, um systematisch durchsucht zu werden. Da digitale Computer Zahlen mit einer endlichen Anzahl von Stellen speichern, typischerweise 32 oder 64 Bit, kann argumentiert werden, dass die Lösung jedes Optimierungsproblems darin besteht, den optimalen Wert in einem endlichen und diskreten, wenn auch oft extrem großen Lösungsraum zu suchen.

Es wurden viele Ansätze entwickelt, um die Abtastung des Suchraums so zu steuern, dass hochwertige Lösungen erzielt werden. Diese Ansätze unterscheiden sich in den Annahmen – die in der Regel auf fundierten Vermutungen und der Erfahrung des Entwicklers beruhen –, in der Suchstrategie, die bewährten Faustregeln folgen oder das Verhalten bekannter Lösungsverfahren nachbilden kann, und sie müssen die Eigenschaften des Lösungsraums berücksichtigen. Ein Ansatz zur Problemlösung wird als *heuristisch* bezeichnet, vom altgriechischen Verb εὑρίσχειν (heurískein), was *„finden, entdecken"* bedeutet.

Heuristiken können hierarchisch verschachtelt werden, und in der Optimierung ist es üblich, *Metaheuristiken* einzusetzen – das heißt algorithmische Rahmenwerke auf hoher Ebene, die ein Schema zur Entwicklung problemspezifischer Optimierungsheuristiken bereitstellen. Der Begriff Metaheuristiken wird auch verwendet, um bestimmte Implementierungen solcher Rahmenwerke zu bezeichnen [23]. Einer der großen Vorteile von Metaheuristiken ist, dass sie als abstrakte Beschreibungen keine Annahmen über die Eigenschaften der Fitnesslandschaft machen. Daher sind sie auf jedes Optimierungsproblem anwendbar, solange die Kandidatenlösungen in parametrischer Form (Vektor, Matrix, Baum usw.) dargestellt und über eine Fitnessfunktion bewertet werden können.

Eine einfache Heuristik für das TSP besteht darin, von einer zufällig ausgewählten Stadt zu starten und immer zur nächstgelegenen Nachbarstadt zu wechseln. Die Idee ist, eine Gesamtroute minimaler Länge aus vielen Bewegungen minimaler Distanzen zusammenzusetzen. Es ist bekannt, dass dieser Ansatz gute, wenn auch nicht unbedingt optimale oder konsistente Lösungen liefert. Betrachten wir beispielsweise das einfache TSP, das in Tab. 1.1 beschrieben ist, und wählen zufällig eine Startstadt, zum Beispiel Birmingham. Die nächstgelegene Stadt zu Birmingham ist Bristol, und die Stadt, die Bristol am nächsten liegt, ist London. Die mit dieser einfachen Heuristik erzeugte vollständige Route ist:

$$\begin{aligned} \boldsymbol{x} &= \{Birmingham,\ Bristol,\ London,\ Glasgow\} \\ \mathcal{F}(\boldsymbol{x}) &= 150 + 189 + 659 = 998\ km \end{aligned} \tag{1.13}$$

Diese ist nahezu 250 km kürzer als die Beispielroute in Gl. (1.5). Hätte man jedoch eine andere Stadt, beispielsweise Glasgow, als Ausgangspunkt gewählt, hätte dieselbe Heuristik folgende Route erzeugt:

$$\begin{aligned} \boldsymbol{x} &= \{Glasgow,\ Birmingham,\ Bristol,\ London\} \\ \mathcal{F}(\boldsymbol{x}) &= 459 + 150 + 189 = 798\ km \end{aligned} \tag{1.14}$$

Offensichtlich hängt das Ergebnis der Anwendung der obigen Strategie stark vom Startpunkt ab. Ist es rechnerisch machbar, könnte eine Lösung darin bestehen, die Heuristik für jede Stadt als Startpunkt einmal auszuführen und dann die kürzeste aller gefundenen Routen zu wählen. Dies würde wahrscheinlich eine gute Route liefern, aber nicht unbedingt die kürzeste.

Für kontinuierliche Optimierungsprobleme wäre die erste Heuristik, dem Gradienten der Fitnesslandschaft zu folgen [16]. Lässt sich dieser zumindest lokal berechnen, kann ein Minimum (Maximum) gefunden werden, indem man von einem beliebigen Punkt im Lösungsraum startet und dem negativen (positiven) Gradienten der Fitnessfunktion folgt. Ein Beispiel für einen Pseudocode der gradientenbasierten Heuristik ist in Kasten 1.1 für ein Maximierungsproblem beschrieben.

Die gradientenbasierte Heuristik kann fehlschlagen, wenn der Fitnessabstieg (bzw. -aufstieg) zu einem Sattelpunkt führt. Eine offensichtliche Einschränkung dieser Heuristik ist, dass – sofern die Funktion nicht unimodal ist, das heißt nur ein eindeutiges Minimum (Maximum) besitzt – das gefundene Optimum nicht zwangsläufig

GRADIENT-BASED SEARCH

1. Randomly generate current solution $\boldsymbol{x}$;
2. REPEAT T times
   (a) $\boldsymbol{x}' = \boldsymbol{x} + \lambda \times \nabla\mathcal{F}(\boldsymbol{x})$;
   (b) $\boldsymbol{x} = \boldsymbol{x}'$;
3. RETURN $\boldsymbol{x}$;

Code 1.1 Gradientenbasierte Maximierung. Der vorgegebene Koeffizient λ bestimmt die Steigrate des Algorithmus.

das *globale Optimum* der Fitnessfunktion ist. Beispielsweise würde der Gradientenaufstieg das Maximum (globale Optimum) der unimodalen Funktion in Abb. 1.2a von jeder Startposition auf der *XY*-Ebene erreichen. Dieselbe Heuristik könnte jedoch bei der multimodalen Funktion in Abb. 1.2b auf dem Gipfel des niedrigeren Hügels konvergieren, also auf einem *lokalen Optimum*. Zu beachten ist, dass in Abb. 1.2b das *Anziehungsbecken* (die Basis) des niedrigeren Hügels deutlich größer ist als das des höheren. Daher ist es bei dieser speziellen Funktion wahrscheinlicher, dass ein zufällig gewählter Startpunkt in einen Bereich fällt, in dem die gradientenbasierte Heuristik zum Gipfel des niedrigeren Hügels führt. Dennoch garantiert die gradientenbasierte Optimierung, dass ein Optimum erreicht wird, das immer mindestens so gut ist wie die Anfangslösung.

Trotz ihrer Einschränkungen wird die gradientenbasierte Suche in der Optimierung weit verbreitet eingesetzt. Beim Training von KNN bildet beispielsweise der Gradientenabstieg der Fehlerfunktion entlang jedes Knotengewichts die Grundlage des weit verbreiteten Fehler-*Backpropagation* (BP)-Algorithmus [22]. Die Tatsache, dass die Fehlerfunktion bei jeder nichttrivialen Architektur stark multimodal ist, stellt eine der größten Herausforderungen bei der Optimierung von KNN dar. Andere Verfahren wie die *Newton-Methode* [16] berechnen die zweite Ableitung der Fitnessfunktion, um die lokale Krümmung der Fitnesslandschaft zu bestimmen und diese zur Steuerung der Suche zu nutzen. Optimierer wie der *Levenberg-Marquardt*-Algorithmus kombinieren Gradienten- und Krümmungsinformationen für eine verbesserte Effizienz [19].

Ist der Gradient nicht bekannt, wird häufig eine Heuristik verwendet, bei der eine neue Lösung erzeugt wird, indem die aktuelle leicht verändert wird; ist die neue besser als die alte, wird sie übernommen. Nach mehreren Iterationen dieses Verfahrens erhält man mit hoher Wahrscheinlichkeit eine recht gute Lösung. Die Annahme dahinter ist, dass eine Lösung, die einer guten Lösung ähnlich ist, ebenfalls gut sein dürfte, und der Optimierer versucht, das Anfangsdesign schrittweise zu verbessern. Diese Idee liegt vielen ingenieurwissenschaftlichen Entwurfsprozessen zugrunde,

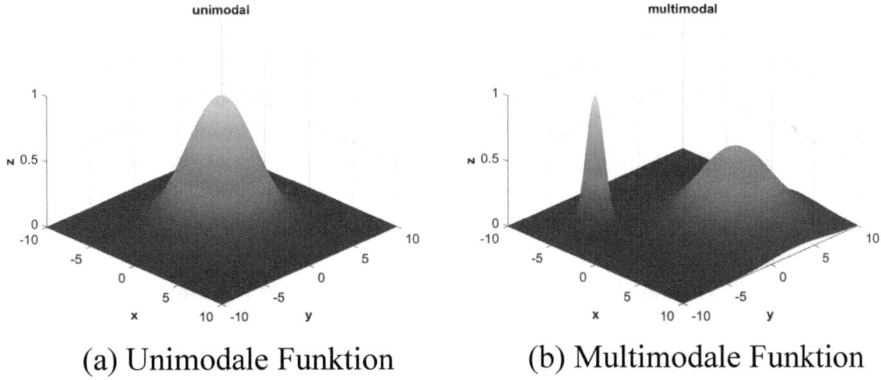

(a) Unimodale Funktion (b) Multimodale Funktion

Abb. 1.2 Stetige Funktionen

HILL-CLIMBING SEARCH

1. Randomly generate current solution $\boldsymbol{x}$;
2. REPEAT T times
   (a) $\boldsymbol{x}' \sim U(H), \quad H = \mathcal{C}(\boldsymbol{x}, \delta)$;
   (b) IF $\mathcal{F}(\boldsymbol{x}') > \mathcal{F}(\boldsymbol{x})$
       $\boldsymbol{x} = \boldsymbol{x}'$;
   (c) ELSE
       Do nothing;
3. RETURN $\boldsymbol{x}$;

Code 1.2 Hill-Climbing-Maximierung: $\boldsymbol{x}'$ wird mit gleichmäßiger Wahrscheinlichkeit zufällig innerhalb eines Hyperwürfels $H = C(\boldsymbol{x}, \delta)$ erzeugt, der um $\boldsymbol{x}$ mit der Seitenlänge δ zentriert ist.

bei denen zunächst ein Prototyp erstellt und dann schrittweise verbessert wird. Der Hauptunterschied besteht hier darin, dass die neue Lösung zufällig erzeugt wird und nicht auf ingenieurwissenschaftlichen Überlegungen zum Verhalten des aktuellen Prototyps basiert. Falls domänenspezifisches Wissen zur Verfügung steht, um die Wahrscheinlichkeit einer besseren Lösung zu erhöhen, kann die Zufallserzeugung durch eine andere Heuristik ersetzt werden. Diese Art von Heuristiken wird als *Hill-Climbing* bezeichnet, da bei einem Maximierungsproblem das Vorgehen dem schrittweisen Erklimmen der Fitnesslandschaft entspricht. Ein Beispiel für einen Pseudocode der Hill-Climbing-Heuristik ist in Kasten 1.2 für Maximierungsprobleme angegeben.[2]

Angewendet auf die Funktionen in Abb. 1.2, würde Hill-Climbing wahrscheinlich einen zickzackförmigen Pfad zu einem Maximum von $\mathcal{F}$ verfolgen. Ein direkterer Pfad kann erreicht werden, indem in jedem Schritt mehrere zufällige Lösungen erzeugt und die beste davon beibehalten wird, wie im Pseudocode von Kasten 1.3 angegeben. Hill-Climbing sucht – ähnlich wie die gradientenbasierte Optimierung – nach inkrementellen Verbesserungen der aktuellen Lösung. Aufgrund ihres lokalen Charakters neigen sowohl Hill-Climbing als auch gradientenbasierte Optimierung gleichermaßen dazu, auf suboptimalen Fitnessgipfeln zu konvergieren. Im Vergleich zur gradientenbasierten Suche folgt Hill-Climbing stets einem weniger direkten Pfad zum Optimum, ist jedoch auch auf nicht differenzierbare Funktionen anwendbar,

---

[2] Die Standardnotation $x \sim U(A)$ wird in diesem Buch verwendet, um eine Zahl x zu kennzeichnen, die zufällig ($\sim$) mit gleichmäßiger Wahrscheinlichkeit (U) aus der Menge A gezogen wird.

solange ein topologischer Begriff von „Ähnlichkeit“ zwischen zwei Lösungen definiert werden kann. Der Hauptunterschied zwischen Hill-Climbing und gradientenbasierter Suche besteht darin, dass Ersteres eine stochastische Komponente besitzt, während Letzteres vollständig deterministisch ist. Das heißt: Hill-Climbing sampelt zufällig den Suchraum in der Nähe der aktuellen Lösung auf der Suche nach Verbesserungen. Bei gleichem Startpunkt werden zwei unabhängige Optimierungsläufe im Allgemeinen unterschiedliche Lösungen sampeln und unterschiedliche Pfade zu leicht unterschiedlichen finalen Lösungen verfolgen – es sei denn, dem Algorithmus wird genügend Zeit gegeben, um exakt zum lokalen Maximum zu konvergieren. Die gradientenbasierte Suche folgt immer dem Gradienten, und zwei unabhängige Optimierungen werden exakt denselben Pfad verfolgen und die gleiche Lösung finden.

Bereits diese ersten Beispiele zeigen einige der Hauptmerkmale, die verschiedene Arten von Heuristiken unterscheiden. Das erste Merkmal ist die Entscheidungslogik, die entweder *deterministisch* (immer zur nächstgelegenen Stadt gehen, dem Gradienten folgen) oder *stochastisch* (Hill-Climbing) sein kann. Im Allgemeinen verbessert ein gewisser Grad an Stochastizität die Robustheit des Algorithmus gegenüber suboptimaler Konvergenz, macht die Ergebnisse jedoch nicht exakt wiederholbar. Die Beispiele in Abb. 1.3 zeigen zwei einfache Maximierungsprobleme mit univariaten Funktionen. In beiden Fällen könnte eine gradientenbasierte Suche, die am unteren Ende der beiden Kurven startet, die beiden kleinen Plateaus in Abb. 1.3a nicht

IMPROVED HILL-CLIMBING

1. Randomly generate current solution $\boldsymbol{x}$;
2. REPEAT T times
   (a) REPEAT K times
       i. $\boldsymbol{x}_i \sim U(H), \quad H = \mathcal{C}(\boldsymbol{x}, \delta)$;
   (b) $\boldsymbol{x}' = \arg\max_{\boldsymbol{y}} \{\mathcal{F}(\boldsymbol{y}) \mid \boldsymbol{y} \in \{\boldsymbol{x}_1, \ldots, \boldsymbol{x}_K\}\}$;
   (c) IF $\mathcal{F}(\boldsymbol{x}') > \mathcal{F}(\boldsymbol{x})$
       $\boldsymbol{x} = \boldsymbol{x}'$;
   (d) ELSE
       Do nothing;
3. RETURN $\boldsymbol{x}$;

Code 1.3 Verbesserte Hill-Climbing-Maximierung: $\boldsymbol{x}_i$ wird mit gleichmäßiger Wahrscheinlichkeit zufällig innerhalb eines Hyperwürfels $H = \mathcal{C}(\boldsymbol{x}, \delta)$ erzeugt, der um $\boldsymbol{x}$ mit der Seitenlänge δ zentriert ist. In jeder Iteration der Hauptschleife werden insgesamt K Kandidatenlösungen erzeugt.

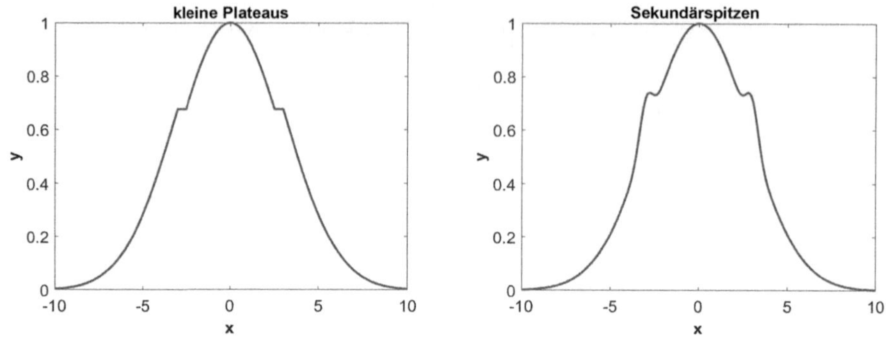

(a) Plateaus (b) Sekundäre Spitzen

Abb. 1.3 Zwei Beispiele für Unregelmäßigkeiten, die den Aufstieg eines gradientenbasierten Algorithmus blockieren würden. Vorausgesetzt, es ist genügend Zufälligkeit vorhanden, um aus den beiden seitlichen Plateaus der Teilabbildung (**a**) „herauszuspringen" oder die beiden kleinen Hügel der Abbildung (**b**) zu überwinden, könnte Hill-Climbing das Fitnessmaximum erreichen.

überwinden oder würde in einem der beiden kleinen „Hügel" in Abb. 1.3b steckenbleiben. Am Gipfel eines Hügels (oder auf einer flachen Stufe) wäre der Gradient nämlich null und die Suche würde nicht weiter voranschreiten. Hill-Climbing würde ebenso steckenbleiben, wenn die Größe von δ (Kästen 1.2 und 1.3) zu klein wäre, um die Breite des kleinen Hügels (oder einer der flachen Stufen) zu überschreiten. Mit ausreichend Zufälligkeit kann Hill-Climbing jedoch aus kleinen Unregelmäßigkeiten herausspringen oder sie überspringen und so das globale Optimum der Kurve erreichen.

Das zweite wichtige Merkmal der bisher betrachteten Heuristiken ist ihr radikal-lokaler Ansatz – das heißt, sie bewegen sich stets zur nächstgelegenen Stadt, folgen dem lokalen Gradienten und wählen eine Lösung mit höherer Fitness. Im Beispiel in Abb. 1.3b kann eine gradientenbasierte Suche nicht erkennen, dass kurz nach dem Nebenmaximum (dem Gipfel der Unebenheit) der Gradient wieder positiv wird und zum globalen Optimum führt. Das Hill-Climbing-Verfahren erkennt dies nur, wenn die Größe δ der Störung der aktuellen Lösung groß genug ist, um neue Kandidatenlösungen außerhalb der Basis der Unregelmäßigkeit zu erzeugen. Mit anderen Worten: Es gibt Optimierungsfälle, in denen die Heuristik weit entfernt von der aktuellen Lösung suchen muss, um Wege zu besseren Lösungen zu entdecken.

In Fällen wie der Funktion in Abb. 1.2b muss die Suche möglicherweise in eine völlig andere Region des Lösungsraums verlagert werden. Leider ist der Ort des globalen Optimums nicht bekannt, und in den meisten Fällen gibt es keine Informationen, die die Suche lenken könnten. Neue vielversprechende Bereiche können daher nur durch zufälliges Abtasten des Lösungsraums gefunden werden. Das Problem besteht meist darin, dass beim zufälligen Erzeugen neuer Lösungen, die sich stark von der aktuellen unterscheiden, keine Garantie besteht, neue Fitnessmaxima zu finden. Dennoch besteht bei einer großen Anzahl von Versuchen eine gute Chance,

RANDOM SEARCH

1. Randomly generate current solution $\boldsymbol{x}$;
2. REPEAT T times
   (a) $\boldsymbol{x'} \sim U(A)$;
   (b) IF $\mathcal{F}(\boldsymbol{x'}) > \mathcal{F}(\boldsymbol{x})$
       $\boldsymbol{x} = \boldsymbol{x'}$;
   (c) ELSE
       Do nothing;
3. RETURN $\boldsymbol{x}$;

Code 1.4 Die Random-Search-Heuristik wird mit gleichmäßiger Wahrscheinlichkeit im Raum der zulässigen Lösungen A zufällig erzeugt. Der Algorithmus ist für ein Maximierungsproblem konzipiert.

eine akzeptable Lösung zu finden. Die *Random-Search*-Heuristik basiert ausschließlich auf zufälligem Sampling zur Erzeugung von Kandidatenlösungen; sie ist im Pseudocode in Kasten 1.4 zusammengefasst.

Man kann sagen, dass Random Search einem Hill-Climbing-Optimierer entspricht, bei dem der Suchbereich δ unendlich groß ist. Das Hauptproblem bei Random Search ist, dass es zwar wahrscheinlich ist, vielversprechende Lösungen zu finden, aber äußerst unwahrscheinlich, das globale Optimum durch reinen Zufall zu treffen (es wird angenommen, dass die Anzahl der zulässigen Lösungen die Sampling-Fähigkeit des Problemlösers bei Weitem übersteigt).

Hill-Climbing und Random Search sind extreme Beispiele für zwei entgegengesetzte Ansätze: Ersterer baut die endgültige Lösung schrittweise auf Basis der bisher gewonnenen Erfahrung auf *(exploitativer Suchansatz)*, während Letzterer nach Neuartigkeit sucht und jede neue Lösung unvoreingenommen generiert *(explorativer Suchansatz)*. Während Hill-Climbing radikal versucht, das Ergebnis der bisherigen Erfahrung zu maximieren und stets zu einer Lösung mit höherer Fitness übergeht, ist Random Search nicht radikal, da es bereit ist, viele schlechte Lösungen zu evaluieren, um langfristig einen Gewinn zu erzielen. Während Hill-Climbing lokal im Lösungsraum agiert und stets Lösungen erzeugt, die der bisher besten ähnlich sind *(lokaler Suchansatz)*, deckt Random Search den gesamten Lösungsraum ab *(globaler Suchansatz)*. Durch Anpassung der Breite des Bereichs, in dem Hill-Climbing Kandidatenlösungen erzeugt, kann das Verhalten des Algorithmus mehr oder weniger lokal, radikal und exploitativer gestaltet werden.

Im Allgemeinen sind rein radikale, exploitative Ansätze besser darin, das Maximum des betrachteten Hügels präzise zu lokalisieren, laufen aber aufgrund ihrer

„Kurzsichtigkeit" eher Gefahr, in einem lokalen Fitnessmaximum zu konvergieren. Reine, nichtradikale, explorative Ansätze finden mit größerer Wahrscheinlichkeit das Hauptmaximum der Fitnesslandschaft, sind aber aufgrund mangelnder Fokussierung weniger in der Lage, dessen Gipfel exakt zu bestimmen.

Ein weiterer Ansatz zur Verringerung des Risikos suboptimaler Konvergenz bei Verwendung gieriger Heuristiken ist die Durchführung mehrerer Suchen parallel, in der Hoffnung, dass zumindest eine im Einzugsbereich des Hauptmaximums startet. Das heißt: Eine Anzahl von Hill-Climbern wird an verschiedenen zufälligen Positionen im Lösungsraum initialisiert und für eine bestimmte Anzahl von Iterationen parallel ausgeführt. Am Ende des Prozesses wird die beste von den Hill-Climbern gefundene Lösung als endgültige Lösung übernommen. Dieser Ansatz ist im Pseudocode in Kasten 1.5 formalisiert. Sein Erfolg hängt von der Balance zwischen exploitativer Anstrengung (der Anzahl K der pro Iteration von jedem Hill-Climber gesampelten Kandidatenlösungen) und explorativer Anstrengung (der Anzahl M der eingesetzten Hill-Climber) ab, wobei zu berücksichtigen ist, dass pro Iteration des Algorithmus eine feste Anzahl $S = M \times K$ an Sampling-Möglichkeiten zur Verfügung steht.

Die Idee, viele Bereiche des Suchraums parallel zu durchsuchen und dabei möglicherweise Informationen über die Ergebnisse zwischen verschiedenen Standorten auszutauschen, ist ein weiteres charakteristisches Merkmal vieler Heuristiken. *Serielle* Optimierungsverfahren verbessern iterativ einen Prototyp, während *parallele* Optimierungsverfahren iterativ eine Population von Kandidatenlösungen verbessern. Parallele Suchansätze können als Beispiele für Metaheuristiken betrachtet werden, bei denen ein übergeordnetes Schema die Ausführung mehrerer Instanzen der untergeordneten Heuristik (z. B. Hill-Climbing) steuert und die endgültige Lösung aus deren kollektiver Leistung auswählt.

Die Bewältigung des *Trade-offs zwischen Ausbeutung und Exploration* ist das zentrale Thema bei der Entwicklung jedes Optimierungsalgorithmus. Da nur ein sehr kleiner Bruchteil der zulässigen Lösungen in vertretbarer Zeit bewertet werden kann, läuft das Dilemma letztlich darauf hinaus, ob Kandidatenlösungen in bereits bekannten, vielversprechenden Bereichen des Suchraums oder in noch unerforschten Regionen ausgewählt werden sollen. Wie im Beispiel mit zwei Variablen in Abb. 1.4 dargestellt, führt eine ausbeuterische Suche zu einer feinen und gründlichen Untersuchung in einem begrenzten Bereich des Lösungsraums, wobei das Risiko besteht, das globale Optimum zu verpassen, falls dieses außerhalb des untersuchten Bereichs liegt. Explorative Suche hingegen deckt einen weiten Bereich des Lösungsraums ab, ist dabei jedoch grob und somit ungenau.

1.5 Hauptprobleme der Optimierung

Die größte Herausforderung bei der Optimierung besteht darin, dass es unmöglich ist, alle zulässigen Lösungen in vertretbarer Zeit zu testen. Diese Einschränkung zwingt den Entwickler dazu, Annahmen darüber zu treffen, welche Lösungen ausgewählt

PARALLEL HILL-CLIMBERS

1. Randomly generate M solutions $\boldsymbol{x}_j$;
2. REPEAT T times
   (a) REPEAT M times
      i. REPEAT K times
         $\boldsymbol{x}_{ji} \sim U(H), \quad H = \mathcal{C}(\boldsymbol{x_j}, \delta);$
      ii. $\boldsymbol{x'}_j = \arg\max_{\boldsymbol{y}} \{\mathcal{F}(\boldsymbol{y}) \mid \boldsymbol{y} \in \{\boldsymbol{x}_{j1}, \ldots, \boldsymbol{x}_{jK}\}\};$
      iii. IF $\mathcal{F}(\boldsymbol{x'}) > \mathcal{F}(\boldsymbol{x}_j)$
         $\boldsymbol{x}_j = \boldsymbol{x'};$
      iv. ELSE
         Do nothing;
3. $\boldsymbol{x} = \arg\max_{\boldsymbol{y}} \{\mathcal{F}(\boldsymbol{y}) \mid \boldsymbol{y} \in \{\boldsymbol{x_1}, \ldots, \boldsymbol{x}_M\}\};$
4. RETURN $\boldsymbol{x}$;

Code 1.5 *M* Hill-Climbing-Prozeduren laufen parallel: x_{ji} wird mit gleichmäßiger Wahrscheinlichkeit zufällig innerhalb eines Hyperwürfels $H = \mathcal{C}(x_j, \delta)$ erzeugt, der im Zentrum von x_j mit Seitenlänge δ liegt. Insgesamt werden für jede Hill-Climbing-Prozedur in jeder Iteration der Hauptschleife K Kandidatenlösungen erzeugt. Der Algorithmus ist für ein Maximierungsproblem konzipiert.

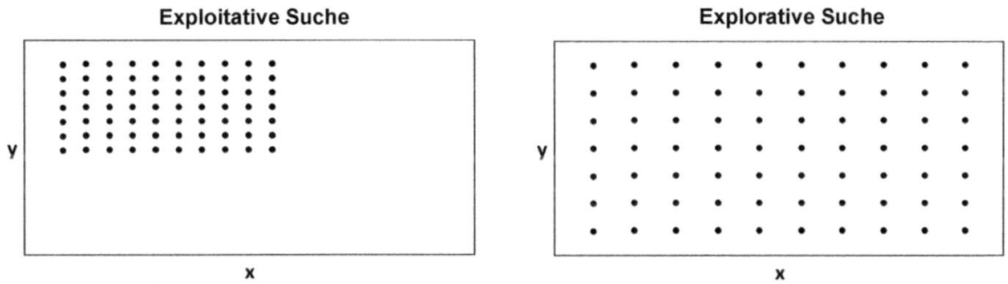

(a) Exploitative Stichproben (b) Explorative Stichproben

Abb. 1.4 Das Hauptdilemma der Optimierung: Soll bei einer festen Anzahl von Stichprobenmöglichkeiten der Suchraum weitläufig, aber spärlich abgetastet werden, oder soll er nur teilweise, dafür aber gründlich untersucht werden?

werden sollten – das heißt, dass er irgendeine Form von Heuristik einsetzen muss. Bei manchen Problemen kann die Entwicklung der Heuristik durch domänenspezifisches Wissen unterstützt werden. Leider ist dieses Wissen oft spärlich oder gar nicht vorhanden, sodass sich der Entwickler auf die Entwicklung einer effektiven Suchmethode konzentrieren muss.

Ein sinnvolles Vorgehen bei der Optimierung wäre es, die Zuverlässigkeit und Effektivität verschiedener Heuristiken in unterschiedlichen Kontexten zu untersuchen und die leistungsstärkste(n) Methode(n) auszuwählen. Leider ist auch diese Idee nicht praktikabel, da theoretisch bewiesen wurde, dass eine universelle, allgemeingültige Optimierungsstrategie unmöglich ist. Das heißt: Heuristiken sind bei der Lösung bestimmter Probleme besser, bei anderen aber schlechter, und ihre Leistung ist im Durchschnitt über alle möglichen Optimierungsprobleme hinweg gleich. Es ist möglich, eine Heuristik so zu spezialisieren, dass sie in einem bestimmten Problembereich oder einer bestimmten Problemklasse gut funktioniert – dies geht jedoch auf Kosten der Leistung der gleichen Heuristik bei anderen Problemen. Daher kann von einem Algorithmus, der in einem bestimmten Bereich vielen anderen überlegen ist, nicht erwartet werden, dass er bei jedem anderen Problem ebenso gut abschneidet. Dieses grundlegende theoretische Ergebnis wird als *No Free Lunch (NFL) Theorem* [24] bezeichnet und wurde relativ spät in der Geschichte der Optimierung formuliert. Das NFL-Theorem wurde für endliche Problemdomänen bewiesen, das heißt für jedes Problem, das auf digitalen Computern gelöst wird [2, 24]. Das NFL-Theorem wird viele der Analysen im weiteren Verlauf dieses Buches leiten.

Optimierung ist daher schwierig, weil domänenspezifisches Wissen oft fehlt und keine allgemeingültige Lösung existiert. Selbst die Anpassung eines Suchalgorithmus an ein bestimmtes Problem kann schwierig sein, da es an Wissen über das Problem selbst mangelt. Der Entwickler muss sich daher auf seine Erfahrung und Intuition verlassen und in der Regel auf eine beträchtliche Anzahl von Versuchen und Irrtümern zurückgreifen.

Eine weitere Herausforderung bei der Optimierung ergibt sich aus der Komplexität des Suchraums. Wie in Abschn. 1.4 erwähnt, ist die Fehlerfunktion bei einem ANN-Trainingsproblem stark multimodal. Das Lennard-Jones-Potenzial im Protein-Faltungsproblem ist dafür bekannt, mehrere lokale Minima zu besitzen. Die Anzahl der lokalen Minima wächst exponentiell mit der Anzahl der Aminosäuren [18]. In manchen Fällen gleicht das Auffinden des Hauptmaximums unter einer sehr großen Anzahl von Nebenmaxima der sprichwörtlichen Suche nach der Nadel im Heuhaufen.

Bei stark multimodalen Problemen ist es nahezu sicher, dass naive Heuristiken wie einfaches Hill-Climbing in lokalen Minima steckenbleiben. Intelligente Stichproben können in manchen Fällen helfen, aber es gibt hochgradig trügerische Funktionen, die jede auf bisherigen Stichprobenergebnissen basierende Heuristik – also nicht auf Zufallssuche basierende – in die Irre führen können. Abb. 1.5 zeigt ein einfaches zweidimensionales Optimierungsproblem, bei dem das Einzugsgebiet des Nebenmaximums den Großteil des Suchraums abdeckt. Jede auf bisherigen Erfahrungen basierende Stichprobe wird die Suche wahrscheinlich zum Nebenmaximum lenken. In diesem Fall besteht die Möglichkeit, dass eine Zufallssuche eine Lösung nahe genug am globalen Optimum findet und damit ausgeklügelte Heuristiken übertrifft.

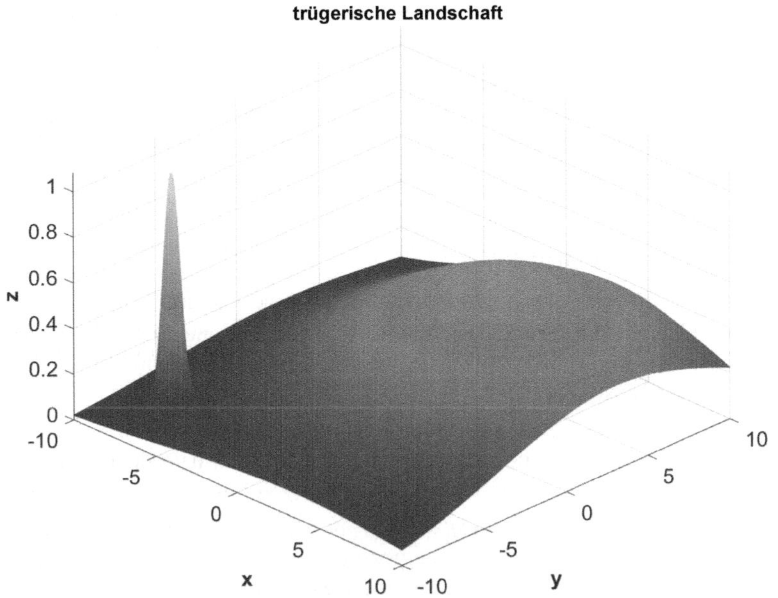

Abb. 1.5 Beispiel für eine trügerische Funktion: Das Einzugsgebiet des Nebenmaximums nimmt den Großteil des Lösungsraums ein

Weitere Faktoren können die Suche zusätzlich erschweren. Bisher wurde stets angenommen, dass die Fitnesslandschaft fest ist: Die Entfernungen zwischen Städten im TSP sind konstant und die Fitnessfunktion ist statisch. Dies ist jedoch nicht immer der Fall, und in vielen Fällen ist die Funktion, die den Wert einer Kandidatenlösung angibt, zeitabhängig. Beispielsweise müssen Energieversorgungsunternehmen sicherstellen, dass die Verbrauchernachfrage in Stromnetzen gedeckt wird, während sie die Last zwischen verschiedenen Quellen ausbalancieren und insbesondere Überlastungen einzelner Einheiten vermeiden. Weitere Nebenbedingungen und Ziele in Bezug auf Kosten und Emissionen können die Optimierungsaufgabe zusätzlich erschweren. In diesem Fall schwanken Angebot und Nachfrage ständig mit Tageszeit, Wetter, Jahreszeit und gelegentlichen Ausfällen von Quellen und Leitungen. Mobilfunknetze, Straßennetzwerke und die Produktionsstätten großer Unternehmen stellen ähnliche zeitabhängige Optimierungsherausforderungen dar. Wenn sich die Reisezeiten zwischen Städten beispielsweise aufgrund von Verkehr ändern, wird das TSP selbst zu einem zeitvarianten Problem.

Ein weiterer Faktor, der die Suche erschwert, ist Ungenauigkeit oder Unsicherheit bei der Bewertung von Lösungen. In diesem Fall trifft die Heuristik Entscheidungen auf der Grundlage von verrauschten oder nicht vollständig zuverlässigen Rückmeldungen. Ein typisches Beispiel ist die Optimierung von ANN-Architekturen, bei der die Leistung der Kandidatenlösungen in der Regel anhand der Genauigkeit trainierter Instanzen bewertet wird. Wie bereits erwähnt, ist das Training von ANNs selbst ein komplexes Optimierungsproblem und die Ermittlung der Gewichtskonfiguration mit minimalem Fehler rechnerisch nicht durchführbar. Daher werden ANN-Architekturen anhand „guter Lösungen“ bewertet, also hinreichend gut trainierter Instanzen, die im Allgemeinen nicht die bestmögliche Lösung darstellen, sodass eine präzise Bewertung ihres Werts nicht möglich ist.

1.6 Zusammenfassung

Dieses Kapitel legte die Grundlage für die Darstellung und Diskussion des Themas dieses Buches und führte die wichtigsten Konzepte sowie die Terminologie im Bereich der Optimierung ein. Im Detail wurde das Problem der Parameteroptimierung formalisiert und es wurden mehrere Beispiele gegeben. In vielen Fällen zeigte sich, dass die Parameteroptimierung nicht analytisch lösbar ist und eine vollständige Durchmusterung aller zulässigen Lösungen die Rechenleistung heutiger Maschinen übersteigt. Aus diesem Grund sind verschiedene Arten von Heuristiken erforderlich, um die Menge der zulässigen Lösungen gezielt zu durchsuchen.

Da die Möglichkeiten zur Stichprobenziehung von Lösungen begrenzt sind, ist deren effiziente und effektive Nutzung von grundlegender Bedeutung. Im Detail müssen alle Heuristiken den Zielkonflikt zwischen Ausnutzung und Exploration aushandeln – das heißt den Suchaufwand zwischen der Ausnutzung der bisher gewonnenen Informationen (der bereits beprobten Lösungen) und der Erkundung neuer Designalternativen aufteilen. Die Ausnutzung begünstigt eine gründliche Suche in vielversprechenden Regionen des Lösungsraums und eine relativ genaue Lokalisierung des lokalen Fitnessoptimums. Sie ist jedoch eng gefasst und könnte das globale Optimum übersehen. Die Exploration sorgt für eine gute Abdeckung des Lösungsraums und erhöht die Wahrscheinlichkeit, das globale Fitnessmaximum zu finden. Allerdings ist es aufgrund der weit gestreuten Stichproben bei reiner Exploration unwahrscheinlich, das globale Optimum präzise zu bestimmen.

Neben der Größe des Lösungsraums wird die Parameteroptimierung durch die Komplexität der Fitnesslandschaft und ihren Täuschungscharakter erschwert. Aufgrund der meist spärlichen Informationen über die Eigenschaften dieser Landschaft und des Fehlens eines universellen Optimierers ist der Designer bei Optimierungsproblemen in der Regel auf seine Intuition und Expertise angewiesen. Deren Lösung erfordert häufig umfangreiche Experimente. Zeitlich veränderliche Fitnesslandschaften und Unsicherheiten bei der Bewertung der Kandidatenlösungen sind weitere Faktoren, die die Optimierungsaufgabe erschweren können.

Fragen zum Kapitelende

1. Erläutern Sie die grundlegenden Konzepte der Optimierung, einschließlich der Rolle von Entscheidungsvariablen, Nebenbedingungen (Gleichungen und Ungleichungen) und der Zielfunktion. Wie interagieren diese Elemente, um ein Optimierungsproblem zu definieren?

2. Vergleichen und stellen Sie kontinuierliche Optimierung und kombinatorische Optimierung einander gegenüber, indem Sie konkrete Beispiele anführen und die wichtigsten Unterschiede in ihren Lösungsräumen und Suchstrategien herausstellen.
3. Diskutieren Sie die Herausforderungen, die mit kontinuierlichen Optimierungsproblemen verbunden sind, insbesondere in Fällen, in denen die Zielfunktion komplex, hochdimensional oder nicht analytisch behandelbar ist.
4. Warum ist das Problem des Handlungsreisenden (Travelling Salesman Problem) so schwer zu lösen, wenn die Anzahl der Städte hoch ist? Welche praktischen Anwendungen gibt es für das Travelling Salesman Problem?
5. Erläutern Sie die Rolle von Heuristiken und Metaheuristiken bei der Lösung von Optimierungsproblemen. Was sind ihre Vor- und Nachteile im Vergleich zu analytischen Methoden? Diskutieren Sie das Konzept des „No Free Lunch" und seine Implikationen für die heuristische Optimierung.
6. Erklären Sie den Zielkonflikt zwischen Exploration und Ausnutzung in der Optimierung. Wie balancieren verschiedene Suchstrategien diese beiden Aspekte aus, und wie wirkt sich dieses Gleichgewicht auf den Suchprozess und die Qualität der Lösungen aus?
7. Diskutieren Sie die Rolle der Stochastizität in Optimierungsheuristiken. Wie trägt Zufälligkeit zur Exploration des Suchraums bei, und welche potenziellen Vorteile und Nachteile hat die stochastische Suche?
8. Wie steht das Konzept der „Ähnlichkeit" zwischen Lösungen im Zusammenhang mit der Hill-Climbing-Heuristik? Vergleichen und kontrastieren Sie gradientenbasierte Suche und Hill-Climbing. Worin unterscheiden sie sich in ihrer Entscheidungslogik und ihrer Fähigkeit, mit unterschiedlichen Fitnesslandschaften umzugehen?
9. Erläutern Sie das Konzept der parallelen Suche in der Optimierung und deren Beziehung zu Metaheuristiken. Wie nutzt die parallele Suche mehrere Heuristiken oder Agenten, um den Suchraum effektiver zu erkunden?
10. Diskutieren Sie die Herausforderungen, die durch zeitlich veränderliche Fitnesslandschaften und eine verrauschte oder ungenaue Bewertung von Lösungen entstehen. Wie können Optimierungsalgorithmen angepasst werden, um mit diesen dynamischen und unsicheren Umgebungen umzugehen?
11. Reflektieren Sie über die Zukunft der Optimierung und die Rolle von künstlicher Intelligenz und naturinspirierten Algorithmen. Was sind die aktuellen Trends und Herausforderungen in diesem Bereich, und wie könnten sie die Entwicklung neuer Optimierungstechniken beeinflussen?

Literatur

1. Applegate DL, Bixby RE, Chvátal V, Cook W, Espinoza DG, Goycoolea M, Helsgaun K (2009) Certification of an optimal TSP tour through 85,900 cities. Oper Res Lett 37(1):11–15

2. Auger A, Teytaud O (2010) Continuous lunches are free plus the design of optimal optimization algorithms. Algorithmica 57(1):121–146
3. Burkard RE (1979) Travelling salesman and assignment problems: a survey. In: Annals of discrete mathematics, Bd 4. Elsevier, S 193–215
4. Clementi C, Vendruscolo M, Maritan A, Domany E (1999) Folding Lennard-Jones proteins by a contact potential. Proteins Struct Funct Bioinform 37(4):544–553
5. Dantzig GB, Ramser JH (1959) The truck dispatching problem. Manag Sci 6(1):80–91
6. Darwin C (2004) On the origin of species, 1859. Routledge
7. Hattori LT, Gutoski M, Benítez CMV, Nunes LF, Lopes HS (2020) A benchmark of optimally folded protein structures using integer programming and the 3D-HP-SC model. Comput Biol Chem 84:107192
8. Hoffman A, Wolfe P (1985) History, the traveling salesman problem. John Wiley & Sons Ltd, S 1–15
9. Knowles J (2009) Closed-loop evolutionary multiobjective optimization. IEEE Comput Intell Mag 4(3):77–91
10. Laporte G, Asef-Vaziri A, Sriskandarajah C (1996) Some applications of the generalized travelling salesman problem. J Oper Res Soc 47(12):1461–1467
11. Laporte G, Mercure H, Nobert Y (1987) Generalized travelling salesman problem through n sets of nodes: the asymmetrical case. Discret Appl Math 18(2):185–197
12. LeCun Y, Bengio Y, Hinton G (2015) Deep learning. Nature 521(7553):436–444
13. Lennard-Jones JE (1931) Cohesion. Proc Phys Soc (1926–1948) 43(5):461
14. Levinthal C (1969) How to fold graciously. Mossbauer spectroscopy in biological systems, Bd 67, S 22–24
15. MacGregor JN, Chronicle EP, Ormerod TC (2006) A comparison of heuristic and human performance on open versions of the traveling salesperson problem. J Probl Solving 1(1):5
16. Martins JR, Ning A (2021) Engineering design optimization. Cambridge University Press
17. Miettinen K (2012) Nonlinear multiobjective optimization, Bd 12. Springer Science & Business Media
18. Mongeau M, Karsenty H, Rouzé V, Hiriart-Urruty J (2000) Comparison of public-domain software for black box global optimization. Optim Methods Softw 13(3):203–226
19. Moré JJ (1978) The Levenberg-Marquardt algorithm: implementation and theory. In: Numerical analysis. Springer, S 105–116
20. Pham DT, Packianather M, Afify A (2007) Artificial neural networks. Comput Intell. Springer, S 67–92
21. Reinelt G (1991) TSPLIB—a traveling salesman problem library. ORSA J Comput 3(4):376–384
22. Rumelhart DE, Hinton GE, Williams RJ (1986) Learning representations by back-propagating errors. Nature 323(6088):533–536
23. Sörensen K, Glover F (2013) Metaheuristics. Encyclopedia of operations research and management science, Bd 62, S 960–970
24. Wolpert DH, Macready WG (1997) No free lunch theorems for optimization. IEEE Trans Evol Comput 1(1):67–82

Kapitel 2
Naturinspirierte Optimierung mit dem Bienenalgorithmus

Im Laufe der Jahrhunderte war die Natur eine unerschöpfliche Quelle der Inspiration zur Lösung komplexer ingenieurwissenschaftlicher Probleme. Der Ansatz, Lösungen auf der Grundlage der Beobachtung biologischer Systeme zu suchen, wird als *Biomimikry* bezeichnet. Eines der frühesten Beispiele für Biomimikry war die Beobachtung von Pappus von Alexandria (3. bis 4. Jahrhundert n. Chr.), dass eine Honigwabe die optimale Struktur zur Lagerung von Honig darstellt. Seine *Honigwaben-Vermutung* besagt, dass ein regelmäßiges hexagonales Gitter den kürzesten Gesamtumfang aller anderen Zerlegungen einer Ebene in Gebiete gleicher Fläche aufweist und die dichteste Kreispackung erzeugt. Die Vermutung wurde kürzlich als korrekt bewiesen [1], und die Idee wird noch heute in verschiedenen ingenieurtechnischen Anwendungen genutzt, um leichte und kompakte Materialien zu schaffen.

Leonardos Flugmaschinen waren eindeutig von der Beobachtung der Vögel inspiriert, ebenso wie die Form des japanischen Shinkansen-Schnellzugs, die nach dem Vorbild des Körpers von Eisvögeln (Alcedinidae) gestaltet wurde [2]. Ein weiteres bekanntes Beispiel für Biomimikry sind Klettverschlüsse, die von den winzigen Widerhaken inspiriert wurden, mit denen sich Kletten an Tierhaaren festsetzen [2]. Die Liste menschlicher Artefakte, die auf Naturbeobachtungen beruhen, ist lang, und eine erschöpfende Diskussion darüber würde ein eigenes Buch verdienen. Um es mit den Worten von Albert Einstein zu sagen:

> *Blicke tief in die Natur, und dann wirst du alles besser verstehen.*

In diesem Kapitel wird der Bienenalgorithmus vorgestellt [3, 4], eine Form der Biomimikry zur Bewältigung der komplexen Optimierungsprobleme, die in Kap. 1 behandelt werden. Zunächst wird der allgemeine Kontext der naturinspirierten Optimierung erläutert. Anschließend wird die von Bienen inspirierte Metapher eingeführt, gefolgt von der Beschreibung des Algorithmus sowie seiner wichtigsten Varianten und Anwendungen. Die Gemeinsamkeiten und Unterschiede zwischen dem Bienenalgorithmus und anderen Metaheuristiken werden ebenfalls analysiert.

D. T. Pham et al., *Intelligente Optimierung mit dem Bienenalgorithmus*,
https://doi.org/10.1007/978-3-032-14424-9_2

2.1 Naturinspirierte Optimierung

Im Verlauf von Millionen Jahren der Evolution hat die Natur die Merkmale biologischer Systeme so optimiert, dass sie komplexe Aufgaben mit hoher Effizienz erfüllen, wie etwa die Anpassung von Arten, die Reaktion des Immunsystems auf verschiedene Arten von Krankheitserregern sowie verschiedene tierische Verhaltensweisen wie Nahrungssuche, Nestbau, Wanderung und Fortpflanzung in sich ständig verändernden Umgebungen. Eine wachsende Zahl von Veröffentlichungen zeigt, dass die Optimierungsstrategien der Natur häufig auf stochastischen Suchverfahren beruhen, die auf der Interaktion und Selbstorganisation großer und dezentralisierter Gruppen von Individuen basieren [5].

Der Problemlösungsansatz der Natur zog bald die Aufmerksamkeit von Ingenieuren und Mathematikern auf sich. Um auf der Suche nach Optimierungsmethoden der zunehmenden Komplexität von ingenieurtechnischen und wirtschaftlichen Netzwerken zu begegnen, begannen sie, neue Metaheuristiken zu entwickeln, die auf der parallelen stochastischen Suche großer Agentengruppen basieren. Diese Metaheuristiken wurden als Alternative zu klassischen Optimierungsmethoden wie der dynamischen Programmierung vorgeschlagen und erfreuten sich in den letzten 30 Jahren großer Beliebtheit.

Die frühesten Beispiele für Biomimikry von Optimierungsstrategien der Natur stammen aus der Mitte der 1960er Jahre, als die natürliche Evolution als Inspiration für eine neue Klasse von Verfahren diente, die sogenannten evolutionären Algorithmen (EAs) [6, 7]. EAs verwenden eine Population von Kandidatenlösungen, die iterativ durch Anwendung stochastischer Operatoren verbessert wird. Bei EAs wird der Optimierungsprozess durch das darwinistische Prinzip des Überlebens der Tüchtigsten [8] gesteuert, das durch Konkurrenz um Überleben und Fortpflanzung realisiert wird. Kandidatenlösungen werden auf Grundlage ihrer Fitness ausgewählt, also danach, wie gut sie das Ziel des Optimierungsprozesses erfüllen. Die ausgewählten Lösungen werden miteinander kombiniert, und ihre *Merkmale* (die Werte der Entscheidungsvariablen) werden zufällig mutiert und/oder rekombiniert, um Nachkommen mit ähnlichen Eigenschaften zu erzeugen. Diese Nachkommen ersetzen die Elterngeneration ganz oder teilweise. Nach mehreren Evolutionszyklen, die durch die fitnessbasierte Selektion gesteuert werden, wird erwartet, dass die Population zu einem Optimum konvergiert und das beste Individuum als endgültige Lösung ausgewählt wird. Wird ausschließlich Mutation eingesetzt, verhalten sich EAs ähnlich wie eine Population paralleler Bergsteigerverfahren, bei denen die lokale Suche dynamisch intensiviert oder aufgegeben wird, abhängig vom Fortschritt der Suche. Rekombinationsverfahren können die Ergebnisse von Suchen in verschiedenen Bereichen des Lösungsraums zusammenführen und vermischen, um neue Bereiche zu erschließen. Der Pseudocode eines allgemeinen EAs ist in Kasten 2.1 dargestellt.

EVOLUTIONARY ALGORITHM

1. Randomly initialise population $P = \{\boldsymbol{x}_1, \ldots, \boldsymbol{x}_{ps}\}$;
2. REPEAT T times
   (a) **Fitness Evaluation**: calculate $f_i = \mathcal{F}(\boldsymbol{x_i})\ \forall i \in [1, ps]$;
   (b) **Selection**: sample with replacement μ parents from P with bias towards high fitness individuals;
   (c) Mate the μ parents, form $\pi = {}^{\mu}/_{2}$ pairs;
   (d) $p = 1$, $O = \varnothing$;
   (e) REPEAT π times
      i. Generate $\rho_c \sim U(W), \quad W = [0, 1]$;
      ii. IF $\rho_c \leq r_c$
         Crossover: generate κ offspring via stochastic recombination of the traits of the pth pair of parents;
      iii. ELSE
         Generate κ offspring as copies of the pth pair of parents;
      iv. $j = 1$;
      v. REPEAT κ times
         A. Generate $\rho_m \sim U(W), \quad W = [0, 1]$;
         B. IF $\rho_m \leq r_m$
            Mutation: randomly change one or more traits of the jth offspring;
         C. ELSE
            Do nothing;
         D. $j = j + 1$;
      vi. Add κ offspring to population O;
      vii. $p = p + 1$;
   (f) **Population Replacement**: replace $1 \leq \nu \leq \min(ps, |O|)$ members of P with ν members of O;
3. RETURN $\boldsymbol{x} = \arg\max_{\boldsymbol{y}} \{\mathcal{F}(\boldsymbol{y}) \mid \boldsymbol{y} \in P\}$;

Code 2.1 Pseudocode eines allgemeinen EA-Verfahrens für ein Maximierungsproblem. Die Zahlen ρ_c und ρ_m werden mit gleichmäßiger Wahrscheinlichkeit zufällig im Intervall $[0,\ 1] \subset \mathbb{R}$ erzeugt. $\mathcal{F}$ ist die übliche Fitnessfunktion, ps ist die Populationsgröße, $r_c,\ r_m \in [0,\ 1]$, $\mu,\ \kappa,\ \nu \in \mathbb{N}$ sind Systemparameter und $|O| = \pi \times \kappa$ ist die Kardinalität der Menge O

Anfangs durch die begrenzte Rechenleistung früher Computer eingeschränkt, erzielte die Forschung zu EAs ab Mitte der 70er Jahre rasche Fortschritte und wachsende Popularität [9]. EAs sind heute eine etablierte und weit verbreitete Klasse von Optimierungsalgorithmen und ein breit gefächertes, aktives Forschungsgebiet [10]. Aufgrund ihrer frühen Entwicklung prägten EAs auch die Terminologie und Praxis vieler nachfolgender populationsbasierter Metaheuristiken, etwa die umgangssprachliche Bezeichnung der Zielfunktion als „Fitnessfunktion“ oder die Bezeichnung einer Iteration des Hauptzyklus eines Optimierungsverfahrens als „Generation“.

Obwohl Rekombination als eine Form der Kooperation betrachtet werden kann, ist der Hauptantrieb für die Optimierung in EAs der Wettbewerb zwischen den Agenten. Erst Ende der 80er und Anfang der 90er Jahre wurden Mechanismen tierischer Kooperation wie Vogelschwärme [11, 12] und das Nahrungssuchverhalten von Insekten [13] zu Optimierungszwecken nachgebildet. Dank der Verfügbarkeit schneller und leistungsfähiger Prozessoren entwickelte sich in der ersten Dekade des neuen Jahrtausends die Entwicklung neuer Paradigmen, die auf der kollektiven Intelligenz sozialer Tiere, insbesondere von Insekten, basieren, zu einem aktuellen Forschungsthema in der Künstlichen Intelligenz (KI) [14]. Ursprünglich als Teilgebiet des verwandten Feldes der EAs angesehen, entwickelte sich die Schwarmintelligenz (SI) [15, 16] zu einem eigenständigen KI-Zweig mit einem klar definierten wissenschaftlichen Paradigma, einer florierenden Community, die in der Lage ist, bedeutende Forschungsgelder einzuwerben [17–20], sowie einem Netzwerk populärer Websites, wissenschaftlicher Tagungen und Fachzeitschriften.

SI zeichnet sich durch ein klar definiertes Paradigma aus, das den Einsatz einer Population einfacher Agenten vorschreibt, die Kandidatenlösungen abtasten und bewerten, anstatt – wie bei EA-Individuen – selbst Lösungen zu repräsentieren. SI-Agenten werden durch eine Kombination aus einfachen Heuristiken und Stochastizität gesteuert und tauschen untereinander Informationen über bestimmte Kommunikationswege aus. In einigen Fällen kann die Kombination einfacher Heuristiken bereits auf Agentenebene zu recht komplexen Verhaltensweisen führen, wobei der Hauptmechanismus zur Komplexitätsbildung in SI jedoch das Zusammenwirken der Agenten auf Populationsebene ist. Das entscheidende Merkmal des SI-Paradigmas ist das Fehlen einer zentralen Steuerungsstruktur, im Gegensatz zum EA-Ansatz, bei dem in jeder Generation Selektion und Populationsaustausch zentralisiert und auf Populationsebene stattfinden. SI-Metaheuristiken definieren das individuelle Verhalten und die Interaktionsregeln und lassen die endgültige Lösung durch Gruppenzusammenarbeit und Selbstorganisation entstehen. Die wichtigsten Merkmale der EA- und SI-Ansätze sind in Tab. 2.1 gegenübergestellt.

Ein Beispiel für den SI-Ansatz ist die Partikelschwarmoptimierung (PSO) [12], eine der ältesten und am besten untersuchten Metaheuristiken dieser Art. PSO wurde für kontinuierliche Optimierungsprobleme entwickelt und war ursprünglich von Vogelschwärmen sowie als Modell menschlichen Sozialverhaltens inspiriert (Dr. Kennedy ist Sozialpsychologe). In PSO sind die Agenten Partikel, die sich nach den Gesetzen der klassischen Kinematik bewegen:

$$\boldsymbol{x}(t+1) = x(t) + v(t) \times \Delta t \tag{2.1}$$

Tab. 2.1 Hauptmerkmale von EA- und SI-Metaheuristiken

Merkmal	Evolutionär	Schwarm
Approximative Methode	Ja	Ja
Parallele Optimierung	Ja	Ja
Gierige Suche	Nein	Nein
Stochastische Entscheidungsfindung	Ja	Ja
Individuen	Lösungen	Agenten
Zentralisierte Entscheidungsfindung	Ja	Nein
Kooperation	Crossover	Immer
Wettbewerb	Ja	Nein

wobei die Zeitschrittweite stets auf $\Delta t = 1$ gesetzt wird. Das soziale Modell von PSO wird im Gesetz zur Geschwindigkeitsaktualisierung umgesetzt, das eine Trägheitskomponente, eine Erinnerungskomponente und eine soziale Komponente umfasst. Die erste Komponente modelliert die menschliche Tendenz, an einem eingeschlagenen Kurs festzuhalten. Die zweite Komponente wurde von den Entwicklern des Algorithmus als „einfache Nostalgie" bezeichnet und modelliert die Tendenz, zu bekannten guten Erfahrungen zurückzukehren, in diesem Fall zur besten von der Partikel gefundenen Lösung. Die dritte Komponente modelliert die Tendenz, soziale Normen zu übernehmen, also Lösungen, die von der Gruppe als gut angesehen werden, in diesem Fall die beste Lösung, die von einer Gruppe vordefinierter sozialer Nachbarn gefunden wurde. Die Gleichung zur Geschwindigkeitsaktualisierung lässt sich wie folgt zusammenfassen:

$$\boldsymbol{v}(t+1) = w(t) \times \boldsymbol{v}(t) + return_{pbest} + move_{sbest} \tag{2.2}$$

Der erste Term auf der rechten Seite der Gleichung ist die Trägheit, deren Beitrag linear reduziert wird, um die Konvergenz zum persönlichen oder sozialen Optimum zu fördern (im Idealfall fallen beide zusammen). Der zweite und dritte Term beschreiben jeweils die Nostalgie- und die Sozialkomponente des PSO-Modells. Es ist wichtig zu beachten, dass soziale Nachbarn nicht notwendigerweise topologische Nachbarn sind, also Lösungen, die im Lösungsraum nahe beieinander liegen. Die Anzahl der sozialen Nachbarn ist ein wichtiger Parameter von PSO: Je größer die Anzahl der sozialen Nachbarn eines Partikels ist, desto mehr bewegt sich der Schwarm als Gruppe und die Suche wird zu einer Nutzung der besten Lösung(en). Der vollständige Algorithmus ist formal im Pseudocode in Kasten 2.2 beschrieben.

PSO vereint alle bestimmenden Merkmale von SI-Metaheuristiken: komplexe Agenten, die aus der Kombination von *einfachen Verhaltensweisen* – in diesem Fall Nostalgie, soziale Normen und Beharrlichkeit –, *Interaktionen* zwischen den Agenten und einer vollständig *dezentralisierten Kontrollstruktur* bestehen, bei der sich jedes Partikel unabhängig auf Basis der individuellen und sozialen Informationen, die es besitzt, bewegt. Der Schwarm wird sich selbst überlassen und organisiert sich ohne äußere Eingriffe – wie Selektion oder Generationsersatz in EAs

PARTICLE SWARM OPTIMISATION

1. Randomly initialise particle positions $\boldsymbol{x}_1(1), \ldots, \boldsymbol{x}_{ss}(1)$;
2. Initialise personal and social neighbourhood bests $\{\boldsymbol{pb}_1, \ldots, \boldsymbol{pb}_{ss}\} = \{\boldsymbol{gb}_1, \ldots, \boldsymbol{gb}_{ss}\} = \{\boldsymbol{x}_1(1), \ldots, \boldsymbol{x}_{ss}(1)\}$;
3. Randomly initialise particle velocities $\boldsymbol{v}_1(1), \ldots, \boldsymbol{v}_{ss}(1)$;
4. Create social neighbour lists $\boldsymbol{SN}_1, \ldots, \boldsymbol{SN}_{ss}$;
5. t=1;
6. REPEAT T times
   (a) **Fitness Evaluation**: calculate $f_i(t) = \mathcal{F}(\boldsymbol{x}_i(t))\ \forall i \in [1, ss]$;
   (b) **Update Personal Bests**:
   $\boldsymbol{pb}_i = \arg\max_{\boldsymbol{y}} \{\mathcal{F}(\boldsymbol{y}) \mid \boldsymbol{y} \in \{\boldsymbol{x}_i(t), \boldsymbol{pb}_i\}\}\ \forall i \in [1, ss]$;
   (c) **Update Social Neighbourhood Bests**:
   $\boldsymbol{nb}_i = \arg\max_{\boldsymbol{y}} \{\mathcal{F}(\boldsymbol{y}) \mid \boldsymbol{y} \in \{SN_i, \boldsymbol{nb}_i\}\}\ \forall i \in [1, ss]$;
   (d) **Update Particle Positions**:
   $x_i(t+1) = x_i(t) + v_i(t)$;
   (e) **Update Particle Velocities**:
   $v_i(t+1) = w(t) \times v_i(t) + c_1 \times \rho_1 \times (\boldsymbol{pb}_i - \boldsymbol{x}_i(t)) + c_2 \times \rho_2 \times (\boldsymbol{nb}_i - \boldsymbol{x}_i(t))$;
   (f) t=t+1;
7. RETURN $\boldsymbol{x}$;

Code 2.2 Pseudocode eines allgemeinen PSO-Verfahrens für ein Maximierungsproblem. Die Schwarmgröße ist ss, ρ_1 und ρ_2 werden mit gleichmäßiger Wahrscheinlichkeit zufällig im Intervall $[0,\ 1] \subset \mathbb{R}$ erzeugt. $\mathcal{F}$ ist die übliche Fitnessfunktion und c_2 sind Systemparameter, die üblicherweise auf zwei gesetzt werden, und $w(t)$ ist ein Parameter, der in der Regel linear mit der Zeit von 0,9 auf 0,4 abnimmt.

–, und die endgültige Lösung soll aus diesem Prozess der *Selbstorganisation emergieren.* Anhang B beschreibt die Anwendung der ACO-Metaheuristik auf das kombinatorische TSP (Abschn. 1.2), eines der ersten und bekanntesten Beispiele für SI-Optimierungsalgorithmen [13, 21].

Nach dem Erfolg der ersten SI-Metaheuristiken wurden im ersten Jahrzehnt des dritten Jahrtausends zahlreiche naturinspirierte Optimierungsverfahren vorgeschlagen [14, 22]. Viele dieser Algorithmen entfernten sich vom strengen SI-Paradigma und wiesen beispielsweise eine Form zentraler Kontrollstruktur auf. Von einigen werden diese Techniken lose dem SI-Bereich zugeordnet, sie sind jedoch treffender als metaphern- oder naturinspirierte Metaheuristiken zu bezeichnen. Einige dieser Methoden wurden sehr populär [23, 24] und werden heute breit eingesetzt. Beispiele für Anwendungsgebiete von SI- und allgemein naturinspirierten Metaheuristiken sind: Optimierung [5], Robotik [25, 26], Maschinelles Lernen [27], Maschinelles Sehen [28, 29], Fertigung [30] und Computergrafik [11].

Das Hauptmanko von SI- und insbesondere naturinspirierten Metaheuristiken sind ihre begrenzten mathematischen Grundlagen, die für mehrere Algorithmen noch nicht in einem mit der Analyse des deutlich älteren EA-Bereichs vergleichbaren Maße entwickelt sind (siehe beispielsweise die bekannten Bücher von Back [32] und Fogel [31]). Insbesondere wurde die Betonung der biologischen Metapher von mehreren Autoren als problematisch herausgestellt, da Metaphern das Verhalten verschleiern und letztlich das Verständnis der Funktionsweise der Metaheuristiken erschweren. In ihrem jüngsten Text zitierten Villalón et al. [22] mehrere Fälle, in denen ihrer Ansicht nach Metaheuristiken, die auf angeblich „neuen" Metaphern basierten, sich als geringfügige Variationen bekannter EA- und SI-Ansätze herausstellten. Villalón et al. [22] wiesen zudem auf das Fehlen einer angemessenen Benchmarking-Praxis als Einschränkung für das Verständnis und die Bewertung einiger Metaheuristiken hin.

Die Debatte über die Neuartigkeit vieler aktueller naturinspirierter Optimierungsverfahren ist seit mehr als einem Jahrzehnt intensiv, mit scharfen kritischen Analysen [22, 33] und energischen Erwiderungen [34, 35]. Sicherlich hat das Fachgebiet unter seinem eigenen Erfolg gelitten, da in den letzten Jahrzehnten wissenschaftliche Zeitschriften von einer Flut abgeleiteter, wenig entwickelter, unzureichend analysierter und unzureichend getesteter Methoden überschwemmt wurden, die in dem Versuch vorgeschlagen wurden, von der Popularität des Themas zu profitieren, und die in mehr oder weniger selektiven wissenschaftlichen Publikationen und Tagungen veröffentlicht wurden. Gleichzeitig haben zweifellos mehrere neue, effektive Ansätze einen bedeutenden Beitrag zum Bereich der Optimierung geleistet. Die Definition dessen, was eine sinnvolle Neuerung darstellt, ist zudem subjektiv, und die Grenze zwischen geringfügigem und bedeutendem Beitrag, inkrementeller Variation oder Innovation ist nicht eindeutig. Vielleicht ist das wichtigste Ergebnis der aktuellen Debatte die Notwendigkeit einer rigorosen mathematischen Analyse und eines Benchmarkings gegenwärtiger und zukünftiger Metaheuristiken.

Der Rest dieses Kapitels stellt den Bienenalgorithmus vor, eine der etabliertesten und populärsten naturinspirierten Metaheuristiken. Das Verhalten und die Eigenschaften des Bienenalgorithmus werden in den Kap. 3 und 4 experimentell und mathematisch analysiert.

2.2 Honigbienen in der Natur

In der Natur gibt es mehr als 16.000 bekannte Bienenarten, die auf allen Kontinenten außer der Antarktis vorkommen. Obwohl Bienen gemeinhin mit der hochsozialen Honigbiene assoziiert werden, sollte man sich bewusst machen, dass nur eine Minderheit der Arten innerhalb dieser Klade sozial lebt und lediglich zehn Arten als Honigbienen anerkannt sind [36].

Honigbienen sind in einem großen Gebiet heimisch, das Europa, Afrika und Asien umfasst. Sie werden bereits seit dem frühen Neolithikum wegen ihrer Honigproduktion genutzt [37] und wurden erstmals vor 4500 Jahren im alten Ägypten domestiziert [38]. Die wohl bekannteste Honigbienenart ist die Westliche (Europäische) Honigbiene *(Apis mellifera),* die ihren Ursprung in Europa, Afrika und dem Nahen Osten hat [36] und heute aufgrund ihrer Einführung in die Neue Welt durch europäische Kolonisten als kosmopolitische Art gilt.

Honigbienen leben in Kolonien mit Zehntausenden von Individuen und sind bekannt für ihre hochorganisierte soziale Lebensweise, die kooperative Brutpflege und Arbeitsteilung *(Eusozialität)* umfasst. Obwohl einzelne Bienen relativ einfache kognitive Einheiten darstellen, können sie gemeinsam komplexe intelligente Verhaltensweisen zeigen. Aufgrund des synergetischen Verhaltens ihrer Mitglieder werden eusoziale Bienenkolonien oft als *Superorganismen* bezeichnet [39].

Honigbienen decken ihren Nahrungsbedarf an Blüten, von denen sie Nektar (Kohlenhydrate) und Pollen (Proteine und Lipide) sammeln [40]. Während Nektar von den Bienen zu Honig verarbeitet und eingelagert wird, wird Pollen entweder sofort verzehrt oder als Bienenbrot gespeichert [40]. Der Prozess der Nahrungsbeschaffung ist ein herausragendes Beispiel für die kollektive Intelligenz von Bienenkolonien und beinhaltet ein ausgeklügeltes Kommunikationsritual, den sogenannten *Schwänzeltanz* [41]. Durch eine Kombination aus individueller Erkundung und Kommunikation mittels Schwänzeltanz optimiert die Bienenkolonie den Nahrungsbeschaffungsprozess in der sich ständig verändernden natürlichen Umgebung [42]. Die Dynamik der Umwelt ist ein entscheidender Faktor im Sammelprozess, da Nahrungsquellen (Blüten) erschöpft werden, verwelken und absterben oder an neuen Standorten aufblühen. Das Sammelverhalten der Bienen muss daher äußerst robust, flexibel und schnell an neue Szenarien anpassbar sein.

2.2.1 Der Sammelprozess der Honigbienen

Zu jeder Tageszeit während der Sammelsaison sind einige Mitglieder einer Bienenkolonie damit beschäftigt, Nahrung an bekannten Standorten zu sammeln, während andere vorübergehend inaktiv sind und nach Informationen suchen, wo sie sammeln können. Die erste Gruppe wird im Folgenden als *beschäftigte Sammlerinnen* oder einfach *Sammlerinnen* bezeichnet, die zweite als *unbeschäftigte Sammlerinnen* [42].

Unbeschäftigte Sammlerinnen können entweder Informationen über bekannte Nahrungsquellen von derzeit sammelnden Bienen erhalten oder eigenständig die Umgebung nach neuen Nahrungsquellen erkunden. Bienen, die sich auf Informationen von beschäftigten Artgenossinnen verlassen, werden im Folgenden als *Beobachterinnen* bezeichnet – der Grund dafür wird gleich deutlich –, während Bienen, die aktiv nach neuen Nahrungsquellen suchen, als *Kundschafterbienen* oder einfach *Kundschafterinnen* bezeichnet werden. Der genaue Anteil der unbeschäftigten Bienen, die als Kundschafterinnen agieren, liegt je nach Umgebung und Situation zwischen 5 und 30 %. Im Durchschnitt sind etwa 10 % der unbeschäftigten Bienen als Kundschafterinnen tätig [42].

Kundschafterbienen erkunden ein Gebiet um das Nest typischerweise in einem Radius von etwa 10 km, gelegentlich legen sie aber auch Entfernungen bis zu 14 km zurück. Bei ihrer Suche nach neuen Nahrungsquellen erkunden die Kundschafterinnen die Umgebung zufällig und bewerten dabei die Blütenfelder, auf die sie stoßen. Ziel der Suche sind Gebiete, in denen Nahrung reichlich vorhanden, leicht zugänglich und nährstoffreich ist. Es wurde gezeigt, dass Bienen in Bezug auf Nektar in der Lage sind, den energetischen Gewinn einer Nahrungsquelle präzise zu bewerten, also deren Energieertrag abzüglich der Reise- und Sammelkosten [43].

Nach ihrer Rückkehr in den Bienenstock entladen die Kundschafterbienen die während des Erkundungsflugs gesammelte Nahrung. Kundschafterinnen, die eine hochwertige Nahrungsquelle gefunden haben, teilen ihren Nestgenossinnen (den Beobachterinnen) den Fundort mittels eines Rituals mit, das als *Schwänzeltanz* bezeichnet wird. Der Schwänzeltanz findet in einem bestimmten Bereich nahe dem Nesteingang statt, dem sogenannten „Tanzboden“, auf dem sich untätige Beobachterbienen versammeln. Der Tanz selbst besteht aus geradlinigen Schwänzelläufen, gefolgt von halbkreisförmigen Bewegungen, bei denen die Tänzerin zum Ausgangspunkt zurückkehrt, sodass insgesamt eine Acht-Form entsteht. Durch die Länge und Ausrichtung der Schwänzelläufe in Bezug auf den Stock vermittelt die Tänzerin jeweils die Entfernung und die Richtung (Orientierung relativ zur Sonne) der Nahrungsquelle. Die Informationen werden von den Beobachterinnen aufgenommen, die daraufhin abfliegen und den Anweisungen der Tänzerin folgen, um die beworbene Nahrungsquelle zu ernten. Dauer und Intensität des Schwänzeltanzes hängen von der Qualität der Nahrungsquelle ab: Kundschafterinnen, die sehr ergiebige Nahrungsquellen gefunden haben, führen lange und intensive Schwänzeltänze auf, die von möglichst vielen Beobachterinnen wahrgenommen werden. Nach dem Tanz kehrt die Kundschafterin zur neu entdeckten Nahrungsquelle zurück und schließt sich den rekrutierten Sammlerinnen bei deren Ausbeutung an.

Sobald eine unbeschäftigte Beobachterin zur Ernte eines bestimmten Blütenfeldes rekrutiert wurde, wird sie beschäftigt und sammelt weiter an dieser Nahrungsquelle, bis deren Ertrag nachlässt. Wenn das Blütenfeld nicht mehr profitabel ist, gibt die Sammlerin es auf und ist wieder unbeschäftigt. Nach der Rückkehr in den Stock zum Entladen der gesammelten Nahrung können rekrutierte Sammlerinnen ebenfalls einen Schwänzeltanz aufführen, um weitere untätige Nestgenossinnen für die Ernte des Blütenfeldes zu gewinnen. Wie bei den Kundschafterinnen hängt die Wahrscheinlichkeit, dass eine Sammlerin tanzt, sowie die Länge und Intensität des Tanzes von der Qualität der Nahrungsquelle ab. Bei sehr ergiebigen Nahrungsquellen kommt es zu einer geometrischen Progression der Tänzerinnen, wodurch rasch ein großer Teil der Sammlerinnen für deren Ausbeutung mobilisiert wird. Während eine Nahrungsquelle erschöpft wird, geben immer mehr Bienen sie auf, und immer weniger tanzen, um sie untätigen Nestgenossinnen anzupreisen. Auf diese Weise kann die Bienenkolonie schnell große Gruppen von Sammlerinnen mobilisieren und wieder abziehen, um die profitabelsten Blütenfelder auszubeuten und diese Sammlerinnen dynamisch neu zuzuweisen, sobald sich die Situation ändert.

Wie in Abschn. 1.4 diskutiert, bedeutet die Suche in einer komplexen Umgebung – die im Fall der biologischen Bienen zudem dynamisch ist – einen Zielkonflikt zwischen Erkundung und Ausbeutung (Abb. 1.4). Zu jedem Zeitpunkt während der Sammelsaison müssen biologische Bienen entscheiden, wie viele Ressourcen (Bienen, Energie) sie für die Erkundung des Gebiets um den Stock und wie viele sie für die Ausbeutung bekannter Nahrungsquellen aufwenden. Durch den Schwänzeltanz werden Erkundung (Kundschafterinnen) und Ausbeutung (Sammlerinnen) dynamisch zugewiesen und die Effizienz des Sammelprozesses optimiert. Es ist zu beachten, dass bei knappen ergiebigen Nahrungsquellen mehr Bienen unbeschäftigt sind und somit die Zahl der Kundschafterinnen steigt, während eine sehr günstige Nahrungsquelle rasch alle unbeschäftigten Bienen anzieht.

2.3 Der Bienenalgorithmus

Der Bienenalgorithmus wurde 2005 von Pham und seinem Team entwickelt [44] und erreichte bald seine heute als Standardformulierung bekannte Ausprägung [4]. Diese Standardformulierung wird im Folgenden als *Standard Bienenalgorithmus* [45] bezeichnet und in diesem Abschnitt vorgestellt. Eine Reihe bedeutender Varianten wird im nächsten Abschnitt behandelt. Ohne Einschränkung der Allgemeingültigkeit wird im weiteren Verlauf dieses Kapitels davon ausgegangen, dass die Optimierung die Maximierung einer gegebenen Zielfunktion $\mathcal{F}$ umfasst.

Der Bienenalgorithmus basiert auf einer Population künstlicher Bienen (der Kolonie), die die Umgebung, also den Lösungsraum A (siehe Definition in Abschn. 1. 1), durchsuchen. Jeder Ort im Lösungsraum, also jede Kandidatenlösung, wird als einzelne Nahrungsquelle betrachtet und als „Blume“ bezeichnet. Die künstlichen Bienen können als Agenten aufgefasst werden, die auf den Blumen landen und deren Qualität anhand der Zielfunktion bewerten.

Der Bienenalgorithmus orientiert sich am Nahrungsbeschaffungsverhalten biologischer Bienen, um $\mathcal{F}$ zu optimieren. Die künstliche Bienenkolonie wird in zwei Gruppen unterteilt: die *Kundschafterinnen* und die *Sammlerinnen*. Die Kundschafterinnen erkunden den Lösungsraum zufällig, mit dem Ziel, neue Lösungen mit hoher Fitness zu finden. Diese Agentengruppe ist für die Aufrechterhaltung der explorativen Komponente des Bienenalgorithmus zuständig. Die Sammlerinnen werden von den Kundschafterinnen rekrutiert, um die Nachbarschaft der besten Lösungen zu

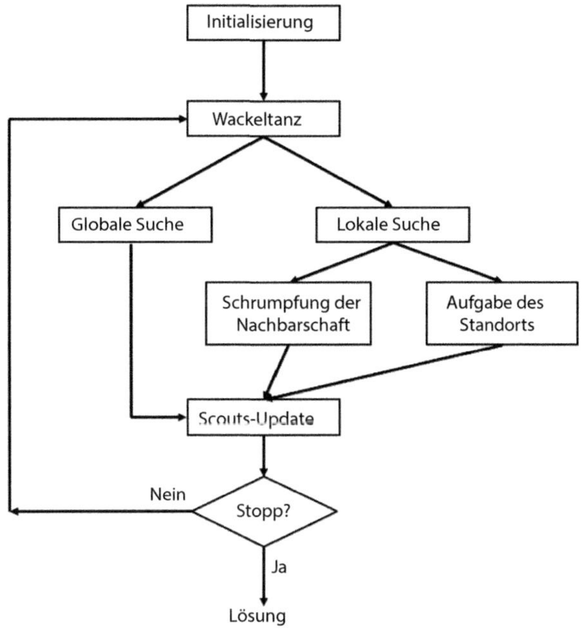

Abb. 2.1 Flussdiagramm des Standard-Bienenalgorithmus

durchsuchen. Die Heuristik dahinter ist, dass in einem kontinuierlichen oder mäßig diskontinuierlichen Suchraum benachbarte Kandidatenlösungen wahrscheinlich eine ähnliche Fitness aufweisen. Der Bereich um eine gute Lösung gilt daher als vielversprechend für die lokale Suche und wird von den Sammlerinnen auf das lokale Fitnessmaximum hin untersucht. Im Jargon des Bienenalgorithmus wird ein für die lokale Suche ausgewählter Bereich als *Blütenfeld* bezeichnet. Die Sammlerinnen übernehmen somit die Aufgabe, die ausbeutende Komponente des Bienenalgorithmus zu gewährleisten. Einige Sammlerinnen, die für die Ausbeutung eines Blütenfeldes eingesetzt werden, werden durch eine Routine bestimmt, die das Verhalten des Schwänzeltanzes nachahmt.

Der Bienenalgorithmus besteht aus mehreren Zyklen paralleler lokaler Ausbeutung und globaler Erkundung, bis ein Abbruchkriterium erfüllt ist. Das Flussdiagramm des Bienenalgorithmus ist in Abb. 2.1 dargestellt; die einzelnen Routinen werden in den folgenden Unterabschnitten erläutert. Der Pseudocode ist in den Kasten 2.3 und 2.4 beschrieben.

2.3.1 Repräsentationsschema

Gegeben sei der Raum der zulässigen Problemlösungen $A \subseteq U$ und eine Zielfunktion $\mathcal{F} : A \mapsto \mathbb{R}$. Eine Kandidatenlösung zum Zeitpunkt t wird als ein n-dimensionaler Vektor von Entscheidungsvariablen $\boldsymbol{x}(t) = (x_1(t), \ldots, x_n(t))$ kodiert.

The BEES ALGORITHM

1. **Population Seeding**:
   seed scout population $S(1)$, placing s artificial bees on s randomly chosen solutions $\boldsymbol{x}_i(1) \in A,\ i \in [1, s]$,
   $\forall \boldsymbol{x}_i(1),\ i \in [1, s]$, define neighbourhood $\mathcal{C}(\boldsymbol{x}_i(1)^g, x_i(1)^e)$ of side $x_i(1)^e = ngh$ and stagnation counter $x_i(1)^{ttl} = stlim$;
2. **Solution Evaluation**: calculate $f_i(1) = \mathcal{F}(\boldsymbol{x}_i(1))\ \forall i \in [1, s]$;
3. t=1;
4. **Waggle Dance**:
   rank solutions $\boldsymbol{x}_i(t)$ in descending order of fitness $f_i(t)$,
   the scouts who landed on the ne very best solutions recruit
   $fb_i = nre\ i \in [1, ne]$ foragers for local search,
   the scouts who landed on the following $nb - ne$ best solutions recruit
   $fb_i = nrb \leq nre\ i \in [ne + 1, nb]$ foragers for local search;
5. **Local Search**:
   place nb scouts on $\boldsymbol{x}_i(t+1),\ i \in [1, nb]$ new solutions created according to the procedure described in box 2.4;
6. **Global Search**:
   (a) $i = nb + 1$;
   (b) REPEAT $ns - nb$ times
      i. place scout on randomly reinitialised $\boldsymbol{x}_i(t + 1) \in A$,
         $x_i(t + 1)^e = ngh$,
         $x_i(t + 1)^{ttl} = stlim$;
      ii. i=i+1;
7. t=t+1;
8. IF **Stopping Criterion** is met

   RETURN $\arg\max_{\boldsymbol{y}} \{\mathcal{F}(\boldsymbol{y}) \mid \boldsymbol{y} \in \{\boldsymbol{x}_1(t + 1), \ldots, \boldsymbol{x}_{ns}(t + 1)\}\}$;

   ELSE

   GO TO Step 4;

Code 2.3 Der Pseudocode des Standard-Bienenalgorithmus für ein Maximierungsproblem verwendet die Fitnessfunktion, $C(\boldsymbol{c},\ r)$ ist ein Hyperwürfel mit der Seitenlänge r, zentriert in $\boldsymbol{c}$. A ist der Teilraum der zulässigen Werte der Lösungen

LOCAL SEARCH PROCEDURE of the BEES ALGORITHM

1. $i = 1$;
2. REPEAT nb times
   (a) $j = 1$;
   (b) REPEAT fb_i times
      i. $\boldsymbol{x}_{ij} \sim U(H), \quad H = \mathcal{C}(\boldsymbol{x}_i(t)^g, x_i(t)^e)$;
      ii. $j = j + 1$;
   (c) $\boldsymbol{x'}_i = \arg\max_{\boldsymbol{y}} \{\mathcal{F}(\boldsymbol{y}) \mid \boldsymbol{y} \in \{\boldsymbol{x}_{i1}, \ldots, \boldsymbol{x}_{ifb_i}\}\}$;
   (d) IF $\mathcal{F}(\boldsymbol{x'}_i) > \mathcal{F}(\boldsymbol{x}_i(t))$
      $\boldsymbol{x}_i(t+1) = \boldsymbol{x'}$;
      $x_i(t+1)^{ttl} = stlim$;
   ELSE IF $x_i(t)^{ttl} > 0$ (**Neighbourhood Shrinking**)
      $\boldsymbol{x}_i(t+1) = \boldsymbol{x}_i(t)$,
      $x_i(t+1)^e = \alpha \times x_i(t)^e \ (0 < \alpha < 1)$,
      $x_i(t+1)^{ttl} = x_i(t)^{ttl} - 1$;
   ELSE (**Site Abandonment**)
      randomly reinitialise $\boldsymbol{x}_i(t+1) \in A$,
      $x_i(t+1)^e = ngh$,
      $x_i(t+1)^{ttl} = stlim$;
   (e) $i = i + 1$;

Code 2.4 Pseudocode des lokalen Suchverfahrens des Standard-Bienenalgorithmus für ein Maximierungsproblem. $\mathcal{F}$ ist die übliche Fitnessfunktion, $H = \mathcal{C}(\boldsymbol{c},\ r)$ ist ein Hyperwürfel mit der Seitenlänge r, zentriert in $\boldsymbol{c}$. A ist der Teilraum der zulässigen Werte der Lösungen

Während der Suche weist der Bienenalgorithmus nre Sammlerbienen den besten (Elite im Jargon des Bienenalgorithmus) Fundstellen zu und $nrb \leq nre$ Sammlerbienen den übrigen (besten im Jargon des Bienenalgorithmus) $nb - ne$ Fundstellen. Darüber hinaus werden $ns - nb$ Spurbienen in jeder Iteration für die globale, explorative Suche eingesetzt. Insgesamt ergibt sich die Koloniegröße cs zu:

$$cs = ne \times nre + (nb - ne) \times nrb + (ns - nb) \tag{2.3}$$

Gl. (2.3) berücksichtigt nur die Bienen, die aktiv den Lösungsraum durchsuchen – also die Sammlerbienen plus die $ns - nb$ Spurbienen in der globalen Suche. Tatsächlich sollte die Koloniegröße auch die nb Spurbienen umfassen, die den Schwänzeltanz ausführen. Das heißt, die tatsächliche Koloniegröße ist $cs' = cs + nb$. Diese nb

Agenten nehmen jedoch nicht an der Suche teil und werden der Übersichtlichkeit halber üblicherweise nicht zur Populationsgröße gezählt. Diese Konvention wird auch in diesem Buch übernommen und – sofern nicht ausdrücklich anders angegeben – wird cs wie in Gl. (2.3) berechnet. Streng genommen ist cs die Rate, mit der der Bienenalgorithmus den Lösungsraum in jedem Optimierungszyklus abtastet.

2.3.2 *Initialisierung*

Der Bienenalgorithmus wird zum Zeitpunkt t = 1 initialisiert, indem s Spurbienen zufällig über den Lösungsraum verteilt werden. Jede künstliche Biene landet auf einer Kandidatenlösung $\boldsymbol{x}_i(1)$ und bewertet deren Fitness f_i anhand der Zielfunktion.

Die Größe der anfänglichen Spurbienenpopulation variiert je nach Problemdomäne und Implementierung des Bienenalgorithmus. Einige Autoren initialisieren mit $s = ns$, wobei ns die Anzahl der Spurbienen ist, die in der Hauptschleife des Algorithmus verwendet werden [45–47]. Andere Autoren setzen die anfängliche Spurbienenpopulation der Gesamtgröße der künstlichen Bienenkolonie $s = cs$ [48] gleich, während andere eine große anfängliche Spurbienenpopulation $s \gg cs$ verwenden [49].

Eine große Anfangspopulation unterstützt die explorative Suche des Bienenalgorithmus und bietet wahrscheinlich einen besseren Ausgangspunkt für die lokale, ausnutzende Suche, verbraucht jedoch auch Abtastmöglichkeiten. Eine Anfangspopulation, die der Gesamtgröße der Kolonie entspricht, tastet den Lösungsraum hingegen mit der gleichen Rate ab wie jede Iteration des Hauptzyklus des Bienenalgorithmus, was die Berechnung des gesamten Abtastaufwands vereinfacht. Nach dem Initialisierungsschritt tritt der Algorithmus in seine Hauptschleife ein.

2.3.3 *Schwänzeltanz*

Die Schwänzeltanz-Routine nimmt die von den s Spurbienen besuchten s Lösungen und ordnet sie in absteigender Reihenfolge der Fitness (aufsteigend im Fall eines Minimierungsproblems). Wie oben erläutert, $s = ns$ in allen Iterationen der Hauptschleife, mit Ausnahme der ersten, in der mehr als ns Bienen zur Erkundung des Lösungsraums eingesetzt worden sein könnten.

Nachdem die Lösungen geordnet wurden, „tanzen" die Spurbienen, die auf den besten (fittesten) nb Lösungen gelandet sind, um eine variable Anzahl fb_i ($i \in [1, nb]$) von Sammlerbienen zu rekrutieren. Die Spurbienen, die auf den allerbesten $ne \leq nb$ *Elite*-Plätzen gelandet sind, rekrutieren die größte Anzahl an Sammlerbienen, nämlich jeweils $fb_i = nre$. Die übrigen $nb - ne$ *besten* Spurbienen rekrutieren jeweils $fb_i = nrb \leq nre$ Sammlerbienen. Diese Sammlerbienen führen eine lokale, ausbeutende Suche um die von der rekrutierenden Spurbiene entdeckte Lösung durch.

Die Einstellung der vier Parameter *ne*, *nb*, *nre* und *nrb* hängt vom Optimierungsproblem ab: Die Konzentration vieler Sammlerbienen (großes *nre* und *nrb*) auf eine geringe Anzahl von Plätzen (kleines *ne* und *nb*) erhöht den ausbeutenden Charakter der Suche, während die Verteilung der Sammlerbienen auf eine große Anzahl von Plätzen dazu beiträgt, den Lösungsraum besser abzudecken und somit die Exploration des Suchraums zu fördern. Mischstrategien sind möglich, etwa indem eine große Anzahl von Sammlerbienen zur Ausbeutung der Elite-Plätze entsandt wird und gleichzeitig viele weitere beste Plätze ($ne \ll nb$) mit einer kleinen Anzahl von Sammlerbienen ($nrb \ll nre$) weiter durchsucht werden. Im Allgemeinen ist, da die Möglichkeiten zur Stichprobenziehung von Kandidatenlösungen begrenzt sind, ein Kompromiss zwischen der Anzahl der ausgebeuteten Plätze und der Intensität (Anzahl der Sammlerbienen), mit der die einzelnen Plätze beprobt werden, notwendig.

2.3.4 *Lokale Suche*

Die Routine der lokalen Suche funktioniert sehr ähnlich wie der Algorithmus der parallelen Bergsteiger, der im Pseudocode in Kasten 1.5 dargestellt ist. Für jede Suchstelle i (Elite oder Beste) werden die fb_i Sammler zufällig innerhalb eines Hyperwürfels $\mathcal{C}(\boldsymbol{x}_i(t)^g,\ x_i(t)^e)$ mit der Seitenlänge $x_i(t)^e$ verteilt, der um die von der Spurbiene besuchte Lösung $\boldsymbol{x}_i(t)$ zentriert ist. Am Ende der Routine werden die beste der von den fb_i Sammlern besuchten Lösungen und die von der Spurbiene besuchte Lösung beibehalten, und die künstliche Biene, die darauf gelandet ist, wird in der nächsten Iteration der Hauptschleife des Bienenalgorithmus den Schwänzeltanz ausführen.

Im Wesentlichen besteht die lokale Suche aus $M = nb$ parallelen Bergsteiger-Schritten (ein Zyklus des Verfahrens in Kasten 1.5), wobei $K = nre$ oder $K = nrb$ (K wie in Kasten 1.5), je nachdem, ob der Standort als „Elite-Standort“ oder nur als „bester Standort“ betrachtet wird. Die Suche ist um die Elite-Standorte ($nrb \leq nre$) intensiver – ähnlich wie biologische Bienen ihre Sammelaktivitäten auf die ergiebigsten Blütenfelder konzentrieren. Wird ein Standort über mehrere Iterationen für die lokale Suche ausgewählt, wird dieser Standort effektiv mittels Bergsteigerverfahren optimiert.

Zwei weitere Routinen stehen im Zusammenhang mit der lokalen Suche: *Verkleinerung der Nachbarschaft* und *Aufgabe des Standorts.*

2.3.5 *Verkleinerung der Nachbarschaft*

Einer der entscheidenden Hyperparameter des Hill-Climbing ist der Umfang der lokalen Suche, also die Kantenlänge (Seitenlänge) des Hyperwürfels, in dem die lokale Suche stattfindet. Konkret ist dies der Parameter δ in den Kästen 1.2 und 1.3

sowie $x_i(t)^e$ im Bienenalgorithmus. Wird die Kantenlänge klein gewählt, erklimmt der Hill-Climber den lokalen Fitnessgipfel in sehr kleinen Schritten, was zu einer sehr genauen, aber langsamen Suche führt. Zudem kann der Aufstieg leicht durch kleinere Unregelmäßigkeiten – wie in Abb. 1.3 – blockiert werden. Eine große Kantenlänge ermöglicht hingegen große „Sprünge" im Lösungsraum, was einen schnellen Fortschritt erlaubt und die Wahrscheinlichkeit verringert, in kleinen Unregelmäßigkeiten steckenzubleiben. Allerdings kann es bei einer großen Kantenlänge schwierig werden, den lokalen Fitnessgipfel präzise zu erreichen.

Eine mögliche Strategie besteht darin, die Suche mit einer großen Kantenlänge zu beginnen, um schnell den lokalen Gipfel zu erreichen, und diese dann schrittweise zu verkleinern, um die Suche um den Gipfel herum zu verfeinern. Diese Idee bildet die Grundlage des bekannten Simulated Annealing (SA) [50] und wird auch im Bienenalgorithmus angewendet.

Konkret wird jedes Mal, wenn die lokale Suche an einer Stelle die Fitness der vom Scout besuchten Lösung nicht verbessern kann – das heißt, wenn alle von den Foragern besuchten Kandidatenlösungen eine schlechtere Fitness aufweisen als die vom Scout besuchte Lösung –, die Schrittweite als zu groß für eine effiziente Suche angesehen und die Kantenlänge der lokalen Suche verkleinert. Im Detail wird die Nachbarschaft an der Stelle i wie folgt verkleinert:

$$x_i(t+1)^e = \alpha \times x_i(t)^e \tag{2.4}$$

wobei t den aktuellen Zeitschritt bezeichnet und ($\alpha \leq 1$) ein Parameter ist, der üblicherweise auf 0,8 gesetzt wird [4].

Der Einfachheit halber wurde die Nachbarschaft bisher als Hyperwürfel mit der Seitenlänge r definiert, wobei $r = \delta$ in Box 1.2 und $r = x_i(t)^e = ngh$ in Box 2.3. Besteht jedoch der n-dimensionale Raum der zulässigen Lösungen $A_1 \times \cdots \times A_n = A$ aus Intervallen A_j unterschiedlicher Größe, ist ein Hyperquader oft eine geeignetere Nachbarschaft. Das heißt, $\boldsymbol{r} = (r_1, \ldots, r_n)$, wobei im Allgemeinen $r_k \neq r_l$ und $k, l \in [1, n]$ gelten. Im Bienenalgorithmus wird die anfängliche Nachbarschaft einer Stelle i häufig für jede Entscheidungsvariable wie folgt definiert:

$$x_{ij}(t)^e = A_j \tag{2.5}$$

wobei t den aktuellen Zeitschritt bezeichnet und $A_j = [min_j, max_j]$ das Intervall ist, in dem x_j definiert ist, also min_j und max_j jeweils den minimalen bzw. maximalen Wert angeben, den die Entscheidungsvariable x_j annehmen kann [4].

Zusammenfassend passt die Verkleinerung der Nachbarschaft den Umfang der lokalen Suche an einer Stelle adaptiv an und konzentriert die Suche auf einen zunehmend kleineren Bereich des Lösungsraums.

2.3.6 Aufgabe der Fundstelle

Ein bekanntes Problem des Hill-Climbing besteht darin, dass der Algorithmus „feststeckt“, sobald der lokale Gipfel oder eine flache Oberfläche erreicht ist und keine weitere Verbesserung mehr möglich ist. Befindet sich der Punkt (die Lösung), an dem der Algorithmus gefangen ist, auf einer Höhe (Fitness), die deutlich unter der des globalen Optimums liegt, liefert der Algorithmus eine schlechte Lösung zurück. Dieses Problem tritt auch bei vielen anderen Algorithmen auf, wie zum Beispiel bei EAs und PSO. Beim Bienenalgorithmus gilt: Wenn die Suche an einer Fundstelle den lokalen Gipfel erreicht und die Fitness dieses Gipfels so hoch ist, dass die Fundstelle immer wieder für die lokale Suche ausgewählt wird, werden eine Anzahl von fb_i Sammlerbienen effektiv in einer sich stetig verkleinernden Nachbarschaft gefangen. In der Folge wird die Suchfähigkeit des Algorithmus eingeschränkt. Um dies zu verhindern, wurde das Verfahren der *Aufgabe der Fundstelle* entwickelt.

Jede neue Lösung $\boldsymbol{x}_i(t)$ $(i \in [nb + 1,\ ns])$, die zum Zeitpunkt t während der globalen Suche entdeckt wird, wird zum Zentrum einer neuen Nachbarschaft und erhält einen Stagnationszähler $x_i(t)^{ttl} = stlim$. Wird die Nachbarschaft $i \in [1,\ nb]$ zum Zeitpunkt t für die lokale Suche ausgewählt und führt die lokale Suche zu keiner Verbesserung der Fitness, wird der Stagnationszähler um eine Einheit verringert. Führt die lokale Suche zu einer Verbesserung der Fitness, wird der Stagnationszähler auf $x_i(t+1)^{ttl} = stlim$ zurückgesetzt. Im Wesentlichen erhält die lokale Suchroutine, sofern die Fundstelle mehrfach für die ausbeutende Suche ausgewählt wird, eine Anzahl von *stlim* Versuchen, um eine Kandidatenlösung mit besserer Fitness als die von der Spurbiene besuchte zu finden. Nach *stlim* erfolglosen Versuchen gilt die lokale Suche als abgeschlossen, der lokale Gipfel als gefunden und eine weitere Verbesserung der Fitness als nicht möglich. Die Fundstelle wird aufgegeben und die Spurbiene an einer zufällig gewählten neuen Position reinitialisiert. Ist der aufgegebene Fitnessgipfel der bisher höchste, wird die Lösung gespeichert.

2.3.7 Globale Suche

Die globale Suchroutine verteilt zufällig $ns - nb$ Spurbienen im Lösungsraum. Diese Spurbienen bewerten die Fitness der Lösung, an der sie gelandet sind, mittels der Zielfunktion. Die globale Suchroutine repräsentiert die explorative Komponente des Bienenalgorithmus.

2.3.8 Scout-Aktualisierung

Diese sehr einfache Routine aktualisiert die Population der Spurbienen, indem sie die *nb* Spurbienen, die durch die lokale Suchroutine erzeugt wurden, mit den $ns - nb$ Spurbienen zusammenführt, die durch die globale Suche erzeugt wurden.

2.3.9 Abbruchkriterium

Die Routine prüft, ob das Abbruchkriterium erfüllt ist. Ist dies der Fall, wird die Suche beendet und die beste gefundene Lösung zurückgegeben. Ist dies nicht der Fall, wird ein weiterer Zyklus der Hauptschleife ausgeführt. Das Abbruchkriterium ist in der Regel die Ausführung einer vordefinierten Anzahl von Zyklen der Hauptschleife. Alternativ kann der Algorithmus beendet werden, wenn eine Lösung mit einer Fitness gefunden wurde, die einen vordefinierten Schwellenwert überschreitet.

2.4 Einige Überlegungen zum Bienenalgorithmus

Der Bienenalgorithmus führt mehrere parallele, ausbeutende Suchen um vielversprechende Positionen im Lösungsraum durch, während er gleichzeitig die Umgebung durch zufällige Suche weiter erkundet. Die Intensität der lokalen Suche wird adaptiv angepasst oder die Suche wird aufgegeben, abhängig von den Ergebnissen. Ein zentrales Merkmal des Bienenalgorithmus ist die Aufteilung der Population in Spurbienen (Scouts) und Sammlerbienen (Foragers), wobei Erstere mit der Erkundung des Suchraums und Letztere mit der Ausnutzung der von den Scouts gefundenen besten Lösungen betraut sind.

Die Idee einer klaren Trennung zwischen globaler Exploration und lokaler Exploitation war grundlegend für die Entwicklung des Bienenalgorithmus und wurde von Pham und Castellani [4] explizit formuliert: *„Im Bienenalgorithmus gibt es eine klare Unterscheidung zwischen explorativer Suche (Spurbienen) und ausbeutender Suche (rekrutierte Sammlerbienen).“* Gleichzeitig erkannten Pham und Castellani [4] auch, dass weitere Faktoren das Verhältnis von Exploration zu Exploitation beeinflussen, wie die Anzahl paralleler lokaler Suchen und die Zuteilung von Sammlerbienen zu den besten und Elite-Standorten. Der individuelle Beitrag jedes dieser Faktoren hängt von der Konfiguration des Bienenalgorithmus ab, also von der Einstellung der Parameter *ne, nb, nre, nrb* und *stlim.* Die größte Herausforderung bei der Anwendung des Bienenalgorithmus besteht darin, die optimale Einstellung dieser Parameter zu finden.

Tab. 2.2 listet die einstellbaren Parameter des Bienenalgorithmus auf. Mehrere empirische Studien haben deren Einfluss auf die Leistungsfähigkeit des Algorithmus untersucht, wobei bekannte [4, 45] oder eigens entwickelte [51, 52] Benchmark-Funktionen sowie analytische Untersuchungen [53] verwendet wurden. Obwohl diese Studien einige allgemeine Regelmäßigkeiten aufzeigten und mehrere Einstellungen auf vielen unterschiedlichen Problemtypen nahezu optimale Leistungen erzielten, bestätigten sie auch, dass keine Parametrisierung für alle Problemtypen gleichermaßen gut funktioniert und ein gewisses Maß an Versuch und Irrtum notwendig ist, um die Konfiguration des Bienenalgorithmus an die jeweilige Problemstellung anzupassen. Auf diese Notwendigkeit wiesen die Entwickler des Bienenalgorithmus [3] als grundlegenden Aspekt hin, die dies damals als *„einen der Nachteile des Algorithmus“* betrachteten. Es sei jedoch angemerkt, dass dies ein gemeinsames Merkmal aller Metaheuristiken ist und gerade durch die Anpassung ihrer einstellbaren Parameter diese Algorithmen auf eine sehr breite Palette von Problemstellungen übertragbar sind. Die nächsten beiden Kapitel dieses Buches werden im Detail untersuchen, wie die verschiedenen einstellbaren Parameter die Leistungsfähigkeit des Bienenalgorithmus beeinflussen.

Die globale Suche ist vermutlich die am wenigsten untersuchte Komponente des Bienenalgorithmus. Ein Grund dafür ist, dass es nach einigen Optimierungszyklen zunehmend unwahrscheinlich wird, dass eine zufällig generierte Lösung die Fitness von Lösungen übertrifft, die durch die Suchanstrengung einer großen Anzahl von Sammlerbienen erzeugt wurden. Aus diesem Grund verzichten einige Implementierungen [51, 54] auf Spurbienen für die Zufallssuche und stützen sich stattdessen auf die *nb* parallelen Suchen und auf die Standortaufgabe, um die explorative Suche aufrechtzuerhalten.

Abschließend sei angemerkt, dass der in den Kästen 2.3 und 2.4 beschriebene Algorithmus für ein kontinuierliches Optimierungsproblem formuliert wurde. Solange es jedoch möglich ist, ein Maß für die Ähnlichkeit zweier Lösungen zu definieren – also eine Metrik und eine Distanz im Suchraum –, kann der Algorithmus gleichermaßen auf diskrete Optimierungsprobleme angewendet werden. Die Fähigkeit, den Abstand zwischen zwei Lösungen zu berechnen, ist notwendig, um die

Tab. 2.2 Hauptparameter des Bienenalgorithmus

Parameter	Beschreibung
T	Anzahl der Iterationen des Hauptzyklus
ns	Anzahl der Spurbienen
nb	Anzahl der besten Standorte
ne	Anzahl der Elite-Standorte
nrb	Rekrutierte Bienen für beste Standorte
nre	Rekrutierte Bienen für Elite-Standorte
ngh	Anfängliche Nachbarschaftsgröße
$stlim$	Grenze der Stagnationszyklen für Standortaufgabe
α	Faktor zur Verkleinerung der Nachbarschaft

Nachbarschaft $C(c, r)$ einer Kandidatenlösung c und die Routine zur Verkleinerung der Nachbarschaft zu definieren. Für einige Anwendungen wie das TSP können verschiedene Metriken verwendet werden, um die Nähe zwischen Lösungen zu messen; in diesem Fall wird die Wahl der Metrik zu einem weiteren Gestaltungsparameter.

Selbst wenn keine exakte Metrik auf dem Lösungsraum definiert wurde, kann es dennoch möglich sein, die Ähnlichkeit zweier Lösungen grob zu bestimmen und somit den Bienenalgorithmus anzuwenden. In solchen Fällen ist es oft zweckmäßig, auf die Routine zur Verkleinerung der Nachbarschaft zu verzichten [55–57].

2.5 Varianten des Bienenalgorithmus

Der Algorithmus in Abschn. 2.3 wird gemeinhin als die Standardversion des Bienenalgorithmus angesehen [4, 45] und ist vermutlich die am häufigsten verwendete Implementierung dieses Verfahrens. Dennoch wurden in fast 20 Jahren Literatur zahlreiche Varianten des Bienenalgorithmus vorgeschlagen. Auch wenn diese Darstellung nicht vollständig ist, soll dieser Abschnitt einen Überblick über die Vielfalt und den Einfallsreichtum der Forschung auf diesem Gebiet geben.

Eine aktuelle Übersicht von Hussein et al. [45] definiert den *Basis-Bienenalgorithmus* als die Standardversion ohne Routinen zur Verkleinerung der Nachbarschaft und zum Verlassen von Suchgebieten. Obwohl die Details der Implementierung nicht vollständig klar sind, handelt es sich bei der frühen Anwendung des Bienenalgorithmus von Otri et al. [58] wahrscheinlich um eine Umsetzung dieses minimalistischen Verfahrens. Auch Guney und Onay [59–61] verwendeten Optimierer auf Basis des Basis-Bienenalgorithmus, wobei sie diesen im letzteren Fall um eine auf Pheromonen basierende Schwänzeltanz-Routine erweiterten.

Hussein et al. [45] fassten zudem jene Versionen des Bienenalgorithmus, die kein Verlassen von Suchgebieten vorsehen, unter dem Begriff *Shrinking-based Bees Algorithm* zusammen. Einige der allerersten Versionen des Bienenalgorithmus [3, 62] sind Beispiele für solche Varianten. Ahmad et al. [63] verwendeten einen Shrinking-basierten Bienenalgorithmus und erweiterten diesen um eine von TRIZ inspirierte [64] lokale Suche auf Basis asymmetrischer Nachbarschaften. In ihrer Übersicht unterschieden Hussein et al. [45] zwischen Versionen des Bienenalgorithmus, bei denen die Nachbarschaften für alle lokalen Suchgebiete synchron verkleinert werden [46], und dem häufigeren Fall, bei dem die Nachbarschaften asynchron nur an denjenigen Stellen verkleinert werden, an denen die lokale Suche ins Stocken gerät [3, 4, 65].

Verschiedene Autoren haben unterschiedliche Varianten der grundlegenden zufälligen Initialisierungsroutine vorgeschlagen. So setzten beispielsweise Shatnawi et al. [66, 67] Levy-Flüge [68] anstelle einer gleich verteilten Zufallssuche ein; Özbakýr und Tapkan [69] verwendeten heuristische Regeln, um eine Population von Montagetätigkeiten in einem Linienausgleichsproblem zu initialisieren; und Qasem et al. [70] nutzten ein Random-Start-Best-Step-Verfahren zur Erzeugung von Ensemble-Klassifikatoren. Pham et al. [49] setzten den Bienenalgorithmus zur Optimierung der Zuführung und der Reihenfolge der Bauteilplatzierung in einem Problem der

Leiterplattenmontage (PCB) ein. Sie fanden zunächst gute Teillösungen durch Optimierung ausschließlich der Bauteilplatzierung und nutzten diese Lösungen anschließend zur Initialisierung des vollständigen Optimierungsalgorithmus für Zuführung und Bauteilplatzierung. In einer ähnlichen Anwendung der kombinatorischen Optimierung verwendete Sahin [71] die Nächster-Nachbar-Suche [72] zur Initialisierung der Scout-Population. Es sei angemerkt, dass jede Initialisierungsprozedur selbst einen Optimierungsaufwand darstellt, der zum Aufwand des Bienenalgorithmus hinzukommt. Daher ist eine komplexe Initialisierung nur dann sinnvoll, wenn sie den gesamten Rechenaufwand reduziert (Divide-and-Conquer-Ansatz) oder die Qualität der Lösungen verbessert.

In der Literatur wurden verschiedene Rekrutierungsschemata eingesetzt. Neben dem bereits erwähnten pheromonbasierten Ansatz von Packianather et al. [61] verwendeten Pham und Darwish [73] eine Fuzzy-Greedy-Routine, um die Anzahl der Patches und die Anzahl der pro Patch rekrutierten Arbeiter für die lokale Suche auszuwählen. Ghanbarzadeh [74] schlug vor, die Anzahl der rekrutierten Sammler proportional zum Standort der Standorte festzulegen. Schließlich schützten Pham et al. [75] neue Lösungen („junge Bienen"), die durch globale Suche über mehrere Iterationen hinweg generiert wurden, vor der Konkurrenz durch Lösungen, die durch lokale Suche generiert wurden, und ermöglichten ihnen, sich durch lokale Suche zu verbessern.

Der Großteil der Forschung konzentrierte sich auf Varianten der lokalen Suchprozedur. Adaptive asymmetrische Nachbarschaften wurden von Muhamad et al. [63, 76] eingesetzt, um den Ausbeutungsaufwand in Richtung der größten Verbesserung auf der Fitnesslandschaft zu lenken. Eine adaptive stochastische Methode zur Bestimmung der Nachbarschaftsgröße wurde von Tsai [77] verwendet. Verschiedene Autoren setzten intelligente Suchverfahren wie Kalman-Filterung [78], Levy-Flüge [79], die Nelder-und-Mead-Methode [80, 81] und den stochastischen Gradientenabstieg [82] zur Steuerung der lokalen Suche ein. Anwendungen des Bienenalgorithmus auf kombinatorische Optimierungsprobleme stützten sich meist auf lokale Suchoperatoren wie Vertauschen, Invertieren und Einfügen [57, 71, 83–85], die jeweils nur einen Teil der Lösungssequenz verändern.

Wird ein Suchgebiet aufgegeben, so wird in der Regel die bisher beste lokale Lösung gespeichert [4]. In einigen Fällen [46, 61] werden alle lokalen Lösungen, die vor dem Verlassen eines Suchgebiets gefunden wurden, für eine spätere Verwendung behalten. Beim hierarchischen Verlassen von Suchgebieten [73] werden alle anderen Gebiete mit gleicher oder geringerer Fitness ebenfalls aufgegeben.

Schließlich wurden zahlreiche Varianten durch Hybridisierung des Bienenalgorithmus mit anderen Heuristiken und Metaheuristiken entwickelt, wie zum Beispiel PSO [86], ameisenähnliche [13] stigmergiegetriebene Optimierung [61], problembezogene Heuristiken [87], der Firefly-Algorithmus [88–90], Harmony Search [91, 92], Simulated Annealing (SA) [93], Grasshopper-Optimierung [94, 95], Artificial Bee Colony (ABC)-Optimierung [23, 96] und viele weitere.

Ein wichtiger Punkt sollte im Zusammenhang mit der Einführung neuer Varianten des Standardverfahrens des Bienenalgorithmus beachtet werden. Im Hinblick auf das in Abschn. 1.5 diskutierte NFL-Theorem muss festgehalten werden, dass keine Modifikation des Standardalgorithmus dessen allgemeine Leistungsfähigkeit a priori verbessert. Eine Variante ist dann sinnvoll, wenn sie das ursprüngliche Verfahren an die Eigenschaften eines bestimmten Problembereichs anpasst, das heißt, wenn sie den Standardalgorithmus für die Lösung einer bestimmten (Klasse von) Aufgabe(n) spezialisiert. Aus diesem Grund ist ein gutes Verständnis der Funktionsweise der Standardversion und der Auswirkungen der eingeführten Modifikationen entscheidend. Es sollte auch geprüft werden, ob angesichts der umfangreichen Literatur zu Optimierungsmetaheuristiken nicht bereits Methoden mit den gewünschten Eigenschaften existieren.

2.6 Vergleich mit anderen Metaheuristiken

Der Bienenalgorithmus ist ein Vertreter einer großen Familie von Metaheuristiken, die von verschiedenen Aspekten der kollektiven Intelligenz von Honigbienen inspiriert sind, wie Schwarmverhalten, Paarung und Futtersuche [97]. Ein erschöpfender Vergleich mit all diesen Methoden würde den Rahmen dieses Buches sprengen – daher konzentriert sich die folgende Diskussion vor allem auf eines der populärsten Optimierungsverfahren, die vom Futtersuchverhalten der Bienen inspiriert sind: den Artificial Bee Colony (ABC)-Algorithmus [23]. ABC wurde im selben Jahr wie der Bienenalgorithmus entwickelt [44, 98] und ähnelt auf den ersten Blick stark dem Basis-Bienenalgorithmus. Aus diesem Grund werden sie manchmal verwechselt. Eine genauere Betrachtung zeigt jedoch wesentliche Unterschiede zwischen den beiden Algorithmen, was die von Aranha et al. [22] hervorgehobenen Schwächen von metaphernbasierten Beschreibungen von Metaheuristiken bestätigt.

Auch der Bienenalgorithmus verwendet den populationsbasierten stochastischen Suchansatz, der von vielen SI- und naturinspirierten Metaheuristiken geteilt wird. In diesem Abschnitt wird der Ansatz des Bienenalgorithmus zusammen mit anderen bekannten naturinspirierten Paradigmen wie EAs, PSO und Ant Colony Optimization (ACO) [13] diskutiert.

Schließlich weisen zwei traditionelle Suchverfahren wichtige Ähnlichkeiten mit der lokalen Nachbarschaftssuche des Bienenalgorithmus auf: Variable Neighbourhood Search (VNS) [99] und LJ Search [100]. Beide werden im Folgenden ausführlich analysiert.

2.6.1 Bieneninspirierte Optimierung

In ihrer Übersicht zitierten Rajasekhar et al. [97] mehrere Methoden, die das Verhalten von Honigbienen wie Schwärmen und Nisten [101], Paarung [102, 103] und Futtersuche [3, 23] nachahmen. Insbesondere der Futtersuchprozess hat das Interesse mehrerer Autoren geweckt, vermutlich aufgrund der Popularität des Schwänzeltanzes und der klaren Unterscheidung zwischen dem explorativen Verhalten der Scouts und der überwiegend ausbeutenden Rolle der Sammlerbienen.

Einige Bienen-Suchmetaphern implementieren explorative Suche mittels evolutionärer [104, 105] oder zufälliger Suche [106] und nutzen die Ergebnisse des explorativen Suchprozesses durch parallele lokale Optimierer wie EAs [104, 105] oder andere Metaheuristiken [106]. Exploration und Exploitation können sequenziell durchgeführt werden, indem die beiden Phasen abwechselnd ausgeführt werden [104, 105], oder parallel, indem beide Phasen gleichzeitig ablaufen [106]. Anstatt ein völlig neues Optimierungsverfahren zu schaffen, kombinieren diese Ansätze die Stärken bekannter und gut verstandener Metaheuristiken in einem bieneninspirierten Gesamtschema.

Einen anderen Ansatz stellen der Bienenalgorithmus und ABC dar, bei denen die Honigbienen-Suchmetapher zu einer völlig neuen Suchmethode führt. ABC teilt die Bienenkolonie in drei Gruppen von Individuen: die *Beschäftigten, die Zuschauer* und die *Kundschafter.* Die beschäftigten Bienen durchsuchen den Lösungsraum in der Nachbarschaft zuvor gefundener guter Lösungen, bewerten die Fitness der neuen Lösungen, an denen sie landen, und rekrutieren auf Basis dieser Bewertung weitere Artgenossen (die Zuschauer) für eine lokale, ausnutzende Suche mittels Schwänzeltanz. Die Rolle der beschäftigten Bienen und der Zuschauerbienen im ABC-Algorithmus entspricht jeweils der Rolle der *nb*-Kundschafter für den Schwänzeltanz und der Sammler im Bienenalgorithmus. Die Anzahl der Kundschafterbienen in ABC ist üblicherweise auf eine begrenzt [23] und wie im Bienenalgorithmus führt diese Spurbiene eine zufällige globale Suche durch.

Ähnlich wie beim Bienenalgorithmus implementiert ABC ein Verfahren zum Verlassen von Standorten, bei dem beschäftigte Bienen die Suche um eine Lösung nach wiederholten Zyklen stagnierender lokaler Suche einstellen. Wie im Bienenalgorithmus werden beschäftigte Bienen von verlassenen Standorten an einem zufällig gewählten neuen Ort reinitialisiert. Das Flussdiagramm des ABC-Algorithmus ist in Abb. 2.2 dargestellt.

Die beiden Hauptunterschiede zwischen ABC und dem Bienenalgorithmus liegen in der Art und Weise, wie der Schwänzeltanz und die lokale Suche implementiert werden. Konkret implementiert ABC den Schwänzeltanz durch die nichtdeterministische proportionale Auswahlroutine [31], die jedem „Tänzer" eine Wahrscheinlichkeit zuweist, einige Zuschauerbienen (Sammler) anzuziehen, die proportional zur Fitness des beworbenen Standorts ist. Dies steht im Gegensatz zur deterministischen Zuteilung und zum Cut-off-Kriterium im Bienenalgorithmus. Außerdem wird die lokale Suche in ABC durchgeführt, indem eine beschäftigte Biene oder eine Zuschauerbiene zufällig mit einer anderen beschäftigten Biene gepaart und die Werte ihrer Variablen nach dem EA-Operator *Extrapolations-Crossover* zufällig kombiniert werden [31]. Im Detail: Gegeben die Lösung $\mathbf{x}_i = (x_{i1}, x_{i2}, \ldots, x_{in})$, markiert von der beschäftigten Biene oder der Zuschauerbiene, und die Lösung $\mathbf{x}_k = (x_{k1}, x_{k2}, \ldots, x_{kn})$, markiert von einer zufällig ausgewählten beschäftigten Biene, wird folgende neue Lösung $\mathbf{y}$ erzeugen:

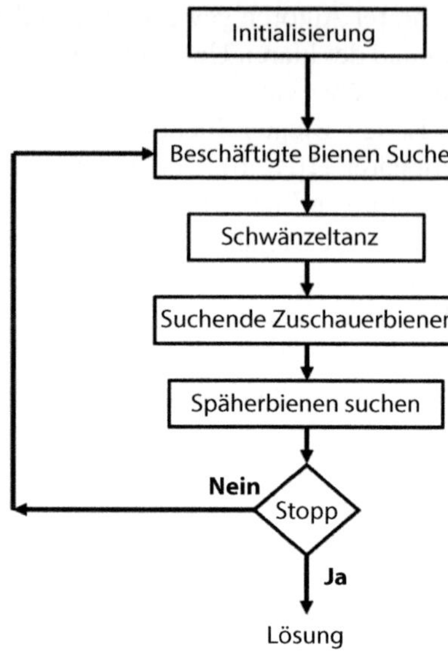

Abb. 2.2 Flussdiagramm des Artificial Bee Colony Algorithmus

$$y_j = x_{ij} + r_j(x_{ij} - x_{kj}) \quad \forall j \in [1,\ n] \tag{2.6}$$

wobei $j = [1,\ n]$, n die Dimensionalität des Suchraums ist und $r \sim U(W),\ \ W = [-1,\ 1]$ eine zufällig generierte Zahl ist. Die Wirkung des Extrapolations-Crossover-Operators ist in Abb. 2.3 beschrieben.

Bezüglich der Suchstrategie begünstigt das stochastische Auswahlverfahren, das von ABC im Schwänzeltanz verwendet wird, die Exploration des Suchraums stärker als das deterministische Verfahren im Bienenalgorithmus. Allerdings ist bekannt, dass eine proportionale Auswahl bei Vorhandensein von Super-Individuen, das heißt „glücklichen“ Funden mit deutlich höherer Fitness als der Rest der Population, zu vorzeitiger Konvergenz führen kann [107]. Auch wenn dieses Problem bei ABC dank

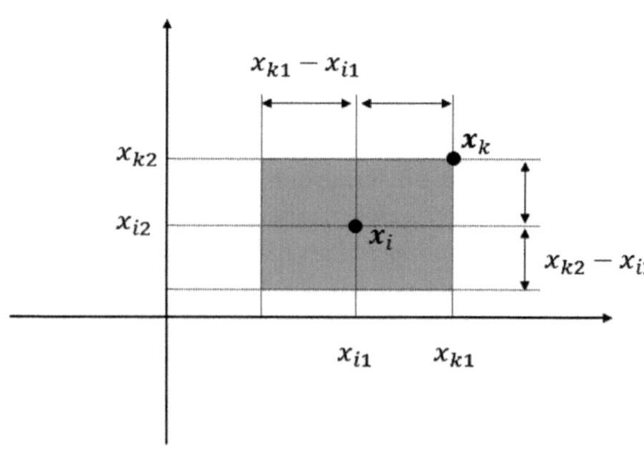

Abb. 2.3 Extrapolations-Crossover in einem zweidimensionalen Raum: Eine neue Lösung **y** wird erzeugt, indem die Merkmale (kartesische Koordinaten) von $\mathbf{x}_i$ und $\mathbf{x}_k$ zufällig kombiniert werden. Die neue Lösung kann sich überall im grauen Bereich befinden

des Standortaufgabe-Verfahrens weniger ins Gewicht fällt, ist bemerkenswert, dass Zufälligkeit bei ABC eine größere Rolle spielt als beim Bienenalgorithmus.

Die Rolle der lokalen Suche ist komplexer zu analysieren. ABC legt im Gegensatz zum Bienenalgorithmus keine feste Nachbarschaft fest, und der Bereich der lokalen Suche hängt vom Abstand zwischen den beiden gepaarten Lösungen ab. Zu Beginn der Suche ist dieser Abstand aufgrund der großen Populationsdiversität wahrscheinlich groß. Im Verlauf der Suche wird erwartet, dass die Population auf das globale Optimum konvergiert und der Unterschied zwischen zwei zufällig ausgewählten Lösungen allmählich abnimmt [23]. Die Idee ist daher, anfangs eine stärker explorative lokale Suche durchzuführen und diese mit fortschreitender Konvergenz der Population auf die optimale Lösung zunehmend ausnutzend zu gestalten. Dies ähnelt dem Vorgehen im Bienenalgorithmus, bei dem die anfängliche Nachbarschaft üblicherweise auf einen großen Wert gesetzt und durch den Nachbarschaftsverkleinerungs-Operator schrittweise reduziert wird. Dennoch kann die Standortaufgabe weiterhin sehr unterschiedliche Individuen erzeugen, die auch in den letzten Phasen der lokalen Suche im ABC sehr unterschiedliche Nachkommen hervorbringen können.

Ein weiterer interessanter Unterschied zwischen ABC und dem Bienenalgorithmus besteht darin, dass ersterer in der Regel deutlich mehr unabhängige lokale Suchen durchführt als letzterer. Konkret wird die Anzahl der beschäftigten Bienen bei ABC üblicherweise auf die Hälfte der Bienenkolonie festgelegt [23], während die Anzahl *nb* der lokalen Suchstellen im Bienenalgorithmus meist deutlich geringer ist. Obwohl diese Parametrisierungen je nach Anwendung variieren können, scheint die allgemeine Strategie von ABC darin zu bestehen, die vielen beschäftigten Bienen schrittweise zur Konvergenz auf das globale Optimum zu führen, während der Bienenalgorithmus eine globale Konvergenz explizit zugunsten von *nb* parallelen lokalen Suchen ablehnt. Zudem wird der Exploitationsaufwand bei ABC verstärkt, wenn die beschäftigten Bienen sich zunehmend auf dieselbe Region des Suchraums zubewegen, während er beim Bienenalgorithmus festgelegt ist und auf der vorgegebenen Anzahl von Sammlerbienen basiert, die einem Blütenfeld zugeteilt werden. Selbst wenn beim Bienenalgorithmus zwei oder mehr lokale Suchen in dasselbe Attraktionsbecken (zum Beispiel einen Hügel in der Fitnesslandschaft) fallen, werden sie parallel fortgesetzt, ohne dass eine Kommunikation zwischen den beteiligten Agenten stattfindet.

2.6.2 Populationsbasierte Metaheuristiken

Wie in Abschn. 2.1 hervorgehoben, besteht der entscheidende Unterschied zwischen EA- und SI-Algorithmen im völligen Fehlen einer zentralisierten Struktur bei letzteren. Trotz seines recht dezentralen Ansatzes ist der Bienenalgorithmus durch die Schwänzeltanz-Routine gekennzeichnet, die auf Populationsebene stattfindet. Streng genommen kann der Bienenalgorithmus daher nicht als SI-Methode klassifiziert werden, sondern als naturinspirierter Optimierungsalgorithmus. Auch wenn dieser Unterschied nur nominell ist, kann es hilfreich sein, ihn im Hinterkopf zu behalten, insbesondere in einem Forschungsfeld, das derzeit von einem zunehmenden Wunsch nach strenger formaler Strenge geprägt ist [22].

Unter den zahlreichen EA-Verfahren ähnelt der Bienenalgorithmus am meisten den traditionellen Evolutionsstrategien (EVS) [32] in ihrer ursprünglichen Formulierung ohne genetische Rekombination und insbesondere den $(\mu + \lambda)$-EVS. Wie $(\mu + \lambda)$-EVS sucht der Bienenalgorithmus in der Nachbarschaft jede der $\mu = nb$ (ne) ausgewählten Lösungen (die „Eltern" in der EVS-Terminologie) durch zufälliges Sampling $\lambda = nrb$ (nre) neuer Lösungen (die „Nachkommen" in der EVS-Terminologie). In beiden Algorithmen wird die Größe der Nachbarschaft adaptiv angepasst: bei EVS durch genetische Mutation, beim Bienenalgorithmus durch das Schrumpfen der Nachbarschaft. Während die Intensität des zufälligen Samplings bei EVS für alle Nachbarschaften gleich ist, verfolgt der Bienenalgorithmus eine differenzierte Rekrutierungspolitik, die die vielversprechendsten Stellen bevorzugt.

Sowohl EVS als auch der Bienenalgorithmus verwenden ein deterministisches Auswahlverfahren (Schwänzeltanz). Allerdings findet das Auswahlverfahren bei EVS auf Ebene der gesamten Population statt, und die μ Eltern konkurrieren mit der gesamten $\mu \times \lambda$ erzeugten Nachkommenschaft. Beim Bienenalgorithmus erfolgt die Auswahl zunächst lokal, indem die Biene ausgewählt wird, die auf der fittesten Lösung gelandet ist und den Schwänzeltanz ausführt, und anschließend auf Populationsebene, wo die besten Nachbarschaften für die ausbeutende Suche ausgewählt werden. Allgemein lässt sich sagen, dass der Bienenalgorithmus eine stärker lokalisierte Suchstrategie als EVS verfolgt und daher eher in der Lage ist, einen gewissen Grad an Populationsdiversität und damit an Explorationsfähigkeit über die gesamte Verfahrensdauer hinweg aufrechtzuerhalten.

Im Gegensatz zu populären SI-Metaheuristiken wie ACO und PSO kommunizieren die Agenten im Bienenalgorithmus nicht über ein Interaktionsmedium wie das von künstlichen Ameisen (ACO) verwendete Pheromon oder die von den Partikeln (PSO) genutzten Anziehungskräfte. Dieses Interaktionsmedium spielt eine entscheidende Rolle bei der Bestimmung des Verhältnisses von Exploration zu Exploitation: bei ACO durch die Einstellung der Pheromon-Verdampfungsrate, bei PSO durch die Gewichtung der Anziehungskräfte, die von den persönlichen und sozialen Besten ausgeübt werden (c_1- und c_2-Parameter in Kasten 2.2), sowie durch die Einstellung der internen Konnektivität der Population. Die direkte Steuerung des lokalen Samplings im Bienenalgorithmus war von den Entwicklern als Mittel gedacht, um die Balance zwischen Exploration und Exploitation zu vereinfachen [4]. Zusammenfassend lässt sich sagen, dass der Bienenalgorithmus stärker auf die harte Kodierung der Suchstrategie setzt, während echte SI-Algorithmen wie ACO und PSO mehr auf Selbstorganisation und emergente Verhaltensweisen der Population bauen.

Obwohl mehrere Varianten für die kontinuierliche Optimierung vorgeschlagen wurden [108–110], wurde ACO ursprünglich für kombinatorische Optimierungsprobleme entwickelt [21] und setzt das Vorhandensein einer mathematischen Struktur im Suchraum voraus, wie etwa die Graphendarstellung des TSP (Abschn. 1.2). Das Gegenteil gilt für PSO, das ursprünglich für kontinuierliche Optimierungsprobleme konzipiert wurde. Trotz verschiedener diskreter und kombinatorischer Varianten von

PSO [111, 112] ist der Einsatz dieser Metaheuristik in nichtvektoriellen Suchräumen (zum Beispiel vielen kombinatorischen Problemen wie TSP) problematisch, da Anziehungskräfte definiert werden müssen. Im Vergleich zu ACO und PSO ist der Bienenalgorithmus weniger spezialisiert und kann mit nur geringen Anpassungen auf jedes Problem angewendet werden, bei dem eine Ähnlichkeitsmetrik definiert werden kann.

Schließlich betrachten die meisten EA- und SI-Metaheuristiken die Populationskonvergenz als das Endziel des Suchprozesses. Das heißt, die Suche ist darauf ausgelegt, die gesamte Population schrittweise zur finalen Lösung zu führen, die idealerweise dem globalen Optimum und, allgemeiner, einem lokalen Fitnessmaximum entspricht. Dieser Konvergenzprozess beinhaltet eine fortschreitende Verringerung des Explorationsaufwands zugunsten der Exploitation und ist in der Regel irreversibel. Das bedeutet: Sobald die Population konvergiert ist, ist die explorative Phase faktisch beendet. Insbesondere wenn die Agenten versehentlich auf einem suboptimalen Fitnessmaximum konvergieren, möglicherweise weil sie von einem Super-Individuum beeinflusst werden, ist das Optimierungsverfahren nicht in der Lage, dieses zugunsten einer profitableren Region des Suchraums zu verlassen. Aus diesem Grund müssen Algorithmen wie EAs, ACO und PSO den Lösungsraum sorgfältig erkunden, bevor die gesamte Population auf die Suche in einem immer kleineren Teil dieses Raums festgelegt wird.

Ein charakteristisches Merkmal des Bienenalgorithmus ist, dass er keine Populationskonvergenz anstrebt, was durch den Site-Abandonment-Operator verhindert wird. Diese Eigenschaft hilft dem Bienenalgorithmus in hochkomplexen und multimodalen Räumen, in denen die Wahrscheinlichkeit, in lokalen Optima steckenzubleiben, hoch ist. Durch die Durchführung mehrerer paralleler lokaler Suchen, die im Falle einer Stagnation aufgegeben und an anderer Stelle neu gestartet werden können, kann der Bienenalgorithmus vielversprechende Regionen in der Fitnesslandschaft aggressiver ausbeuten. Allerdings wird in den letzten Phasen der lokalen Suche der ausbeutende Aufwand des Bienenalgorithmus durch die maximale Anzahl *nre* einsetzbarer Sammlerbienen begrenzt. Aufgrund der Diversifizierung des Suchaufwands auf verschiedene unabhängige Stellen weist der Bienenalgorithmus gewisse Ähnlichkeiten mit dem Multi-Swarm-PSO-Ansatz auf [113].

2.6.3 *Variable Neighbourhood Search (VNS)*

VNS wurde von Mladenović und Hansen [99] als Erweiterung der klassischen lokalen Suche entwickelt. Ursprünglich wurde der Algorithmus entworfen, um kombinatorische Suchprobleme wie das TSP oder dessen allgemeinere Variante, das Vehicle Routing Problem, zu lösen [114], wobei der Umfang der Nachbarschaften als eine vorgegebene Anzahl von Vertauschungsoperationen in der Reihenfolge der Städte definiert wurde. Kasten 2.5 zeigt den Pseudocode des Algorithmus für ein kontinuierliches Maximierungsproblem.

VARIABLE NEIGHBOURHOOD SEARCH

1. Randomly initialise candidate solution $\boldsymbol{x} \in A$;
2. Initialise k neighbourhood sides r_i, $i = [1, k]$;
3. $i = 1$;
4. DO UNTIL $i \leq k$
   (a) $\boldsymbol{x}' \sim U(H), \quad H = \mathcal{C}(\boldsymbol{x}, r_i)$;
   (b) using $\boldsymbol{x}'$ as seed, generate $\boldsymbol{x}''$ using some local search method;
   (c) IF $\mathcal{F}(\boldsymbol{x}'') > \mathcal{F}(\boldsymbol{x})$
   $\boldsymbol{x} = \boldsymbol{x}''$;
   i=1;
   (d) ELSE
   $i = i + 1$;
5. RETURN $\boldsymbol{x}$;

Code 2.5 Pseudocode der Variable Neighbourhood Search (VNS) für ein kontinuierliches Maximierungsproblem: Die übliche Fitnessfunktion, $H = \mathcal{C}(\boldsymbol{c}, \ r)$, ist ein Hyperwürfel mit der Seitenlänge r, zentriert in $\boldsymbol{c}$. A ist der Teilraum der zulässigen Werte der Lösungen.

Die Idee besteht darin, eine Sequenz von k lokalen, ausnutzenden Suchen (Schritt 4b in Kasten 2.5) in der Nähe der aktuell besten Lösung $\boldsymbol{x}$ durchzuführen, wobei jede Suche innerhalb einer Nachbarschaft von $\boldsymbol{x}$ gestartet wird. Findet eine der lokalen Suchen eine bessere Lösung, so wird diese zur neuen, bisher besten Lösung, und der Zyklus der k lokalen Suchen beginnt von vorn. Andernfalls wird der Algorithmus nach der k^{th} lokalen Suche beendet. Da der optimale Umfang der Nachbarschaft nicht bekannt ist, werden Nachbarschaften unterschiedlicher Größe nacheinander ausprobiert. Die Größe der variablen Nachbarschaften kann heuristisch vorgegeben oder – meist typisch – zufällig festgelegt werden (Schritt 2 in Kasten 2.5).

Der Startpunkt $\boldsymbol{x}'$ jeder lokalen Suche wird durch zufällige Störung der bisher besten Lösung gewählt (Shake-Phase, siehe Schritt 4a in Kasten 2.5). Das heißt, der Punkt wird zufällig innerhalb einer Nachbarschaft der bisher besten Lösung initialisiert. Eine vereinfachte Version der Metaheuristik, das Reduced VNS (RVNS) [115], lässt die Shake-Phase weg und initialisiert jede ausnutzende Suche von der aktuellen besten Lösung ($\boldsymbol{x}' = \boldsymbol{x}$). In der Literatur wurden mehrere parallele Implementierungen des VNS-Algorithmus vorgeschlagen [116–118], darunter: Low-Level-Parallelisierung der lokalen Suche zur Steigerung der Recheneffizienz, Zerlegung des Definitionsbereichs sowie mehrere synchrone und asynchrone parallele lokale

Suchen. In all diesen Fällen wurden die lokalen Suchen in variablen Nachbarschaften der aktuellen besten Lösung durchgeführt.

Ein Schritt der lokalen Suche durch den Bienenalgorithmus in einer Nachbarschaft entspricht einem Schritt von RVNS, und wenn die Nachbarschaft mehrfach für die lokale Suche ausgewählt wird, entsprechen j Schritte der lokalen Suche im Bienenalgorithmus j Schritten von RVNS. Das Abbruchkriterium für die lokale Suche ist k Zyklen der Stagnation im RVNS und *stlim* Zyklen der Stagnation im Bienenalgorithmus. Die Art der lokalen Suche, die im Bienenalgorithmus implementiert ist, entspricht dem verbesserten Hill-Climbing-Algorithmus, der in Kasten 1.3 dargestellt ist. Die Unterschiede in den Verfahren liegen in der Größe der Nachbarschaft, die im RVNS üblicherweise zufällig gewählt und im Bienenalgorithmus progressiv verkleinert wird, sowie darin, dass im Bienenalgorithmus die Intensität der lokalen Suche davon abhängt, ob es sich bei der Nachbarschaft um einen „Elite"- oder „Best"-Standort handelt.

Auf der Ebene der Gesamtstrategie besteht der entscheidende Unterschied darin, dass bei parallelen Implementierungen von VNS m Instanzen von VNS kooperieren, um im Umfeld der bisher besten Lösung zu suchen und diese periodisch zu aktualisieren. Im Bienenalgorithmus werden m unabhängige lokale Suchen parallel ausgeführt, und die beste der m lokalen Lösungen wird als finale Lösung übernommen. Darüber hinaus werden die Zwischenergebnisse der lokalen Suchschritte zwischen allen Nachbarschaften geteilt, wobei eine Nachbarschaft möglicherweise aufgegeben wird, wenn die Suche oder eine bessere Lösung von einem Scout gefunden wird. Erst kürzlich erwähnten Djenić et al. [118] die Idee, mehrere parallele unabhängige Suchen als mögliche parallele VNS-Implementierung durchzuführen, und Duarte et al. [119] setzten diese Idee in einer vergleichenden Studie mit sechs möglichen Implementierungen um. Aus VNS-Perspektive kann der Bienenalgorithmus als ein ausgefeilter Rahmen paralleler Varianten des RVNS-Verfahrens beschrieben werden, ergänzt um globales zufälliges Scouting.

2.6.4 Luus-und-Jaakola-Suche (LJ-Suche)

Luus und Jaakola [100] schlugen die LJ-Suchmethode zur Lösung nichtlinearer Optimierungsprobleme vor. Beispielhafte Anwendungen der Methode sind die Optimierung der Rückkopplungsregelung in nichtlinearen Systemen [120], die zeitoptimale Steuerung nichtlinearer Systeme [121] und die Rückkopplungsregelung von Systemen mit Zeitverzögerung [122, 123]. Der Pseudocode der LJ-Suchmethode ist in Kasten 2.6 dargestellt.

Die LJ-Suchmethode ist der verbesserten Hill-Climbing-Prozedur, die in Kasten 1. 3 beschrieben ist, sehr ähnlich, mit dem einzigen Unterschied, dass die Seitenlänge δ des Hyperwürfels in jeder Iteration um einen Faktor $1 - \epsilon$ verkleinert wird. Die LJ-Suchmethode ist auch der lokalen Suche, wie sie vom Bienenalgorithmus an einer Stelle durchgeführt wird, sehr ähnlich. Wird die Stelle wiederholt für die lokale Suche ausgewählt, so entspricht eine Iteration der lokalen Suche des Bienenalgorithmus

LUUS AND JAAKOLA SEARCH

1. Randomly initialise candidate solution $\boldsymbol{x} \in A$;
2. Initialise neighbourhood $\mathcal{C}(\boldsymbol{x}, r_1)$ of side $r_1 = ngh$;
3. i=1;
4. REPEAT T times
   (a) j=1;
   (b) REPEAT nr times
      i. $\boldsymbol{x}'_j \sim U(H), \quad H = \mathcal{C}(\boldsymbol{x}, r_i)$;
      ii. j=j+1;
   (c) $\boldsymbol{x}'' = \arg\max_{\boldsymbol{y}} \{\mathcal{F}(\boldsymbol{y}) \mid \boldsymbol{y} \in \{\boldsymbol{x}'_1, \ldots, \boldsymbol{x}'_{nr}\}\}$;
   (d) IF $\mathcal{F}(\boldsymbol{x}'') > \mathcal{F}(\boldsymbol{x})$
      $\boldsymbol{x} = \boldsymbol{x}''$;
   (e) $r_{i+1} = (1 - \epsilon) \times r_i \ (0 < \epsilon < 1)$;
   (f) i=i+1;
5. RETURN $\boldsymbol{x}$;

Code 2.6 Der Pseudocode des Luus-und-Jaakola-(LJ-Suche)-Algorithmus für ein kontinuierliches Maximierungsproblem verwendet die übliche Fitnessfunktion, $H = \mathcal{C}(\boldsymbol{c},\ r)$ ist ein Hyperwürfel mit Seitenlänge r, zentriert in $\boldsymbol{c}$, und häufig $\epsilon = 0{,}05$. A ist der Unterraum der zulässigen Werte der Lösungen.

einer Iteration der LJ-Suchmethode. Der Hauptunterschied zwischen den beiden Verfahren besteht darin, dass beim Bienenalgorithmus die Intensität der Suche, also die Anzahl nr der in der Nachbarschaft gesampelten Lösungen, von der relativen Güte der Stelle abhängt – also davon, ob sie elitär oder die beste ist. Außerdem wird die lokale Suche in der LJ-Suchmethode schrittweise verkleinert, während sie beim Bienenalgorithmus nur dann reduziert wird, wenn die Suche stagniert. In der Praxis sind Intensität und Umfang der lokalen Suchprozedur des Bienenalgorithmus adaptiv, während jeder Schritt der LJ-Suche einem vorgegebenen Plan folgt.

Allgemein lässt sich sagen, dass der Bienenalgorithmus eine Anzahl paralleler, adaptiver LJ-Suchprozeduren unterschiedlicher Intensität implementiert, wobei die Intensität jeder Prozedur durch den kollektiven Informationsaustausch mittels Schwänzeltanz festgelegt wird.

2.7 Hauptanwendungsgebiete des Bienenalgorithmus

Bereits in den ersten Jahren fand der Bienenalgorithmus Anwendung bei einer Vielzahl von Optimierungsproblemen. Dieser Abschnitt gibt einen nicht abschließenden Überblick über die Vielseitigkeit des Bienenalgorithmus als Optimierungsmethode.

Das Training von ANN-Klassifikatoren [124] ist eines der ersten Gebiete, in denen der Bienenalgorithmus erfolgreich eingesetzt wurde. Zu den frühen Arbeiten gehörte das Training flacher ANN-Modelle wie der Lernvektor-Quantisierung und der Radial-Basis-Funktion zur Erkennung von Kontrollchart-Mustern [58, 62] sowie des populären Multi-Layer-Perzeptrons zur Bildidentifikation [86, 125]. Das gemeinsame Schema all dieser Anwendungen besteht darin, den Bienenalgorithmus zur Generierung von Kandidaten für ANN-Gewichtseinstellungen zu verwenden, die anhand des Klassifikationsfehlers bewertet werden (siehe Abschn. 1.3).

In jüngerer Zeit wurde der Bienenalgorithmus zum Training tiefer ANN-Strukturen für die Sentiment-Klassifikation [82] sowie zur Optimierung der Hyperparameter eines Convolutional Neural Network [126] eingesetzt. ANNs wurden ebenfalls mit dem Bienenalgorithmus für die Zeitreihenidentifikation in der Robotik [54] und für Anwendungen in der Motorsteuerung [127] trainiert. Schließlich wurde der Bienenalgorithmus auch zum Training anderer Klassifikatoren wie Support Vector Machines [128] und Random Forests [129] für Aufgaben der Bilderkennung verwendet [70, 130].

Im Bereich der intelligenten Regelung wurde der Bienenalgorithmus zur Optimierung der Zugehörigkeitsfunktionen [131–133] und der Verstärkungen [131, 132, 134] von Fuzzy-Logik-Reglern [135] eingesetzt. Ebenso wurde der Bienenalgorithmus zur Optimierung der Parameter von Proportional-Integral-Differential-Reglern [54, 136] und von Sliding-Mode-Regelungen [137] verwendet. In diesen Anwendungen wird eine Kandidatenlösung durch einen Parametersatz definiert (zum Beispiel die Ankerpunkte der Zugehörigkeitsfunktionen, die PID-Koeffizienten usw.) und anhand einer Maßzahl für die Regelgüte bewertet.

Weitere Anwendungen des Bienenalgorithmus auf kontinuierliche Optimierungsprobleme umfassen die Amplitudeneinstellung in linearen Antennenarrays zur Mustersynthese [59], die Energieminimierung bei der Proteinkonformationssuche [65], die Strukturauslegung mechanischer Bauteile [138], die Leistungsverteilung zur Minimierung der Brennstoffkosten in Energiesystemen [139], die Parametereinstellung für die dynamische Optimierung chemischer Prozesse [140], den Einsatz von Dieselmotoren zur Leistungsmaximierung [141], die Parameteridentifikation bei der Anpassung primitiver Formen an Punktwolkenmodelle [48] sowie die Maximierung elektrischer Parameter zur Leistungssteigerung von Photovoltaikmodulen [60]. Die einzigen gemeinsamen Merkmale dieser sehr unterschiedlichen Problemstellungen sind die Möglichkeit, Kandidatenlösungen als Variablenvektor zu kodieren, und die Fähigkeit, deren Güte durch eine Funktion dieses Vektors zu bewerten.

Auch die Anwendungen des Bienenalgorithmus im Bereich der diskreten und kombinatorischen Optimierung waren vielfältig. Zu den allerersten Anwendungen des Bienenalgorithmus zählen die Optimierung der Leiterplattenbestückung [49, 57,

142], die Bildung von Fertigungszellen [143], die Vorab-Auslegung von Getrieben [144] und die Arbeitslastverteilung bei der Zuweisung von Prüfungsaufgaben [83]. In diesen Problemstellungen wurden die Lösungen üblicherweise als Zeichenketten von Variablen dargestellt. Eine Matrixdarstellung wurde hingegen von Pham et al. [145] für die Zuordnung von Aufträgen und Maschinenteilen in der Maschinenauftragsplanung und von Lara et al. [55] für die Zuordnung von Dozenten und Unterrichtseinheiten in der Stundenplanung verwendet. Die Nachbarschaftssuche basierte auf Standard-Array-Operatoren wie Vertauschen, Verschieben und Einfügen oder auf der zufälligen Neuinitialisierung eines Elements der Zeichenkette [55].

2.8 Zusammenfassung

In diesem Abschnitt wurde der Bienenalgorithmus vorgestellt und im allgemeinen Bereich der naturinspirierten Optimierung eingeordnet. Metaheuristiken, die von diesem Ansatz inspiriert sind, basieren auf der kollektiven Suche einer Population elementarer Individuen, die über Mechanismen des Wettbewerbs (EA) oder der Kooperation (SI) miteinander interagieren. Während die Individuen durch einfache stochastische Verhaltensweisen gekennzeichnet sind, führen ihre Interaktionen zu komplexen und äußerst effektiven kollektiven Suchprozessen. Die Interaktionen können innerhalb eher zentralisierter Routinen (EAs), völlig dezentralisiert (SI) oder teilweise dezentralisiert ablaufen.

Der Bienenalgorithmus orientiert sich am Sammelverhalten von Honigbienen. Das Verfahren basiert auf mehreren parallelen lokalen Suchen, wobei die Intensität und der Umfang der lokalen Stichproben adaptiv an deren Erfolg und Fortschritt angepasst werden. Das Verfahren des Standortaufgebens startet die Suche an anderer Stelle neu, wenn das lokale Optimum gefunden wurde. Eine zufällige globale Suche wird eingesetzt, um die Erkundung des Lösungsraums zu fördern. Die vom Bienenalgorithmus verwendete Suchstrategie kombiniert den hohen Grad an Dezentralisierung der lokalen Suchen mit der zentralisierten Zuweisung der Sammlerinnen durch den Schwänzeltanz. Dieser Ansatz liegt zwischen den zentralisierten EA- und den vollständig dezentralisierten SI-Paradigmen.

Die Analogien zwischen dem Bienenalgorithmus und anderen naturinspirierten Metaheuristiken wurden analysiert. Der Bienenalgorithmus ähnelt am meisten dem $(\mu + \lambda)$-EVS, aufgrund seiner Strategie, $\mu = nb$-Nachbarschaften zeitweise ($\lambda = nre$- oder $\lambda = nrb$-mal) zu beproben. Darüber hinaus wurden die Ähnlichkeiten zwischen dem Bienenalgorithmus und zwei Standard-Optimierungsverfahren (VNS und LJ Search) diskutiert. Es zeigte sich, dass sich der Bienenalgorithmus ähnlich wie eine Menge paralleler adaptiver Versionen der Standardverfahren VNS und LJ Search verhält.

Kap. 2 enthielt eine Literaturübersicht zu den Varianten des Bienenalgorithmus sowie eine Übersicht über einige seiner Anwendungen auf komplexe Optimierungsprobleme.

Fragen zum Kapitelende

1. Erläutern Sie das Konzept der Bionik und geben Sie Beispiele dafür, wie es zur Lösung komplexer ingenieurwissenschaftlicher Probleme eingesetzt wurde. Diskutieren Sie die Vorteile und Grenzen des Einsatzes naturinspirierter Optimierungsalgorithmen.
2. Vergleichen und kontrastieren Sie die zugrundeliegenden Prinzipien und Mechanismen von Evolutionären Algorithmen (EAs) und Schwarmintelligenz-Algorithmen (SI). Worin unterscheiden sie sich hinsichtlich des individuellen Verhaltens, der Kommunikation und der Kontrollstrukturen?
3. Erläutern Sie, wie das Sammelverhalten von Honigbienen als natürlicher Optimierungsprozess betrachtet werden kann. Was sind die Schlüsselelemente dieses Prozesses und wie tragen sie zur effizienten Sammlung von Nahrungsressourcen bei?
4. Beschreiben Sie den Schwänzeltanz der Honigbienen und erklären Sie, wie er die Weitergabe von Informationen über Nahrungsquellen im Bienenstock erleichtert. Wie beeinflusst die Qualität der Nahrungsquelle den Schwänzeltanz und die Rekrutierung von Sammlerinnen?
5. Erläutern Sie, wie der Bienenalgorithmus das Sammelverhalten von Honigbienen nachahmt. Welche Rollen spielen Spurbienen und Sammlerinnen im Algorithmus und wie interagieren sie, um den Suchraum zu erkunden und vielversprechende Lösungen auszunutzen?
6. Diskutieren Sie, wie der Bienenalgorithmus durch seine globalen und lokalen Suchverfahren Exploration und Exploitation ausbalanciert. Wie trägt die Schwänzeltanz-Routine zu diesem Gleichgewicht bei?
7. Erläutern Sie die Mechanismen der Nachbarschaftsverkleinerung und des Standortaufgebens im Bienenalgorithmus. Wie helfen sie, die Suche zu verfeinern und Stagnation zu verhindern?
8. Vergleichen Sie den Bienenalgorithmus mit anderen naturinspirierten Metaheuristiken wie der Partikelschwarmoptimierung und der Ameisenkolonieoptimierung. Was sind die wichtigsten Gemeinsamkeiten und Unterschiede in ihren Suchstrategien und Leistungsmerkmalen?
9. Diskutieren Sie die Bedeutung der Parametereinstellung im Bienenalgorithmus. Wie beeinflussen die verschiedenen Parameter das Verhalten des Algorithmus und wie können sie für unterschiedliche Optimierungsprobleme angepasst werden?
10. Erörtern Sie die potenziellen Anwendungen des Bienenalgorithmus in verschiedenen Bereichen wie Ingenieurwesen, Wirtschaft und Data Science. Was sind aktuelle Forschungstrends und zukünftige Entwicklungen bei der Weiterentwicklung und Anwendung des Bienenalgorithmus?

Literatur

1. Hales TC (2001) The honeycomb conjecture. Discret & Comput Geom 25(1):1–22
2. Hwang J, Jeong Y, Park JM, Lee KH, Hong JW, Choi J (2015) Biomimetics: forecasting the future of science, engineering, and medicine. Int J Nanomedicine 10:5701
3. Pham DT, Ghanbarzadeh A, Koç E, Otri S, Rahim S, Zaidi M (2006) The bees algorithm—a novel tool for complex optimisation problems. In: Intelligent production machines and systems. Elsevier, S 454–459
4. Pham DT, Castellani M (2009) The bees algorithm: modelling foraging behaviour to solve continuous optimization problems. Proc Inst Mech Eng Part C J Mech Eng Sci 223(12):2919–2938
5. Yang X-S (2020) Nature-inspired optimization algorithms. Academic Press
6. Rechenberg I (1965) Cybernetic solution path of an experimental problem. R Aircr Establ Libr Transl 1122
7. LJ Fogel, Owens AJ, Walsh MJ (1966) Artificial intelligence through simulated evolution
8. Darwin C (2004) On the origin of species, 1859. Routledge
9. Holland JH (1975) Adaption in natural and artificial systems. In: An introductory analysis with application to biology, control and artificial intelligence
10. Dasgupta D, Michalewicz Z (2013) Evolutionary algorithms in engineering applications. Springer Science & Business Media
11. Reynolds CW (1987) Flocks, herds and schools: a distributed behavioral model. In: Proceedings of the 14th annual conference on Computer graphics and interactive techniques, S 25–34
12. Kennedy J, Eberhart RC (1995) Particle swarm optimization. In: Proceedings of ICNN'95-international conference on neural networks, Bd 4. IEEE, S 1942–1948
13. Colorni A, Dorigo M, Maniezzo V et al (1991) Distributed optimization by ant colonies. In: Proceedings of the first European conference on artificial life, Bd 142. Paris, France, S 134–142
14. Cruz DPF, Maia RD, De Castro LN (2019) A critical discussion into the core of swarm intelligence algorithms. Evol Intell 12(2):189–200
15. Bonabeau E, Dorigo M, Theraulaz G, Theraulaz G (1999) Swarm intelligence: from natural to artificial systems, Bd 1. Oxford University Press
16. Eberhart RC, Shi Y, Kennedy J (2001) Swarm intelligence. Elsevier
17. Dorigo M, Tuci E, Groß R, Trianni V, Labella TH, Nouyan S, Ampatzis C, Deneubourg J-L, Baldassarre G, Nolfi S et al (2004) The swarm-bots project. In: International workshop on swarm robotics. Springer, S 31–44
18. Saez-Pons J, Alboul L, Penders J, Nomdedeu L (2010) Multi-robot team formation control in the GUARDIANS project. Ind Robot Int J 37(4):372–383
19. Schmickl T, Thenius R, Moslinger C, Timmis J, Tyrrell A, Read M, Hilder J, Halloy J, Campo A, Stefanini C et al (2011) CoCoRo–the self-aware underwater swarm. In: 2011 fifth IEEE conference on self-adaptive and self-organizing systems workshops. IEEE, S 120–126
20. Dorigo M, Floreano D, Gambardella LM, Mondada F, Nolfi S, Baaboura T, Birattari M, Bonani M, Brambilla M, Brutschy A et al (2013) Swarmanoid: a novel concept for the study of heterogeneous robotic swarms. IEEE Robot & Autom Mag 20(4):60–71
21. Dorigo M, Gambardella LM (1997) Ant colony system: a cooperative learning approach to the traveling salesman problem. IEEE Trans Evol Comput 1(1):53–66
22. Aranha C, Camacho Villalón CL, Campelo F, Dorigo M, Ruiz R, Sevaux M, Sörensen K, Stützle T (2022) Metaphor-based metaheuristics, a call for action: the elephant in the room. Swarm Intell 16(1):1–6
23. Karaboga D, Basturk B (2007) A powerful and efficient algorithm for numerical function optimization: artificial bee colony (ABC) algorithm. J Glob Optim 39(3):459–471
24. Yang X-S, Deb S (2009) Cuckoo search via Lévy flights. In: 2009 World congress on nature & biologically inspired computing (NaBIC). IEEE, S 210–214

25. Groß R, Dorigo M (2009) Towards group transport by swarms of robots. Int J Bio Inspired Comput 1:1–13
26. Bayındır L (2016) A review of swarm robotics tasks. Neurocomputing 172:292–321
27. Karaboga D, Ozturk C (2009) Neural networks training by artificial bee colony algorithm on pattern classification. Neural Netw World 19(3):279
28. Sun T-H (2009) Applying particle swarm optimization algorithm to roundness measurement. Expert Syst Appl 36(2):3428–3438
29. Jevtić A, Andina D (2010) Adaptive artificial ant colonies for edge detection in digital images. In: IECON 2010-36th annual conference on ieee industrial electronics society. IEEE, S 2813–2816
30. Sibalija TV (2019) Particle swarm optimisation in designing parameters of manufacturing processes: a review (2008–2018). Appl Soft Comput 84:105743
31. Fogel DB (2006) Evolutionary computation: toward a new philosophy of machine intelligence. John Wiley & Sons
32. Back T (1996) Evolutionary algorithms in theory and practice: evolution strategies, evolutionary programming, genetic algorithms. Oxford University Press
33. Weyland D (2010) A rigorous analysis of the harmony search algorithm: how the research community can be misled by a "novel" methodology. Int J Appl Metaheuristic Comput (IJAMC) 1(2):50–60
34. Geem ZW (2010) Survival of the fittest algorithm or the novelest algorithm?: The existence reason of the harmony search algorithm. Int J Appl Metaheuristic Comput 1(4):76–80
35. Saka MP, Hasançebi O, Geem ZW (2016) Metaheuristics in structural optimization and discussions on harmony search algorithm. Swarm Evol Comput 28:88–97
36. Han F, Wallberg A, Webster MT (2012) From where did the Western honeybee (Apis mellifera) originate? Ecol Evol 2(8):1949–1957
37. Roffet-Salque M, Regert M, Evershed RP, Outram AK, Cramp LJ, Decavallas O, Dunne J, Gerbault P, Mileto S, Mirabaud S et al (2015) Widespread exploitation of the honeybee by early Neolithic farmers. Nature 527(7577):226–230
38. Crane E (1999) The world history of beekeeping and honey hunting. Routledge
39. Seeley TD (1989) The honey bee colony as a superorganism. Am Sci 77(6):546–553
40. Brodschneider R, Crailsheim K (2010) Nutrition and health in honey bees. Apidologie 41(3):278–294
41. Seeley TD (2009) The wisdom of the hive: the social physiology of honey bee colonies. Harvard University Press
42. Tereshko V, Loengarov A (2005) Collective decision making in honey-bee foraging dynamics. Comput Inf Syst 9(3):1
43. Beekman M, Ratnieks F (2000) Long-range foraging by the honey-bee, Apis mellifera L. Funct Ecol 14(4):490–496
44. Pham DT, Ghanbarzadeh A, Koc E, Otri S, Rahim S, Zaidi M (2005) The bees algorithm. In: Note T (ed) Manufacturing engineering centre. Cardiff University, UK, S 44–48
45. Hussein WA, Sahran S, Sheikh Abdullah SNH (2017) The variants of the Bees Algorithm (BA): a survey. Artif Intell Rev 47:67–121
46. Pham DT, Koç E (2010) Design of a two-dimensional recursive filter using the bees algorithm. Int J Autom Comput 7:399–402
47. Guney K, Onay M (2013) Bees algorithm for interference suppression of linear antenna arrays by controlling the positions of selected elements. J Commun Technol Electron 58:1147–1156
48. Baronti L, Alston M, Mavrakis N, Ghalamzan E AM, Castellani M (2019) Primitive shape fitting in point clouds using the bees algorithm. Appl Sci 9(23):5198
49. Pham DT, Otri S, Darwish AH (2007) Application of the Bees Algorithm to PCB assembly optimisation. In: Proceedings of the 3rd virtual international conference on intelligent production machines and systems (IPROMS 2007), S 511–516
50. Van Laarhoven PJ, Aarts EH, van Laarhoven PJ (1987) Simulated annealing. Springer
51. Pham DT, Castellani M (2014) Benchmarking and comparison of nature-inspired population-based continuous optimisation algorithms. Soft Comput 18:871–903

52. Pham DT, Castellani M (2015) A comparative study of the Bees Algorithm as a tool for function optimisation. Cogent Eng 2(1):1091540. https://doi.org/10.1080/23311916.2015.1091540
53. Baronti L, Castellani M, Pham DT (2020) An analysis of the search mechanisms of the bees algorithm. Swarm Evol Comput 59:100746
54. Fahmy A, Kalyoncu M, Castellani M (2012) Automatic design of control systems for robot manipulators using the bees algorithm. Proc Inst Mech Eng Part I J Syst Control Eng 226(4):497–508
55. Lara C, Flores JJ, Calderón F (2008) Solving a school timetabling problem using a bee algorithm. In: MICAI 2008: advances in artificial intelligence: 7th Mexican international conference on artificial intelligence, Atizap á n de Zaragoza, Mexico, October 27–31, 2008 proceedings 7. Springer, S 664–674
56. Özbakir L, Baykasoğlu A, Tapkan P (2010) Bees algorithm for generalized assignment problem. Appl Math Comput 215(11):3782–3795
57. Castellani M, Otri S, Pham DT (2019) Printed circuit board assembly time minimisation using a novel Bees Algorithm. Comput & Ind Eng 133:186–194
58. Pham DT, Otri S, Ghanbarzadeh A, Koc E (2006) Application of the bees algorithm to the training of learning vector quantisation networks for control chart pattern recognition. In: 2006 2nd international conference on information & communication technologies, Bd 1. IEEE, S 1624–1629
59. Guney K, Onay M (2007) Amplitude-only pattern nulling of linear antenna arrays with the use of bees algorithm. Prog Electromagn Res Pier 70
60. Suliman F, Anayi F, Packianather M (2022) Bees-Algorithm for parameters identification of PV Models. In: 2022 2nd international conference on advance computing and innovative technologies in engineering (ICACITE). IEEE, S 2219–2223
61. Packianather M, Landy M, Pham DT (2009) Enhancing the speed of the bees algorithm using pheromone-based recruitment. In: 2009 7th IEEE international conference on industrial informatics. IEEE, S 789–794
62. Pham DT, Ghanbarzadeh A, Koc E, Otri S (2006) Application of the bees algorithm to the training of radial basis function networks for control chart pattern recognition. In: Proceedings of 5th CIRP international seminar on intelligent computation in manufacturing engineering (CIRP ICME'06), Ischia, Italy, S 711–716
63. Ahmad SA, Pham DT, Ng KW, Ang MC (2012) TRIZ-inspired asymmetrical search neighborhood in the Bees Algorithm. In: 2012 sixth Asia modelling symposium. IEEE, S 29–33
64. Altshuller GS (1999) The innovation algorithm: TRIZ, systematic innovation and technical creativity. Technical innovation center, Inc
65. Bahamish HAA, Abdullah R, Salam RA (2008) Protein conformational search using bees algorithm. In: 2008 second Asia international conference on modelling & simulation (AMS). IEEE, S 911–916
66. Shatnawi N, Sahran S, Faidzul M (2013) Bees algorithm using lévy-flights for start configuration. In: International conference on computer science and computational mathematics (ICCSCM 2013), S 12–16
67. Hussein WA, Sahran S, Abdullah S (2014) Patch-Levy-based initialization algorithm for Bees Algorithm. Appl Soft Comput 23:104–121
68. Kamaruzaman AF, Zain AM, Yusuf SM, Udin A (2013) Levy flight algorithm for optimization problems-a literature review. Appl Mech Mater 421:496–501
69. Özbakır L, Tapkan P (2011) Bee colony intelligence in zone constrained two-sided assembly line balancing problem. Expert Syst Appl 38(9):11947–11957
70. Qasem A, Sheikh Abdullah SNH, Sahran S, Albashish D, Goudarzi S, Arasaratnam S (2022) An improved ensemble pruning for mammogram classification using modified Bees algorithm. Neural Comput Appl 34(12):10093–10116
71. Sahin M (2023) Solving TSP by using combinatorial Bees algorithm with nearest neighbor method. Neural Comput Appl 35(2):1863–1879

72. Martinovic G, Bajer D (2012) Impact of NNA implementation on GA performance for the TSP. In: 5th international conference on bioinspired optimization methods and their applications (bioma 2012), S 173–184
73. Pham DT, Darwish AH (2008) Fuzzy selection of local search sites in the Bees Algorithm. In: Proceedings of the 4th international virtual conference on intelligent production machines and systems (IPROMS 2008), S 1–14
74. Ghanbarzadeh A (2007) Bees algorithm: a novel optimisation tool. PhD thesis, Manufacturing Engineering Centre
75. Pham QT, Pham DT, Castellani M (2012) A modified bees algorithm and a statistics-based method for tuning its parameters. Proc Inst Mech Eng Part I J Syst Control Eng 226(3):287–301
76. Muhamad Z, Mahmuddin M, Nasrudin MF, Sahran S (2011) Local search manoeuvres recruitment in the Bees Algorithm
77. Tsai H-C (2014) Novel bees algorithm: stochastic self-adaptive neighborhood. Appl Math Comput 247:1161–1172
78. Pham DT, Darwish AH (2010) Using the bees algorithm with Kalman filtering to train an artificial neural network for pattern classification. Proc Inst Mech Eng Part I J Syst Control Eng 224(7):885–892
79. Hussein WA, Sahran S, Abdullah S (2016) A fast scheme for multilevel thresholding based on a modified bees algorithm. Knowl Based Syst 101:114–134
80. Nelder JA, Mead R (1965) A simplex method for function minimization. Comput J 7(4):308–313
81. Kamaruddin S, Bahari M, Pham DT, Hamzas M, Zakaria S (2019) Bees algorithm enhanced with Nelder and Mead method for numerical function optimisation. In: AIP conference proceedings, Bd 2129, no 1. AIP Publishing LLC, p 020166
82. Zeybek S, Pham DT, Koç E, Seçer A (2021) An improved bees algorithm for training deep recurrent networks for sentiment classification. Symmetry 13(8):1347
83. Baykasoglu A, Ozbakir L, Tapkan P (2009) The bees algorithm for workload balancing in examination job assignment. Eur J Ind Eng 3(4):424–435
84. Khang NTTM, Phuc NB, Nuong TTH (2011) The bees algorithm for a practical university timetabling problem in Vietnam. In: 2011 IEEE international conference on computer science and automation engineering, Bd 4. IEEE, S 42–47
85. Zeybek S, Ismail AH, Hartono N, Caterino M, Jiang K (2021) An improved vantage point bees algorithm to solve combinatorial optimization problems from tsplib. Macromol Symp 396(1):2000299. Wiley Online Library
86. Pham DT, Sholedolu M (2008) Using a hybrid PSO-bees algorithm to train neural networks for wood defect classification. In: Pham DT, Eldukhri EE, Soroka AJ (eds) Proceedings of the 4th virtual international conference on innovative productgion machines and systems. Whittles (Dunbeath, Caithness) and CRC Press (Boca Raton, FL)
87. Dereli T, Das GS (2011) A hybrid 'bee (s) algorithm' for solving container loading problems. Appl Soft Comput 11(2):2854–2862
88. Yang X-S (2010) Firefly algorithm, stochastic test functions and design optimisation. Int J Bio Inspired Comput 2(2):78–84
89. Chai-Ead N, Aungkulanon P, Luangpaiboon P et al (2011) Bees and firefly algorithms for noisy non-linear optimisation problems. In: Proceedings of the international multi conference of engineering and computer scientists, Bd 2
90. Nemmich MA, Debbat F, Slimane M (2020) Hybrid bees approach based on improved search sites selection by firefly algorithm for solving complex continuous functions. Informatica 44(2)
91. Geem ZW, Kim JH, Loganathan GV (2001) A new heuristic optimization algorithm: harmony search. Simulation 76(2):60–68
92. Nguyen K, Nguyen P, Tran N (2012) A hybrid algorithm of harmony search and bees algorithm for a university course timetabling problem. Int J Comput Sci Issues (IJCSI) 9(1):12
93. Abdullah S, Alzaqebah M (2013) A hybrid self-adaptive bees algorithm for examination timetabling problems. Appl Soft Comput 13(8):3608–3620

94. Saremi S, Mirjalili S, Lewis A (2017) Grasshopper optimisation algorithm: theory and application. Adv Eng Softw 105:30–47
95. Deghbouch H, Debbat F (2021) A hybrid bees algorithm with grasshopper optimization algorithm for optimal deployment of wireless sensor networks. Intel Artif 24(67):18–35
96. Dügenci M, Aydin ME (2018) Diversifying search in bee algorithms for numerical optimisation. In: Computational collective intelligence: 10th international conference, ICCCI 2018, Bristol, UK, September 5–7, 2018, proceedings, Part II 10. Springer, S 132–144
97. Rajasekhar A, Lynn N, Das S, Suganthan PN (2017) Computing with the collective intelligence of honey bees-a survey. Swarm Evol Comput 32:25–48
98. Karaboga et al (2005) An idea based on honey bee swarm for numerical optimization. Technical report-TR06, Erciyes University, Engineering Faculty
99. Mladenović N, Hansen P (1997) Variable neighborhood search. Comput & Oper Res 24(11):1097–1100
100. Luus R, Jaakola T (1973) Optimization by direct search and systematic reduction of the size of search region. AIChE J 19(4):760–766
101. Quijano N, Passino KM (2007) Honey bee social foraging algorithms for resource allocation, part I: algorithm and theory. In: 2007 American control conference. IEEE, S 3383–3388
102. Abbass HA (2001) MBO: marriage in honey bees optimization-a haplometrosis polygynous swarming approach. In: Proceedings of the 2001 congress on evolutionary computation (IEEE Cat. No. 01TH8546), Bd 1. IEEE, S 207–214
103. Haddad OB, Afshar A, Mariño MA (2006) Honey-bees mating optimization (HBMO) algorithm: a new heuristic approach for water resources optimization. Water Resour Manag 20:661–680
104. Sato T, Hagiwara M (1998) Bee system: finding solution by a concentrated search. IEEJ Trans Electron Inf Syst 118(5):721–726
105. Olague G, Puente C (2006) Parisian evolution with honeybees for three-dimensional reconstruction. In: Proceedings of the 8th annual conference on Genetic and evolutionary computation, S 191–198
106. Baig AR, Rashid M (2007) Honey bee foraging algorithm for multimodal & dynamic optimization problems. In: Proceedings of the 9th annual conference on Genetic and evolutionary computation, S 169–169
107. Pham DT, Castellani M (2010) Adaptive selection routine for evolutionary algorithms. Proc Inst Mech Eng Part I J Syst Control Eng 224(6):623–633
108. Bilchev G, Parmee IC (1995) The ant colony metaphor for searching continuous design spaces. In: Evolutionary computing: AISB workshop Sheffield, UK, April 3–4, 1995 selected papers. Springer, S 25–39
109. Dréo J, Siarry P (2004) Continuous interacting ant colony algorithm based on dense heterarchy. Futur Gener Comput Syst 20(5):841–856
110. Liu J, Anavatti S, Garratt M, Abbass HA (2022) Multi-operator continuous ant colony optimisation for real world problems. Swarm Evol Comput 69:100984
111. Banks A, Vincent J, Anyakoha C (2008) A review of particle swarm optimization. Part II: hybridisation, combinatorial, multicriteria and constrained optimization, and indicative applications. Nat Comput 7:109–124
112. Xu X, Rong H, Trovati M, Liptrott M, Bessis N (2018) CS-PSO: chaotic particle swarm optimization algorithm for solving combinatorial optimization problems. Soft Comput 22:783–795
113. Blackwell T, Branke J (2004) Multi-swarm optimization in dynamic environments. In: Workshops on applications of evolutionary computation. Springer, S 489–500
114. Rousseau L-M, Gendreau M, Pesant G (2002) Using constraint-based operators to solve the vehicle routing problem with time windows. J Heuristics 8:43–58
115. Mladenović N, Petrović J, Kovačević-Vujčić V, Čangalović M (2003) Solving spread spectrum radar polyphase code design problem by tabu search and variable neighbourhood search. Eur J Oper Res 151(2):389–399

116. García-López F, Melián-Batista B, Moreno-Pérez JA, Moreno-Vega JM (2002) The parallel variable neighborhood search for the p-median problem. J Heuristics 8:375–388
117. Crainic TG, Gendreau M, Hansen P, Mladenović N (2004) Cooperative parallel variable neighborhood search for the p-median. J Heuristics 10:293–314
118. Djenić A, RadojiÄ?ić N, Marić M, Mladenović M (2016) Parallel VNS for bus terminal location problem. Appl Soft Comput 42:448–458
119. Duarte A, Pantrigo JJ, Pardo EG, Sánchez-Oro J (2016) Parallel variable neighbourhood search strategies for the cutwidth minimization problem. IMA J Manag Math 27(1):55–73
120. Luus R (1974) Optimal control by direct search on feedback gain matrix. Chem Eng Sci 29(4):1013–1017
121. Luus R (1974) A practical approach to time-optimal control of nonlinear systems. Ind & Eng Chem Process Des Dev 13(4):405–408
122. Oh SH, Luus R (1976) Optimal feedback control of time-delay systems. AIChE J 22(1):40–147
123. Gopalakrishnan Nair G (1979) Suboptimal control of nonlinear time-delay systems. J Optim Theory Appl 29:87–99
124. Pham DT, Packianather M, Afify A (2007) Artificial neural networks. In: Computational intelligence. Springer, S 67–92
125. Pham DT, Soroka AJ, Ghanbarzadeh A, Koc E, Otri S, Packianather M (2006) Optimising neural networks for identification of wood defects using the bees algorithm. In: 2006 4th IEEE international conference on industrial informatics. IEEE, S 1346–1351
126. Alamri NMH, Packianather M, Bigot S (2022) Deep learning: parameter optimization using proposed novel hybrid bees Bayesian convolutional neural network. Appl Artif Intell 36(1):2031815
127. Baronti L, Zhang B, Castellani M, Pham DT (2020) Machine learning of electro-hydraulic motor dynamics. SN Appl Sci 2:1–12
128. Cortes C, Vapnik V (1995) Support vector machine. Mach Learn 20(3):273–297
129. Parmar A, Katariya R, Patel V (2019) A review on random forest: an ensemble classifier. In: International conference on intelligent data communication technologies and internet of things (ICICI) 2018. Springer, S 758–763
130. Pham DT, Muhammad Z, Mahmuddin M, Ghanbarzadeh A, Koc E, Otri S (2007) Using the bees algorithm to optimise a support vector machine for wood defect classification. In: Pham DT, Eldukhri EE, Soroka AJ (eds) Proceedings of the 3rd virtual international conference on innovative production machines and systems. Whittles (Dunbeath, Caithness) and CRC Press (Boca Raton, FL)
131. Pham DT, Darwish AH, Eldukhri EE, Otri S (2007) Using the bees algorithm to tune a fuzzy logic controller for a robot gymnast. In: Proceedings of IPROMS 2007 conference, Cardiff, UK
132. Pham DT, Kalyoncu M (2009) Optimisation of a fuzzy logic controller for a flexible single-link robot arm using the Bees Algorithm. In: 2009 7th IEEE international conference on industrial informatics. IEEE, S 475–480
133. Pham DT, Darwish AH (2009) Optimising fuzzy membership functions using the Bees Algorithm with Kalman filtering. In: Proceedings 5th international virtual conference on intelligent production machines and systems (IPROMS 2009), S 328–333
134. Shouran M, Anayi F, Packianather M, Habil M (2021) Load frequency control based on the bees algorithm for the great Britain power system. Designs 5(3):50
135. King PJ, Mamdani EH (1977) The application of fuzzy control systems to industrial processes. Automatica 13(3):235–242
136. Esleman EA, Önal G, Kalyoncu M (2021) Optimal PID and fuzzy logic based position controller design of an overhead crane using the Bees Algorithm. SN Appl Sci 3:1–13
137. Shouran M, Anayi F, Packianather M (2021) The bees algorithm tuned sliding mode control for load frequency control in two-area power system. Energies 14(18):5701
138. Pham DT, Ghanbarzadeh A, Otri S, Koç E (2009) Optimal design of mechanical components using the bees algorithm. Proc Inst Mech Eng Part C J Mech Eng Sci 223(5):1051–1056

139. Anantasate S, Chokpanyasuwan C, Bhasaputra P (2010) Optimal power flow by using bees algorithm. In: ECTI-CON2010: the 2010 ECTI international conference on electrical engineering/electronics, computer, telecommunications and information technology. IEEE, S 430–434
140. Castellani M, Pham QT, Pham DT (2012) Dynamic optimisation by a modified bees algorithm. Proc Inst Mech Eng Part I J Syst Control Eng 226(7):956–971
141. Ahmad SA, Sunthiram D (2018) Optimization of diesel engine performance by the Bees Algorithm. In: IOP conference series: materials science and engineering, Bd 319, no 1. IOP Publishing, p 012064
142. Ang MC, Ng KW, Pham DT, Soroka A (2013) Simulations of PCB assembly optimisation based on the Bees Algorithm with TRIZ-inspired operators. In: Advances in visual informatics: third international visual informatics conference, IVIC 2013, Selangor, Malaysia, November 13–15, 2013. Proceedings 3. Springer, S 335–346
143. Pham DT, Afify A, Koc E (2007) Manufacturing cell formation using the Bees Algorithm. In: Innovative production machines and systems virtual conference, Cardiff, UK
144. Pham DT, Castellani M, Ghanbarzadeh A (2007) Preliminary design using the bees algorithm. In: Proceedings of eighth international conference on laser metrology, CMM and machine tool performance, LAMDAMAP, Euspen, Cardiff, UK, S 420–429
145. Pham DT, Koc E, Lee J, Phrueksanant J (2007) Using the bees algorithm to schedule jobs for a machine. In: Proceedings eighth international conference on laser metrology, CMM and machine tool performance, LAMDAMAP, Euspen, UK, Cardiff, S 430–439

Kapitel 3
Das Verständnis des Bienenalgorithmus – Der empirische Ansatz

Wie in Abschn. 2.1 erläutert, besagt der NFL-Satz, dass kein Algorithmus a priori rechnerisch effizienter ist als andere und dass die Leistungsfähigkeit eines Optimierungsverfahrens davon abhängt, wie gut es zu den Eigenschaften des Lösungsraums passt. Leider ist das Wissen über den Lösungsraum bei jedem nichttrivialen Optimierungsproblem spärlich. Gleichzeitig stellt sich angesichts der großen und schnell wachsenden Zahl von Metaheuristiken die Frage, wie der Anwender den effizientesten Problemlöser identifizieren kann. Welcher Algorithmus sollte verwendet und wie sollte er konfiguriert werden?

Einerseits helfen die Flexibilität und Anpassungsfähigkeit naturinspirierter Metaheuristiken dem Anwender, für ein gegebenes Problem mit verschiedenen Algorithmen und Parametrisierungen akzeptable Ergebnisse zu erzielen. Andererseits ist ein grundlegendes Verständnis der Eigenschaften der Algorithmen und der Wirkung ihrer Operatoren weiterhin erforderlich, um eine „vernünftige" Wahl des Optimierungsverfahrens zu treffen. Auf fortgeschrittener Ebene ist ein tiefes Verständnis von Optimierungsverfahren von grundlegender Bedeutung, um das Optimum hinsichtlich Lösungsqualität und Effizienz des Suchprozesses zu erreichen. Ein gutes Verständnis der Stärken und Schwächen von Optimierungsverfahren ermöglicht es dem Anwender, die wenigen verfügbaren Informationen über die Problemstellung bestmöglich zu nutzen. Gleichzeitig kann zusätzliche Information über den Lösungsraum gewonnen werden, indem man ihn mit einigen Ad-hoc-Algorithmen bekannter Eigenschaften „abtastet". Beispielsweise kann die Auswertung der Ergebnisse verschiedener ausbeutender Verfahren Aufschluss über den Grad der Multimodalität der Fitnesslandschaft geben.

Informationen über die Eigenschaften und Fähigkeiten von Metaheuristiken können auf zwei Arten gewonnen werden: Durch experimentelles Benchmarking und den Vergleich mit anderen gut verstandenen Verfahren sowie durch analytische Untersuchung. Dieses Kapitel präsentiert eine umfassende experimentelle Untersuchung

D. T. Pham et al., *Intelligente Optimierung mit dem Bienenalgorithmus*,
https://doi.org/10.1007/978-3-032-14424-9_3

des Verhaltens des Bienenalgorithmus bei kontinuierlichen Funktionsminimierungsproblemen. In Kap. 6 wird eine Implementierung des Bienenalgorithmus für kombinatorische Minimierungsprobleme vorgestellt und am TSP benchmarked. Eine analytische Untersuchung der Eigenschaften des Bienenalgorithmus wird in Kap. 4 präsentiert.

Bevor auf die experimentelle Untersuchung eingegangen wird, sei betont, dass das Ziel dieses Kapitels weder darin besteht, eine A-priori-Überlegenheit des Bienenalgorithmus zu beweisen – was dem NFL-Satz widersprechen würde – noch einen erschöpfenden Vergleich mit der Optimierungsliteratur zu liefern. Die in diesem Kapitel präsentierten Vergleiche dienen ausschließlich dazu, das Verhalten des Bienenalgorithmus zu charakterisieren und seine Stärken und Schwächen auf den gewählten Problemdomänen im Vergleich zu anderen bekannten Metaheuristiken aufzuzeigen. Zusammen mit der analytischen Untersuchung im nächsten Kapitel sollen die in diesem Kapitel vorgestellten Ergebnisse dem Leser ein gutes Verständnis der Eigenschaften des Bienenalgorithmus und der anderen getesteten Metaheuristiken vermitteln.

3.1 Benchmarking von Metaheuristiken

Bis zum Ende des Jahrtausends, also bis der NFL-Satz in der Optimierungsgemeinschaft bekannt wurde, bestand das Benchmarking von Metaheuristiken darin, herauszufinden, welches Verfahren bei einer Reihe von Suchproblemen die beste Leistung erbrachte. Ziel der Benchmarking-Bemühungen war es, das effizienteste aller Optimierungsverfahren zu bestimmen. Die Algorithmen wurden an einer Reihe allgemein als schwierig geltender Probleme getestet, die de facto zu Standards in Optimierungsstudien wurden [1]. Einige dieser Probleme verdanken ihre Popularität der Tatsache, dass sie seit über einem Jahrhundert untersucht werden, wie das kombinatorische TSP und das *Rucksackproblem* [2]. Im Bereich der kontinuierlichen Optimierung wurden Funktionen, die in grundlegenden EA-Studien verwendet wurden, zu Maßstäben für die Bewertung neuer EA- und SI-Methoden. Diese Funktionen wurden in verschiedenen Publikationen beschrieben [3–5] und werden mit geringfügigen Variationen bis heute verwendet [6–10]. Eine frühe vergleichende Studie zur Leistungsfähigkeit des Bienenalgorithmus verwendete zwölf dieser Funktionen [11]; sie werden im Folgenden als die *Standard*-Benchmarks bezeichnet und sind in Abschn. 3.1.1 beschrieben.

Neben dem Testsatz erfordert die Bewertung von Metaheuristiken einige bekannte Vergleichsverfahren und ein klares sowie systematisches Kriterium zur Leistungsbewertung. In diesem Kapitel wird die Leistung des Bienenalgorithmus mit der von drei etablierten Optimierungsalgorithmen verglichen: einem EA (Kasten 2.1), PSO (Kasten 2.2) und ABC (Abb. 2.2). Die Details ihrer Implementierung sind in Abschn. 3.2 angegeben. Abschließend werden die Kriterien zur Bewertung und zum Vergleich der Leistungsfähigkeit der Optimierungsalgorithmen in Abschn. 3.3 beschrieben.

3.1.1 Die Standard-Benchmarks

Die Standard-Benchmarks umfassen einige der am häufigsten verwendeten kontinuierlichen Funktionsminimierungsprobleme und bestehen aus sieben zehndimensionalen und fünf zweidimensionalen Funktionen. Sie sind vollständig in den Kästen 3.1, 3.2 und 3.3 beschrieben.

Die Funktionen *Hypersphere* und *Martin and Gaddy* sind relativ einfache unimodale Funktionen, bei denen die Hauptaufgabe darin besteht, die Fitnesslandschaft möglichst effizient zu durchqueren. Die *Rosenbrock*-Funktion besteht aus einem langen und schmalen, parabelförmigen Tal und wird daher in der zweidimensionalen Version oft als „Bananenfunktion" bezeichnet. Die Funktion ist unimodal, und das Auffinden des Tals ist einfach. Allerdings ist es schwierig, das schmale Becken, das zum Minimum führt, zu durchqueren.

Einige der multimodalen Standard-Benchmarks bestehen aus einem Hauptbecken in Form einer Glockenkurve *(Easom)* oder Hypersphäre (*Ackley, Griewank* und *Rastrigin*), in das durch Hinzufügen einer kosinusförmigen Komponente zahlreiche Nebenmulden eingebracht wurden. Beispielsweise sind die *Griewank-* und *Rastrigin*-Funktionen in Kasten 3.1 durch drei Terme charakterisiert: das Hauptbecken, das jeweils aus einer um $\boldsymbol{\mu} = \overline{100}$ und den Ursprung zentrierten Hypersphäre besteht, einen additiven kosinusförmigen Hintergrund und einen Offset-Term, der jeweils eins bzw. zehn beträgt. Die Griewank-Funktion ist in Abb. 3.1 dargestellt, wo sowohl das Hauptbecken als auch die vielfach unterteilte Oberfläche zu sehen sind. Bei solchen Funktionen würde eine gradientenbasierte Optimierung (Kasten 1.1) zwangsläufig in einer der vielen Mulden stecken bleiben, und ein gieriger Hill-Climber (Kasten 1. 2) könnte nur bei bestimmten Schrittweiten δ vorankommen.

Die übrigen multimodalen Benchmarks zeichnen sich durch tatsächlich getrennte Becken aus und bilden – mit Ausnahme der relativ einfachen *Goldstein and Price*-Funktion – komplexe Fitnesslandschaften ab. Ihr gemeinsames Merkmal ist das Vorhandensein zahlreicher lokaler Fitness-Dellen. Ein Beispiel für solche Benchmarks ist die *Schwefel*-Funktion, dargestellt in Abb. 3.2. Aufgrund der Vielzahl lokaler Optima ist eine sorgfältige Erkundung des Lösungsraums erforderlich, um das globale Minimum zu finden. Gleichzeitig ist, da die lokalen Becken relativ kleine Bereiche des Lösungsraums abdecken, eine detaillierte ausnutzende Suche notwendig, um die Position des lokalen Optimums mit hoher Genauigkeit zu bestimmen. Diese Funktionen wurden entwickelt, um Optimierungsalgorithmen mit konkurrierenden Anforderungen an gründliche Exploration und Exploitation herauszufordern und so deren Abtast-Effizienz zu testen.

Für weitere Details und eine Visualisierung der Standard-Benchmarks (und vieler weiterer) sei auf die technischen Berichte von Adorio [4] sowie Molga und Smutnicki [5] verwiesen.

STANDARD BENCHMARKS (10D)

Ackley: $f(\boldsymbol{x}) = 20 - 20e^{-0.2\sqrt{\frac{1}{10}\sum_{i=1}^{10} x_i^2}} - e^{\frac{1}{10}\sum_{i=1}^{10} cos(2\pi x_i)} + e$
interval: $-32 \leq x_i \leq 32,\ i \in [1, 10]$
min: $\boldsymbol{\mu} = (0, \ldots, 0),\ f(\boldsymbol{\mu}) = 0$

Griewank: $f(\boldsymbol{x}) = \frac{1}{4000}\sum_{i=1}^{10}(x_i - 100)^2 - \prod_{i=1}^{10} cos\left(\frac{x_i - 100}{\sqrt{i+1}}\right) + 1$
interval: $-600 \leq x_i \leq 600,\ i \in [1, 10]$
min: $\boldsymbol{\mu} = (100, \ldots, 100),\ f(\boldsymbol{\mu}) = 0$

Hypersphere: $f(\boldsymbol{x}) = \sum_{i=1}^{10} x_i^2$
interval: $-100 \leq x_i \leq 100,\ i \in [1, 10]$
min: $\boldsymbol{\mu} = (0, \ldots, 0),\ f(\boldsymbol{\mu}) = 0$

Langerman[a]: $f(\boldsymbol{x}) = \sum_{i=1}^{5} c_i A_i B_i$
$A_i = cos\left(\pi \sum_{j=1}^{10}(x_j - a_{ij})^2\right)$
$B_i = e^{-\frac{1}{\pi}\sum_{j=1}^{10}(x_j - a_{ij})^2}$
interval: $0 \leq x_i \leq 10,\ i \in [1, 10]$
min: *several* $\boldsymbol{\mu}$, $f(\boldsymbol{\mu}) = 0.705525$

Rastrigin: $f(\boldsymbol{x}) = \sum_{i=1}^{10}\left[x_i^2 - 10cos(2\pi x_i) + 10\right]$
interval: $-5.12 \leq x_i \leq 5.12,\ i \in [1, 10]$
min: $\boldsymbol{\mu} = (0, \ldots, 0),\ f(\boldsymbol{\mu}) = 0$

Rosenbrock: $f(\boldsymbol{x}) = \sum_{i=1}^{10} 100\left(x_{i+1} - x_i^2\right)^2 + (1 - x_i)^2$
interval: $-50 \leq x_i \leq 50,\ i \in [1, 10]$
min: $\boldsymbol{\mu} = (1, \ldots, 1),\ f(\boldsymbol{\mu}) = 0$

Shekel[a]: $f(\boldsymbol{x}) = \sum_{i=1}^{30} \frac{1}{\sum_{j=1}^{10}[(x_j - a_{ij})^2 + c_j])}$
interval: $0 \leq x_i \leq 10,\ i \in [1, 10]$
min: $\boldsymbol{\mu} = (3.02, 4.15, 0.11, 2.62, -0.44, -0.29, -2.00, 1.13, -4.27, -0.02)$,
$f(\boldsymbol{\mu}) = 10.2021$

[a] as in 3.3

Formeln 3.1 Standard-Benchmarks: Zehndimensionale kontinuierliche Funktionsminimierungsprobleme

STANDARD BENCHMARKS (2D)

Easom: $f(\boldsymbol{x}) = -cos(x_1)cos(x_2)e^{-[(x_1-\pi)^2+(x_2-\pi)^2]}$
interval: $-100 \leq x_i \leq 100,\ i \in \{1,2\}$
min: $\boldsymbol{\mu} = (\pi,\pi),\ f(\boldsymbol{\mu}) = -1$

Goldstein & Price: $f(\boldsymbol{x}) = AB$
$A = 1 + (x_1 + x_2 + 1)^2(19 - 14x_1 + 3x_1^2 - 14x_2 + 6x_1x_2 + 3x_2^2),$
$B = 30 + (2x_1 - 3x_2)^2(18 - 32x_1 + 12x_1^2 + 48x_2 - 36x_1x_2 + 27x_2^2)$
interval: $-2 \leq x_i \leq 2,\ i \in \{1,2\}$
min: $\boldsymbol{\mu} = (0,-1),\ f(\boldsymbol{\mu}) = 3$

Martin & Gaddy: $f(\boldsymbol{x}) = (x_1 - x_2)^2 + \left[\frac{x_1+x_2-10}{3}\right]^2$
interval: $-20 \leq x_i \leq 20,\ i \in \{1,2\}$
min: $\boldsymbol{\mu} = (5,5),\ f(\boldsymbol{\mu}) = 0$

Schaffer: $f(\boldsymbol{x}) = 0.5 + \frac{\left(sin\sqrt{x_1^2+x_2^2}\right)^2 - 0.5}{\left[1+0.001\left(x_1^2+x_2^2\right)\right]^2}$
interval: $-100 \leq x_i \leq 100,\ i \in \{1,2\}$
min: $\boldsymbol{\mu} = (0,0),\ f(\boldsymbol{\mu}) = 0$

Schwefel: $f(\boldsymbol{x}) = -x_1 sin\left(\sqrt{\mid x_1 \mid}\right) - x_2 sin\left(\sqrt{\mid x_2 \mid}\right)$
interval: $-500 \leq x_i \leq 500,\ i \in \{1,2\}$
min: $\boldsymbol{\mu} = (420.97, 420.97),\ f(\boldsymbol{\mu}) = -837.97$

Formeln 3.2 Standard-Benchmarks: Zweidimensionale kontinuierliche Funktionenminimierungsprobleme

3.2 Steuerungsalgorithmen

Drei bekannte Metaheuristiken, nämlich EAs, PSO und ABC, wurden verwendet, um die Wettbewerbsfähigkeit der Leistung des Bienenalgorithmus zu bewerten.

Wie in Abschn. 2.1 diskutiert, sind EAs die ältesten und wohl bekanntesten naturinspirierten, populationsbasierten Metaheuristiken. Aufgrund ihrer Popularität und langen Geschichte sind sie auch die am meisten untersuchten. Darüber hinaus werden viele EA-Operatoren und -Routinen auch in anderen Metaheuristiken verwendet, wie etwa die proportionale Selektionsroutine und der Extrapolations-Crossover-Operator, die in ABC eingesetzt werden. EAs sind daher ein Hauptkandidat für vergleichende Studien jeglicher populationsbasierter Metaheuristiken.

COEFFICIENTS

$$
\begin{aligned}
a_{1,1},\ldots,a_{1,10} &= (9.681, 0.667, 4.783, 9.095, 3.517, 9.325, 6.544, 0.211, 5.122, 2.020)\\
a_{2,1},\ldots,a_{2,10} &= (9.400, 2.041, 3.788, 7.931, 2.882, 2.672, 3.568, 1.284, 7.033, 7.374)\\
a_{3,1},\ldots,a_{3,10} &= (8.025, 9.152, 5.114, 7.621, 4.564, 4.711, 2.996, 6.126, 0.734, 4.982)\\
a_{4,1},\ldots,a_{4,10} &= (2.196, 0.415, 5.649, 6.979, 9.510, 9.166, 6.304, 6.054, 9.377, 1.426)\\
a_{5,1},\ldots,a_{5,10} &= (8.074, 8.777, 3.467, 1.863, 6.708, 6.349, 4.534, 0.276, 7.633, 1.567)\\
a_{6,1},\ldots,a_{6,10} &= (7.650, 5.658, 0.720, 2.764, 3.278, 5.283, 7.474, 6.274, 1.409, 8.208)\\
a_{7,1},\ldots,a_{7,10} &= (1.256, 3.605, 8.623, 6.905, 0.584, 8.133, 6.071, 6.888, 4.187, 5.448)\\
a_{8,1},\ldots,a_{8,10} &= (8.314, 2.261, 4.224, 1.781, 4.124, 0.932, 8.129, 8.658, 1.208, 5.762)\\
a_{9,1},\ldots,a_{9,10} &= (0.226, 8.858, 1.420, 0.945, 1.622, 4.698, 6.228, 9.096, 0.972, 7.637)\\
a_{10,1},\ldots,a_{10,10} &= (305.0, 2.228, 1.242, 5.928, 9.133, 1.826, 4.060, 5.204, 8.713, 8.247)\\
a_{11,1},\ldots,a_{11,10} &= (0.652, 7.027, 0.508, 4.876, 8.807, 4.632, 5.808, 6.937, 3.291, 7.016)\\
a_{12,1},\ldots,a_{12,10} &= (2.699, 3.516, 5.874, 4.119, 4.461, 7.496, 8.817, 0.690, 6.593, 9.789)\\
a_{13,1},\ldots,a_{13,10} &= (8.327, 3.897, 2.017, 9.570, 9.825, 1.150, 1.395, 3.885, 6.354, 0.109)\\
a_{14,1},\ldots,a_{14,10} &= (2.132, 7.006, 7.136, 2.641, 1.882, 5.943, 7.273, 7.691, 2.880, 0.564)\\
a_{15,1},\ldots,a_{15,10} &= (4.707, 5.579, 4.080, 0.581, 9.698, 8.542, 8.077, 8.515, 9.231, 4.670)\\
a_{16,1},\ldots,a_{16,10} &= (8.304, 7.559, 8.567, 0.322, 7.128, 8.392, 1.472, 8.524, 2.277, 7.826)\\
a_{17,1},\ldots,a_{17,10} &= (8.632, 4.409, 4.832, 5.768, 7.050, 6.715, 1.711, 4.323, 4.405, 4.591)\\
a_{18,1},\ldots,a_{18,10} &= (4.887, 9.112, 0.170, 8.967, 9.693, 9.867, 7.508, 7.770, 8.382, 6.740)\\
a_{19,1},\ldots,a_{19,10} &= (2.440, 6.686, 4.299, 1.007, 7.008, 1.427, 9.398, 8.480, 9.950, 1.675)\\
a_{20,1},\ldots,a_{20,10} &= (6.306, 8.583, 6.084, 1.138, 4.350, 3.134, 7.853, 6.061, 7.457, 2.258)\\
a_{21,1},\ldots,a_{21,10} &= (0.652, 2.343, 1.370, 0.821, 1.310, 1.063, 0.689, 8.819, 8.833, 9.070)\\
a_{22,1},\ldots,a_{22,10} &= (5.558, 1.272, 5.756, 9.857, 2.279, 2.764, 1.284, 1.677, 1.244, 1.234)\\
a_{23,1},\ldots,a_{23,10} &= (3.352, 7.549, 9.817, 9.437, 8.687, 4.167, 2.570, 6.540, 0.228, 0.027)\\
a_{24,1},\ldots,a_{24,10} &= (8.798, 0.880, 2.370, 0.168, 1.701, 3.680, 1.231, 2.390, 2.499, 0.064)\\
a_{25,1},\ldots,a_{25,10} &= (1.460, 8.057, 1.336, 7.217, 7.914, 3.615, 9.981, 9.198, 5.292, 1.224)\\
a_{26,1},\ldots,a_{26,10} &= (0.432, 8.645, 8.774, 0.249, 8.081, 7.461, 4.416, 0.652, 4.002, 4.644)\\
a_{27,1},\ldots,a_{27,10} &= (0.679, 2.800, 5.523, 3.049, 2.968, 7.225, 6.730, 4.199, 9.614, 9.229)\\
a_{28,1},\ldots,a_{28,10} &= (4.263, 1.074, 7.286, 5.599, 8.291, 5.200, 9.214, 8.272, 4.398, 4.506)\\
a_{29,1},\ldots,a_{29,10} &= (9.496, 4.830, 3.150, 8.270, 5.079, 1.231, 5.731, 9.494, 1.883, 9.732)\\
a_{30,1},\ldots,a_{30,10} &= (4.138, 2.562, 2.532, 9.661, 5.611, 5.500, 6.886, 2.341, 9.699, 6.500)
\end{aligned}
$$

$$
\begin{aligned}
c_{1,1},\ldots,c_{1,10} &= (0.806, 0.517, *, 0.908, 0.965, 0.669, 0.524, 0.902, 0.531, 0.876)\\
c_{2,1},\ldots,c_{2,10} &= (0.462, 0.491, 0.463, 0.714, 0.352, 0.869, 0.813, 0.811, 0.828, 0.964)\\
c_{3,1},\ldots,c_{3,10} &= (0.789, 0.360, 0.369, 0.992, 0.332, 0.817, 0.632, 0.883, 0.608, 0.326)
\end{aligned}
$$

* *Shekel* function: $c_{1,3} = 0.100$, *Langerman* function: $c_{1,3} = 0.150$

Formeln 3.3 Standard-Benchmarks: Koeffizienten a_{ij} und c_i, die in den Shekel- und Langerman-Funktionen verwendet werden

PSO ist eine der ältesten und bekanntesten SI und wird häufig als Vergleichsmaßstab in Metaheuristiken-Studien herangezogen. PSO ist eine einfache und elegante agentenbasierte Optimierungsmethode, die alle charakteristischen Merkmale des SI-Ansatzes umfasst, wie vollständige Dezentralisierung, Interkonnektivität, Kooperation, Stochastizität und Selbstorganisation.

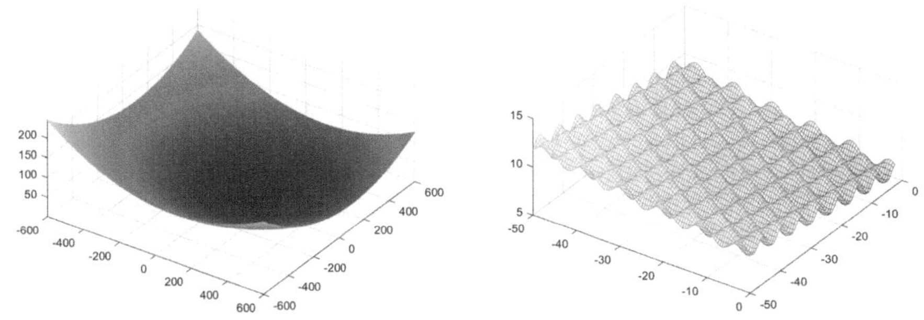

(a) Griewank-Funktion (b) Vergrößert auf Intervall x,y ∈ [—50, 50]

Abb. 3.1 Zweidimensionale Griewank-Funktion

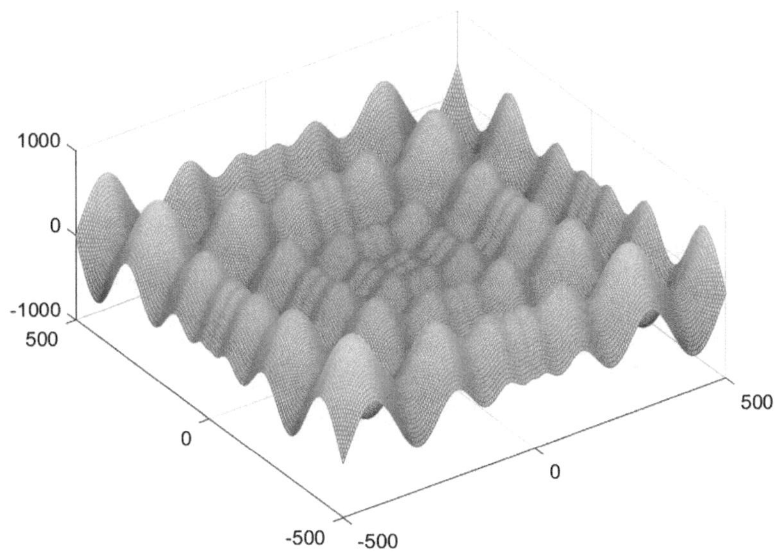

Abb. 3.2 Schwefel-Funktion

Schließlich ist ABC zusammen mit dem Bienenalgorithmus wohl der bekannteste Optimierungsalgorithmus, der sich von der Futtersuche der Honigbienen inspirieren lässt. Die unterschiedliche Umsetzung des gleichen biologischen Mechanismus im Bienenalgorithmus und in ABC offenbart interessante Eigenschaften der verwendeten Operatoren. Der Rest dieses Abschnitts beschreibt die spezifische Implementierung der drei Steuerungsverfahren.

3.2.1 Allgemeine Einstellungen

Um einen fairen Vergleich der Metaheuristiken zu gewährleisten, wurden einige gemeinsame Merkmale und Einstellungen für alle Implementierungen übernommen.

Alle Optimierungsalgorithmen verwendeten das in Abschn. 2.3.1 beschriebene Repräsentationsschema: Die Lösungen wurden als n-dimensionale Vektoren von Entscheidungsvariablen kodiert. Da die Fitnesslandschaft das kombinierte Ergebnis der Zielfunktion und des Repräsentationsschemas ist, wurden alle Algorithmen mit demselben Suchproblem konfrontiert. Zum Zweck der Vergleichbarkeit wurden alle Benchmarkfunktionen vertikal verschoben, sodass das Minimum $\mathcal{F}(\mu) = 0$ beträgt. Das heißt, die Fitnessfunktion lautet:

$$\mathcal{F}(x) = f(\boldsymbol{x}) - f(\boldsymbol{\mu}) \tag{3.1}$$

wobei f die verwendete Benchmarkfunktion ist. Die Verschiebung fügt der Funktion lediglich einen konstanten Offset hinzu und verändert die Fitnesslandschaft nicht.

Alle Metaheuristiken verwendeten dasselbe zufällige Initialisierungsverfahren und wurden so lange ausgeführt, bis entweder das globale Minimum mit einer Genauigkeit besser als 0,001 approximiert wurde (das heißt, $\mathcal{F}(\xi) < 0{,}001$, wobei ξ die finale Lösung ist) oder 5000 Optimierungszyklen (5000 Iterationen der Hauptschleife) abgelaufen waren. Die Algorithmen wurden so parametriert, dass sie genau 100 Fitnessbewertungen pro Optimierungszyklus durchführen, das heißt, der Lösungsraum wurde pro Zyklus 100-mal abgetastet. Insgesamt erhielt jeder Algorithmus maximal 500.000 Möglichkeiten, den Lösungsraum pro Durchlauf zu sampeln, und sollte innerhalb dieses Limits das Funktionsminimum finden.

3.2.2 Evolutionsalgorithmus (EA)

Anstatt ein spezifisches EA-Paradigma wie genetische Algorithmen (GAs) [12], evolutionäres Programmieren (EP) [13] oder EVS [14] zu übernehmen, wurden die Wirkungen verschiedener evolutionärer Operatoren und Verfahren getestet und kombiniert. Der EA wurde nach dem in Kasten 2.1 beschriebenen Verfahren und mit den dort angegebenen Parametern implementiert.

Generationsersatz mit *Elitismus* [15] wurde als Populationsersatzverfahren eingesetzt. Dementsprechend ersetzte in jeder Generation (Iteration der Hauptschleife) eine Population von $ps - 1$ Nachkommen alle ps Individuen der Elterngeneration, mit Ausnahme des fittesten Individuums, das beibehalten wurde (Elitismus).

Fitness-Ranking [15] wurde als Selektionsroutine verwendet. Das Verfahren funktioniert wie folgt: Die Lösungen werden entsprechend ihrer Fitness sortiert, und jeder Lösung wird eine Paarungschance zugewiesen, die proportional zu ihrer Position im Ranking ist. Beispielsweise erhält in einem Szenario mit drei konkurrierenden Individuen das fitteste Individuum eine Auswahlwahrscheinlichkeit von $m(1) = 3/6 =$

0,5, das zweitfitteste eine Wahrscheinlichkeit von $m(2) = 2/6 = 0{,}3\bar{3}$ und das am wenigsten fitte Individuum eine Wahrscheinlichkeit von $m(3) = 1/6 = 0{,}1\bar{6}$.

Die beiden Standardoperatoren Mutation und Rekombination wurden eingesetzt. Bei der Mutation wurde der Wert jeder Entscheidungsvariablen x_{ij} einer zufällig ausgewählten Lösung i durch Addition eines kleinen Zufallsterms $\delta_{ij} \sim U(W), \quad W = [-\delta_i, \ \delta_i]$ verändert. Ein Mutationsereignis entspricht dem Platzieren einer rekrutierten Biene in einem Blütenfeld der Seitenlänge δ_i. Für jedes EA-Individuum wird der Parameter δ_i durch zufällige Mutationsereignisse wie folgt weiterentwickelt:

$$\delta_{i,new} = \delta_{i,old} + \delta_d \tag{3.2}$$

wobei $\delta_d \sim U(D)$ und $D = [-0{,}1, \ 0{,}1]$.

Es wurden vier Arten von genetischen Crossover-Strategien getestet. Die erste Strategie verzichtete auf Crossover, wobei der Algorithmus ausschließlich auf genetische Mutation setzte, um den Lösungsraum zu durchsuchen. Das Fehlen genetischer Rekombination, die Online-Anpassung des Mutationsbereichs δ_i sowie die stochastische Fitness-Rangfolgen-Selektion machen diese Strategie dem EP-Ansatz sehr ähnlich [15]. Die zweite Strategie verwendete den Standard-*Zweipunkt*-Rekombinationsoperator. Dieser Operator erzeugt aus zwei Eltern zwei Nachkommen, indem die Werte zufällig ausgewählter, entsprechender Blöcke ihrer Entscheidungsvariablen vertauscht werden. Das Vorgehen des Zweipunkt-Crossovers ist in Abb. 3.3 dargestellt. In einem kontinuierlichen n-dimensionalen Raum wirkt der Zweipunkt-Crossover entlang der Koordinatenachsen. Dies ist besonders hilfreich, wenn die Maxima auf einem regelmäßigen Gitter angeordnet sind (Abb. 3.4), wie bei den Funktionen *Ackley, Griewank, Rastrigin* und *Schwefel,* oder wenn die Zielfunktion linear separierbar ist und sich in eine Summe von n unabhängigen Ein-Variablen-Funktionen zerlegen lässt. Das heißt, wenn $f(\boldsymbol{x}) = f_1(x_1) + \cdots + f_n(x_n)$ gilt, wie es bei den Funktionen *Ackley, Easom, Hypersphere* und *Rastrigin* der Fall ist.

Die dritte Strategie verwendet den *Interpolations-Crossover*-Operator. Dieser Operator wird häufig in der kontinuierlichen Optimierung eingesetzt und erzeugt aus zwei Eltern zwei Nachkommen, indem er einen gewichteten Mittelwert der Werte der entsprechenden Entscheidungsvariablen bildet. Gegeben seien zwei n-dimensionale Lösungen $x_1 = (x_{11}, \ldots, \ x_{1n})$ und $x_2 = (x_{21}, \ldots, \ x_{2n})$, so erzeugt der Interpolations-Crossover ein neues Individuum $y = (y_1, \ldots, \ y_n)$ wie folgt:

$$y_j = (1 - r_j)x_{1j} + r_j(x_{1j} - x_{2j}) \quad \forall j \in [1, \ n] \tag{3.3}$$

wobei $j = [1, \ n]$, n die Dimensionalität des Suchraums ist und $r \sim U(W), \quad W = [-1, \ 1]$ eine zufällig generierte Zahl ist. Die Wirkung des Interpolations-Crossover-Operators ist in Abb. 3.4 dargestellt. Da der Interpolations-Crossover die Merkmale der beiden Elternlösungen mittelt, liegen die Nachkommen innerhalb der minimalen Hyperbox, die die Elternlösungen enthält. Der Interpolations-Crossover ist daher ein eher ausbeutender Operator: Der Abstand $d(c_1, \ c_2)$ zwischen zwei Nachkommen c_1 und c_2 ist stets kleiner oder gleich in Bezug auf den Abstand $d(p_1, \ p_2)$ zwischen ihren

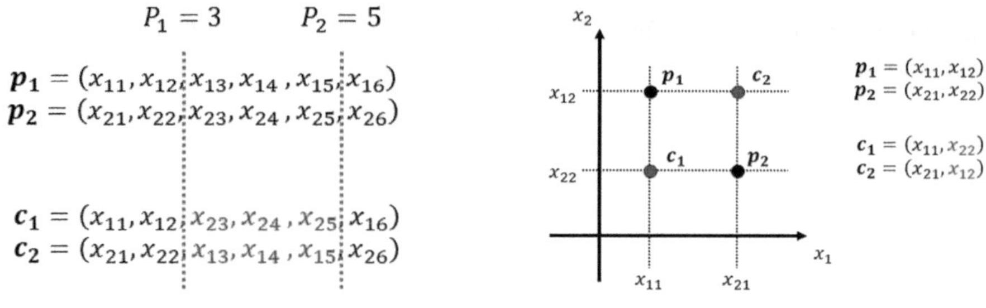

(a) Zwei-Punkt-Tausch in 6D (b) Zwei-Punkt-Tausch im 2D-Raum

Abb. 3.3 Zweipunkt-Tausch-Rekombinationsoperator. Links werden die Werte der Entscheidungsvariablen an den beiden zufällig ausgewählten Positionen P_1 und P_2 in einem 6D-Lösungsraum zwischen den beiden Eltern vertauscht. Zwei Nachkommen c_1 und c_2 werden aus zwei Elternlösungen p_1 und p_2 erzeugt. Rechts ist die Wirkung des Zweipunkt-Tausch-Crossovers im 2D-Raum dargestellt ($P_1 = 1$, $P_2 = 2$)

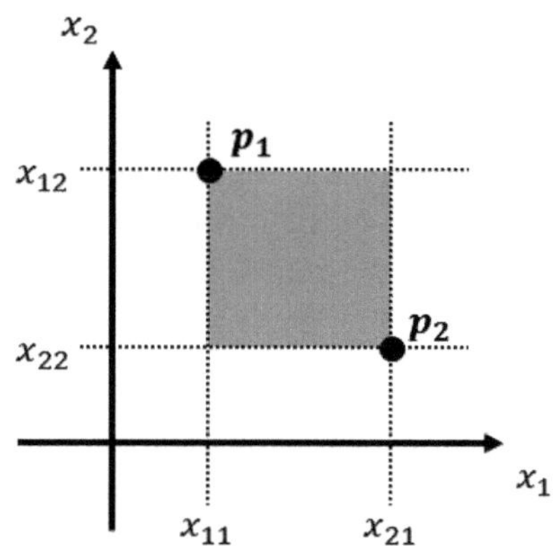

Abb. 3.4 Interpolations-Crossover in einem zweidimensionalen Raum: Eine neue Lösung **y** wird erzeugt, indem die Merkmale (kartesische Koordinaten) von $\boldsymbol{p}_1$ und $\boldsymbol{p}_2$ zufällig kombiniert werden. Die neue Lösung kann sich überall im grau schattierten Bereich befinden

beiden Eltern p_1 und p_2. Wird der Interpolations-Crossover wiederholt auf Individuen angewendet, die über den Lösungsraum verteilt sind, so tendiert er dazu, die Population zum Zentrum des Lösungsraums zu treiben. Diese *Zentrums-Tendenz* [16] des Interpolations-Crossovers wird später noch ausführlicher behandelt. Schließlich ist der letzte verwendete Crossover-Operator der Extrapolations-Crossover-Operator, der in Gl. (2.6) beschrieben ist. Der Extrapolations-Crossover ist der explorativste der drei verwendeten Crossover-Typen.

In dieser Studie wurde für alle Benchmarks eine robuste Parametrisierung der Mutationsparameter gefunden, während der Crossover-Typ für jede Funktion optimiert wurde. Die Konfiguration des EA ist in Tab. 3.1 vollständig beschrieben. Für interessierte Leser findet sich eine detailliertere Beschreibung des verwendeten EA-Algorithmus und seiner Parametrisierung in der Arbeit von Pham und Castellani [11].

Tab. 3.1 Parametrisierung des Evolutionsalgorithmus für Optimierungsversuche auf Standard-Benchmarks

Parameter	Beschreibung	Crossover	Kein Crossover
T	Generationen	5000	
ps	Populationsgröße	100	
os	Nachkommen pro Generation	99	
r_c	Crossover-Rate	1,0	0,0
$type$	Crossover-Typ	$*$	Keine
r_m	Mutationsrate	0,05	0,8
r_d	δ_i Mutationsrate	0,05	0,8
δ	Initiale δ_i	0,1	
D	δ_i Mutationsbereich	$[-0{,}1,\ 0{,}1]$	

$*$ $\{2point,\ interpolation,\ extrapolation\}$, für jede Funktion optimiert

3.2.3 *Partikelschwarmoptimierung (PSO)*

Der in Kasten 2.2 dargestellte Standardalgorithmus wurde verwendet. Die v_{ij}-Komponenten des Geschwindigkeitsvektors jeder Partikel $\boldsymbol{iv_i} = (v_{i1}, \ldots, v_{in})$ wurden auf das Intervall $[-v_j^{max},\ v_j^{max}]$ begrenzt, wobei v_j^{max} wie folgt definiert ist:

$$v_j^{max} = u\frac{max_j - min_j}{2} \tag{3.4}$$

wobei die Entscheidungsvariablen $x_j \in [min_j,\ max_j]$ sind und u ein Systemparameter ist. Das bedeutet, dass jedes Partikel in jeder Dimension pro Zeitschritt höchstens einen Bruchteil u des zulässigen Bereichs zurücklegen darf. Der Parameter u spielt eine wichtige Rolle bei der Definition des Trade-offs zwischen Exploration und Exploitation: Ein großes u erlaubt dem Partikel, große Sprünge im Lösungsraum zu machen und erhöht somit seine Explorationsfähigkeit. Umgekehrt begrenzt ein kleines u die Bewegung jedes Partikels und zwingt es, sich pro Zeitschritt nur in der Nachbarschaft der aktuellen Position zu bewegen. In dieser Studie wurden der Parameter u und die Populationskonnektivität (Abschn. 2.1) verwendet, um den Trade-off zwischen Exploration und Exploitation zu optimieren.

Die PSO-Konfiguration ist vollständig in Tab. 3.2 beschrieben. Für interessierte Leser findet sich eine detailliertere Beschreibung des verwendeten PSO-Algorithmus und der Parametrisierung in den Arbeiten von Shi und Eberhart [17] sowie Pham und Castellani [11].

Tab. 3.2 Parametrisierung des PSO-Algorithmus für die Optimierung an Standard-Benchmarks

Parameter	Beschreibung	Wert
T	PSO-Zyklen	5000
ss	Schwarmgröße	100
sn	Populationskonnektivität	*
u	Maximale Geschwindigkeit	**
c_1	Nostalgie-Gewicht	2,0
c_2	Sozialitäts-Gewicht	2,0
w_{max}	Trägheitsgewicht (Start)	0,9
w_{min}	Trägheitsgewicht (Ende)	0,4

* $\{2,\ 10,\ 20,\ 100\}$, für jede Funktion optimiert

* $\{0{,}005,\ 0{,}01,\ 0{,}05,\ 0{,}1\}$, für jede Funktion optimiert

3.2.4 Künstliche Bienenkolonie-Optimierung (ABC)

Der in Abschn. 2.6.1 skizzierte Algorithmus wurde verwendet. Das Stagnationslimit wurde wie folgt festgelegt:

$$stlim = l \times n_e \times n \tag{3.5}$$

wobei n_e die Anzahl der Arbeitsbienen ist, n die Dimensionalität des Suchraums bezeichnet und l ein Systemparameter ist, der üblicherweise auf eins gesetzt wird [18].

Die übliche Vorgehensweise bei der Implementierung von ABC besteht darin, die Population in zwei gleich große Gruppen von Arbeits- und Zuschauerkolonie-Bienen zu unterteilen. Diese Wahl wurde von Karaboga und Basturk [18] mit dem Vorteil begründet, das Parametertuning einfach zu halten. Dementsprechend ist die Konfiguration des ABC heuristisch vorgegeben und bedarf keiner Optimierung.

Für interessierte Leser findet sich eine detailliertere Beschreibung des in dieser Studie verwendeten ABC-Algorithmus bei Karaboga und Ozturk [19] sowie Pham und Castellani [11].

3.3 Vergleichsmethode

Verschiedene Parametrisierungen des Bienenalgorithmus wurden getestet; diese sind in den Tab. 3.3 und 3.4 aufgeführt.

Nachdem die Konfiguration eines Algorithmus für einen bestimmten Benchmark optimiert worden war, wurde er 50-mal ausgeführt, bis das Abbruchkriterium erfüllt war. Für jeden Optimierungsdurchlauf war die endgültige Lösung x_f entweder die zuerst gefundene Lösung $x_f = \xi$ mit Fitness $\mathcal{F}(\xi) < 0{,}001$ oder die Lösung mit der minimalen Fitness, die in den 5000 Optimierungszyklen gefunden wurde.

Tab. 3.3 Parametrisierung des Bienenalgorithmus für Optimierungsversuche an Standard-Benchmarks. *A* bezeichnet den gesamten Suchraum. Beachten Sie, dass $ns = nb$ und daher keine Scouts für die globale Suche verwendet werden (siehe Abschn. 2.4).

Parameter	Beschreibung	Wert
T	Zyklen des Bienenalgorithmus	5000
ns	Scout-Bienen	$ns = nb$
nb	Beste Plätze	$*$
ne	Elite-Plätze	$*$
nrb	Rekrutierte Bienen für beste Plätze	$*$
nre	Rekrutierte Bienen für Elite-Plätze	$*$
ngh	Anfängliche Nachbarschaftsgröße	A
$stlim$	Grenze der Stagnationszyklen für das Aufgeben eines Platzes	$*$
α	Faktor zur Verkleinerung der Nachbarschaft	0,8

$*$ Siehe Tab. 3.4

Tab. 3.4 Kombinationen des Bienenalgorithmus, die für Optimierungsversuche an Standard-Benchmarks getestet wurden. Sie sind ungefähr von der stärksten Ausnutzung bis zur geringsten geordnet.

Nr.	$stlim$	ne	nre	nb	nrb
1	10	2	30	6	10
2	5	2	30	6	10
3	5	1	40	4	20
4	5	2	20	8	10
5	5	1	40	7	10
6	10	1	30	8	10
7	5	1	30	8	10
8	10	1	30	15	5
9	5	1	30	15	5
10	5	1	20	9	10
11	5	1	20	17	5
12	5	1	10	19	5

Die *Genauigkeit* (Fehler) e_k bei der Lokalisierung des Minimums wurde für jeden Lerndurchlauf k wie folgt berechnet:

$$e_k = \begin{cases} 0 & \mathcal{F}(x_f) < 0{,}001 \\ \mathcal{F}(x_f) & \text{otherwise} \end{cases} \tag{3.6}$$

Zusätzlich wurde die *Geschwindigkeit* s_k bei der Lokalisierung des Fitnessminimums für jeden Lerndurchlauf k als die Gesamtanzahl der durchgeführten Fitnessevaluierungen (abgetastete Lösungen) erfasst.

Die Leistungsfähigkeit eines bestimmten Optimierers auf einer Benchmark-Funktion wurde anhand von drei deskriptiven Statistiken aus den 50 Lerndurchläufen bewertet: die Anzahl c_f der Male, in denen der Optimierer das globale Minimum gefunden hat, der Durchschnitt (Medianwert) μ_e der Genauigkeit, wie in Gl. (3.6) berechnet, und der Durchschnitt (Medianwert) μ_s der Optimierungsgeschwindigkeit.

Ein hierarchisches Kriterium wurde verwendet, um die Leistung zweier Optimierer zu vergleichen. Zuerst wurde die Anzahl erfolgreicher Durchläufe betrachtet, und der Optimierer mit der höchsten c_f wurde als Sieger betrachtet. Das erste Kriterium bevorzugte den effektivsten Optimierer. Erreichten beide Optimierer die gleiche c_f, wurde der Optimierer mit einem statistisch signifikant kleineren μ_e als Sieger betrachtet. Dieses zweite Kriterium bevorzugte den Optimierer, der im Durchschnitt die niedrigsten Fitnessminima fand. Gab es keinen statistisch signifikanten Unterschied zwischen dem durchschnittlichen Fehler der beiden Optimierer, wurde die durchschnittliche Optimierungsgeschwindigkeit μ_s betrachtet, und der Optimierer mit einer statistisch signifikant kleineren μ_s wurde als Sieger betrachtet. Wenn beide Optimierer hinsichtlich der Minimierungsergebnisse die gleiche Leistung zeigten, bevorzugte das dritte Kriterium den effizienteren Optimierer. Unterschieden sich die Leistungen der beiden Optimierer in keinem der genannten Kriterien signifikant, galten ihre Gesamtleistungen als gleichwertig.

Die statistische Signifikanz des Unterschieds in den von zwei Optimierern erzielten Ergebnissen wurde mittels paarweiser Mann-Whitney-U-Tests mit zweiseitiger Fragestellung [20] analysiert. Die U-Tests wurden für ein $p < 0{,}05$ (5 %) Signifikanzniveau durchgeführt. Wie der Medianwert, der zur Beschreibung der zentralen Tendenz μ_e und μ_s der jeweiligen Genauigkeits- und Geschwindigkeitsverteilungen verwendet wurde, ist der U-Test eine nichtparametrische, robuste Statistik, die keine Annahmen über die Wahrscheinlichkeitsverteilung der analysierten Variablen macht.

3.4 Experimentelle Ergebnisse: Tests auf Standard-Benchmarks

Tab. 3.5, 3.6, 3.7 und 3.8 zeigen für jede Metaheuristik die leistungsstärkste Konfiguration auf jeder der zwölf Benchmark-Funktionen sowie die damit erzielten Minimierungsergebnisse. Für jede Funktion wurden die höchste Erfolgsanzahl (c_f), die beste Genauigkeit (μ_e) und die höchste Optimierungsgeschwindigkeit (μ_s) bei den vier Metaheuristiken fett hervorgehoben. Wenn zwei oder mehr Metaheuristiken statistisch nicht unterscheidbare Spitzenwerte erzielten, wurden die entsprechenden Werte gleichermaßen fett dargestellt.

Die erste Beobachtung, die sich machen lässt, ist, dass alle Algorithmen mit Ausnahme des EA insgesamt zufriedenstellend abschnitten, wobei der EA bei mehreren

Tab. 3.5 Experimentelle Ergebnisse, die vom EA auf den Standard-Benchmarks erzielt wurden. Die Statistiken sind fett dargestellt, wenn der Algorithmus auf dem jeweiligen Benchmark die beste Leistung zeigte.

Benchmark	Crossover	c_f	μ_e	μ_s
Ackley	*Keine*	**50**	**0,000**	49950
Griewank	*Keine*	eins	0,017	500000
Hypersphere	*Keine*	**50**	**0,000**	36250
Langerman	*Keine*	neun	0,328	500000
Rastrigin	*Interpolation*	null	3,000	500000
Rosenbrock	*Keine*	null	0,195	**500000**
Shekel	*Keine*	4	8,736	500000
Easom	*Keine*	**50**	**0,000**	31550
Goldstein und *Price*	*Extrapolation*	**50**	**0,000**	**2000**
Martin und Gaddy	*Extrapolation*	**50**	**0,000**	**1500**
Schaffer	*Keine*	41	0,000	167500
Schwefel	*2 Punkt*	41	0,000	278050
Best		fünf	fünf	drei

Tab. 3.6 Experimentelle Ergebnisse, die mit PSO auf den Standard-Benchmarks erzielt wurden. Die Statistiken sind fett dargestellt, wenn der Algorithmus auf dem jeweiligen Benchmark die beste Leistung zeigte.

Benchmark	sn	u	c_f	μ_e	μ_s
Ackley	zwei	0,01	**50**	**0,000**	237850
Griewank	zehn	0,005	**45**	**0,000**	**271600**
Hypersphere	zwei	0,005	**50**	**0,000**	172400
Langerman	zwei	0,1	**50**	**0,000**	15100
Rastrigin	zehn	0,1	42	0,000	408400
Rosenbrock	zwei	0,1	**3**	0,232	**500000**
Shekel	zwei	0,1	neun	8,736	500000
Easom	einhundert	0,005	**50**	**0,000**	12100
Goldstein und *Price*	einhundert	0,01	**50**	**0,000**	3400
Martin und *Gaddy*	100	0,05	**50**	**0,000**	1800
Schaffer	100	0,05	**50**	**0,000**	**22050**
Schwefel	zwei	0,05	48	**0,000**	62750
Bestwert			neun	neun	drei

Tab. 3.7 Experimentelle Ergebnisse, die mit ABC auf den Standard-Benchmarks erzielt wurden. Die Statistiken sind fett dargestellt, wenn der Algorithmus auf dem Benchmark die beste Leistung zeigte.

Benchmark	c_f	μ_e	μ_s
Ackley	**50**	**0,000**	18700
Griewank	28	0,000	415700
Hypersphere	**50**	**0,000**	13100
Langerman	**50**	**0,000**	22400
Rastrigin	**50**	**0,000**	**201400**
Rosenbrock	1	0,072	**500000**
Shekel	2	8,736	500000
Easom	**50**	**0,000**	5700
Goldstein und Price	**50**	**0,000**	**2050**
Martin und Gaddy	**50**	**0,000**	**1500**
Schaffer	**50**	**0,000**	**18300**
Schwefel	**50**	**0,000**	**4500**
Beste	9	9	6

Tab. 3.8 Experimentelle Ergebnisse, die mit dem Bienenalgorithmus auf den Standard-Benchmarks erzielt wurden. Die Statistiken sind fett dargestellt, wenn der Algorithmus auf dem jeweiligen Benchmark die beste Leistung erzielte.

Benchmark	*stlim*	*ne*	*nre*	*nb*	*nrb*	c_f	μ_e	μ_s
Ackley	5	1	20	9	10	**50**	**0,000**	**11950**
Griewank	5	1	10	19	5	36	0,000	209450
Hypersphere	10	2	30	6	10	**50**	**0,000**	**8300**
Langerman	5	1	40	4	20	**50**	**0,000**	**4700**
Rastrigin	5	1	40	4	20	0	6,965	500000
Rosenbrock	10	2	30	6	10	0	**0,028**	**500000**
Shekel	5	2	20	8	10	**50**	**0,000**	**23450**
Easom	10	1	30	15	5	**50**	**0,000**	**3800**
Goldstein und P.	10	2	30	6	10	**50**	**0,000**	2750
Martin und Gaddy	10	1	30	8	10	**50**	**0,000**	2250
Schaffer	10	2	30	6	10	**50**	**0,000**	**20250**
Schwefel	10	1	30	15	5	**50**	**0,000**	**4200**
Bestwert						9	10	8

Benchmarks Schwierigkeiten hatte. Dennoch lieferte der EA in mehr als 80 % der Fälle – bei sieben von zwölf Benchmarks – das globale Minimum. PSO fand das globale Minimum in allen bis auf zwei Benchmarks in mindestens 80 % der Durchläufe, während ABC und der Bienenalgorithmus dies in allen bis auf drei Benchmarks erreichten. Hinsichtlich des Erfolgs gehörte der EA nur bei fünf der zwölf Benchmarks zu den besten Verfahren, während die anderen drei Metaheuristiken neunmal zu den besten zählten. Die schwächere Leistung des EA könnte auf eine nicht optimale Einstellung seiner Hyperparameter oder auf eine generelle Ungeeignetheit dieser Metaheuristik für die gewählte Benchmark-Auswahl zurückzuführen sein.

Auch hinsichtlich der Genauigkeit sind die Ergebnisse sehr ähnlich: PSO (neunmal unter den besten Verfahren), ABC (neunmal) und der Bienenalgorithmus (zehnmal) übertrafen den EA (fünfmal unter den besten) bei mehreren Benchmarks. Wenn eine Metaheuristik das Minimum nicht exakt bestimmen konnte, wurde in den meisten Fällen dennoch eine sehr wettbewerbsfähige Lösung gefunden. Der durchschnittliche Fehler des EA lag nur in zwei Fällen (*Rastrigin-* und *Shekel*-Funktion) über 0,4, und bei PSO *(Shekel),* ABC *(Shekel)* und dem Bienenalgorithmus *(Rastrigin)* jeweils nur in einem Fall. Die beiden letztgenannten Algorithmen lieferten nur in einem der zwölf Benchmarks einen durchschnittlichen Fehler von $\mu_e > 0,1$. Wenn das Ziel darin besteht, das globale Minimum exakt zu bestimmen oder zumindest eine sehr wettbewerbsfähige Lösung zu finden, zeigen die Ergebnisse dieser Studie: Alle Metaheuristiken können so konfiguriert werden, dass sie bei den meisten Standard-Benchmarks zufriedenstellende Leistungen erzielen.

Bezüglich der Effizienz der Suche sind die experimentellen Ergebnisse weniger einheitlich. So gehörten EA und PSO nur bei drei der zwölf Benchmarks zu den besten Verfahren, ABC bei sechs und der Bienenalgorithmus bei acht. Während die Effizienz der anderen Algorithmen sowohl bei zwei- als auch bei zehndimensionalen Funktionen konstant war, zählte ABC bei vier der fünf zweidimensionalen Funktionen – die letzten fünf Zeilen der Tabelle – zu den effizientesten Optimierern und nur zweimal bei den übrigen sieben zehndimensionalen Funktionen.

Die Gesamtleistung der vier Algorithmen wurde anhand des hierarchischen Kriteriums verglichen, das in Abschn. 3.3 beschrieben ist. Die Ergebnisse des Vergleichs sind für jeden Benchmark in Tab. 3.9 zusammengefasst. Da Erfolgsrate und Genauigkeit häufig vergleichbar waren, wurde das Ergebnis des Vergleichs hauptsächlich durch die Effizienz der vier Algorithmen bestimmt.

Die Analyse der Algorithmuskonfigurationen, die bei jedem Benchmark am besten abschnitten, erlaubt einige interessante Beobachtungen. Bei acht von zwölf Benchmarks verwendete die am besten abschneidende EA-Konfiguration keine Rekombination. Extrapolations-Crossover war bei relativ einfachen Fitnesslandschaften wie *Goldstein & Price* und *Martin & Gaddy* nützlich, wo es dem Algorithmus möglicherweise geholfen hat, schnell den Hang hinabzusteigen. Bemerkenswert ist, dass die besten Leistungen bei diesen beiden Benchmarks sowohl vom EA als auch vom ABC erzielt wurden, wobei beide Algorithmen Extrapolations-Crossover als Hauptsuchoperator verwendeten. Interpolations-Crossover erzielte nur bei der *Rastrigin*-Funktion Spitzenresultate, bei der das Minimum am Ursprung des kartesischen Raums liegt und die Zentrierungstendenz des Operators die Suche unterstützt haben könnte. Ebenso dürfte bei den regelmäßig verteilten Minima der *Schwefel*-Funktion (Abb. 3.2) das gitterartige Sampling (Abschn. 3.2.2) des Zweipunkt-Crossovers die Suche begünstigt haben.

Exploitative PSO mit vollständig verbundenen Schwärmen (100 Nachbarn) erzielte hervorragende Ergebnisse auf den relativ unkomplizierten zweidimensionalen Fitnesslandschaften *Easom, Goldstein & Price* und *Martin & Gaddy* sowie bei der

Tab. 3.9 Standard-Benchmarks: Ergebnisvergleich

Benchmark	EA	PSO	ABC	Bees A.
Ackley				X
Griewank		X		
Hypersphere				X
Langerman				X
Rastrigin			X	
Rosenbrock		X		
Shekel				X
Easom				X
Goldstein and P.	X		X	
Martin und Gaddy	X		X	
Schaffer		X	X	X
Schwefel			X	X
Siege	2	3	5	7

Schaffer-Funktion, bei denen die besten Lösungen alle um den Ursprung liegen. Bei allen zehndimensionalen Benchmarks und der stark multimodalen *Schwefel*-Funktion schnitten PSO-Konfigurationen mit den niedrigsten Konnektivitätsgraden, nämlich zwei und zehn soziale Nachbarn, am besten ab. Bei Benchmarks, die durch ein Hauptbecken *(Hypersphere)* oder ein Hauptbecken mit einer vielfach unterteilten Schräge *(Ackley, Griewank, Rastrigin)* gekennzeichnet sind, beruhte die gemeinsame Erfolgsstrategie auf schwach verbundenen Populationen und konservativen Bewegungen ($u = 0{,}005$ oder $0{,}01$), mit Ausnahme der *Rastrigin*-Funktion, bei der die lokalen Täler tiefer sind und ein größerer Impuls erforderlich war, um diese zu überwinden. Bei diesen Benchmarks könnte die reduzierte Interaktion zwischen den Individuen den Partikeln geholfen haben, den Impuls entlang des radialen Gradienten zu stabilisieren.

ABC erzielte hinsichtlich Erfolgsrate und Genauigkeit sehr gute Ergebnisse, gehörte jedoch nur fünfmal von zwölf zu den schnellsten Optimierern (bei der *Rosenbrock*-Funktion schnitten alle Metaheuristiken gleichermaßen schlecht ab). Dieses Ergebnis könnte auf die Störwirkung des Extrapolations-Crossover-Operators zurückzuführen sein, der vermutlich die Verfeinerung (Exploitation) guter Lösungen verlangsamte. Bemerkenswert ist, dass ABC bei Fitnesslandschaften, bei denen eine präzise Suche erforderlich war – wie im schmalen *Rosenbrock*-Tal oder in den tiefen und engen *Easom*- und *Ackley*-Becken –, nie zu den Spitzenreitern gehörte.

Allgemeine Trends unter den leistungsstärksten Konfigurationen des Bienenalgorithmus zu identifizieren, ist schwieriger, da eine große Anzahl von Hyperparametern das Verhalten dieser Metaheuristik bestimmt. Im Allgemeinen weist die leistungsstärkste Konfiguration bei allen unimodalen Funktionen (sowie bei der einfachen *Goldstein & Price*-Funktion) das höchste Stagnationslimit auf, was möglicherweise dazu beigetragen hat, die Suche in der Nähe des Minimums zu verfeinern. Exploitative Strategien, bei denen eine große Anzahl von Sammlern auf ein oder zwei Orte konzentriert wird oder über mehrere Iterationen ohne Fortschritt an einem Ort verbleibt, schienen häufiger zu dominieren als explorative Ansätze. Diese Tendenz könnte darauf zurückzuführen sein: a) auf die Notwendigkeit, den Lösungsraum gründlich zu durchsuchen, um die Lösungen durch die zufällige lokale Suchroutine zu verfeinern; b) auf die Möglichkeit, große Ressourcen für die lokale Suche einzusetzen, ohne das Risiko, in einem suboptimalen Gipfel stecken zu bleiben, dank der Standortaufgabe-Routine. Einer der deutlichsten Trends war vermutlich der Erfolg von Konfigurationen mit einem niedrigen ($stlim = 5$) Stagnationslimit bei Benchmarks, die durch ein Hauptbecken und eine vielfach unterteilte Flanke gekennzeichnet sind *(Ackley, Griewank, Rastrigin)*.

Zusammenfassend lässt sich sagen, dass zwar alle Algorithmen hinsichtlich ihrer Effektivität recht gut abschnitten, ihre Effizienz jedoch unterschiedlich war. EA und PSO müssen sorgfältig zwischen Exploration und Exploitation abwägen, um eine vorzeitige Konvergenz in eine suboptimale Region des Lösungsraums zu vermeiden. ABC und der Bienenalgorithmus können mehr Agenten auf die Ausbeutung vielversprechender Regionen konzentrieren, da das Standortaufgabe-Verfahren es der Population ermöglicht, lokalen Minima zu entkommen. Aus diesem Grund zeichneten sich die beiden bieneninspirierten Metaheuristiken in Bezug auf Effizienz aus. Die Effizienz von ABC war mitunter durch die disruptive Natur des Extrapolations-Crossover-Suchoperators begrenzt. Bei anderen Funktionen ermöglichte der Extrapolations-Crossover ABC jedoch große Sprünge in der Fitnesslandschaft, die es schnell in die Nähe des globalen Optimums brachten. Im Vergleich zu ABC verwendet der Bienenalgorithmus eine vorhersehbarere lokale Suchstrategie, die auf einen Hyperwürfel beschränkt ist, dessen Größe schrittweise reduziert wird. Dieser Ansatz hilft dem Bienenalgorithmus, die Suchanstrengungen rasch auf die Ausbeutung weniger kleiner Regionen des Lösungsraums zu konzentrieren, die schnell optimiert werden.

3.5 Standard-Benchmarks: Eine kritische Analyse

Wie in Abschn. 3.1 erörtert, bestehen die bisher verwendeten Benchmarks aus kontinuierlichen Funktionen, die häufig aus historischen Gründen intensiv in der Optimierung eingesetzt wurden und zu De-facto-Standards geworden sind. Diese Benchmarks entstanden vor dem NFL-Theorem und zielen darauf ab, die Optimierer mit schwierigen Problemen herauszufordern, die oft auf einer sehr großen Anzahl lokaler Minima basieren, um den effizientesten Algorithmus zu bestimmen. Leider teilen viele dieser Benchmarks gemeinsame Merkmale, wie eine insgesamt unimodale Charakteristik (*Easom* und *Hypersphere*), die in einigen Fällen durch vielfach unterteilte Flanken schwer absteigbar gemacht werden (*Ackley, Griewank* und *Rastrigin*). Bei all diesen Benchmarks sowie bei der *Schaffer*-Funktion (eine gedämpfte Sinusfunktion) ist es einfach, zumindest ungefähr eine Vorstellung davon zu bekommen, wo das globale Optimum liegt.

Darüber hinaus liegt bei mehreren der Standard-Benchmarks das globale Optimum *(Ackley, Hypersphere, Rastrigin, Schaffer)* im oder *(Easom, Rosenbrock)* nahe dem Zentrum des Lösungsraums. Wie in Abschn. 3.2.2 erwähnt, ist bekannt, dass Mittelwertoperatoren wie Interpolations-Crossover, aber auch die PSO-Geschwindigkeitsaktualisierungsgleichung in Gl. (2.2) (ein gewichteter Mittelwert der Anziehungskräfte von persönlicher Nostalgie und sozialer Kommunikation) die Suche zum Zentrum des Lösungsraums hin verzerren. Diese bekannte *Zentrumsverzerrung* wurde in der Literatur ausführlich behandelt [1, 16, 21, 22]. Die Zentrumsverzerrung wurde kürzlich erneut von Kudela [23] in einem Artikel über Metaheuristiken diskutiert, die im Beitrag fälschlicherweise unter dem Begriff „evolutionäre Berechnung" zusammengefasst werden.

Statt zentrumsverzerrte Operatoren und Algorithmen zu vermeiden, wie von Kudela [23] vorgeschlagen, sollte sich der Anwender ihrer Tendenz bewusst sein, insbesondere bei der Bewertung von Optimierern anhand der Standard-Benchmarks. Im Allgemeinen weisen die meisten Metaheuristiken eine gewisse Form von Verzerrung auf, die durch die jeweilige Art der verwendeten Heuristiken (zum Beispiel Crossover, Mittelwertoperatoren) bedingt ist und bestimmt, bei welcher Art von Problemen der Algorithmus besonders leistungsfähig ist. Tatsächlich könnte argumentiert werden, dass die Zufallssuche die einzige wirklich unverzerrte Suchmethode ist.

Weitere Merkmale der Standard-Benchmarks können ebenfalls durch Verzerrungen bei der Bewertung von Optimierungsalgorithmen ausgenutzt werden: nämlich axiale Ausrichtung der Gipfel *(Ackley, Griewank, Rastrigin, Schwefel)*, regelmäßige Abstände der Gipfel *(Ackley, Griewank, Rastrigin, Schwefel)*, Rotationssymmetrie der Fitnesslandschaft *(Easom, Hypersphere, Schaffer)* und lineare Separierbarkeit der n-dimensionalen Funktion in eine Summe von n eindimensionalen Funktionen *(Ackley, Easom, Hypersphere, Rastrigin)*. Für eine ausführliche Diskussion dieser Verzerrungen sei auf die Analysen von Monson und Seppi [16], MacNish [1] sowie Pham und Castellani [21, 22] verwiesen.

Einige der Regelmäßigkeiten der Standard-Benchmarks, nämlich die zentrale Lage des Optimums, die axiale Ausrichtung der Gipfel und die lineare Separierbarkeit der Variablen, können durch starre Transformationen der Fitnesslandschaften beseitigt werden [7, 10]. Andere Regelmäßigkeiten wie Rotationssymmetrie und regelmäßige Abstände der Gipfel sind jedoch Folgen der analytischen Formulierung der Funktionen und können nicht entfernt werden. Aus diesem Grund schlug MacNish [1] eine Benchmark-Suite auf Basis randomisierter fraktaler Landschaften vor.

Einen anderen Ansatz für das Benchmarking schlugen Pham und Castellani [21, 22] vor, die anstelle der Schaffung komplexer, vollständig unstrukturierter Optimierungslandschaften eine Menge von Funktionen mit bekannten Eigenschaften vorschlugen, um die Fähigkeiten, Schwächen und Verzerrungen von Metaheuristiken offenzulegen. Die nächsten Abschnitte dieses Kapitels präsentieren die Ergebnisse dieses Ansatzes.

3.6 Zweckgebundene Benchmarks

Es wurde eine Menge von 25 kontinuierlichen Minimierungs-Benchmarkfunktionen mit unterschiedlichen Eigenschaften erstellt. Um die Visualisierung und das Verständnis der Ergebnisse zu erleichtern, sind alle Funktionen bis auf drei zweidimensional. Darüber hinaus sind alle Benchmarkfunktionen im selben Definitionsbereich $A = [-100,\ 100]^n \in \mathbb{R}^n$ definiert, wobei n die Dimensionalität des Eingaberaums ist, und sie bilden den Lösungsraum A in denselben Wertebereich [0, 1] ab. Das heißt, $f(A) \to [0,\ 1]$ und das globale Minimum $\boldsymbol{\mu}$ ist für alle Benchmarks gleich null. Die gemeinsamen Merkmale der vorgeschlagenen Benchmarks sind in Kasten 3.4 aufgeführt.

Die ersten acht Benchmarks bestehen aus multimodalen Funktionen mit unterschiedlichem Komplexitätsgrad und verschiedenen Eigenschaften. Die Funktionen eins und zwei wurden entwickelt, um die Zentrierungstendenz von Metaheuristiken aufzuzeigen. Sie bilden zwei glockenförmige Senken gleicher Breite ab – eine am Ursprung der kartesischen Ebene, also im Zentrum des Lösungsraums, die andere weit davon entfernt. Das globale Minimum befindet sich bei Funktion eins am Boden der zentralen Senke und bei Funktion zwei am Boden der anderen Senke.

Die Funktionen drei und vier wurden entwickelt, um Ausrichtungstendenzen in Optimierungsalgorithmen sichtbar zu machen. Sie bilden neun glockenförmige Senken ab, die auf einem regelmäßigen Gitter angeordnet sind. Das Gitter ist bei Funktion drei an den kartesischen Achsen ausgerichtet und bei Funktion vier um $\frac{4}{9}\pi$ rotiert. Das globale Optimum liegt weit entfernt vom Ursprung des kartesischen Raums.

PURPOSE-BUILT BENCHMARKS - GENERAL SETTINGS

Function: $f_i : A \to U$

$A = A_1 \times \cdots \times A_n,\ A_i = [-100, 100],$
f1-f22: n=2,
f23: $n = 10$, f24: $n = 15$, f25: $n = 20$

$U = [0, 1]$
and: $\boldsymbol{\mu} = \arg\min_{\boldsymbol{x}} (f(\boldsymbol{x}) \mid \boldsymbol{x} \in A),\ f(\boldsymbol{\mu}) = 0$

Bell-shaped hole: $\mathcal{G}(\boldsymbol{x}, c_1, c_2, \sigma) = -e^{-\left[\frac{(x_1-c_1)^2+(x_2-c_2)^2}{\sigma}\right]}$
Round hole: $\mathcal{C}(\boldsymbol{x}, c_1, c_2, \rho) = -\frac{1}{(\frac{x_1-c_1}{\rho})^2+(\frac{x_2-c_2}{\rho})^2+1}$

Cosinusoidal noise: $\mathcal{N}(\boldsymbol{x}, A, \phi, \nu) =$
$-\frac{A}{2} \mid \cos 2\pi\nu(x_1 - \phi) + \cos 2\pi\nu(x_2 - \phi) \mid$

Formeln 3.4 Zweidimensionale, speziell entwickelte Benchmarks zur kontinuierlichen Funktionsminimierung. Allgemeine Einstellungen

Die verbleibenden vier multimodalen Benchmarks bestehen aus elf glockenförmigen Senken gleicher Breite und Tiefe sowie einer schmaleren Senke, in der sich das globale Minimum befindet. Die Senken können auf einem Gitter angeordnet sein (Funktionen fünf und sechs) oder unregelmäßig platziert werden (Funktionen sieben und acht), wobei das globale Optimum entweder im Zentrum des Lösungsraums (Funktionen sechs und acht) oder weit davon entfernt liegt (Funktionen fünf und sieben).

Insgesamt sollen die Funktionen eins bis acht eine Einschätzung der Fähigkeit der Metaheuristiken liefern, multimodale Fitnesslandschaften effizient zu optimieren, und gleichzeitig mögliche Tendenzen in Bezug auf die Zentrierung im Lösungsraum, Achsenausrichtung, axiale Symmetrie und regelmäßige Anordnung der Minima aufzeigen. Darüber hinaus „lenkt" die Gesamtfitnesslandschaft die Suche nicht in Richtung des Optimums, wie es bei verrauschten unimodalen Landschaften wie den Standard-Benchmarks *Ackley, Griewank* und *Rastrigin* der Fall ist. Die Benchmarks eins bis acht werden in Kasten 3.5 vollständig beschrieben und in A in den Abb. A. 1–A.8 dargestellt.

Die zweite Gruppe von Benchmarks besteht aus acht multimodalen Funktionen, die in Kasten 3.6 definiert und im Anhang A dargestellt sind. Ihr gemeinsames Merkmal ist eine große, flache Stufe, die die Senke umgibt, in der das globale Minimum liegt. Dieses Merkmal ist in keinem der Standard-Benchmarks aus Abschn. 3.1.1 enthalten. Dennoch sind flache Bereiche in vielen Optimierungsproblemen zu erwarten, etwa beim Training künstlicher neuronaler Netze, bei denen die Fehlerfunktion durch die für die Aktivierung der Einheiten verwendeten logistischen Funktionen geprägt ist. Die Funktionen neun bis zwölf bestehen aus vier glockenförmigen Senken und dem globalen Optimum, wobei in der glockenförmigen Charakteristik eine flache Stufe erzeugt wurde. Die Senken sind entweder gitterförmig angeordnet (Funktionen neun und zehn) oder unregelmäßig positioniert (Funktionen elf und zwölf). Das globale Minimum befindet sich im Zentrum des Lösungsraums (Funktionen neun und elf) oder weit davon entfernt (Funktionen zehn und zwölf).

Die dritte Gruppe der speziell entwickelten Benchmarks umfasst drei Funktionen, bei denen das globale Minimum am Ende eines langen und schmalen Tals liegt. Funktion 13 bildet zwei unterschiedlich ausgerichtete Täler an den gegenüberliegenden Seiten des Lösungsraums ab. Der übrige Optimierungsraum ist flach und gibt keinen Hinweis auf die Lage der beiden Täler. Funktion 14 bildet zwei Paare von Tälern ab, die in entgegengesetzte Richtungen geneigt sind und sich im Zentrum des Lösungsraums treffen, wo sich ein glockenförmiges Becken befindet. Der übrige Optimierungsraum ist flach. Das globale Minimum liegt am Ende des schmalsten Tals, am Rand des Lösungsraums. Funktion 14 dient dazu, die Fähigkeit des Optimierers zu testen, sehr enge Räume zu durchqueren, und stellt zudem eine Herausforderung für zentrierte Metaheuristiken dar. Schließlich bildet Funktion 15 einen sehr schmalen parabolischen Graben in der Halbebene $x_1 \geq 0$ ab, in der sich das globale Optimum befindet. Die andere Halbebene ist in Richtung der negativen x_1-Werte geneigt, was diese Funktion besonders irreführend macht. Funktion 15 ähnelt der *Rosenbrock*-2D-Funktion, aber ihre Fitnesslandschaft gibt keinen Hinweis auf die

PURPOSE-BUILT BENCHMARKS 1-8

Function 1: $f_1(\boldsymbol{x}) = 1 + 0.8\mathcal{G}(\boldsymbol{x}, 50, 50, 200) + \mathcal{G}(\boldsymbol{x}, 0, 0, 200)$
min: $\boldsymbol{\mu} = (0, 0)$

Function 2: $f_2(\boldsymbol{x}) = 1 + 0.8\mathcal{G}(\boldsymbol{x}, 0, 0, 200) + \mathcal{G}(\boldsymbol{x}, 50, 50, 200)$
min: $\boldsymbol{\mu} = (50, 50)$

Function 3: $f_3(\boldsymbol{x}) = 1+$

$$0.8\mathcal{G}(\boldsymbol{x}, 60, 60, 100) + \mathcal{G}(\boldsymbol{x}, 0, 60, 100) + 0.8\mathcal{G}(\boldsymbol{x}, 60, 0, 100)+$$
$$0.8\mathcal{G}(\boldsymbol{x}, -60, -60, 100) + 0.8\mathcal{G}(\boldsymbol{x}, 0, -60, 100) + 0.8\mathcal{G}(\boldsymbol{x}, -60, 0, 100)+$$
$$0.8\mathcal{G}(\boldsymbol{x}, -60, 60, 100) + 0.8\mathcal{G}(\boldsymbol{x}, 60, -60, 100) + 0.8\mathcal{G}(\boldsymbol{x}, 0, 0, 100)$$

min: $\boldsymbol{\mu} = (0, 60)$

Function 4: $f_4(\boldsymbol{x}) = f_3(\boldsymbol{r})$
$r_1 = x_1 cos\left(\frac{4}{9}\pi\right) - x_2 sin\left(\frac{4}{9}\pi\right)$
$r_2 = x_1 sin\left(\frac{4}{9}\pi\right) + x_2 cos\left(\frac{4}{9}\pi\right)$
min: $\boldsymbol{\mu} = (-25.7, -54.2)$

Function 5: $f_5(\boldsymbol{x}) = \mathcal{G}(\boldsymbol{x}, 80, 80, 100) + 0.75\mathcal{G}(\boldsymbol{x}, 0, 0, 400) + g(\boldsymbol{x})$

$$\begin{aligned} g(\boldsymbol{x}) =& 1 + 0.75\mathcal{G}(\boldsymbol{x}, -50, -50, 400) + 0.75\mathcal{G}(\boldsymbol{x}, -100, -100, 400)+ \\ & 0.75\mathcal{G}(\boldsymbol{x}, 0, 50, 400) + 0.75\mathcal{G}(\boldsymbol{x}, 50, -50, 400) + 0.75\mathcal{G}(\boldsymbol{x}, 0, -50, 400)+ \\ & 0.75\mathcal{G}(\boldsymbol{x}, -50, 50, 400) + 0.75\mathcal{G}(\boldsymbol{x}, -50, 0, 400) + 0.75\mathcal{G}(\boldsymbol{x}, 50, 0, 400)+ \\ & 0.75\mathcal{G}(\boldsymbol{x}, 100, -100, 400) + 0.75\mathcal{G}(\boldsymbol{x}, -100, 100, 400) \end{aligned}$$

min: $\boldsymbol{\mu} = (80, 80)$

Function 6: $f_6(\boldsymbol{x}) = 1 + 0.75\mathcal{G}(\boldsymbol{x}, 50, 50, 400) + \mathcal{G}(\boldsymbol{x}, 0, 0, 100) + g(\boldsymbol{x})$
min: $\boldsymbol{\mu} = (0, 0)$

Function 7:

$$\begin{aligned} f_7(\boldsymbol{x}) =& \mathcal{G}(\boldsymbol{x}, 85, 80, 100) + 0.75\mathcal{G}(\boldsymbol{x}, -65, -45, 400)+ \\ & 0.75\mathcal{G}(\boldsymbol{x}, 0, 0, 400) + 0.75\mathcal{G}(\boldsymbol{x}, -95, 90, 400) + h(\boldsymbol{x}) \end{aligned}$$

$$\begin{aligned} h(\boldsymbol{x}) =& 1 + 0.75\mathcal{G}(\boldsymbol{x}, 40, -70, 400) + 0.75\mathcal{G}(\boldsymbol{x}, -50, 80, 400)+ \\ & 0.75\mathcal{G}(\boldsymbol{x}, 0, -55, 400) + 0.75\mathcal{G}(\boldsymbol{x}, -15, 60, 400)+ \\ & 0.75\mathcal{G}(\boldsymbol{x}, -65, 10, 400) + 0.75\mathcal{G}(\boldsymbol{x}, 80, -5, 400)+ \\ & 0.75\mathcal{G}(\boldsymbol{x}, 70, -90, 400) + 0.75\mathcal{G}(\boldsymbol{x}, -85, -80, 400) \end{aligned}$$

min: $\boldsymbol{\mu} = (85, 80)$

Function 8:

$$\begin{aligned} f_8(\boldsymbol{x}) =& \mathcal{G}(\boldsymbol{x}, 0, 0, 100) + 0.75\mathcal{G}(\boldsymbol{x}, -75, -35, 400)+ \\ & 0.75\mathcal{G}(\boldsymbol{x}, 65, 45, 400) + 0.75\mathcal{G}(\boldsymbol{x}, -90, 70, 400) + h(\boldsymbol{x}) \end{aligned}$$

min: $\boldsymbol{\mu} = (0, 0)$

Formeln 3.5 Acht multimodale Flächen mit Senken

PURPOSE-BUILT BENCHMARKS 9-12

$$\textbf{Function 9}:\ f_9(\boldsymbol{x}) = \begin{cases} (x-0)^2 + (y-0)^2 \leq 625 & f_{9a} \\ else & f_{9b} \end{cases}$$

$$f_{9a}(\boldsymbol{x})) = 0.4 + 0.4\mathcal{G}(\boldsymbol{x}, 0, 0, 10)$$

$$\begin{aligned} f_{9b}(\boldsymbol{x})) = 1 + &0.75\mathcal{G}(\boldsymbol{x}, 0, 0, 1000) + \\ &0.75\mathcal{G}(\boldsymbol{x}, 75, 75, 1000) + 0.75\mathcal{G}(\boldsymbol{x}, -75, -75, 1000) \\ &0.75\mathcal{G}(\boldsymbol{x}, 75, -75, 1000) + 0.75\mathcal{G}(\boldsymbol{x}, -75, 75, 1000) \end{aligned}$$

$$\text{min: } \boldsymbol{\mu} = (0, 0)$$

$$\textbf{Function 10}:\ f_{10}(\boldsymbol{x}) = \begin{cases} (x+75)^2 + (y+75)^2 \leq 625 & f_{10a} \\ else & f_{9b} \end{cases}$$

$$f_{10a}(\boldsymbol{x})) = 0.4 + 0.4\mathcal{G}(\boldsymbol{x}, -75, -75, 10)$$

$$\text{min: } \boldsymbol{\mu} = (-75, -75)$$

$$\textbf{Function 11}:\ f_{11}(\boldsymbol{x}) = \begin{cases} (x-0)^2 + (y-0)^2 \leq 625 & f_{11a} \\ else & f_{11b} \end{cases}$$

$$f_{11a}(\boldsymbol{x})) = 0.4 + 0.4\mathcal{G}(\boldsymbol{x}, 0, 0, 10)$$

$$\begin{aligned} f_{11b}(\boldsymbol{x})) = 1 + &0.75\mathcal{G}(\boldsymbol{x}, 0, 0, 1000) + \\ &0.75\mathcal{G}(\boldsymbol{x}, 50, 60, 1000) + 0.75\mathcal{G}(\boldsymbol{x}, -75, -75, 1000) \\ &0.75\mathcal{G}(\boldsymbol{x}, 70, -55, 1000) + 0.75\mathcal{G}(\boldsymbol{x}, -45, 85, 1000) \end{aligned}$$

$$\text{min: } \boldsymbol{\mu} = (0, 0)$$

$$\textbf{Function 12}:\ f_{12}(\boldsymbol{x}) = \begin{cases} (x+75)^2 + (y+75)^2 \leq 625 & f_{12a} \\ else & f_{11b} \end{cases}$$

$$f_{12a}(\boldsymbol{x})) = 0.4 + 0.4\mathcal{G}(\boldsymbol{x}, -75, -75, 10)$$

$$\text{min: } \boldsymbol{\mu} = (-75, -75)$$

Formeln 3.6 Vier multimodale Flächen mit Plateau

Lage des parabolischen Tals. Die Funktionen 13–15 sind in Kasten 3.7 definiert und im Anhang A dargestellt.

Die vierte Gruppe von Funktionen besteht aus den beiden wellenförmigen Funktionen, die in Kasten 3.7 beschrieben und im Anhang A abgebildet sind. Funktion 16 bildet eine geneigte Ebene ab, auf der zwei senkrechte kosinusförmige Wellen ein Muster aus Spitzen und Mulden erzeugen. Das globale Minimum befindet sich am Boden eines schmalen, glockenförmigen Beckens am Ende der geneigten Charakteristik. Funktion 17 entsteht durch die Überlagerung zweier sinusförmiger Wellen mit variabler Periode. Das globale Optimum liegt weit entfernt vom Ursprung des kartesischen Raums, am Boden eines glockenförmigen Beckens, das in einer der durch das Sinusmuster erzeugten Senken platziert ist. Im Gegensatz zu Funktion 16 weist Funktion 17 keine geneigte Charakteristik oder Periodizität auf, die die Suche leiten könnte.

PURPOSE-BUILT BENCHMARKS 13-17

Function 13: $f_{13}(\boldsymbol{x}) = \begin{cases} x_1 \geq 0,\ x_2 \geq 0 & f_{13a} \\ x_1 < 0,\ x_2 < 0 & f_{13b} \\ else & 0 \end{cases}$

$f_{13a}(\boldsymbol{x})) = 1 - 0.75e^{-\left[\frac{(x_2-50)^2}{50}\right]}$

$f_{13b}(\boldsymbol{x})) = 1 - \left(\frac{x_2+100}{70}\right) e^{-\left[\frac{(x_1+x_2+130)^2}{25}\right]}$

min: $\boldsymbol{\mu} = (-100, -30)$

Function 14:

$$f_{14}(\boldsymbol{x}) = 1 - e^{-\left(\frac{x_1-90}{25}\right)^2} e^{-\left[\frac{(x_1+2x_2)^2}{2}\right]} - 0.75e^{-\left(\frac{x_1+100}{25}\right)^2} e^{-\left[\frac{(x_1+2x_2)^2}{1000}\right]} + 0.8\mathcal{G}(\boldsymbol{x}, 0, 0, 150) - 0.75\left(\frac{x_2}{100}\right)^2 e^{-\left[\frac{(3x_1-x_2)^2}{1000}\right]}$$

min: $\boldsymbol{\mu} = (90, -45)$

Function 15: $f_{15}(\boldsymbol{x}) = \begin{cases} x_1 \geq 0 & f_{15a} \\ else & f_{15b} \end{cases}$

$f_{15a}(\boldsymbol{x})) = 1 - \left(\frac{x_1}{90}\right)^4 e^{-\left[\frac{(x_1^2+4x_2^2-90^2)^2}{250}\right]}$

$f_{15b}(\boldsymbol{x})) = 1 + \frac{x_1}{125}$

min: $\boldsymbol{\mu} = (90, 0)$

Function 16:

$$f_{16}(\boldsymbol{x}) = 1 - \left[0.4 + 0.4\cos\left(2\pi\frac{(x_1-75)}{25}\right)\right]\frac{x_1+100}{400} + - \left[0.4 + 0.4\cos\left(2\pi\frac{(x_2-75)}{25}\right)\right]\frac{x_2+100}{400} + 0.3\mathcal{G}(\boldsymbol{x}, 75, 75, 10)$$

min: $\boldsymbol{\mu} = (75, 75)$

Function 17:

$$f_{17}(\boldsymbol{x}) = 1 - 0.2 + 0.2\sin\left(\frac{(x_2+100)x_1}{5000}\pi\right) + -0.2 + 0.2\sin\left(\frac{(x_1+100)x_2}{5000}\pi\right) + 0.2\mathcal{G}(\boldsymbol{x}, 50, 50, 10)$$

min: $\boldsymbol{\mu} = (50, 50)$

Formeln 3.7 Drei Flächen mit schmalen Tälern und zwei wellenförmige Flächen

Die fünfte Gruppe der speziell entwickelten Benchmarks enthält fünf Funktionen, die „rauschende“ unimodale Landschaften abbilden, wie sie durch die Funktionen *Ackley, Griewank* und *Rastrigin* erzeugt werden. Diese Funktionen wurden erstellt, indem einem unimodalen Becken eine hochfrequente kosinusförmige Komponente hinzugefügt wurde. Die Amplitude der Kosinuswelle entspricht 10 % (Funktion 18), 25 % (Funktionen 19, 21 und 22) und 40 % (Funktion 20) des Ausgabebereichs, während die Periode auf $T = 1$ (Funktionen 18–20), $T = 4$ (Funktion 21) und $T = \frac{1}{4}$ (Funktion 22) gesetzt ist. Die Funktionen 18–22 sind analytisch in Kasten 3.8 definiert und im Anhang A dargestellt.

Die sechste und letzte Gruppe von Funktionen besteht aus drei Fitnesslandschaften mit zunehmender Dimensionalität. Sie bilden acht ähnlich geformte, glockenförmige Becken ab, die zufällig im Lösungsraum angeordnet sind. Das globale Minimum befindet sich am Boden des tiefsten Beckens, weit entfernt vom Zentrum des Lösungsraums. Die Funktionen 23–25 sind jeweils zehn-, fünfzehn- und zwanzigdimensional und wurden entwickelt, um die Effektivität der Metaheuristiken in Bezug auf die Anzahl der Optimierungsparameter zu testen. Sie sind in Kasten 3.8 beschrieben und im Anhang A dargestellt.

Es ist zu beachten, dass alle speziell entwickelten Benchmarks weder rotationssymmetrisch noch linear separierbar sind, mit Ausnahme der Funktionen 18–22. Weitere Merkmale wie axiale Ausrichtung und regelmäßige Anordnung der Minima oder die zentrale Platzierung des Optimums treten in unterschiedlichen Kombinationen auf, um Verzerrungen in der Leistungsfähigkeit der Optimierer aufzudecken. Eine Zusammenfassung der Eigenschaften der 25 Benchmarks ist in Tab. 3.10 dargestellt.

3.7 Tests an speziell entwickelten Benchmarks: Experimenteller Aufbau

Die Leistungsfähigkeit des Bienenalgorithmus wurde an dem neuen Satz von Benchmarks, der im vorherigen Abschnitt beschrieben wurde, bewertet und mit der Leistung der gleichen drei Metaheuristiken aus Abschn. 3.2 verglichen, nämlich einem EA, PSO und ABC.

Es wurden die gleichen allgemeinen experimentellen Einstellungen wie in Abschn. 3.2.1 verwendet, mit der einzigen Ausnahme, dass die maximale Anzahl an Stichprobenmöglichkeiten im Lösungsraum leicht auf 510.000 erhöht wurde. Aufgrund des Standortaufgabe-Verfahrens durften ABC und der Bienenalgorithmus eine geringe Anzahl zusätzlicher Auswertungen durchführen, entsprechend den reinitialisierten Spurbienen. Da für alle speziell entwickelten Benchmarks $f(\boldsymbol{\mu}) = 0$ gilt, wobei $\boldsymbol{\mu}$ das globale Minimum ist, kann die in Gl. (3.1) beschriebene Fitnessfunktion nun wie folgt vereinfacht werden:

$$\mathcal{F}(x) = f(\boldsymbol{x}) \tag{3.7}$$

Die Hyperparameter der vier Algorithmen wurden durch Versuch und Irrtum festgelegt. Für jeden Algorithmus wurden 32 verschiedene Parametrisierungen getestet und deren Leistung anhand des hierarchischen Kriteriums aus Abschn. 3.3 verglichen. Die Konfigurationen wurden in zwei gleich große Hauptgruppen unterteilt, die

PURPOSE-BUILT BENCHMARKS 18-25

Function 18: $f_{18}(\boldsymbol{x}) = 1 + 0.3m(\boldsymbol{x}) + \mathcal{N}(\boldsymbol{x}, 0.1, 50, 1)$
$m(\boldsymbol{x}) = \mathcal{C}(\boldsymbol{x}, 50, 50, 50) + \mathcal{C}(\boldsymbol{x}, 50, 50, 25) + \mathcal{C}(\boldsymbol{x}, 50, 50, 10)$
min: $\boldsymbol{\mu} = (50, 50)$

Function 19: $f_{19}(\boldsymbol{x}) = 1 + 0.25m(\boldsymbol{x}) + \mathcal{N}(\boldsymbol{x}, 0.25, 50, 1)$
min: $\boldsymbol{\mu} = (50, 50)$

Function 20: $f_{20}(\boldsymbol{x}) = 1 + 0.2m(\boldsymbol{x}) + \mathcal{N}(\boldsymbol{x}, 0.4, 50, 1)$
min: $\boldsymbol{\mu} = (50, 50)$

Function 21: $f_{21}(\boldsymbol{x}) = 1 + 0.25m(\boldsymbol{x}) + \mathcal{N}(\boldsymbol{x}, 0.25, 50, 0.25)$
min: $\boldsymbol{\mu} = (50, 50)$

Function 22: $f_{22}(\boldsymbol{x}) = 1 + 0.25m(\boldsymbol{x}) + \mathcal{N}(\boldsymbol{x}, 0.25, 50, 4)$
min: $\boldsymbol{\mu} = (50, 50)$

Function 23: $f_{23}(\boldsymbol{x}) = 1 + p_M(\boldsymbol{x}, 10) + 0.8p_m(\boldsymbol{x}, 10)$
$p_M(\boldsymbol{x}, n) = -e^{\sum_{i=1}^{n}(x_i - 75)^2}$
$p_m(\boldsymbol{x}, n) = -\sum_{j=0}^{6} e^{-\frac{\sum_{i=1}^{n}(x_i + 15s(i,j))^2}{2000}}$
$s(i, j) = 2\min\left(1, \left\lfloor \frac{i+1}{j+1} \right\rfloor\right) - 1$
min: $\boldsymbol{\mu} = (75, \ldots, 75)$

Function 24: $f_{24}(\boldsymbol{x}) = 1 + p_M(\boldsymbol{x}, 15) + 0.8p_m(\boldsymbol{x}, 15)$
min: $\boldsymbol{\mu} = (75, \ldots, 75)$

Function 25: $f_{25}(\boldsymbol{x}) = 1 + p_M(\boldsymbol{x}, 20) + 0.8p_m(\boldsymbol{x}, 20)$
min: $\boldsymbol{\mu} = (75, \ldots, 75)$

Formeln 3.8 Fünf verrauschte unimodale Flächen und drei multidimensionale Funktionen

im Folgenden als *Breitensuche* bzw. *Tiefensuche* bezeichnet werden. Breitensuche-Konfigurationen verwendeten eine Population von 102 Individuen und setzten die maximale Anzahl an Iterationen auf 5000. Tiefensuche-Konfigurationen verwendeten 51 Individuen und erlaubten dem Algorithmus maximal 10.000 Iterationen. Im ersten Fall wurde die Populationsgröße als wichtigstes Suchmittel betrachtet. Im zweiten Fall galt die Länge der Optimierungsspanne als Schlüssel zum Erfolg.

Die getesteten 32 EAs umfassten verschiedene Kombinationen unterschiedlicher Crossover-Operatoren (Abschn. 3.2.2), Mutations- und Crossover-Raten sowie Mutationsbereiche. Eine adaptive Selektionsroutine [24] wurde ebenfalls als Alternative

Tab. 3.10 Spezielle Benchmarks: Haupteigenschaften

Funktion	Multimodal	Minima auf Gitter	Minimum im Ursprung	Plateau	Täler	Wellenförmig	Unimodal + Schlaglöcher	Dimensionalität
1	X		X					2
2	X							2
3	X	X						2
4	X							2
5	X	X						2
6	X	X	X					2
7	X							2
8	X		X					2
9	X	X	X	X				2
10	X	X		X				2
11	X		X	X				2
12	X			X				2
13	X				X			2
14	X				X			2
15	X				X			2
16	X					X		2
17	X					X		2
18							X	2
19							X	2
20							X	2
21							X	2

(Fortsetzung)

Tab. 3.10 (Fortsetzung)

Funktion	Multimodal	Minima auf Gitter	Minimum im Ursprung	Plateau	Täler	Wellenförmig	Unimodal + Schlaglöcher	Dimensionalität
22							X	2
23	X							10
24	X							15
25	X							20

zum Standard-Fitness-Ranking-Verfahren evaluiert. Die EA-Hyperparameter wurden über die in Tab. 3.11 aufgeführten Bereiche variiert. Die getesteten 32 PSO-Konfigurationen bestanden aus den Kombinationen von Maximalgeschwindigkeit (u) und Konnektivität, die in Tab. 3.12 aufgeführt sind. Wie in Abschn. 3.2.4 diskutiert, werden die ABC-Hyperparameter üblicherweise auf Standardwerte voreingestellt. Insbesondere wird die Kolonie in zwei gleich große Gruppen von Arbeits- und Beobachterbienen aufgeteilt. In dieser Studie wurden verschiedene Aufteilungen der Kolonie getestet. Das Verhältnis $\frac{n_e}{n_o}$ zwischen der Anzahl n_e der Arbeitsbienen und der Anzahl der n_o Beobachterbienen wurde verwendet, um den Kompromiss zwischen Exploration und Exploitation festzulegen. Ein kleines Verhältnis weist auf eine Population hin, die hauptsächlich aus Beobachterbienen besteht, wodurch der Suchaufwand auf die Ausbeutung der wenigen von den Arbeitsbienen beworbenen Regionen konzentriert wird. Umgekehrt deutet ein großes Verhältnis auf eine Population hin, in der viele Arbeitsbienen den Suchaufwand auf verschiedene Bereiche des Lösungsraums verteilen. Zusätzlich wurden verschiedene Einstellungen für das Stagnationslimit (Parameter l) bewertet. Die ABC-Hyperparameter wurden innerhalb der in Tab. 3.13 angegebenen Bereiche variiert. Abschließend sind die 32 bewerteten Konfigurationen des Bienenalgorithmus in Tab. 3.14 vollständig beschrieben.

Tab. 3.11 Untersuchter Bereich der EA-Hyperparameter in Optimierungsversuchen auf eigens entwickelten Benchmarks

Parameter	Beschreibung	Crossover
T	Generationen	{5000, 10000}
ps	Populationsgröße	{51, 102}
os	Nachkommen pro Generation	$ps - 1$
r_c	Crossover-Rate	{0, 0,25, 0,5, 0,75, 1}
$xtype$	Crossover-Typ	{Interpolation, Extrapolation, 2point}
r_m	Mutationsrate	{0,05, 0,25, 0,5, 0,75, 0,8}
r_d	δ_i Mutationsrate	{0,05, 0,25, 0,5, 0,75, 0,8}
δ	Initiale δ_i	{[−0,05, 0,05], [−0,1, 0,1]}
D	δ_i Mutationsbereich	[−0,05, 0,05], [−0,1, 0,1]

Tab. 3.12 Bereich der in Optimierungsversuchen auf speziell entwickelten Benchmarks getesteten PSO-Hyperparameter

Parameter	Beschreibung	Wert
T	PSO-Zyklen	$\{5000, 10000\}$
ss	Schwarmgröße	$\{51, 102\}$
sn	Populationskonnektivität	$\{2, 10, 20, 51/102\}$
u	Maximale Geschwindigkeit	$\{0{,}005, 0{,}01, 0{,}05, 0{,}1\}$
c_1	Nostalgiegewicht	2,0
c_2	Sozialitätsgewicht	2,0
w_{max}	Trägheitsgewicht (Start)	0,9
w_{min}	Trägheitsgewicht (Ende)	0,4

Tab. 3.13 Bereich der in Optimierungsversuchen auf eigens entwickelten Benchmarks getesteten ABC-Hyperparameter

Parameter	Beschreibung	Wert
T	ABC-Zyklen	$\{5000, 10000\}$
n_e	Arbeiterbienen	$\{15, 20, 25, 40, 50, 60, 75\}$
n_o	Beobachterbienen	$\{15, 20, 25, 40, 50, 60, 75\}$
n_s	Spurbienen	$\{1, 2\}$
l	Stagnationsgrenzkoeffizient	$\{0{,}1, 0{,}5, 1, 2\}$

3.8 Experimentelle Ergebnisse: Tests an speziell entwickelten Benchmarks

Ziel dieser Studie ist es, die Art von Landschaften aufzuzeigen, in denen die vier Optimierungsverfahren besonders leistungsfähig sind, und welche Art der Parametrisierung die Leistung einer bestimmten Metaheuristik auf einer bestimmten Fitnesslandschaft maximiert. Da das Ziel darin bestand, leistungsstarke Algorithmus-Konfigurationen mit Fitnesslandschaften zu verknüpfen, wurde entschieden, für jeden Algorithmus eine Konfiguration für jede der sechs Funktionsgruppen (multimodal, Plateaus, Täler, wellenförmig, verrauschte unimodale und mehrdimensionale Funktionen) auszuwählen und die Ergebnisse zu analysieren.

3.8.1 Konfigurationen im Vergleich zu Benchmarks

Für jeden Benchmark wurde die Leistung jeder Konfiguration einer Metaheuristik paarweise mit der Leistung der anderen 31 Konfigurationen verglichen, wobei der Sieger jeder Gegenüberstellung nach dem hierarchischen Kriterium aus Abschn. 3.3 bestimmt wurde. Für jeden Sieg erhielt eine Konfiguration zwei Punkte. Wurde die

Tab. 3.14 Getestete Konfigurationen des Bienenalgorithmus in Optimierungsversuchen auf eigens entwickelten Benchmarks

Konfiguration	Kolonie-größe	Hauptschleifen-Zyklen	Stagnationsgrenze	Elitestandorte	Sammler Elite	Beste Standorte	Sammler Beste	Spurbienen
No	*cs*	*T*	*stlim*	*ne*	*nre*	*nb*	*nrb*	$ns - nb$
eins	51	10000	5	1	10	9	5	1
2	51	10000	5	1	15	8	5	1
3	51	10000	5	1	20	4	10	1
4	51	10000	5	1	20	7	5	1
5	51	10000	5	1	25	6	5	1
6	51	10000	5	1	30	3	10	1
7	51	10000	5	2	20	3	10	1
8	51	10000	5	2	20	4	5	1
9	51	10000	10	1	10	9	5	1
10	51	10000	10	1	15	8	5	1
11	51	10000	10	1	20	4	10	1
12	51	10000	10	1	20	7	5	1
13	51	10000	10	1	25	6	5	1
14	51	10000	10	1	30	3	10	1
15	51	10000	10	2	20	3	10	1
16	51	10000	10	2	20	4	5	1
17	102	5000	5	1	10	19	5	2
18	102	5000	5	1	20	9	10	2
19	102	5000	5	1	20	17	5	2
20	102	5000	5	1	30	8	10	2

(Fortsetzung)

Tab. 3.14 (Fortsetzung)

Konfiguration	Kolonie-größe	Hauptschleifen-Zyklen	Stagnationsgrenze	Elitestandorte	Sammler Elite	Beste Standorte	Sammler Beste	Spurbienen
No	*cs*	*T*	*stlim*	*ne*	*nre*	*nb*	*nrb*	$ns - nb$
21	102	5000	5	1	30	15	5	2
22	102	5000	5	1	40	4	20	2
23	102	5000	5	1	40	7	10	2
24	102	5000	5	2	20	8	10	2
25	102	5000	5	2	30	6	10	2
26	102	5000	10	1	10	19	5	2
27	102	5000	10	1	20	9	10	2
28	102	5000	10	1	30	8	10	2
29	102	5000	10	1	30	15	5	2
30	102	5000	10	1	40	4	20	2
31	102	5000	10	2	20	8	10	2
32	102	5000	10	2	30	6	10	2

Leistung als gleichwertig eingestuft, das heißt, es bestanden keine statistisch signifikanten Unterschiede hinsichtlich Erfolg, Genauigkeit und Geschwindigkeit, erhielten beide Konfigurationen jeweils einen Punkt. Für jeden Benchmark wurden die von jeder Konfiguration in den 31 Vergleichen erzielten Punkte aufsummiert, wobei die maximal mögliche Gesamtpunktzahl 62 (31 Siege) beträgt. Für jede der sechs Benchmark-Gruppen wurden die Punkte addiert und die Konfiguration mit der höchsten Gesamtpunktzahl als die leistungsstärkste ausgewählt. Die Tab. 3.15, 3.16, 3.17 und 3.18 zeigen die jeweils besten Konfigurationen für jeden Algorithmus.

Tab. 3.15 zeigt bemerkenswert einheitliche Ergebnisse für den EA, wobei eine Konfiguration bei der Optimierung von vier Funktionsgruppen – multimodal, Plateaus, Täler und wellenförmig – herausragt und eine andere bei den verbleibenden zwei Funktionsgruppen – rauschbehaftet unimodal und multidimensional – dominiert. Im ersten Fall verwendete die leistungsstärkste Konfiguration die adaptive Selektionsroutine und Extrapolations-Crossover, im zweiten Fall Fitness-Ranking und Interpolations-Crossover. Beide Konfigurationen setzten hohe Crossover- und niedrige Mutationsraten ein, was auf eine starke Abhängigkeit von der genetischen Rekombination als Hauptantrieb der Optimierungsleistung hindeutet.

Tab. 3.16 zeigt, dass unterschiedliche PSO-Konfigurationen als Spitzenreiter hervorgehen. Im Allgemeinen schien eine hohe Konnektivität bei multimodalen, wellenförmigen und rauschbehaftet unimodalen Funktionen zu helfen – also bei jenen Fitnesslandschaften, die durch die höchste Anzahl an Nebenmaxima und -minima gekennzeichnet sind. Auf regelmäßigeren Oberflächen – Täler und Plateaus – waren dezentralisierte (niedrige Konnektivität) Strategien überlegen. Ein großes Momentum half den Partikeln, Plateaus zu überwinden, während in schmalen Tälern die siegreiche Strategie auf niedriger Konnektivität und sehr vorsichtigen Bewegungen (niedrigste maximale Geschwindigkeit) basierte. Auf multidimensionalen Landschaften wurden die besten Ergebnisse mit einer explorativen Strategie erzielt, die auf niedriger Konnektivität und hoher Partikelgeschwindigkeit beruhte.

Die Ergebnisse in Tab. 3.17 deuten darauf hin, dass die gängige ABC-Praxis, einen festen Satz von Hyperparametern zu verwenden, mitunter suboptimal ist. In flachen Regionen erzielte eine explorative Strategie mit $ne > no$ die besten Ergebnisse, während bei den mehrgipfligen, wellenförmigen und verrauschten unimodalen Funktionen die Verwendung von $ne < no$ am besten funktionierte. Im letztgenannten Fall könnte das intensivere Sampling um die aktuell besten Lösungen dem Algorithmus geholfen haben, sich schnell auf die lokalen Fitnessmaxima zu konzentrieren, ohne Gefahr zu laufen, dank des Site-Abandonment-Verfahrens in suboptimalen Maxima steckenzubleiben. Bei den anderen Benchmark-Typen erzielte der Standardansatz, $ne = no$ zu setzen, die besten Resultate. Auch ein Stagnationslimit ($l = 2$), das höher als der Standardwert $l = 1$ war, führte in der Hälfte der Fälle zu den besten Ergebnissen. Insgesamt zeigte sich, dass in vier von sechs Funktionsgruppen explorative Ansätze, bei denen $ne \geq no$ verwendet worden war, für ABC am erfolgreichsten waren.

Tab. 3.15 EA-Konfigurationen, die die besten Ergebnisse bei verschiedenen Arten von speziell entwickelten Benchmarks erzielen

Funktionstyp	Populationsgröße	Hauptschleifen-Zyklen	Selektionsart	Crossover-Typ	Crossover-Rate	Mutationsrate	Mutation initial δ_i
	ps	*T*	*stype*	*xtype*	r_c	r_m	δ
Multimodal (1–8)	102	5000	*Ada*	*Xtra*	1,0	0,05	0,1
Flache Regionen (9–12)	102	5000	*Ada*	*Xtra*	1,0	0,05	0,1
Täler (13–15)	102	5000	*Ada*	*Xtra*	1,0	0,05	0,1
Wellenförmig (16–17)	102	5000	*Ada*	*Xtra*	1,0	0,05	0,1
Rauschbehaftet unimodal (18–22)	51	10000	*Rnk*	*Inter*	0,75	0,25	0,05
Mehrdimensional (23–25)	102	5000	*Rnk*	*Inter*	0,75	0,25	0,05

Ada = *adaptiv*, *Rnk* = *Fitness-Rangordnung*
Inter = *Interpolation*, *Xtra* = *Extrapolation*

Tab. 3.16 PSO-Konfigurationen, die die besten Ergebnisse bei verschiedenen Arten von speziell entwickelten Benchmarks erzielen

Funktionstyp	Schwarmgröße	Hauptschleifen-Zyklen	Konnektivität	Maximale Geschwindigkeit
	ss	*T*	*sn*	*u*
Multimodal (1–8)	102	5000	102	0,01
Flache Bereiche (9–12)	51	10000	2	0,05
Täler (13–15)	102	5000	2	0,005
Wellenförmig (16–17)	102	5000	102	0,01
Rauschbehaftet unimodal (18–22)	51	10000	51	0,01
Multidimensional (23–25)	102	5000	2	0,1

Die am besten abschneidenden Konfigurationen des Bienenalgorithmus waren im Allgemeinen durch explorative Strategien gekennzeichnet (Tab. 3.18), mit Ausnahme der wellenförmigen und verrauschten unimodalen Funktionen, bei denen ausbeuterische Konfigurationen dominierten. Konfiguration neun (Tab. 3.14) erzielte die besten Ergebnisse auf multimodalen Landschaften, Plateaus und Tälern; sie setzte $nre = 10$ Suchbienen für die Elite-Region ein und verteilte die übrigen 40 Suchbienen gleichmäßig auf die weiteren acht besten Regionen. In allen Fällen, außer bei den multidimensionalen Landschaften, war ein hohes Stagnationslimit ($stlim = 10$) Bestandteil der erfolgreichsten Konfigurationen.

Abb. 3.5 zeigt für jede Funktionsgruppe die Hauptmerkmale der fünf besten Bienenalgorithmus-Konfigurationen. Ein hohes Verhältnis $\rho = \frac{ne \times nre}{(nb-ne) \times nrb}$ zeigt an, dass der Großteil des Suchaufwands auf die Elite-Regionen konzentriert ist, das heißt, dass der Suchfokus hauptsächlich auf der Ausbeutung der ein oder zwei besten Regionen liegt. Ein niedriges ρ-Verhältnis weist auf eine explorative Suche hin, bei der der Großteil der Suchbienen auf eine größere Anzahl von Regionen verteilt wird. In den meisten Fällen tendierten die besten Konfigurationen zu einer eher explorativen Strategie und hielten das Verhältnis ρ bei zwei zu drei oder weniger. Der explorative Aufwand wurde durch ein hohes Stagnationslimit unterstützt, das in allen bis auf zwei der besten Konfigurationen vorkam. Das heißt, die erfolgversprechende Strategie für den Bienenalgorithmus schien darin zu bestehen, den Suchaufwand relativ gleichmäßig auf mehrere Regionen zu verteilen und deren Umgebung über einen längeren Zeitraum wiederholt zu untersuchen, um Verbesserungen zu finden.

Tab. 3.17 ABC-Konfigurationen, die bei verschiedenen Typen speziell entwickelter Benchmarks die besten Ergebnisse erzielen

Funktionstyp	Kolonie-größe	Hauptschleifen-Zyklen	Stagnationsgrenze	Arbeiter-innen	Beobachterinnen	Späher-innen
	cs	T	l	n_e	n_o	n_s
Multimodal (1–8)	51	10000	2	25	25	1
Flache Bereiche (9–12)	51	10000	1	35	15	1
Täler (13–15)	102	5000	2	50	50	2
Wellenförmig (16–17)	51	10000	0,5	15	35	1
Rauschbehaftet unimodal (18–22)	51	10000	1	15	35	1
Mehrdimensional (23–25)	102	5000	2	50	50	2

Tab. 3.18 Bienenalgorithmus-Konfigurationen, die auf verschiedenen Arten eigens entwickelter Benchmarks die besten Ergebnisse erzielen

Funktionstyp	Kolonie-größe	Hauptschleifen-Zyklen	Stagnationsgrenze	Elitestandorte	Sammler Elite	Beste Standorte	Sammler Beste	Späher
	cs	*T*	*stlim*	*ne*	*nre*	*nb*	*nrb*	$ns - nb$
Multimodal (1–8)	51	10000	10	1	10	9	5	1
Plateaus (9–12)	51	10000	10	1	10	9	5	1
Täler (13–15)	51	10000	10	1	10	9	5	1
Wellenförmig (16–17)	51	10000	10	1	30	3	10	1
Rauschbehaftet unimodal (18–22)	51	10000	10	2	20	4	5	1
Multidimensional (23–25)	102	5000	5	1	10	19	5	2

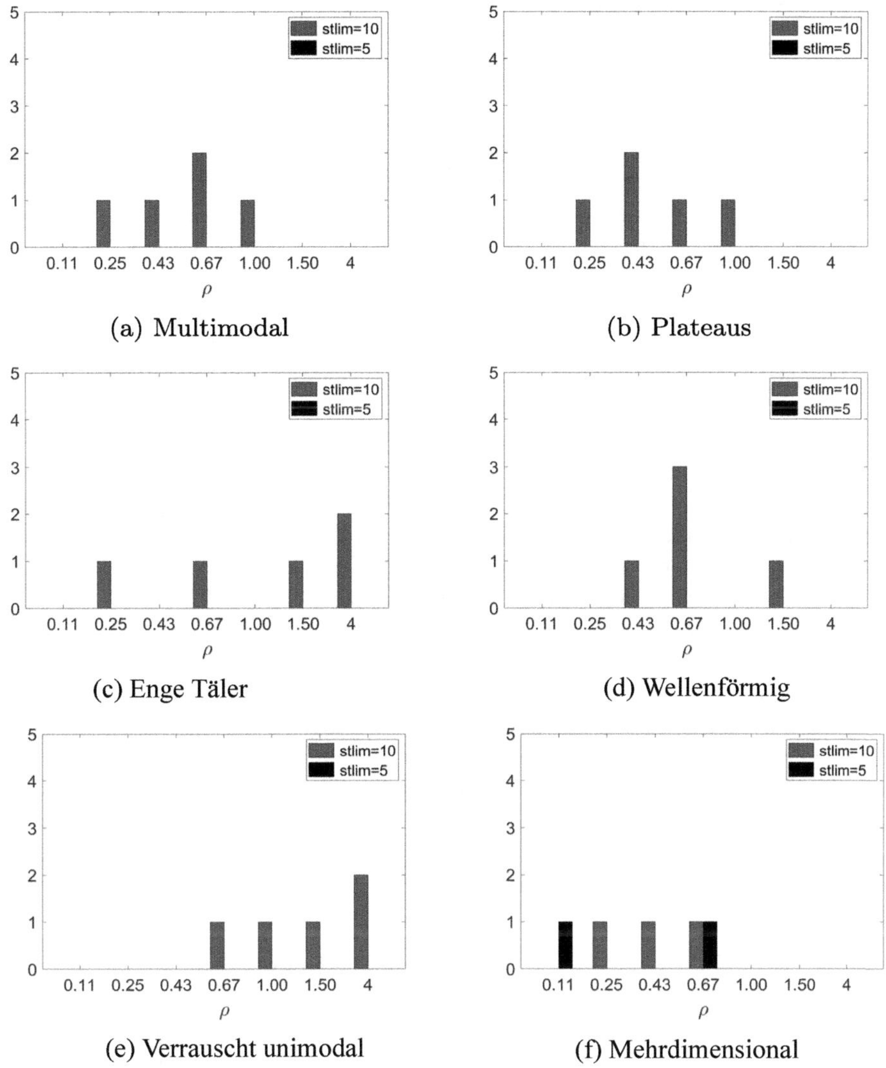

$$\rho = \frac{ne \times nre}{(nb - ne) \times nrb}$$

Abb. 3.5 Merkmale der fünf besten Bienenalgorithmus-Konfigurationen für jede Gruppe eigens entwickelter Benchmark-Oberflächen. Ein hoher Wert von ρ weist auf eine starke Ausbeutung hin (die meisten Suchbienen befinden sich an Elite-Regionen), ein niedriger Wert auf eine weniger aggressive Suchstrategie (Suchbienen sind auf viele Regionen verteilt)

3.8.2 Breite oder Tiefe?

Bei der Parametrisierung einer Metaheuristik muss bei einer begrenzten Anzahl von Stichprobenmöglichkeiten $s = K \times T$ – wobei K die Anzahl der Stichproben pro Optimierungszyklus und T die Gesamtanzahl der Optimierungszyklen ist – ein Kompromiss zwischen K und T gefunden werden. Um die Auswirkungen dieser Entscheidung zu untersuchen, wurden die 32 getesteten Konfigurationen in 16 Breiten- und 16 Tiefen-Such-Einstellungen unterteilt (Abschn. 3.7). Die erste Gruppe bevorzugte die Verwendung eines hohen K (102 Individuen/Agenten) über einen kürzeren Zeitraum $T = 5000$ – und die zweite Gruppe umgekehrt $K = 51$ und $T = 10000$. Abb. 3.6 zeigt für jeden Algorithmus, wie oft Breiten-Such-Konfigurationen zu den fünf besten Ergebnissen in jeder Funktionsgruppe gehörten. Da die beiden Konfigurationen komplementär sind, kann Abb. 3.6 auch genutzt werden, um den Erfolg der Tiefen-Such-Konfigurationen abzuschätzen.

Die Ergebnisse in Abb. 3.6 deuten darauf hin, dass EA und PSO häufig von Breiten-Such-Ansätzen profitieren: In drei von sechs Benchmark-Gruppen machten Breiten-Such-Konfigurationen mindestens vier der fünf besten Ergebnisse aus, und in den übrigen drei Gruppen waren es mindestens zwei der fünf besten. Die Breiten-Suche lieferte in zwei Fällen (Täler und multidimensionale Funktionen) alle fünf besten ABC-Ergebnisse und in einem weiteren Fall (multimodale Funktionen) zwei der fünf besten. Bei den Konfigurationen des Bienenalgorithmus stellte die Breiten-Suche nur einmal (multidimensionale Funktionen) die Mehrheit (alle) der besten Ergebnisse, und in zwei weiteren Fällen (Täler und wellenförmige Benchmarks) zwei der fünf besten. In jeweils zwei Funktionsgruppen waren bei beiden bieneninspirierten Algorithmen alle Tiefensuch-Konfigurationen unter den fünf besten Ergebnissen vertreten.

Der Erfolg der Breiten-Such-Konfigurationen spiegelt wahrscheinlich die Betonung der globalen, populationsbasierten Optimierung wider, die den Ansätzen von

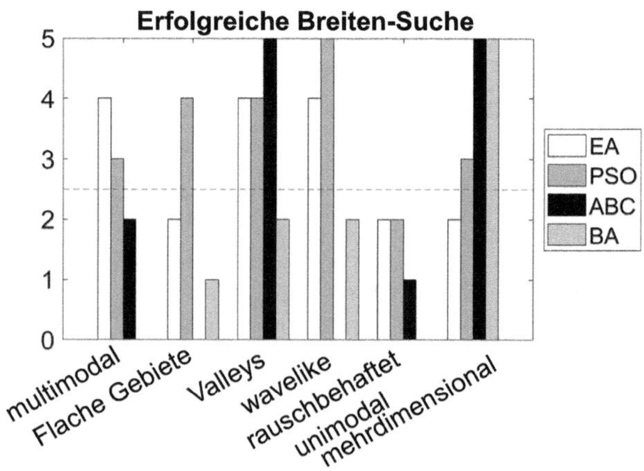

Abb. 3.6 Anzahl der Fälle, in denen Breiten-Such-Konfigurationen zu den fünf besten Ergebnissen für jede Gruppe eigens entwickelter Benchmark-Oberflächen gehörten. Je höher der Balken über der mittleren horizontalen Linie, desto stärker dominierten Breiten-Such-Konfigurationen die Spitzenergebnisse.

EA und PSO zugrunde liegt. Im Gegensatz dazu verfolgt der Bienenalgorithmus einen stärker verteilten Ansatz, der auf mehreren weitgehend unabhängigen parallelen lokalen Suchen basiert. Bei den eigens entwickelten Benchmarks scheint der Schlüssel zum Erfolg des Bienenalgorithmus darin zu liegen, die Sammler auf mehrere Orte zu verteilen und diese Orte ausgiebig zu durchsuchen (hoher *stlim*und Tiefensuche), bis das lokale Optimum gefunden ist. Die einzige Ausnahme bilden multidimensionale Funktionen, bei denen eine sehr explorative Strategie mit massiv paralleler lokaler Suche (19 Orte) den Kompromiss zwischen Breite und Tiefe zugunsten der Breite verschob. In etwas geringerem Maße scheint auch für ABC die Tiefensuche und explorative Suche die effektivste Strategie zu sein.

3.8.3 Zentren-Bias

Wie in den Abb. A.1 und A.2 im Anhang A gezeigt, bilden die Funktionen eins und zwei eine Fitness-Landschaft mit zwei ähnlichen Senken, von denen eine im Zentrum des Lösungsraums liegt, die andere weit davon entfernt. Das globale Minimum befindet sich am Boden der ersten Senke in Funktion eins und am Boden der anderen in Funktion zwei. Wenn eine Metaheuristik nicht zum Zentrum des Lösungsraums hin verzerrt ist, sollten die auf den beiden Benchmarks erzielten Optimierungsergebnisse statistisch nicht unterscheidbar sein. Ist die Metaheuristik verzerrt, ist ein statistisch signifikanter Unterschied zu erwarten.

Da die Suche abgebrochen wird, wenn der Algorithmus eine Lösung mit ausreichender Genauigkeit findet ($\mathcal{F} \leq 0{,}001$) oder das Maximum erreicht ist, wurde die Optimierungsgeschwindigkeit als guter Indikator für die Leistungsfähigkeit des Algorithmus betrachtet. Für jeden Algorithmus zeigt Tab. 3.19 für jede Funktion den Gesamtmittelwert (Median) über die 32 getesteten Konfigurationen der durchschnittlichen (Median-)Optimierungsgeschwindigkeit, die von jeder Konfiguration erzielt wurde. Für jede Konfiguration wurde die mittlere Geschwindigkeit über 50 Optimierungsdurchläufe berechnet. Die mit EA und PSO erzielten Ergebnisse sind zudem nach dem jeweils verwendeten Rekombinationsoperator bzw. der Konnektivität des Schwarms aufgeschlüsselt.

Die Ergebnisse in Tab. 3.19 zeigen, dass es einen statistisch signifikanten Unterschied in der Leistungsfähigkeit von EA, PSO und ABC auf den beiden Benchmarks gibt. Beim EA ist der Unterschied ausschließlich auf den Einsatz des Averaging-Interpolation-Crossover-Operators zurückzuführen. Dieses Ergebnis steht im Einklang mit der Diskussion über Interpolations-Crossover in Abschn. 3.2.2.

Die Signifikanz des Center-Bias im PSO korreliert mit der Konnektivität des Schwarms (siehe auch die Diskussion in Abschn. 3.5). Während das Vorhandensein des Center-Bias in PSO- und EA-Implementierungen mit Interpolations-Crossover mit den Erkenntnissen aus der Literatur übereinstimmt, wurde das Vorhandensein eines Center-Bias im ABC bislang kaum diskutiert. Dennoch ist dieser Bias numerisch nachweisbar und wird durch den sehr niedrigen p-Wert des Mann-Whitney-U-Tests bestätigt.

Tab. 3.19 Zentren-Bias: Vergleich der Optimierungsergebnisse auf Funktion eins, bei der das globale Minimum im Zentrum (Ursprung) des Lösungsraums liegt, und Funktion zwei, bei der das globale Minimum weit vom Zentrum entfernt ist. Die Ergebnisse entsprechen dem Gesamtmittelwert (Median) $\bar{\mu}_s$ über die 32 Konfigurationen der durchschnittlichen (Median-) Optimierungsgeschwindigkeit μ_s. Die Geschwindigkeit μ_s wurde für jede Konfiguration über 50 unabhängige Optimierungsdurchläufe berechnet. Statistische Unterschiede wurden mittels Mann-Whitney-U-Tests analysiert, die p-Werte sind fett dargestellt, wenn $p \leq 0{,}05$

EA	Konfigurationen				
Crossover	Zwei-Punkt	Xtra	Inter	Alle zusammen	
Getestet	10	10	10	32	
Ursprung	203603	91500	59569	105156	
Nicht-Ursprung	184369	89016	302009	175828	
p-Wert	0,9118	0,9705	**0,0000**	**0,0029**	
PSO	Konfigurationen				
Konnektivität	2	10	20	Voll	Alle zusammen
Getestet	8	8	8	8	32
Ursprung	10167	9753	26843	23403	17147
Nicht-Ursprung	84539	133864	135327	190618	148654
p-Wert	0,5360	**0,0164**	**0,0115**	**0,0079**	**0,0000**
Getestet	32				
Ursprung	2167				
Nicht-Ursprung	2199				
p-Wert	0,4348				
Bienenalgorithmus	Alle zusammen				
Getestet	32				
Ursprung	2167				
Nicht-Ursprung	2199				
p-Wert	0,4348				

Um den Ursprung des Center-Bias im ABC zu verstehen, kann beobachtet werden, dass bei zwei Lösungen x_i und x_k das Extrapolations-Crossover im zweidimensionalen Raum neue Lösungen in einem Bereich S erzeugt, der gleich ist (Abb. 2.3):

$$S = 2|x_{k1} - x_{i1}| \times 2|x_{k2} - x_{i2}| \tag{3.8}$$

Die Breite dieses Bereichs und damit die Disruptivität des Extrapolations-Crossovers hängt vom Abstand zwischen x_i und x_k ab. Im Mittel haben Lösungen im Zentrum des Suchraums den geringsten Abstand zu den übrigen von den Arbeitsbienen abgetasteten Punkten. Das heißt, die Suche mittels Extrapolations-Crossover ist ausbeutender, wenn sie in der Nähe des Zentrums des Lösungsraums durchgeführt wird, und dieses Merkmal dürfte für den Center-Bias des ABC verantwortlich sein. Der Grund, warum der Center-Bias in den EA-Konfigurationen mit Extrapolations-Crossover nicht festgestellt wurde, liegt in der unterschiedlichen Selektionsroutine. Während der EA das generationenweise Ersetzungsverfahren verwendet, nutzt ABC ein lokales Verfahren, das $(\mu - \lambda)$-ES [14] oder Crowding-Methoden ähnelt. Solche Verfahren sind dafür bekannt, die Populationsdiversität zu fördern und die Wahrscheinlichkeit für Crossover zwischen sehr unterschiedlichen Individuen zu erhöhen. Dies könnte die Disruptivität des Extrapolations-Crossovers verstärkt und somit die Verfeinerung guter Lösungen behindert haben.

Bemerkenswert ist, dass Kudela [23] in keiner der getesteten EA-Implementierungen, im PSO und im ABC von einem Center-Bias berichtete, obwohl die umfangreiche Literatur dessen Existenz bei den ersten beiden Metaheuristiken dokumentiert.

Die Ergebnisse in Tab. 3.19 zeigen keinen Center-Bias im Bienenalgorithmus. Dieses Ergebnis ist darauf zurückzuführen, dass der Bienenalgorithmus zufällige Mutation als Suchoperator verwendet. Mutation beinhaltet keine Interaktion zwischen zwei Individuen, sodass es keine Populationsmittelung oder Positionseffekte gibt, die eine Konvergenz zum Zentrum des Lösungsraums begünstigen könnten. Die einzige Art von Bias, die die Mutation beeinflussen könnte, würde durch eine gezielte Formung des abgetasteten Bereichs entstehen, wie etwa die asymmetrischen Nachbarschaften, die von Mahmuddin et al. [25] und Ahmad et al. [26] geschaffen wurden. Dies ist jedoch beim Standard-Bienenalgorithmus, bei dem reguläre hyperkubische Nachbarschaften verwendet werden, nicht der Fall.

3.8.4 Ausrichtungs-Bias

Wie in Abb. A.3 und A.4 im Anhang A abgebildet, bilden die Funktionen drei und vier dieselbe Fitnesslandschaft ab, die aus neun ähnlichen Becken besteht, die auf einem Gitter angeordnet sind. Das globale Optimum befindet sich in einem der seitlichen Becken, weit entfernt vom Zentrum des Lösungsraums. Der einzige Unterschied zwischen den beiden Funktionen besteht darin, dass die Fitnesslandschaft in Funktion drei mit den kartesischen Achsen ausgerichtet ist, während sie in Funktion vier um die Z-Achse von $\alpha = \frac{4}{9}\pi$ (Gier-Rotation) gedreht wurde. Mit derselben Methode, die zur Analyse des Center-Bias verwendet wurde, können die Funktionen drei und vier genutzt werden, um einen Ausrichtungs-Bias in den Metaheuristiken aufzudecken.

Tab. 3.20 ist analog zu Tab. 3.19 aufgebaut und zeigt die Ergebnisse der vier getesteten Metaheuristiken auf den Funktionen drei und vier. Die Tabelle zeigt einen signifikanten Effizienzverlust von EA und ABC auf der rotierten Fitnesslandschaft. Die Aufschlüsselung der Ergebnisse zeigt, dass der Unterschied in der Leistung des EA hauptsächlich auf den Einsatz der binären Rekombination zurückzuführen ist, was den Bias dieses Operators gegenüber Flächen mit regelmäßig angeordneten und achsenausgerichteten Minima bestätigt (Abschn. 3.2.2).

Um das axiale Ausrichtungs-Bias von ABC zu verstehen, zeigt Abb. 3.7 zwei Fälle, in denen Extrapolations-Crossover auf ein axial ausgerichtetes Gitter von Minima

Tab. 3.20 Ausrichtungs-Bias: Vergleich der Ergebnisse auf Funktion drei, bei der die Minima auf einem mit den kartesischen Achsen ausgerichteten Gitter liegen, und Funktion vier, bei der das Gitter um $\theta = \frac{4}{9}\pi$ gedreht wurde. Die Ergebnisse entsprechen dem Gesamtmittelwert (Median) $\bar{\mu}_s$ über die 32 Konfigurationen der durchschnittlichen (Median) Optimierungsgeschwindigkeit μ_s. Die Geschwindigkeit μ_s wurde für jede Konfiguration über 50 unabhängige Optimierungsdurchläufe berechnet. Statistische Unterschiede wurden mittels Mann-Whitney-U-Tests analysiert, die p-Werte sind fett hervorgehoben, wenn $p \leq 0{,}05$

EA	Konfigurationen				
Crossover	2-Punkt	Xtra	Inter	Alle zusammen	
Getestet	10	10	10	32	
Ausgerichtet	81791	78472	159044	124309	
Nicht ausgerichtet	160143	135005	212526	174647	
p-Wert	0,0892	0,3527	0,1903	**0,0029**	
PSO	Konfigurationen				
Konnektivität	2	10	20	Vollständig	Alle zusammen
Getestet	8	8	8	8	32
Ausgerichtet	13223	44549	52075	91657	52075
Nicht ausgerichtet	16531	61615	101085	130278	82051
p-Wert	0,9591	0,4418	0,1605	0,1949	0,1090
ABC	Alle zusammen				
Getestet	32				
Ausgerichtet	2945				
Nicht ausgerichtet	4777				
p-Wert	**0,0000**				
Bienenalgorithmus	Alle zusammen				
Getestet	32				
Ausgerichtet	4405				
Nicht ausgerichtet	4563				
p-Wert	0,4507				

angewendet wird, sowie zwei Fälle, in denen das Gitter rotiert wurde. Lösungen, die durch die Rekombination von zwei „guten" Lösungen erzeugt werden – das heißt, Lösungen, die sich in einem der neun Becken befinden –, können eine größere Anzahl der verbleibenden Becken erreichen, wenn das Gitter mit den Achsen ausgerichtet ist. Wie im Fall des Zentrum-Bias reicht der Rekombinationsoperator allein nicht aus, um ein deutliches Ausrichtungs-Bias zu erzeugen. In Verbindung mit der ABC-Paralleloptimierungsstrategie, die auf der Suche vieler unabhängiger Arbeitsbienen basiert, hat das Extrapolations-Crossover eine gute Chance, auf Lösungen zu operieren, die in unterschiedlichen Becken liegen, wie in den Beispielen in Abb. 3.7. Im EA ist die Betonung der Populationskonvergenz stärker als bei ABC, was es weniger wahrscheinlich macht, dass sich mehrere Individuen in vielen Becken verteilen und somit die Häufigkeit von Situationen wie in Abb. 3.7 verringert.

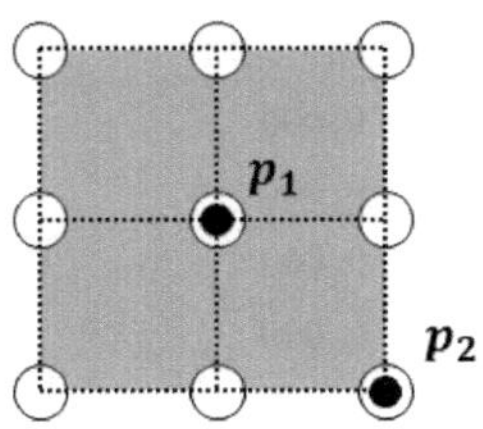

(a) Neun Spitzen sind erreichbar

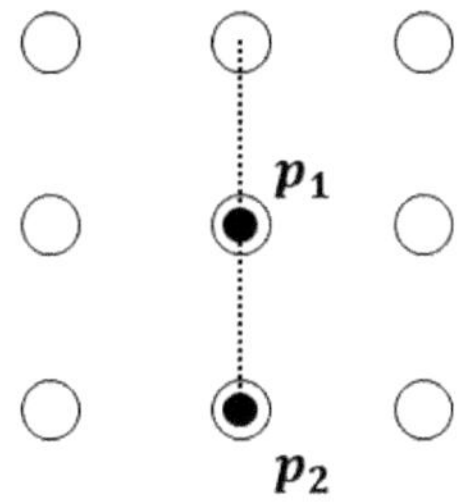

(b) Drei Spitzen sind erreichbar

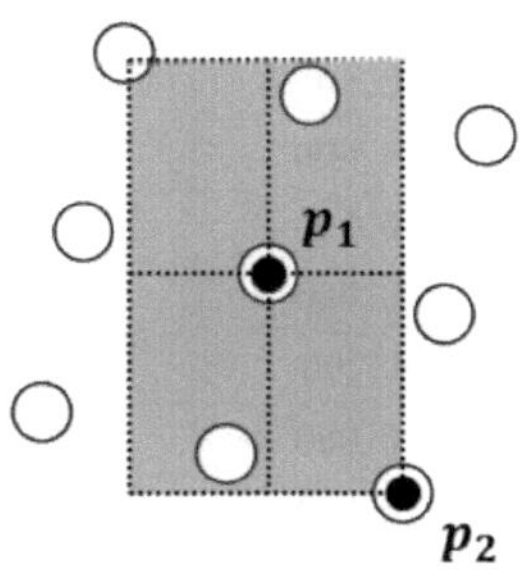

(c) Fünf Spitzen sind erreichbar

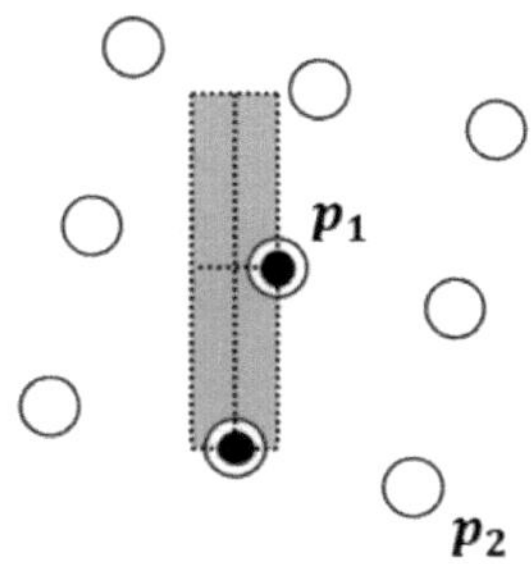

(d) Zwei Spitzen sind erreichbar

Abb. 3.7 Neun Minima (weiße Punkte) sind auf einem Gitter angeordnet. Die Eltern p_1 und p_2 (schwarze Punkte) erzeugen Nachkommen durch Extrapolations-Crossover. Die Nachkommen können überall innerhalb des grauen Bereichs erzeugt werden. Die Abbildung zeigt den Einfluss der Gitterorientierung auf die Effektivität des Extrapolations-Crossovers.

Wie im Fall des Zentrum-Bias ist die Wirkung des Mutationsoperators des Bienenalgorithmus weitgehend isotrop, und seine Effektivität wird nicht durch die Orientierung des Gitters beeinflusst.

3.8.5 Optimierungsergebnisse

Tab. 3.21, 3.22, 3.23 und 3.24 entsprechen formal den Tab. 3.5, 3.6, 3.7 und 3.8 und fassen für jedes speziell entwickelte Benchmark die Ergebnisse der 50 Optimierungsdurchläufe zusammen. Im Allgemeinen ist die Leistung des EA und der beiden von Bienen inspirierten Algorithmen zufriedenstellend, während PSO bei mehreren Funktionen unterdurchschnittlich abschnitt.

Der EA erreichte eine 100 %-Erfolgsrate bei 21 der 25 eigens entwickelten Benchmarks und gehörte dabei auch hinsichtlich der Genauigkeit zu den Spitzenreitern.

Tab. 3.21 Experimentelle Ergebnisse, die vom EA auf den speziell entwickelten Benchmarks erzielt wurden. Die Statistiken sind fett dargestellt, wenn der Algorithmus auf dem Benchmark der beste war.

Funktion	c_f	μ_e	μ_s
f_1	**50**	**0,000**	4947
f_2	**50**	**0,000**	2754
f_3	**50**	**0,000**	2652
f_4	**50**	**0,000**	2295
f_5	**50**	**0,000**	**20451**
f_5	**50**	**0,000**	8109
f_7	**50**	**0,000**	**29274**
f_8	**50**	**0,000**	**11628**
f_9	**50**	**0,000**	**2652**
f_{10}	**50**	**0,000**	5304
f_{11}	**50**	**0,000**	2856
f_{12}	**50**	**0,000**	5865
f_{13}	**50**	**0,000**	**1428**
f_{14}	**50**	**0,000**	**39474**
f_{15}	1	0,200	**510000**
f_{16}	**50**	**0,000**	8058
f_{17}	**50**	**0,000**	**5406**
f_{18}	**50**	**0,000**	1964
f_{19}	**50**	**0,000**	**7344**
f_{20}	**50**	**0,000**	**16473**
f_{21}	**50**	**0,000**	1122
f_{22}	**50**	**0,000**	7574
f_{23}	0	0,191	510000
f_{24}	0	0,169	510000
f_{25}	0	0,079	510000
Beste	21	21	10

In Bezug auf die Effizienz zählte der EA jedoch nur in zehn Fällen zu den besten Verfahren.

PSO erzielte bei etwa der Hälfte der eigens entwickelten Benchmarks keine konsistenten Erfolgsraten. Trotz der zahlreichen Fehlschläge lagen die Genauigkeitswerte von PSO sehr nahe an den Spitzenwerten, und in 17 Fällen waren die Genauigkeitsergebnisse der 50 Optimierungsläufe statistisch nicht von den besten zu unterscheiden. Hinsichtlich der Effizienz gehörte PSO nur bei vier der 25 Funktionen zu den Spitzenreitern. Dieses Ergebnis ist vermutlich auf die geringe Erfolgsrate des Algorithmus zurückzuführen, wodurch die Suche bis zum maximalen Iterationslimit fortgesetzt wurde.

ABC erreichte eine 100 % oder nahezu 100 % (46 von 50) Erfolgsrate bei 20 der 25 Benchmarks und gehörte in Bezug auf die Genauigkeit 22-mal zu den Spitzenreitern.

Tab. 3.22 Experimentelle Ergebnisse, die mit dem PSO auf den speziell entwickelten Benchmarks erzielt wurden. Die Statistiken sind fett dargestellt, wenn der Algorithmus auf dem Benchmark die beste Leistung zeigte.

Funktion	c_f	μ_e	μ_s
f_1	**50**	**0,000**	2244
f_2	32	0,000	5559
f_3	47	**0,000**	2244
f_4	42	**0,000**	2499
f_5	13	0,244	510000
f_6	49	**0,000**	**4284**
f_7	12	0,158	510000
f_8	46	**0,000**	**8772**
f_9	**50**	**0,000**	2652
f_{10}	40	**0,000**	7752
f_{11}	**50**	**0,000**	3621
f_{12}	38	**0,000**	9818
f_{13}	46	**0,000**	15759
f_{14}	6	0,189	510000
f_{15}	0	0,200	**510000**
f_{16}	45	**0,000**	2958
f_{17}	38	**0,000**	**4743**
f_{18}	**50**	**0,000**	5814
f_{19}	**50**	**0,000**	9384
f_{20}	**50**	**0,000**	18590
f_{21}	48	**0,000**	3800
f_{22}	**50**	**0,000**	10379
f_{23}	0	0,190	510000
f_{24}	0	0,165	510000
f_{25}	0	0,062	510000
Beste	7	17	4

Hinsichtlich der Effizienz hingegen war ABC nur bei sieben Benchmarks führend, wobei fünf davon die verrauschten unimodalen Flächen betrafen.

Die besten Ergebnisse wurden mit dem Bienenalgorithmus erzielt, der bei 23 der 25 eigens entwickelten Benchmarks vollständige oder nahezu vollständige Erfolgsraten erreichte. In Bezug auf Erfolgsraten und Genauigkeit gehörte der Bienenalgorithmus in allen 25 Benchmarks zu den besten Verfahren, hinsichtlich der Effizienz war er in 20 von 25 Fällen führend.

Tab. 3.25 ist analog zu Tab. 3.9 gestaltet und vergleicht die Leistung der vier Algorithmen gemäß dem hierarchischen Kriterium aus Abschn. 3.3. Für jede Benchmark-Gruppe wird eine Zusammenfassung der Gesamtleistung gegeben.

Tab. 3.23 Experimentelle Ergebnisse, die von der ABC auf den speziell entwickelten Benchmarks erzielt wurden. Die Statistiken sind fett dargestellt, wenn der Algorithmus auf dem Benchmark die beste Leistung erbracht hat.

Funktion	c_f	μ_e	μ_s
f_1	**50**	**0,000**	1768
f_2	**50**	**0,000**	1924
f_3	**50**	**0,000**	**1664**
f_4	**50**	**0,000**	2938
f_5	**50**	**0,000**	107291
f_6	**50**	**0,000**	**6562**
f_7	46	**0,000**	133368
f_8	**50**	**0,000**	17981
f_9	**50**	**0,000**	3718
f_{10}	**50**	**0,000**	5434
f_{11}	**50**	**0,000**	3146
f_{12}	**50**	**0,000**	9911
f_{13}	**50**	**0,000**	1581
f_{14}	14	**0,000**	263042
f_{15}	0	0,200	511148
f_{16}	**50**	**0,000**	2381
f_{17}	**50**	**0,000**	20616
f_{18}	**50**	**0,000**	**1716**
f_{19}	**50**	**0,000**	**3045**
f_{20}	**50**	**0,000**	**7974**
f_{21}	**50**	**0,000**	**1040**
f_{22}	**50**	**0,000**	**6230**
f_{23}	23	0,013	510164
f_{24}	0	0,165	510137
f_{25}	0	**0,062**	510049
Beste	19	22	7

Tab. 3.25 zeigt, dass der Bienenalgorithmus insbesondere auf Fitnesslandschaften mit Plateaus und bei den multidimensionalen Funktionen herausragte. Auf multimodalen Flächen war der Bienenalgorithmus nahezu überall führend, während der EA bei den komplexesten Funktionen fünf bis acht sehr konkurrenzfähig war. PSO und ABC waren auf Fitnesslandschaften erfolgreich, bei denen die Regularitäten mit der Ausrichtung ihrer Operatoren übereinstimmten. So erzielte PSO bei den Funktionen sechs und acht Spitzenresultate, vermutlich begünstigt durch seine Zentrierung, während ABC bei den gitterartigen Beckenanordnungen der Funktionen drei und sechs herausragte.

Bei Tälern und wellenförmigen Flächen lieferten der Bienenalgorithmus und in geringerem Maße der EA die besten Ergebnisse. ABC hingegen dominierte klar bei verrauschten unimodalen Flächen. Dies ist die einzige Funktionsgruppe, bei welcher

Tab. 3.24 Experimentelle Ergebnisse, die mit dem Bienenalgorithmus auf den speziell entwickelten Benchmarks erzielt wurden. Die Statistiken sind fett dargestellt, wenn der Algorithmus auf dem jeweiligen Benchmark die beste Leistung erzielte.

Funktion	c_f	μ_e	μ_s
f_1	**50**	**0,000**	**798**
f_2	**50**	**0,000**	**747**
f_3	**50**	**0,000**	**1353**
f_4	**50**	**0,000**	**1379**
f_5	**50**	**0,000**	**13916**
f_6	**50**	**0,000**	16 910
f_7	**50**	**0,000**	**18519**
f_8	**50**	**0,000**	**15274**
f_9	**50**	**0,000**	**1710**
f_{10}	**50**	**0,000**	**1660**
f_{11}	**50**	**0,000**	**1303**
f_{12}	**50**	**0,000**	**1530**
f_{13}	**50**	**0,000**	**664**
f_{14}	**50**	**0,000**	**66534**
f_{15}	**21**	**0,004**	516947
f_{16}	**50**	**0,000**	**1585**
f_{17}	**50**	**0,000**	**4009**
f_{18}	**50**	**0,000**	**2043**
f_{19}	**50**	**0,000**	10648
f_{20}	**50**	**0,000**	21175
f_{21}	**50**	**0,000**	1530
f_{22}	**50**	**0,000**	**5108**
f_{23}	**50**	**0,000**	**25103**
f_{24}	**46**	**0,000**	**148022**
f_{25}	**20**	**0,062**	**507899**
Beste	25	25	20

der Bienenalgorithmus nicht herausragt und wie der EA nur bei zwei Funktionen zu den Spitzenreitern zählt.

3.9 Abschließende Überlegungen zum Benchmarking

Standard-Benchmarks wie die in Abschn. 3.1.1 beschriebenen wurden so konzipiert, dass sie schwierig sind. Sie sind in der Regel durch eine große Anzahl von Nebenminima und kleinen Senken gekennzeichnet, um widersprüchliche Anforderungen an eine sorgfältige Exploration und Erkundung zu schaffen. Wie in Abschn. 3.5 diskutiert, kartierten mehrere Standard-Benchmarks ähnliche Fitnesslandschaften und

Tab. 3.25 Eigens entwickelte Benchmarks: Ergebnisvergleich

Fläche	Benchmark	EA	PSO	ABC	Bees A.
Multimodal	f_1				X
	f_2				X
	f_3			X	X
	f_4				X
	f_5	X			X
	f_6		X	X	
	f_7	X			X
	f_8	X	X		X
	Siege	3	2	2	7
Plateaus	f_9	X			X
	f_{10}				X
	f_{11}				X
	f_{12}				X
	Siege	1	0	0	4
Schmale Täler	f_{13}	X			X
	f_{14}	X			X
	f_{15}				X
	Siege	2	0	0	3
Wellenförmig	f_{16}				X
	f_{17}	X	X		X
	Siege	1	1	0	2
Rauschbehaftet unimodal	f_{18}			X	X
	f_{19}	X		X	
	f_{20}	X		X	
	f_{21}			X	
	f_{22}			X	X
	Siege	2	0	5	2
Multidimensional	f_{23}				X
	f_{24}				X
	f_{25}				X
	Siege	0	0	0	3
	Gesamtsiege	9	3	7	21

wiesen gemeinsame Regularitäten auf, die speziell voreingenommene Algorithmen und Operatoren begünstigten.

Eine wichtige Konsequenz des NFL-Theorems ist, dass es a priori keine schwierigen Optimierungsprobleme gibt, sondern vielmehr Probleme, die mehr oder weniger gut zu den Eigenschaften verschiedener Optimierungsalgorithmen passen. Dieses Ergebnis verlagerte das Ziel des Benchmarkings von der Überprüfung der absoluten Effizienz gegebener Algorithmen hin zu dem Verständnis dessen, wo verschiedene Algorithmen am besten funktionieren. Umgekehrt kann Benchmarking bei einem bestimmten Typ von Optimierungsproblem dazu verwendet werden, die am besten geeigneten Lösungsverfahren zu identifizieren.

In diesem Kapitel wurde die Leistungsfähigkeit des Bienenalgorithmus und dreier weiterer Steuerungs-Metaheuristiken zunächst an zwölf Standard-Benchmarks für kontinuierliche Optimierung getestet und anschließend an einer Reihe von fünfundzwanzig eigens entwickelten Benchmarks weiter evaluiert. Die speziell entwickelten Benchmarks wurden nicht gezielt als schwierig konzipiert, sondern sollten die Leistungsfähigkeit der Metaheuristiken auf Fitnesslandschaften mit bestimmten Eigenschaften prüfen. Sie wurden zudem so gestaltet, dass sie spezifische Verzerrungen in den Algorithmen und deren Operatoren aufdecken.

Die experimentellen Ergebnisse bestätigten bekannte Verzerrungen, wie die Zentrumstendenz von Mittelwert-Operatoren. Sie offenbarten auch bislang unbekannte Verzerrungen anderer Operatoren, wie die Zentrumstendenz und Ausrichtungstendenz des Extrapolations-Crossovers. Bemerkenswert ist, dass die Tests zeigten, dass einige Verzerrungen erst durch das Zusammenwirken bestimmter Operatoren oder unter bestimmten Einstellungen der Algorithmus-Hyperparameter signifikant werden können. Dieses Ergebnis steht im Gegensatz zu den Aussagen von Kudela [23], wonach die Metaheuristiken selbst verzerrt seien und verzerrte Metaheuristiken grundsätzlich zu vermeiden seien. Die Autoren dieses Buches sind der Ansicht, dass Verzerrungen Teil der spezifischen Eigenschaften jeder Metaheuristik sind und gezielt zur Steigerung der Sucheffizienz genutzt werden können. Daher wurde das Design der neuen Benchmarks nicht mit dem Ziel einer verzerrungsfreien Bewertung der Metaheuristiken vorgenommen, wie es beispielsweise von MacNish [1] und Tang et al. [7] auf unterschiedliche Weise versucht wurde, sondern um deren spezifische Eigenschaften und Verzerrungen sichtbar zu machen. Weitere Fälle können der Liste der eigens entwickelten Benchmarks hinzugefügt werden, um die in dieser Studie verwendeten zu ersetzen oder zu ergänzen.

Insgesamt erzielten die vier getesteten Metaheuristiken auf den meisten Benchmarks akzeptable bis gute Erfolgsraten. Der EA hatte bei einigen Standard-Benchmarks Schwierigkeiten, während PSO bei etwa einem Drittel der eigens entwickelten Benchmarks keine konsistenten Erfolgsraten erreichte. Die Hauptunterschiede in der Leistungsfähigkeit der Algorithmen zeigten sich in Bezug auf die Effizienz, wobei der Bienenalgorithmus insgesamt die anderen Verfahren übertraf. Auch wenn dieses Ergebnis keinen allgemeinen Überlegenheitsanspruch des Bienenalgorithmus gegenüber den anderen Metaheuristiken begründet, deutet es darauf hin, dass der Bienenalgorithmus leichter an verschiedene Optimierungsherausforderungen angepasst werden kann. Tatsächlich zeigte der Bienenalgorithmus eine bemerkenswerte Effektivität und Flexibilität sowohl bei den Standard- als auch bei den eigens entwickelten Benchmarks. Die Merkmale der jeweils besten Konfiguration variierten je nach Art des untersuchten Optimierungsproblems, was das Ergebnis des NFL-Theorems bestätigt, dass eine universelle Parametrisierung nicht erreichbar ist. Dennoch konnte der Bienenalgorithmus durch seine vielfältigen Parameter so angepasst werden, dass er bei sehr unterschiedlichen Problemstellungen Spitzenleistungen erzielte.

Ein gemeinsames Merkmal vieler leistungsstarker Parametrisierungen des Bienenalgorithmus war ein hohes Stagnationslimit. Die besten Konfigurationen des Bienenalgorithmus setzten überwiegend auf Tiefen-Suchstrategien. Bei mehrdimensionalen Benchmarks hingegen nutzten alle fünf leistungsstärksten Konfigurationen Breiten-Suche und explorative Strategien. Weitere Untersuchungen sind erforderlich, um den Zusammenhang zwischen der Dimensionalität des Suchraums und dem Charakter der Suche besser zu verstehen.

Bei den Standard-Benchmarks implementierten die besten Konfigurationen des Bienenalgorithmus häufig ausbeuterische Suchstrategien, während explorative Strategien bei den eigens entwickelten Benchmarks dominierten. Dieses Ergebnis könnte darauf zurückzuführen sein, dass mehrere der Standard-Benchmarks verrauschte unimodale Landschaften abbildeten, bei denen ausbeuterische Suchstrategien am besten abschnitten (Abb. 3.6e).

3.10 Zusammenfassung

In diesem Kapitel wurden die Eigenschaften des Bienenalgorithmus empirisch analysiert und charakterisiert. Benchmarking ist eine leistungsfähige Methode, um das Verhalten, die Stärken und Schwächen verschiedener Metaheuristiken und Operatoren aufzuzeigen. Zu diesem Zweck wurden zwölf bekannte kontinuierliche Funktionsminimierungs-Benchmarks aus der Literatur verwendet und 25 neue Benchmarks eigens entwickelt. Die Leistung des Bienenalgorithmus wurde mit der Leistung eines EA, PSO und ABC verglichen, wobei für jede Metaheuristik 32 verschiedene Parametrisierungen getestet wurden.

Die in diesem Kapitel präsentierten Ergebnisse zeigten die Effektivität, Effizienz und hohe Rekonfigurierbarkeit des Bienenalgorithmus, der sich auf einer Vielzahl von Fitness-Landschaften auszeichnete. Die Tests zeigten außerdem, dass Mittelwert- oder Rekombinationsoperatoren – wie das Geschwindigkeits-Update-Verfahren im PSO und der Crossover-Operator in EAs – häufig Verzerrungen in die Suchstrategie einführen. Diese Verzerrungen können die Suche unterstützen, wenn sie mit den Eigenschaften des Lösungsraums übereinstimmen, sind jedoch im Allgemeinen nachteilig für die Anpassungsfähigkeit des Algorithmus. Dementsprechend ist der vom Bienenalgorithmus verwendete Zufallsmutationsoperator eine sehr robuste Wahl für die Suchroutine.

Fragen zum Kapitelende

1. Erläutern Sie das Konzept des Benchmarkings im Kontext von Optimierungsalgorithmen. Warum ist es unerlässlich, die Leistung eines Algorithmus anhand von Benchmarks zu bewerten? Welche potenziellen Fallstricke birgt unzureichendes Benchmarking?
2. Diskutieren Sie die Vor- und Nachteile der Verwendung standardisierter Benchmarkfunktionen. Warum werden sie häufig eingesetzt und welche Einschränkungen machen den Einsatz eigens entwickelter Benchmarks notwendig?
3. Erläutern Sie die Motivation und die Gestaltungsprinzipien hinter den in diesem Kapitel eingeführten, eigens entwickelten Benchmarkfunktionen. Welche spezifischen Eigenschaften von Optimierungsproblemen sollen sie testen und wie ergänzen sie die Standard-Benchmarks?
4. Diskutieren Sie die Auswahl und Konfiguration der in der empirischen Studie dieses Kapitels verwendeten Kontrollalgorithmen. Warum wurden gerade diese Algorithmen ausgewählt und wie wurden ihre Parameter festgelegt?
5. Erläutern Sie die Vergleichsmethode, die zur Bewertung der Leistung des Bienenalgorithmus und der Kontrollalgorithmen verwendet wurde. Welche Metriken wurden zur Leistungsbewertung herangezogen und wie wurde die statistische Signifikanz sichergestellt?
6. Analysieren Sie kritisch die experimentellen Ergebnisse zu den Standard-Benchmarkfunktionen. Was zeigen diese Ergebnisse über die Stärken und Schwächen des Bienenalgorithmus im Vergleich zu den Kontrollalgorithmen?
7. Diskutieren Sie die Erkenntnisse aus den experimentellen Ergebnissen zu den eigens entwickelten Benchmarkfunktionen. Wie schnitt der Bienenalgorithmus bei diesen Benchmarks ab und welche Einsichten wurden hinsichtlich seines Verhaltens unter verschiedenen Bedingungen – Konfigurationen versus Benchmarks, Breite versus Tiefe, Zentrumstendenz, Ausrichtungstendenz – gewonnen?
8. Inwieweit lassen sich die Ergebnisse der empirischen Studie auf andere Optimierungsprobleme verallgemeinern? Welche Einschränkungen weist die Studie auf und welche weiteren Forschungen wären notwendig, um die Schlussfolgerungen zu validieren?
9. Diskutieren Sie die Herausforderungen und offenen Fragen beim Benchmarking von Optimierungsalgorithmen. Welche potenziellen zukünftigen Forschungsrichtungen gibt es in diesem Bereich und wie könnten sie die Bewertung und den Vergleich von Optimierungsalgorithmen verbessern?
10. Reflektieren Sie die Bedeutung empirischer Studien für die Entwicklung und Verfeinerung von Optimierungsalgorithmen. Wie beeinflussen empirische Ergebnisse die Gestaltungsentscheidungen und Parametereinstellungen eines Algorithmus und wie tragen sie zum Gesamtverständnis seines Verhaltens bei?

Literatur

1. MacNish C (2007) Towards unbiased benchmarking of evolutionary and hybrid algorithms for real-valued optimisation. Connect Sci 19(4):361–385
2. Pisinger D, Toth P (1998) Knapsack problems. In: Handbook of combinatorial optimization, Bd 1–3, S 299–428
3. Bersini H, Dorigo M, Langerman S, Seront G, Gambardella L (1996) Results of the first international contest on evolutionary optimisation (1st ICEO). In: Proceedings of IEEE international conference on evolutionary computation. IEEE, S 611–615
4. Adorio EP (2005) MVF-multivariate test functions library in c for unconstrained global optimization. University of the Philippines Diliman, Quezon City, Technical report, p 56
5. Molga M, Smutnicki C (2005) Test functions for optimization needs. Technical report, p 48
6. Suganthan PN, Hansen N, Liang JJ, Deb K, Chen Y-P, Auger A, Tiwari S (2005) Problem definitions and evaluation criteria for the CEC 2005 special session on real-parameter optimization. KanGAL report 2005005(2005):2005
7. Tang K, Yáo X, Suganthan PN, MacNish C, Chen Y-P, Chen C-M, Yang Z (2007) Benchmark functions for the CEC'2010 special session and competition on large-scale global optimization. Nat Inspired Comput Appl Lab USTC China 24:1–18
8. Herrera F, Lozano M, Molina D et al (2010) Test suite for the special issue of soft computing on scalability of evolutionary algorithms and other metaheuristics for large scale continuous optimization problems. Accessed July 2010
9. Biswas PP, Suganthan PN (2020) Large initial population and neighborhood search incorporated in lshade to solve cec2020 benchmark problems. In: 2020 IEEE congress on evolutionary computation (CEC). IEEE, S 1–7
10. Yue C, Price KV, Suganthan PN, Liang J, Ali MZ, Qu B, Awad NH, Biswas PP (2019) Problem definitions and evaluation criteria for the CEC 2020 special session and competition on single objective bound constrained numerical optimization. Technical Report, Computational Intelligence Laboratory, Zhengzhou University, Zhengzhou, China and Technical Report 201911
11. Pham DT, Castellani M (2009) The bees algorithm: modelling foraging behaviour to solve continuous optimization problems. Proc Inst Mech Eng Part C J Mech Eng Sci 223(12):2919–2938
12. Goldberg DE (1989) Genetic algorithms in search, optimization and machine learning
13. Fogel LJ, Owens AJ, Walsh MJ (1966) Artificial intelligence through simulated evolution
14. Back T (1996) Evolutionary algorithms in theory and practice: evolution strategies, evolutionary programming, genetic algorithms. Oxford University Press
15. Fogel DB (2006) Evolutionary computation: toward a new philosophy of machine intelligence. John Wiley & Sons
16. Monson CK, Seppi KD (2005) Exposing origin-seeking bias in PSO. In: Proceedings of the 7th annual conference on genetic and evolutionary computation, S 241–248
17. Shi Y, Eberhart RC (1998) Parameter selection in particle swarm optimization. In: Evolutionary programming VII: 7th international conference, EP98 San Diego, California, USA, March 25–27, 1998 proceedings 7. Springer, S 591–600
18. Karaboga D, Basturk B (2007) A powerful and efficient algorithm for numerical function optimization: artificial bee colony (ABC) algorithm. J Glob Optim 39(3):459–471
19. Karaboga D, Ozturk C (2009) Neural networks training by artificial bee colony algorithm on pattern classification. Neural Netw World 19(3):279
20. Kokoska S (2008) Introductory statistics (preliminary edition): a problem-solving approach. Macmillan
21. Pham DT, Castellani M (2014) Benchmarking and comparison of nature-inspired population-based continuous optimisation algorithms. Soft Comput 18:871–903
22. Pham DT, Castellani M (2015) A comparative study of the Bees Algorithm as a tool for function optimisation. Cogent Eng 2(1):1091540. https://doi.org/10.1080/23311916.2015.1091540

23. Kudela J (2022) A critical problem in benchmarking and analysis of evolutionary computation methods. Nat Mach Intell 4(12):1238–1245
24. Pham DT, Castellani M (2010) Adaptive selection routine for evolutionary algorithms. Proc Inst Mech Eng Part I J Syst Control Eng 224(6):623–633
25. Muhamad Z, Mahmuddin M, Nasrudin MF, Sahran S (2011) Local search manoeuvres recruitment in the Bees Algorithm
26. Ahmad SA, Pham DT, Ng KW, Ang MC (2012) TRIZ-inspired asymmetrical search neighborhood in the Bees Algorithm. In: 2012 Sixth Asia modelling symposium. IEEE, S 29–33

Kapitel 4
Das Verständnis des Bienenalgorithmus – Der analytische Ansatz

Das Gebiet der Metaheuristiken umfasst eine äußerst große Anzahl von metaphernbasierten Algorithmen, die sich von den unterschiedlichsten natürlichen und physikalischen Prozessen inspirieren lassen, wobei die Mehrheit davon in den letzten 20 Jahren entwickelt wurde. In ihrer Übersicht zählten Rajwar et al. [18] 540 solcher Algorithmen, ohne dabei hybride und verbesserte Versionen zu berücksichtigen, die heutzutage die größte Anzahl neuer Algorithmen ausmachen [22]. Diese Methodenvielfalt zeugt vom Interesse an neuartigen Optimierungswerkzeugen, offenbart aber auch einen besorgniserregenden Trend zu weniger rigoroser Praxis, der typischerweise durch den akademischen „Publish-or-perish"-Druck getrieben wird.

Wie in Abschn. 2.1 angemerkt, haben eine schnell wachsende Zahl von Autoren [1, 4, 18, 19, 22, 23] zahlreiche Mängel in der rasant wachsenden Metaheuristiken-Literatur aufgezeigt, darunter ein weit verbreitetes Fehlen einer klaren und rigorosen mathematischen Sprache, was den abgeleiteten Charakter vieler Arbeiten verschleiert, sowie das generelle Fehlen theoretischer Fundierungen vieler Methoden. Tatsächlich wird die Literatur zu theoretischen Analysen von Metaheuristiken von den tausenden Anwendungen angeblich neuartiger Algorithmen auf reale und Benchmark-Probleme bei weitem übertroffen. Dieses weit verbreitete Fehlen solider mathematischer und theoretischer Grundlagen ist für die Metaheuristiken-Gemeinschaft nachteilig und schadet dem Ansehen des gesamten Forschungsfeldes.

Neben dem akademischen Publikationsdruck könnten noch weitere Gründe für die geringe Zahl theoretischer Studien verantwortlich sein. Viele Jahre lang, bis zur Formulierung des NFL-Theorems, wurde die Optimierungsforschung von der Suche nach der effizientesten, genauesten und universell einsetzbaren Suchmethode sowie deren praktischer Validierung an Benchmark- und Realweltproblemen angetrieben. Leider ist auch nach dem Nachweis von Wolpert und Macready über die Unmöglichkeit eines universell dominanten Optimierungsverfahrens [24] die Tendenz, Optimierungsforschung als ein „Höher-Schneller-Weiter"-Spiel zu betrachten – also „bessere Ergebnisse als die Konkurrenz erzielen" [19] –, in der Literatur

D. T. Pham et al., *Intelligente Optimierung mit dem Bienenalgorithmus*,
https://doi.org/10.1007/978-3-032-14424-9_4

weiterhin stark ausgeprägt. Tatsächlich erwähnten von den 111 aktuellen Publikationen, die von Velasco et al. [22] untersucht wurden, nur 43 % das NFL-Theorem, was darauf hindeutet, dass dessen Ergebnisse und Konsequenzen in der gesamten Optimierungsgemeinschaft noch nicht vollständig angekommen sind.

Es ist außerdem zu berücksichtigen, dass viele Optimierungsstudien von dem sehr praktischen Ziel getrieben werden, ein spezifisches Problem zu lösen, anstatt die Suchmechanismen des Solvers vollständig zu verstehen. Darüber hinaus werden Metaheuristiken traditionell als allgemeine Optimierungsverfahren konzipiert, die weitgehend unabhängig von den Eigenschaften des Lösungsraums sind und sich auf einen gewissen Grad an Stochastizität im Suchmechanismus stützen. Diese Eigenschaften erschweren die theoretische Analyse und machen sie von statistischen Werkzeugen abhängig, die in der Regel nicht anwendbar sind, ohne die Wechselwirkung zwischen Optimierer und Fitnesslandschaft zu berücksichtigen.

Im Gegensatz zu vielen Metaheuristiken führt der Bienenalgorithmus eine lokale Suche in klar abgegrenzten Bereichen des Lösungsraums durch. Das heißt, in jeder Iteration wird die lokale Suche in Nachbarschaften durchgeführt, die eindeutig durch ihr Zentrum und ihre Ausdehnung definiert sind. Dies erleichtert die schrittweise Analyse der Ausnutzung jeder Nachbarschaft und erlaubt in einigen Fällen auch sinnvolle Näherungen der Fitnesslandschaft. Diese Möglichkeit nutzend, werden in diesem Kapitel die Ergebnisse einer theoretischen Untersuchung der Suchmechanismen des Bienenalgorithmus vorgestellt. Für weiterführende Details sei auf die Analyse von Baronti et al. [2] verwiesen.

Der erste Schritt zur analytischen Untersuchung des Bienenalgorithmus besteht darin, ihn in prägnanten mathematischen Begriffen zu beschreiben und die biologische, von Bienen inspirierte Metapher, die zu seiner Entwicklung führte, hinter sich zu lassen. Diese formale Definition des Bienenalgorithmus wird im nächsten Abschnitt vorgestellt und ergänzt auf analytische Weise die eher qualitative Beschreibung in Abschn. 2.3. Dies steht in vollem Einklang mit der Forderung nach streng metaphernfreien Formulierungen von Metaheuristiken, die Aranha et al. [1] in ihrem einflussreichen offenen Brief gestellt haben, und geht dieser sogar voraus.

4.1 Eine formale Definition des Bienenalgorithmus

Sofern nicht anders angegeben, wird in diesem Kapitel angenommen, dass das Optimierungsproblem die Maximierung einer gegebenen stetigen Zielfunktion erfordert. Dementsprechend besteht der Lösungsraum aus n-dimensionalen Vektoren reellwertiger Entscheidungsvariablen $\boldsymbol{x} = (x_1, \cdots, x_n) \in \mathbb{R}^n$. Unter Berücksichtigung, dass $\min\{\mathcal{F}(\cdot)\} \equiv \max\{-\mathcal{F}(\cdot)\}$, sind die Ergebnisse der vorgeschlagenen Analyse gleichermaßen für Minimierungsprobleme gültig.

Der Standard-Bienenalgorithmus wurde in den Kasten 2.3 und 2.4 sowie im Flussdiagramm in Abb. 2.1 beschrieben. Die Notation zur Beschreibung der wichtigsten Parameter und Operatoren des Bienenalgorithmus ist in der Literatur weitgehend einheitlich. Sie wurde in Tab. 2.2 zusammengefasst und wird – mit einer kleinen Modifikation – auch in diesem Kapitel verwendet. Die Modifikation betrifft die Anzahl der für die lokale Suche eingesetzten Sammler, die im Bienenalgorithmus üblicherweise auf *nre* für die besten (Elite-) $ne < nb$-Stellen und auf $nrb \leq nre$ für die übrigen $nb - ne$ besten Stellen festgelegt wird. Der Übersichtlichkeit halber und ohne Einschränkung der Allgemeinheit wird im weiteren Verlauf dieses Kapitels der Spezialfall betrachtet, dass $nre = nrb = nr$. Dies entspricht der Festlegung $ne = 0$.

Jede der für die lokale ausbeuterische Suche zum Zeitschritt t ausgewählten *nb*-Nachbarschaften ist vollständig durch das Triple $\boldsymbol{s}_i(t) = \{\boldsymbol{x}_i(t)^g,\ x_i(t)^e,\ x_i(t)^{ttl}\}$ charakterisiert, bestehend aus dem n-dimensionalen $\boldsymbol{x}_i(t)^g$-Positionsvektor, der das Zentrum der Nachbarschaft angibt, dem Skalar $x_i(t)^e$, der die lokale Suchkantenlänge *(edge)* angibt, und dem Skalar-Stagnationszähler $x_i(t)^{ttl}$ (Abschn. 2.3). Die Kantenlänge $x_i(t)^e$ definiert den aktuellen *Suchbereich* der lokalen Suche. Der Stagnationszähler $x_i(t)^{ttl}$, im Folgenden auch als *time-to-live* bezeichnet, ist eine ganzzahlige Variable, die die Anzahl der verbleibenden Stagnationsschritte angibt, bevor die Stelle aufgegeben wird.

Der Einfachheit halber werden, sofern nicht anders angegeben, alle Entscheidungsvariablen im Folgenden im selben konvexen Intervall $A \subseteq \mathbb{R}$ definiert. Folglich ist die Nachbarschaft einer beliebigen Stelle $\boldsymbol{s}_i(t)$ zum Zeitpunkt t ein *Hyperwürfel* $\mathcal{C}$ mit der Kantenlänge $x_i(t)^e$ und zentriert in $\boldsymbol{x}_i(t)^g$. Dieser Bereich wird als $\mathcal{C}(\boldsymbol{x}_i(t)^g,\ x_i(t)^e)$ bezeichnet. Die lokale Suche erfolgt durch gleichmäßiges Sampeln von *nr* Lösungen innerhalb von $\mathcal{C}(\boldsymbol{x}_i(t)^g,\ x_i(t)^e)$. Falls der Definitionsbereich nicht für alle Entscheidungsvariablen gleich ist, werden die Kantenlänge $\boldsymbol{x}_i(t)^e$ und ihr Anfangswert $\boldsymbol{ngh}$ als Vektoren mit n Elementen definiert. In diesem allgemeinen Fall erfolgt die lokale Suche innerhalb einer n-dimensionalen *Hyperbox* (das heißt eines n-Orthotops) mit Kantenlängen $\boldsymbol{x}_i(t)^e = (x_{i1}(t)^e, \ldots,\ x_{in}(t)^e)$ und zentriert in $\boldsymbol{x}_i^g$.

Der Algorithmus umfasst zwei getrennte Routinen für lokale ausbeuterische und globale explorative Suche. Die lokale Suche wird parallel an verschiedenen Stellen im Lösungsraum durchgeführt. An jeder Stelle ist sie auf eine Nachbarschaft beschränkt, die um eine vielversprechende Lösung zentriert ist. Das Zentrum der Nachbarschaft wird im Verlauf der Suche verschoben, sobald bessere Lösungen gefunden werden. Schließlich wird erwartet, dass die Nachbarschaft – also der Suchbereich der lokalen Suche – den lokalen Attraktorpunkt im Lösungsraum (das lokale Optimum) einschließt. Es ist wichtig zu betonen, dass nicht garantiert ist, dass die lokale Suche das lokale Optimum findet. Das gilt für wie alle nichtexhaustiven Methoden. Die lokale Suche kann nach einer vordefinierten Anzahl von Stagnationsschritten (Abschn. 2.3.6) vorzeitig abgebrochen werden, oder wenn die globale Suche einen vielversprechenderen Ort für die Ausbeutung gefunden hat.

Die globale Suche dient in erster Linie dazu, neue Regionen im Lösungsraum zu erkunden, kann aber auch zur Überwachung der Umgebung in dynamischen Fitnesslandschaften eingesetzt werden. Die besten durch lokale Suche gefundenen Lösungen, also die Zentren der *nb*-Nachbarschaften, die einer ausbeuterischen Suche unterzogen wurden, sowie die durch globale Suche gefundenen Lösungen werden am Ende jedes Optimierungszyklus kombiniert und bewertet, und die besten *nb* werden als Ausgangspunkte für die lokale Suche im nächsten Optimierungszyklus beibehalten. Da lokale Stellen wiederholt für die lokale Ausbeutung ausgewählt werden, wird es für die globale Suche zunehmend schwieriger, zufällig Lösungen zu generieren, die mit den Ergebnissen mehrerer Zyklen lokaler Suche konkurrieren können. Aus diesem Grund – wie in Abschn. 2.4 hervorgehoben – verzichten einige Autoren auf die globale Suche [12] oder geben zufällig generierten Lösungen *(junge Bienen)* Zeit, um „heranzuwachsen“ [6].

In jeder Iteration der Hauptschleife bewertet der Bienenalgorithmus $ns - nb$ Lösungen in der Phase der globalen Suche sowie $nr \cdot nb$ Lösungen in der Phase der lokalen Suche. Die Größe der gesamten Kolonie beträgt:

$$cs = ns - nb + nr \times nb = ns + (nr - 1) \times nb \tag{4.1}$$

Beachten Sie, dass die obige Gl. (4.1) ein Spezialfall der Gl. (2.3) für $nre = nrb = nr$ ist.

4.2 Lokale Suche

In diesem Abschnitt wird das Verfahren der lokalen Suche des Standard-Bienenalgorithmus analysiert. Die Analyse erfolgt *a posteriori* anhand der Historie eines generischen Standorts $\boldsymbol{s}$, von seiner Entdeckung durch eine Spurbiene bis zu seiner Aufgabe, wenn die lokale Suche *stagniert* – das heißt, wenn sie für *stlim* Zyklen keine Fortschritte mehr macht. Da die lokale Suche an allen Standorten auf die gleiche Weise durchgeführt wird, mit Ausnahme der Anzahl der Suchbienen, die sich unterscheiden kann, wenn $nre \neq nrb$, sind die Ergebnisse allgemein gültig. Die Analyse schließt den Fall aus, dass die lokale Suche abgebrochen wird, weil der Standort nicht mehr zu den nr besten Standorten gehört. Die Ergebnisse dieses Abschnitts sind gleichermaßen auf jeden beliebigen Zeitraum der lokalen Suche an einem Standort anwendbar – nicht nur auf den Zeitraum von der Entdeckung bis zur Aufgabe. Es ist wichtig zu beachten, dass die endgültige Lösung nicht notwendigerweise das lokale Optimum ist, sondern eine Lösung in dessen Nähe (eine Approximation) oder sogar weit entfernt von jedem lokalen Optimum sein kann.

Die in diesem Kapitel verwendete Nomenklatur ist wie folgt:

- $\boldsymbol{s}(t)$ ist der Standort, der in jeder Iteration *(Zyklus)* t der lokalen Suche durch das Tripel $\boldsymbol{s}(t) = \{\boldsymbol{x}(t)^g,\ x(t)^e,\ x(t)^{ttl}\}$ beschrieben wird, einschließlich des Zentrums $\boldsymbol{x}(t)^g$, des Randes $x(t)^e$ und der Lebensdauer $x(t)^{ttl}$ der Nachbarschaft;
- sc ist die Anzahl der lokalen Suchzyklen von der Entdeckung bis zur Aufgabe des Standorts $\boldsymbol{s}$;
- $\boldsymbol{x}(1)^g$ ist der Startpunkt (Zentrum des Standorts) des lokalen Suchverfahrens;
- $\boldsymbol{x}(t)^g$ mit $1 < t < sc$ ist das Standortzentrum nach t lokalen Suchzyklen;

- $\boldsymbol{x}(sc)^g$ ist das Endergebnis der lokalen Suche, also das Zentrum der Nachbarschaft im letzten Zyklus der lokalen Suche, bevor der Standort aufgegeben wird (das heißt $x(sc)^{ttl} = 0$);
- X ist die Folge der besten Lösungen, die in jeder Iteration der lokalen Suche am Standort $\boldsymbol{x}$ gefunden wurden:

$$X = \{\boldsymbol{x}(1)^g, \ldots, \boldsymbol{x}(sc)^g\} \tag{4.2}$$

Es ist wichtig zu beachten, dass – sofern nicht ausdrücklich anders angegeben – die Zeitvariable t in diesem Kapitel auf die Dauer der lokalen Suche an der Stelle $\boldsymbol{s}(t)$ beschränkt ist, das heißt, sie liegt innerhalb von sc Zyklen der Hauptschleife des Bienenalgorithmus. In allen anderen Kapiteln bezieht sich t auf den Zyklus der Hauptschleife des Bienenalgorithmus und ist auf das Intervall $[1, T]$ beschränkt. Die beiden Notationen unterscheiden sich nur um einen konstanten Faktor: Bezeichnet man t' als die in diesem Kapitel verwendete Zeitvariable und t als die in allen anderen Kapiteln verwendete Variable, so gilt $t' = t + d$, wobei d die Iteration der Hauptschleife ist, bei der die lokale Suche an der Stelle $\boldsymbol{s}(t)$ gestartet wird, also die erste Iteration, in der $\boldsymbol{s}(t)$ für die lokale Suche ausgewählt wird.

Die beste Lösung $\boldsymbol{x}(t+1)^g$, die im t-ten Zyklus der lokalen Suche gefunden wurde $L_{nr}(\boldsymbol{x}(t)^g)$, kann – unter Berücksichtigung eines Maximierungsproblems – als das Ergebnis der endomorphen Funktion formalisiert werden:

$$\boldsymbol{x}(t+1)^g = L_{nr}(\boldsymbol{x}(t)^g) = \arg\max_{\boldsymbol{v}}\{\mathcal{F}(\boldsymbol{v}) \mid \boldsymbol{v} \in \{\boldsymbol{x}(t)^g, \ \boldsymbol{v}_1, \ldots, \ \boldsymbol{v}_{nr}\}\} \tag{4.3}$$

wobei $\boldsymbol{v}_i \sim \mathcal{C}(\boldsymbol{x}(t)^g, \ x(t)^e)$ die gleichmäßige Stichprobe einer Kandidatenlösung $\boldsymbol{v}_i$ im Hyperwürfel mit Zentrum in $\boldsymbol{x}(t)^g$ und Kantenlänge $x(t)^e$ ist. Es ist zu beachten, dass, da $\mathcal{F}(\boldsymbol{x}(t+1)^g) \geq \mathcal{F}(\boldsymbol{x}(t)^g) \ \forall t \in [1, \ cs] \subseteq \mathbb{N}$, die Qualität der besten Lösung an der Stelle $\boldsymbol{s}$ bei jeder Anwendung von L_{nr} monoton steigt. Daher ist $\boldsymbol{x}(cs)^g$ die beste durch das lokale Suchverfahren an der Stelle $\boldsymbol{s}$ gefundene Lösung.

Ein lokales Maximum $\boldsymbol{L}_{opt}$ ist durch die folgende Bedingung definiert:

$$\exists \epsilon > 0 \mid \mathcal{F}(\boldsymbol{L}_{opt}) \geq \mathcal{F}(\boldsymbol{v}), \quad \forall \boldsymbol{v} \in \mathcal{C}(\boldsymbol{L}_{opt}, \ \epsilon) \tag{4.4}$$

Ist $\boldsymbol{L}_{opt}$ das Optimum der Nachbarschaft $\mathcal{C}(\boldsymbol{x}(t)^g, \ x(t)^e)$, so liefert der Operator L_{nr} eine stochastische Näherung des lokalen Optimums innerhalb von $\mathcal{C}(\boldsymbol{x}(t)^g, \ x(t)^e)$. Die Genauigkeit dieser Näherung steigt monoton mit der Anzahl der gesampelten Lösungen:

$$\boldsymbol{L}_{opt} = \lim_{nr \to \infty} L_{nr}(\boldsymbol{x}(t)^g) = \arg\max_{\boldsymbol{v}}\left\{\mathcal{F}(\boldsymbol{v}) \mid \boldsymbol{v} \in \mathcal{C}(\boldsymbol{x}(t)^g, \ x(t)^e)\right\} \tag{4.5}$$

Die in Gl. (4.2) definierte Folge der besten Lösungen X weist die gleichen Konvergenzeigenschaften auf wie die Folge der jeweils besten Lösungen, die während der LJ-Suche erzeugt werden [9]. Im Detail gilt: Wird kein Standortabbruch verwendet, so existiert eine Anzahl von Schritten τ, sodass die Lösungsfolge X schließlich zu einem lokalen Optimum konvergiert.

Der oben beschriebene Formalismus kann auch zur Definition des Nachbarschaftsverkleinerungsverfahrens verwendet werden. Ist die Nachbarschaft ein Hyperwürfel:

$$x(t+1)^e = \begin{cases} x(t)^e & L_{nr}(\boldsymbol{x}(t)^g) \neq \boldsymbol{x}(t)^g \\ \alpha \times x(t)^e & L_{nr}(\boldsymbol{x}(t)^g) = \boldsymbol{x}(t)^g \end{cases} \tag{4.6}$$

wobei $0 < \alpha < 1$. Die Nachbarschaftsverkleinerung kann analog im allgemeinen Fall des *Hyperbox*-Samplings definiert werden, wobei $\boldsymbol{x}(t)^e$ ein n-dimensionaler Vektor der Suchraumkanten ist und es Kanten $x_i(t)^e$ und $x_j(t)^e$ gibt, sodass $x_i(t)^e \neq x_j(t)^e$. In diesem Fall wird jede Kante um denselben festen Faktor α reduziert. Dies gilt auch für isotropes (hypersphärisches) Sampling.

Das Verfahren zum Verlassen des Standorts wird ausgeführt, wenn:

$$\boldsymbol{x} = \boldsymbol{x}(t)^g = \boldsymbol{x}(t-1)^g = \cdots = \boldsymbol{x}(t - stlim)^g \tag{4.7}$$

Mit anderen Worten: Die lokale Suche wird beendet, wenn für *stlim* aufeinanderfolgende Male gilt:

$$\boldsymbol{x} = L_{nr}(\boldsymbol{x}) \tag{4.8}$$

Wenn $\boldsymbol{x} = \boldsymbol{L}_{opt}$ das lokale Optimum in $\mathcal{C}(\boldsymbol{x},\ x^e(t - stlim))$ ist, dann ist $\boldsymbol{x}$ ein *Fixpunkt* [1] der Funktion L_{nr} und Gl. (4.8) ist immer erfüllt. Andernfalls $\boldsymbol{x} \approx \boldsymbol{L}_{opt}$. Es gilt außerdem:

$$\boldsymbol{x}(t)^g = \boldsymbol{x}(t+k)^g \Leftrightarrow \boldsymbol{x}(t)^g = \boldsymbol{x}(t+1)^g = \cdots = \boldsymbol{x}(t+k)^g \tag{4.9}$$

für jeden positiven Index $k \in \mathbb{N}$.

Die oben genannten Definitionen und Eigenschaften werden von den meisten in der Literatur beschriebenen Varianten des Bienenalgorithmus geteilt.

Proposition 4.1 (Schnittmenge des Suchraums: Sukzessive Lösungen) *Gegeben seien zwei aufeinanderfolgende Lösungen $\boldsymbol{x}(t)^g$ und $\boldsymbol{x}(t+1)^g$, ist $\boldsymbol{x}(t)^g$ im Suchraum $\mathcal{C}(\boldsymbol{x}(+1t)^g,\ x(t+1)^e)$ enthalten*

$$\boldsymbol{x}(t)^g \in \mathcal{C}(\boldsymbol{x}(t+1)^g,\ x(t+1)^e) \tag{4.10}$$

Beweis Wenn die lokale Suche im Zyklus t stagniert, gilt $\boldsymbol{x}(t+1)^g = \boldsymbol{x}(t)^g$ und $x(t+1)^e < x(t)^e$ (Verkleinerung der Nachbarschaft). Daraus folgt $\boldsymbol{x}(t)^g \in$

[1] Ein Fixpunkt p einer Funktion f ist ein Punkt, sodass $f(p) = p$.

$\mathcal{C}(\boldsymbol{x}(t+1)^g,\ x(t+1)^e) = \mathcal{C}(\boldsymbol{x}(t)^g,\ x(t+1)^e)$. Wenn die lokale Suche im Zyklus t fortschreitet, gilt $\boldsymbol{x}(t+1)^g \neq \boldsymbol{x}(t)^g$ und $x(t+1)^e = x(t)^e$ (keine Verkleinerung der Nachbarschaft). Schließlich, unter Berücksichtigung, dass $\boldsymbol{x}(t+1)^g \in \mathcal{C}(\boldsymbol{x}(t)^g,\ x(t)^e)$, folgt $\boldsymbol{x}(t)^g \in \mathcal{C}(\boldsymbol{x}(t+1)^g,\ x(t)^e) = \mathcal{C}(\boldsymbol{x}(t+1)^g,\ x(t+1)^e)$. □

Diese Eigenschaft gilt auch, wenn Hyperbox- oder Hypersphären-Sampling verwendet wird.

4.2.1 Schranken für die Reichweite

Die *Reichweite* ist hier definiert als die von der lokalen Suche von einem gegebenen Punkt im Lösungsraum in einer bestimmten Anzahl von Zyklen zurückgelegte Strecke. Im Detail ist die Reichweite der Abstand $d(\boldsymbol{x}(1)^g,\ \boldsymbol{x}(k)^g)$ zwischen dem Startpunkt $\boldsymbol{x}(1)^g$ und dem Endpunkt $\boldsymbol{x}(k)^g$ der lokalen Suche nach $k-1$ Zyklen der Hauptschleife – das heißt, nach $k-1$ Anwendungen des L_{nr}-Operators, der in Gl. (4.5) definiert ist. Die oberen und unteren Extremwerte der Reichweite sind:

Proposition 4.2 (Reichweite) Die *Reichweite der lokalen Suche in k Lernzyklen an einer gegebenen Stelle* $\boldsymbol{s}$ *um die Lösung* $\boldsymbol{x}(1)^g$ *ist innerhalb des Intervalls* $\left[0,\ k\frac{x(1)^e\sqrt{n}}{2}\right]$ *beschränkt, wobei* $x(1)^e$ *die Kantenlänge der Stelle zu Beginn der Suche ist.*

Beweis Die minimale Reichweite tritt auf, wenn die lokale Suche bereits von Anfang an stagniert, nämlich $\boldsymbol{x}(t)^g = \boldsymbol{x}(t+1)^g\ \forall t \in \{1, \ldots, k\}$, und somit $\boldsymbol{x}(1)^g = \boldsymbol{x}(k+1)^g$. Um die Reichweite zu maximieren, muss die lokale Suche in jedem Zyklus voranschreiten, um eine Verkleinerung der Nachbarschaft zu vermeiden und die anfängliche Kantenlänge $x(1)^e$ beizubehalten. In jedem Zyklus t sind die Ecken des n-dimensionalen Hyperwürfels $\mathcal{C}(\boldsymbol{x}(t)^g,\ x(t)^e)$ die am weitesten vom Zentrum $\boldsymbol{x}(t)^g$ der Nachbarschaft entfernten Punkte. Die maximale Schrittweite pro Zyklus entspricht daher dem Abstand zwischen dem Zentrum und einer der Ecken des Hyperwürfels – also $d_v = \frac{x(t)^e\sqrt{n}}{2}$. Die obere Schranke für die Reichweite nach k Zyklen an einer gegebenen Stelle ist daher $k \times d_v$. □

Proposition 4.2 quantifiziert die minimale und maximale Distanz, die ein Punkt $\boldsymbol{s}$ bei k aufeinanderfolgenden Anwendungen des lokalen Suchverfahrens zurücklegen kann. Die maximale Distanz ist nur dann erreichbar, wenn zu jedem Zeitpunkt $t \in [1,\ k]$ die Verbindungslinie von $\boldsymbol{x}(t)^g$ zu $\boldsymbol{x}(t+1)^g$ der Diagonalen des Hyperwürfels $\mathcal{C}(\boldsymbol{x}(1)^g,\ x(1)^e)$ entspricht und $\boldsymbol{x}(t+1)^g$ einem der Eckpunkte des Hyperwürfels entspricht. In einem zweidimensionalen Lösungsraum könnte dies beispielsweise auf einer Fitnesslandschaft auftreten, die lokal eine geneigte Ebene bildet, wobei die Steigung einen Winkel $\vartheta = \frac{\pi}{4}$ zu den Koordinatenachsen aufweist. In diesem Fall wären die Nachbarschaften Quadrate $\mathcal{C}(\boldsymbol{x}(t)^g,\ x(t)^e)\ t \in [1,\ k]$, deren eine Diagonale mit der Steigung der Ebene ausgerichtet ist. Wenn alle neuen Zentren

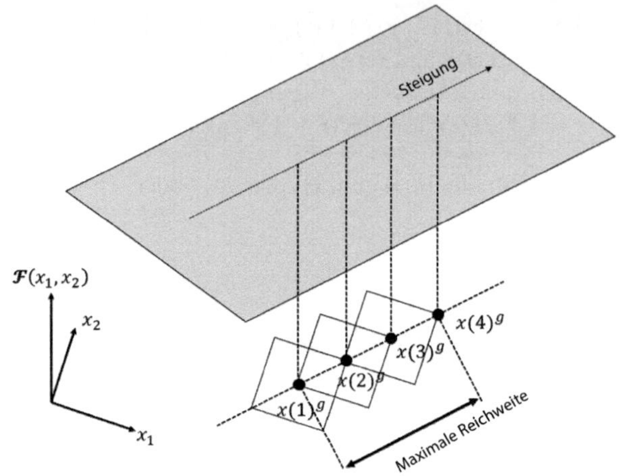

Abb. 4.1 Zweidimensionales Optimierungsproblem, bei dem die Fitnesslandschaft lokal eine ansteigende geneigte Ebene bildet. Die maximale Reichweite kann erzielt werden, wenn die Diagonalen der quadratischen Nachbarschaften alle auf dieselbe Linie parallel zur Steigung ausgerichtet sind. Sie wird erreicht, wenn alle neuen Zentren $\boldsymbol{x}(t+1)^g$ der Nachbarschaften auf der Linie parallel zur Steigung, an einer Ecke des Quadrats, liegen. In diesem Beispiel $k = 3$

$\boldsymbol{x}(t + 1)^g$ auf einer Linie parallel zur Steigung, an einer Ecke der Nachbarschaft, liegen, wird die maximale Reichweite erzielt. Abb. 4.1 veranschaulicht diesen Fall. Die maximale Reichweite könnte auch erreicht werden, wenn die neuen Zentren auf einer Linie liegen, die nicht parallel zur Steigung ist. In diesem Fall würde die geneigte Ebene jedoch nicht optimal erklommen.

Dic Reichweite kann als Maß für die *Reisegeschwindigkeit* der lokalen Suche im Lösungsraum betrachtet werden. Eng damit verbunden ist die *Konvergenzzeit* der lokalen Suche, also die Anzahl der lokalen Suchzyklen, die ein Punkt benötigt, um den lokalen Attraktor zu erreichen. Ist der Abstand zwischen dem Zentrum des Punktes $\boldsymbol{x}(1)^g$ und dem lokalen Optimum $\boldsymbol{L}_{opt}$ gleich $d(\boldsymbol{x}(1)^g, \boldsymbol{L}_{opt})$, so ergibt sich nach Proposition 4.2 die minimale Anzahl an Iterationen k_{min}, die benötigt werden, um $\boldsymbol{L}_{opt}$ zu erreichen:

$$k_{min} = \frac{2d(\boldsymbol{x}(1)^g, \boldsymbol{L}_{opt})}{x(1)^e \sqrt{n}} \tag{4.11}$$

Diese untere Schranke für die Konvergenzzeit kann verwendet werden, um die Effizienz der lokalen Suche auf verschiedenen Fitnesslandschaften zu bewerten.

Im allgemeinen Fall des Hyperbox-Samplings, bei dem die Kanten der Nachbarschaft durch den n-dimensionalen Vektor $\boldsymbol{x}^e$ definiert sind, kann die maximale Reichweite nach k Zyklen der lokalen Suche wie folgt berechnet werden:

$$max_{\mathrm{r}\,each} = \frac{k}{2}\sqrt{\sum_{i=0}^{n-1}(x_i(1)^e)^2} \tag{4.12}$$

wobei $x_i(t)^e$ die i-te Komponente des Vektors $\boldsymbol{x}^e(t)$ ist. Schließlich werden lokale Nachbarschaften im Bienenalgorithmus meist als Hyperwürfel oder Hyperboxen implementiert. Daher hängen die maximale Reichweite und die Konvergenzzeit einer Stelle davon ab, wie die Nachbarschaften relativ zur Steigung der Fitnesslandschaft ausgerichtet sind. Das Beispiel in Abb. 4.1 zeigte einen sehr speziellen Fall, der die maximale Reichweite begünstigen würde.

4.2.2 Erwarteter Fortschritt

Berechnen wir nun die erwartete Schrittweite einer Iteration des lokalen Suchverfahrens unter bestimmten Annahmen über die Fitnessoberfläche.

Proposition 4.3 (Erwartete Schrittweite) *Gegeben seien eine streng monoton steigende, eindimensionale Fitnesslandschaft in* $[0,\ \ell] \in \mathbb{R}$ *(zum Beispiel eine Gerade) und eine Stelle mit Zentrum in* $\boldsymbol{x}(t)^g = \ell/2$ *mit Kante* $x(t)^e = \ell$*, so ist die erwartete Schrittweite einer lokalen Suche (das heißt der mittlere Abstand zwischen* $\boldsymbol{x}(t)^g$ *und* $\boldsymbol{x}(t+1)^g$*) wie folgt:*

$$\epsilon(t) = d(\boldsymbol{x}(t)^g,\ \boldsymbol{x}(t+1)^g) = \ell\frac{0{,}5^{nr+1} + nr}{nr+1} - \frac{\ell}{2} \tag{4.13}$$

Das heißt:

$$\epsilon(t) = x(t)^e\left(\frac{0{,}5^{nr+1} + nr}{nr+1}\right) - \frac{x(t)^e}{2} \tag{4.14}$$

Beweis Siehe Anhang C.1. □

Beachten Sie, dass die Länge der erwarteten Schrittweite mit der Anzahl der eingesetzten Sammler zunimmt. Im Grenzfall von $nr = \infty$, $\epsilon(t) = \ell/2$ – die lokale Suche wird voraussichtlich die Lösung mit der höchsten Fitness innerhalb der Nachbarschaft finden.

Das Ergebnis der Proposition 4.3 gilt für jede lokal monotone Fitnesssteigung, vorausgesetzt, dass der Suchbereich vollständig innerhalb des monotonen Bereichs liegt. Die Gültigkeit der Proposition 4.3 erstreckt sich auch auf mehrdimensionale Flächen, wie Bereiche von Hyperflächen oder Hypersphären, unter folgenden Bedingungen: (a) Der Suchbereich muss isotrop sein (das heißt eine Hypersphäre). (b) Die Fitnessoberfläche muss entlang der Geraden, die das Zentrum der Nachbarschaft mit dem lokalen Fitnessmaximum verbindet, streng monoton sein. (c) Die Fitnessoberfläche innerhalb der Nachbarschaft muss bezüglich dieser Geraden symmetrisch sein. Wenn diese Bedingungen erfüllt sind, wird die erwartete Schrittweite durch Gl. (4.14) in der Richtung beschrieben, in der die Steigung monoton ist, und ist in den anderen Richtungen null. Diese Bedingungen treffen auf das übliche Szenario zu, in dem die lokale Suche eine Seite eines ausreichend regelmäßigen Hügels oder einer Steigung erklimmt, der Suchbereich jedoch das Fitnessmaximum noch nicht umfasst.

Erwartete Schrittweite: Experimentelle Überprüfung

Neun Experimente wurden durchgeführt, um die theoretischen Vorhersagen von Proposition 4.3 numerisch zu überprüfen. Die Experimente betrafen lokale Suchen unterschiedlicher Intensität in drei zweidimensionalen Landschaften: auf einer geneigten Ebene, weit entfernt vom Gipfel eines kugelförmigen Hügels und nahe dem Gipfel eines kugelförmigen Hügels. Die Form der lokalen Suchumgebung war kreisförmig. In allen drei Fitnesslandschaften stieg die Fitness der Lösungen monoton entlang des horizontalen Durchmessers der kreisförmigen Nachbarschaft an und war bezüglich dieses Durchmessers symmetrisch. Innerhalb der Nachbarschaft befand sich die Lösung mit maximaler Fitness am Rand des Kreises, dort, wo der Umfang den horizontalen Durchmesser schnitt. Theoretisch liegt die erwartete Schrittweite aufgrund der Symmetrie der Fitnesslandschaft auf dem horizontalen Durchmesser, in einer Entfernung von ϵ vom Mittelpunkt, berechnet wie in Gl. (4.14). Auf jeder Landschaft wurden drei lokale Suchtests durchgeführt, jeweils mit $nr = 1$, $nr = 10$ und $nr = 20$ Suchenden.

Abb. 4.2, 4.3 und 4.4 zeigen die Ergebnisse der neun Experimente. Die Diagramme zeigen, dass die durchschnittliche Schrittweite (rotes Dreieck) von 10^3 unabhängigen lokalen Suchversuchen durchweg und sehr genau mit dem theoretischen Erwartungswert übereinstimmt, der für die horizontale Richtung am unteren Rand jeder Teilabbildung angegeben ist. Auf der ebenen Fläche gibt es keine vertikale Fitnessverzerrung, und die Lösungen $\boldsymbol{x}(t+1)^g$ sind weit um die Symmetrielinie, also den horizontalen Durchmesser des Kreises, verteilt. Weit entfernt vom Gipfel des kugelförmigen Hügels ist die Krümmung der Steigung gering, und die Verteilung der Lösungen ist von der der ebenen Fläche nicht zu unterscheiden. Nahe dem Gipfel des Hügels, wo die Krümmung groß ist, werden die Lösungen zum Grat der Fitnesslandschaft, also zum horizontalen Durchmesser, hingezogen. Dieses Verhalten deutet darauf hin, dass die lokale Suche mit Annäherung an das lokale Fitnessmaximum zunehmend fokussierter und ausnutzender wird.

Abb. 4.2, 4.3 und 4.4 zeigen ebenfalls die Zunahme der Schrittweite mit der Anzahl der eingesetzten Suchenden. Diese Zunahme ist deutlicher, wenn die Anzahl der Suchenden von $nr = 1$ auf $nr = 10$ erhöht wird, als von $nr = 10$ auf $nr = 20$. Tatsächlich zeigt Gl. (4.14), dass die erwartete Schrittweite mit der Anzahl der Suchenden sublinear wächst.

Abb. 4.5 zeigt die Veränderung der durchschnittlichen Schrittweite von 10^4 unabhängigen lokalen Suchen in Abhängigkeit von der Anzahl der Suchenden (nr). Die lokalen Suchen wurden in einer kreisförmigen Nachbarschaft mit Radius ${}^{x(t)^e}/_2 = 0{,}5$ durchgeführt, zentriert in $\boldsymbol{x}(t)^g = \{0{,}5,\ 0{,}5\}$. Das Diagramm zeigt die durchschnittliche Schrittweite, also den Mittelwert von $\epsilon(t)$, entlang der Richtung der Steigung

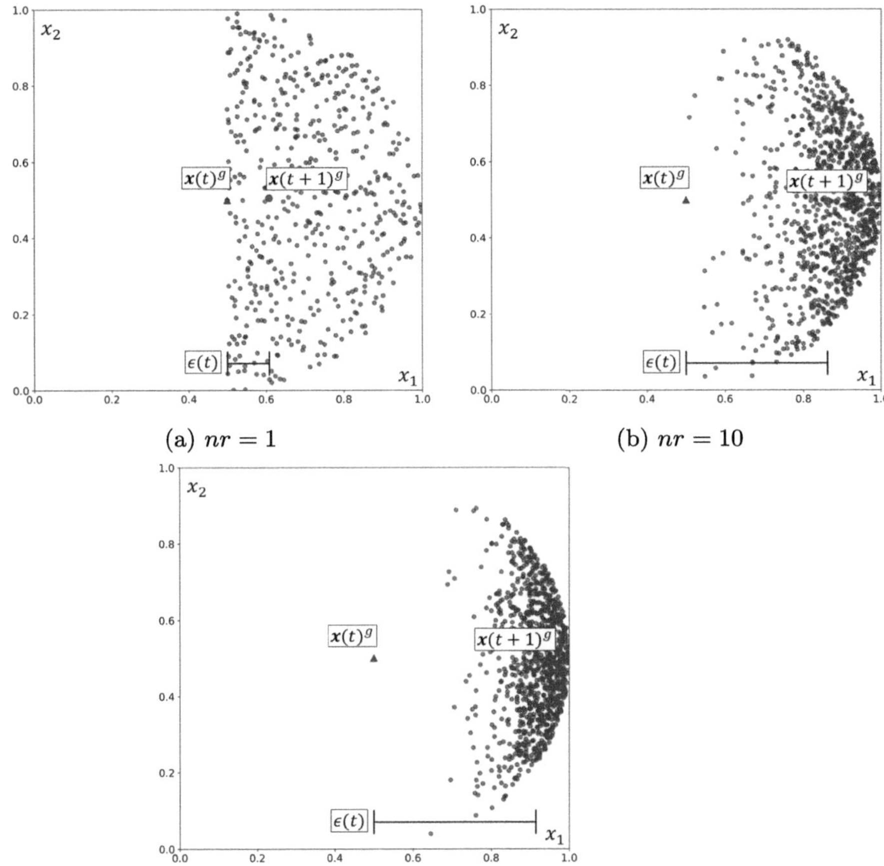

(a) $nr = 1$ (b) $nr = 10$ (c) $nr = 20$

Abb. 4.2 Ergebnisse von 10^3 unabhängigen lokalen Suchversuchen auf einer zweidimensionalen Ebene, die in horizontaler Richtung geneigt ist. Es wurde eine kreisförmige Nachbarschaft mit Zentrum $\boldsymbol{x}(t)^g = [0{,}5,\ 0{,}5]$ (grünes Dreieck) und Radius $x^e(t) = 0{,}5$ verwendet. Drei Tests wurden jeweils mit $nr = 1$, $nr = 10$ und $nr = 20$ Suchern durchgeführt. Die blauen Punkte stellen die Ergebnisse der lokalen Suchversuche dar, nämlich $x(t+1)$, und deren arithmetisches Mittel ist durch den roten Punkt markiert. Die Lösung mit der maximalen Fitness innerhalb des Suchbereichs befindet sich am Rand des Suchbereichs (auf dem Umfang), am rechten Ende der horizontalen Durchmesserlinie. Am unteren Rand jedes Panels ist die erwartete Schrittweite dargestellt, wie sie durch Gl. (4.14) vorhergesagt wird.

einer geneigten Ebene. Die numerischen Mittelwerte (rote Punkte) stimmen mit den theoretischen Erwartungen für die Schrittweite (schwarze Linie), berechnet nach Gl. (4.14), überein. Abb. 4.5 zeigt, dass die Schrittweite rasch ihren Maximalwert $\epsilon(t) = 1$ erreicht. Zusammenfassend flacht das Wachstum der Schrittweite rasch ab, wenn die Anzahl der Suchenden erhöht wird, und die Verwendung einer großen

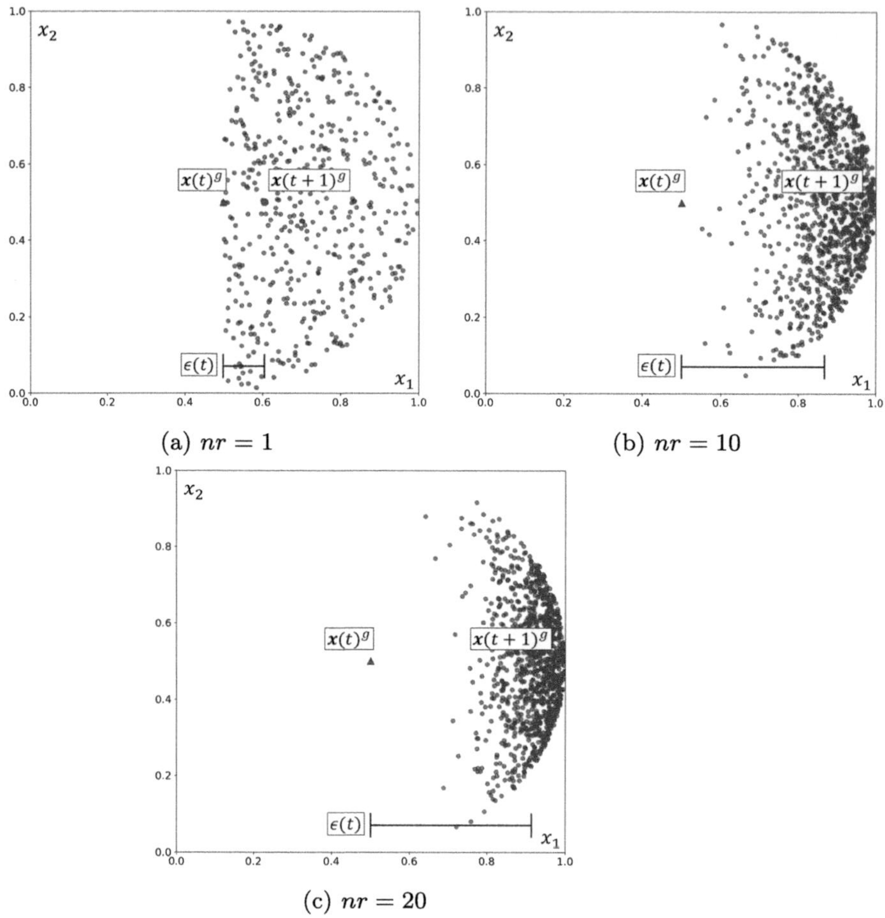

Abb. 4.3 Ergebnisse von 10^3 unabhängigen lokalen Suchversuchen auf einem zweidimensionalen sphärischen Hügel, dessen Gipfel weit entfernt von $\boldsymbol{x}(t)^g$ bei $\boldsymbol{o} = [10,\ 0{,}5]$ liegt. Es wurde eine kreisförmige Nachbarschaft mit Zentrum $\boldsymbol{x}(t)^g = [0{,}5,\ 0{,}5]$ (grünes Dreieck) und Radius $x^e(t) = 0{,}5$ verwendet. Drei Tests wurden jeweils mit $nr = 1$, $nr = 10$ und $nr = 20$ Suchern durchgeführt. Die blauen Punkte stellen die Ergebnisse der lokalen Suchversuche dar, nämlich $x(t+1)$, und deren arithmetisches Mittel ist durch den roten Punkt markiert. Die Lösung mit der maximalen Fitness innerhalb des Suchbereichs befindet sich am Rand des Suchbereichs (auf dem Umfang), am rechten Ende der horizontalen Durchmesserlinie. Am unteren Rand jedes Panels ist die erwartete Schrittweite dargestellt, wie sie durch Gl. (4.14) vorhergesagt wird.

Nachbarschaft ist vorteilhafter, um eine Fitness-Steigung schnell zu erklimmen (bzw. zu überwinden).

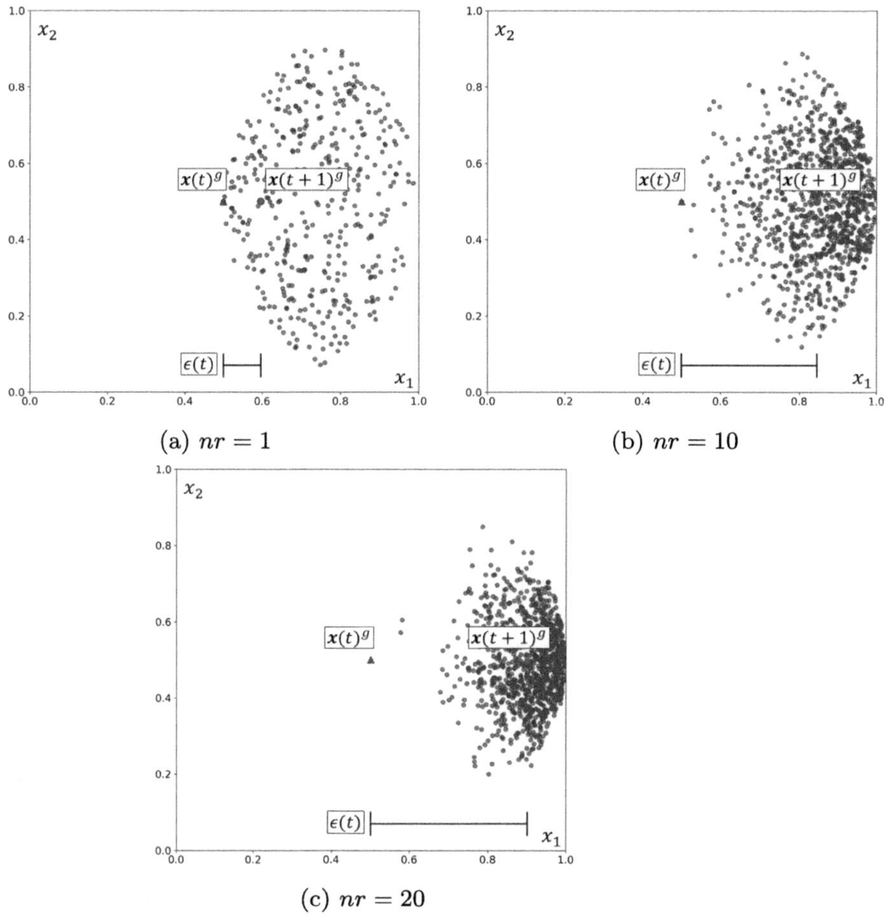

Abb. 4.4 Ergebnisse von 10^3 unabhängigen lokalen Suchversuchen auf einem zweidimensionalen sphärischen Hügel mit dem Gipfel nahe bei $\boldsymbol{x}(t)^g$, bei $\boldsymbol{o} = [1,\ 0{,}5]$. Es wurde eine kreisförmige Nachbarschaft mit Zentrum $\boldsymbol{x}(t)^g = [0{,}5,\ 0{,}5]$ (grünes Dreieck) und Radius $x^e(t) = 0{,}5$ verwendet. Drei Tests wurden jeweils mit $nr = 1$, $nr = 10$ und $nr = 20$ Suchern durchgeführt. Die blauen Punkte stellen die Suchergebnisse der lokalen Suchversuche dar – also $x(t+1)$ – und ihr arithmetisches Mittel ist durch den roten Punkt markiert. Die Lösung mit der maximalen Fitness innerhalb des Suchbereichs entspricht dem Optimum $\boldsymbol{o}$ und befindet sich am Rand des Suchbereichs (auf dem Umfang), am rechten Extrem der horizontalen Durchmesserlinie. Am unteren Rand jedes Panels ist die erwartete Schrittweite, wie durch Gl. (4.14) vorhergesagt, dargestellt.

4.3 Stagnation der lokalen Suche

In diesem Abschnitt wird das Verfahren des Standortaufgebens analysiert, insbesondere die Wahrscheinlichkeit, dass ein Standort aufgrund von Stagnation der lokalen Suche aufgegeben wird. Idealerweise kommt die lokale Suche zum Stillstand, wenn sie das Optimum eines Anziehungsbeckens gefunden hat. Dieses Optimum

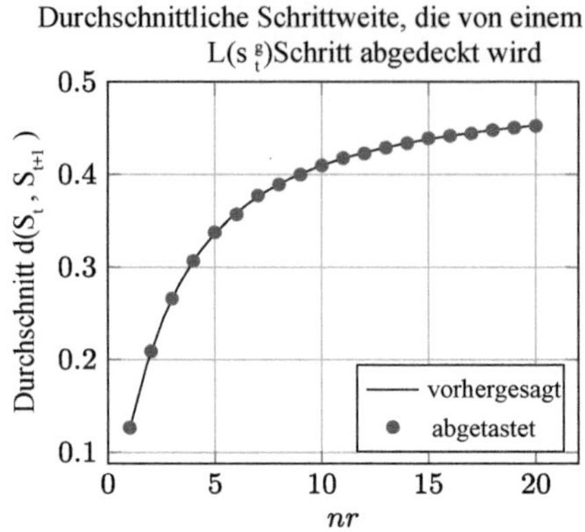

Abb. 4.5 Lokale Suche mit einem kreisförmigen Suchbereich des Radius $x^r(t) = 0{,}5$ und zentriert in $\boldsymbol{x}(t)^g = \{0{,}5,\ 0{,}5\}$ auf einer geneigten planaren Fitnessoberfläche. Der vorhergesagte Wert für die Schrittweite (schwarze Linie) entlang der Richtung der Steigung wurde aus Gl. (4.14) berechnet und stimmt gut mit den Mittelwerten der 10^4 unabhängigen lokalen Suchläufe (rote Punkte) überein.

kann sowohl das globale als auch nur ein lokales Fitnessmaximum sein. Die lokale Suche kann auch aufgrund fehlender Steigung – beispielsweise auf einer ebenen Fläche – zum Stillstand kommen, oder weil die Fitnesslandschaft besonders schwer zu durchqueren ist, etwa in einem sehr schmalen Tal.

4.3.1 Standortaufgabe: Definitionen und Eigenschaften

Seien $\boldsymbol{x}(t)^g$ das Zentrum der Stelle $\boldsymbol{s}$ im t-ten lokalen Suchzyklus und $\mathcal{C}(\boldsymbol{x}(t)^g,\ x^e(t))$ der Suchbereich. Seien $\mathcal{LR}_{x(t)}$ und $\mathcal{GR}_{x(t)}$ die Teilbereiche des Suchbereichs, die jeweils Lösungen mit niedrigerer oder gleicher sowie höherer Fitness enthalten. Genauer gesagt:

$$\begin{aligned} \mathcal{LR}_{x(t)} &\subseteq \mathcal{C}(\boldsymbol{x}(t)^g,\ x^e(t)) \quad v \in \mathcal{LR}_{x(t)} \Leftrightarrow \mathcal{F}(v) \leq \mathcal{F}(\boldsymbol{x}(t)^g) \\ \mathcal{GR}_{x(t)} &\subset \mathcal{C}(\boldsymbol{x}(t)^g,\ x^e(t)) \quad v \in \mathcal{GR}_{x(t)} \Leftrightarrow \mathcal{F}(v) > \mathcal{F}(\boldsymbol{x}(t)^g) \end{aligned} \tag{4.15}$$

wobei

$$\mathcal{LR}_{x(t)} \cup \mathcal{GR}_{x(t)} = \mathcal{C}(\boldsymbol{x}(t)^g,\ x^e(t)) \tag{4.16}$$

Nach den obigen Definitionen kann gesagt werden, dass die lokale Suche fortschreitet, wenn das Ergebnis des Endomorphismus L_{nr}, definiert in Gl. (4.3), zu $\mathcal{GR}_{x(t)}$ gehört:

$$\left[L_{nr}(\boldsymbol{x}(t)^g) = \boldsymbol{x}(t+1)^g \neq \boldsymbol{x}(t)^g\right] \Leftrightarrow \boldsymbol{x}(t+1)^g \in \mathcal{GR}_{x(t)} \tag{4.17}$$

Im Allgemeinen können $\mathcal{LR}_{x(t)}$ und $\mathcal{GR}_{x(t)}$ nicht zusammenhängende Teilbereiche enthalten, da der vom Suchbereich abgedeckte Raum viele lokale Optima umfassen kann.

Im Folgenden wird der Rand (Hypersurface) eines n-dimensionalen Bereichs A als $\mathcal{S}(A)$ bezeichnet und das Volumen von A als $\mathcal{V}(A)$ angegeben. Die folgenden zwei Verhältnisse sind definiert:

$$|\mathcal{LR}_{x(t)}| = \frac{\mathcal{V}(\mathcal{LR}_{x(t)})}{\mathcal{V}(\mathcal{C}(\boldsymbol{x}(t)^g,\ x^e(t)))} \qquad |\mathcal{GR}_{x(t)}| = \frac{\mathcal{V}(\mathcal{GR}_{x(t)})}{\mathcal{V}(\mathcal{C}(\boldsymbol{x}(t)^g,\ x^e(t)))} \tag{4.18}$$

Innerhalb des lokalen Suchbereichs $\mathcal{C}(\boldsymbol{x}(t)^g,\ x^e(t))$ stellen $|\mathcal{LR}_{x(t)}|$ und $|\mathcal{GR}_{x(t)}|$ den Anteil des Raums dar, in dem sich jeweils Lösungen mit niedrigerer bzw. höherer Fitness befinden. Das heißt, sie repräsentieren die *relative Abdeckung* von $\mathcal{C}(\boldsymbol{x}(t)^g,\ x^e(t))$ der beiden Bereiche $\mathcal{LR}_{x(t)}$ und $\mathcal{GR}_{x(t)}$. Im Detail ist $|\mathcal{GR}_{x(t)}|$ die Wahrscheinlichkeit, dass eine zufällige Stichprobe aus dem Suchbereich eine Lösung mit höherer Fitness als $\boldsymbol{x}(t)^g$ liefert. Aus der Definition von $\mathcal{LR}_{x(t)}$ und $\mathcal{GR}_{x(t)}$ in Gl. (4.18) gelten die folgenden Eigenschaften:

$$0 < |\mathcal{LR}_{x(t)}| \leq 1 \quad 0 \leq |\mathcal{GR}_{x(t)}| < 1 \quad |\mathcal{LR}_{x(t)}| + |\mathcal{GR}_{x(t)}| = 1 \tag{4.19}$$

Es folgt außerdem, dass eine Lösung $\boldsymbol{x}(t)^g$ genau dann das Optimum der Nachbarschaft $\mathcal{C}(\boldsymbol{x}(t)^g,\ x^e(t))$ ist, wenn:

$$\begin{aligned}\mathcal{F}(\boldsymbol{x}(t)^g) \geq \mathcal{F}(v)\ \forall v \in \mathcal{C}(\boldsymbol{x}(t)^g,\ x^e(t)) \ \Leftrightarrow\ & \big(|\mathcal{LR}_{x(t)}| = 1\big) \\ \wedge\ & \big(|\mathcal{GR}_{x(t)}| = 0\big)\end{aligned} \tag{4.20}$$

Die lokale Suchroutine des Bienenalgorithmus zielt darauf ab, das Optimum $\boldsymbol{L}_{opt}$ innerhalb der Nachbarschaft durch den Suchbereich $\mathcal{C}(\boldsymbol{x}(t)^g,\ x^e(t))$ zu identifizieren. Ist die Region mit höheren Fitnesswerten $\mathcal{GR}_{x(t)}$ deutlich kleiner als der Suchbereich, ist die Wahrscheinlichkeit, eine bessere Lösung als $\boldsymbol{x}(t)^g$ zu finden, gering, und die lokale Suche wird wahrscheinlich nur langsam voranschreiten oder sogar stagnieren. Das Schrumpfen der Nachbarschaft verkleinert den Suchbereich und erhöht, sofern $\mathcal{GR}_{x(t)}$ nicht reduziert wird, das heißt $\mathcal{GR}_{x(t)} = \mathcal{GR}_{x(t+1)}$, die Wahrscheinlichkeit eines Fortschritts bei der lokalen Suche. Befindet sich $\boldsymbol{x}(t)^g$ in angemessener Nähe zum lokalen Optimum, so liegt es im inneren Bereich der Nachbarschaft und wird durch das Schrumpfverfahren nicht beeinflusst. Ist $\boldsymbol{x}(t)^g$ nicht das lokale Optimum, so lässt sich zeigen, dass es zumindest an die Region $\mathcal{GR}_{x(t)}$ angrenzt. Im Detail:

Proposition 4.4 *Eine Lösung $\boldsymbol{x}(t)^g$ ist entweder ein lokales Optimum der Fitness oder liegt auf dem Rand $\mathcal{S}(\mathcal{GR}_{x(t)})$ von $\mathcal{GR}_{x(t)}$.*

Beweis Dies lässt sich durch Widerspruch beweisen:

$$\boldsymbol{x}(t)^g \notin \mathcal{S}(\mathcal{GR}_{x(t)}) \Leftrightarrow \exists\epsilon > 0 \mid v \in \mathcal{LR}_{x(t)} \quad \forall v \in B(\boldsymbol{x}(t)^g,\ \epsilon) \tag{4.21}$$

wobei $B(\boldsymbol{x}(t)^g,\ \epsilon)$ eine n-dimensionale Kugel mit Radius ϵ und Mittelpunkt in $\boldsymbol{x}(t)^g$ ist. Es gilt jedoch:

$$v \in \mathcal{LR}_{x(t)} \Leftrightarrow \mathcal{F}(v) \leq \mathcal{F}(\boldsymbol{x}(t)^g) \tag{4.22}$$

Also ist $\boldsymbol{x}(t)^g$ entweder ein lokales Optimum oder befindet sich innerhalb von $\mathcal{S}(\mathcal{GR}_{x(t)})$. □

Ein wichtiges Ergebnis aus Proposition 4.4 ist, dass keine Nachbarschaftsverkleinerung $\mathcal{GR}_{x(t)}$ vollständig aus dem Suchraum ausschließen kann. Darüber hinaus gilt: Wenn $\mathcal{GR}_{x(t)}$ aus nur einer einzigen Region besteht und deutlich kleiner als der Suchraum ist, bleibt es von der Nachbarschaftsverkleinerung unberührt und die Wahrscheinlichkeit, in der nächsten Iteration des lokalen Suchverfahrens eine Lösung innerhalb von $\mathcal{GR}_{x(t)}$ zu sampeln, steigt. Besteht $\mathcal{GR}_{x(t)}$ jedoch aus getrennten Regionen und ist das Fitnessoptimum $\boldsymbol{o}$ innerhalb von $\mathcal{C}(\boldsymbol{x}(t)^g,\ x^e(t))$ nicht zusammenhängend mit $\boldsymbol{x}(t)^g$, kann die Nachbarschaftsverkleinerung dazu führen, dass der Hauptgipfel nicht mehr erreichbar ist.

Zusammenfassend lässt sich sagen, dass die Nachbarschaftsverkleinerung in vielen Fällen die lokale Suche unterstützt, indem sie die Wahrscheinlichkeit erhöht, Lösungen innerhalb von $\mathcal{GR}_{x(t)}$ zu finden. Durch die Verringerung der Reichweite beeinflusst sie jedoch die Konvergenzgeschwindigkeit der lokalen Suche gemäß Gl. (4.11). Die Nachbarschaftsverkleinerung ist besonders dann nützlich, wenn die lokale Suche bereits gute Fortschritte gemacht hat und das lokale Optimum $\boldsymbol{L}_{opt}$ mit hinreichender Genauigkeit lokalisiert wurde. Insbesondere in letzterem Fall wird Genauigkeit wichtiger als Geschwindigkeit für die lokale Suche. Im Allgemeinen neigt die lokale Suche dazu, zu stagnieren und das Nachbarschaftsverkleinerungsverfahren auszulösen, wenn sie sich dem lokalen Maximum nähert, und $\mathcal{GR}_{x(t)}$ nimmt dabei allmählich an Größe ab.

4.3.2 *Stallwahrscheinlichkeit ohne Nachbarschaftsverkleinerung*

Betrachten wir eine Stelle $\boldsymbol{s}(t)$, zentriert auf $\boldsymbol{x}(t)^g$ im lokalen Suchzyklus t. Wird keine Nachbarschaftsverkleinerung verwendet, so wird die Wahrscheinlichkeit, dass die lokale Suche an der Stelle $\boldsymbol{s}(t)$ steckenbleibt, im Folgenden als $P\big(\boldsymbol{x}(t)^g = \boldsymbol{x}(t + x^{ttl})^g\big)$ bezeichnet. Sie wird wie folgt berechnet:

Proposition 4.5 (Stallwahrscheinlichkeit ohne Nachbarschaftsverkleinerung) *Gegeben sei die Stelle $\boldsymbol{s}(t)$, zentriert auf $\boldsymbol{x}(t)^g$ im Zyklus t. Dann ergibt sich die Wahrscheinlichkeit, dass die lokale Suche ohne Nachbarschaftsverkleinerung stecken bleibt, zu:*

$$P\big(\boldsymbol{x}(t)^g = \boldsymbol{x}(t + x^{ttl})^g\big) = |\mathcal{LR}_{x(t)}|^{nr \cdot x^{ttl}(t)} \tag{4.23}$$

Beweis Siehe elektronischer Anhang C. □

Da die lokale Suche zufällig ist, gilt Proposition 4.5 unabhängig von der Fitness-Landschaft. Sie gilt ebenso unabhängig davon, ob $x^{ttl}(t) = stlim$ – das heißt, die lokale Suche hat noch nicht begonnen zu stagnieren – oder $x^{ttl}(t) < stlim$ gilt – das heißt, die lokale Suche ist bereits ins Stocken geraten.

Varianten des Bienenalgorithmus, die die Anzahl der Suchbienen dynamisch anpassen, wie sie von Pham und Darwish [15], Packianather et al. [11] und Pham und Darwish [16] vorgeschlagen wurden, sind komplexer zu analysieren und erfordern eine andere Formulierung für die Stallwahrscheinlichkeit. Diese werden später in diesem Abschnitt behandelt. Wird eine Nachbarschaftsverkleinerung implementiert, so muss die schrittweise Reduktion des Suchraums berücksichtigt werden. In diesem Fall kann es vorkommen, dass – wenn die lokale Suche in einem Nebenmaximum gefangen ist – die fittesten Lösungen innerhalb der $\mathcal{GR}_{x(t)}$-Region außerhalb des Suchraums verbleiben, da die Nachbarschaft verkleinert wurde.

4.3.3 Stallwahrscheinlichkeit mit Nachbarschaftsverkleinerung

Betrachten wir den Fall, in dem die lokale Suche bei Iteration t an der Lösung $\boldsymbol{x}(t)^g$ zu stagnieren beginnt – und zwar innerhalb des Anziehungsbeckens eines lokalen Optimums $\boldsymbol{L}_{opt}$, jedoch nicht am lokalen Optimum ($\boldsymbol{x}(t)^g \neq \boldsymbol{L}_{opt}$). Nehmen wir außerdem an, dass $\mathcal{GR}_{x(t)}$ eine einzige, zusammenhängende Region ist und dass die lokale Suche für k Zyklen stagniert. In diesem Fall besagt Proposition 4.4, dass $\boldsymbol{x}(t)^g$ am Rand (der Hyperfläche) von $\mathcal{GR}_{x(t)}$ liegt. Der wahrscheinlichste Grund für das wiederholte Stagnieren der lokalen Suche ist, dass $\mathcal{GR}_{x(t)}$ im Vergleich zum Suchraum $\mathcal{C}(\boldsymbol{x}(t)^g,\ x^e(t))$ klein ist. Ist $\mathcal{GR}_{x(t)}$ klein im Vergleich zu $\mathcal{C}(\boldsymbol{x}(t)^g,\ x^e(t))$ und liegt $\boldsymbol{x}(t)^g$ am Rand von $\mathcal{GR}_{x(t)}$, so ist der Abstand $\delta = d(\boldsymbol{x}(t)^g,\ \boldsymbol{L}_{opt})$ zwischen dem Zentrum der Nachbarschaft und dem lokalen Optimum wahrscheinlich klein im Vergleich zum Suchrand. Das heißt: $\delta \ll x^e(t)$. Dies impliziert, dass $\mathcal{GR}_{x(t)}$ wahrscheinlich weit vom Rand des Suchraums entfernt ist und durch das Verfahren der Nachbarschaftsverkleinerung nicht wesentlich beeinflusst wird.

Eine mögliche Ausnahme von diesem Fall wäre, dass $\mathcal{GR}_{x(t)}$ eine langgestreckte und schmale Region ist – beispielsweise ein schmales Fitnesstal in einem zweidimensionalen Suchraum – und $\boldsymbol{x}(t)^g$ und L_{opt} an den entgegengesetzten Enden der Region liegen. In diesem speziellen Fall könnte die Nachbarschaftsverkleinerung auch den Umfang der $\mathcal{GR}_{x(t)}$-Region geringfügig verringern, indem beispielsweise ein Extrem des zweidimensionalen Tals eliminiert wird.

Wenn $\mathcal{GR}_{x(t)}$ nicht durch k sukzessive Anwendungen der Nachbarschaftsverkleinerung reduziert wird, können die relativen Abdeckungen (Gl. (4.18) $\mathcal{LR}_{x(t+k)}$ und $\mathcal{GR}_{x(t+k)}$ wie folgt berechnet werden:

Lemma 4.1 (Abdeckungsreduktion mit konstantem $\mathcal{GR}_{x(t)}$) *Sei $\boldsymbol{x}(t)^g$ das Zentrum der Stelle s im Zyklus t der lokalen Suche im n-dimensionalen Lösungsraum. Wenn* *die lokale Suche für k Zyklen stagniert ($\boldsymbol{x}(t)^g = \boldsymbol{x}(t)^g_{t+k}$), und die Region $\mathcal{GR}_{x(t)} \neq \emptyset$ durch Nachbarschaftsverkleinerung nicht verändert wird, ergeben sich die relativen Abdeckungen von $\mathcal{LR}_{x(t+k)}$ und $\mathcal{GR}_{x(t+k)}$ zu:*

$$|\mathcal{LR}_{x(t+k)}| = \frac{1}{\alpha^{kn}}(|\mathcal{LR}_{x(t)}| - 1) + 1 = 1 - \frac{1}{\alpha^{kn}}|\mathcal{GR}_{x(t)}| \tag{4.24}$$

$$|\mathcal{GR}_{x(t+k)}| = \frac{1}{\alpha^{kn}}|\mathcal{GR}_{x(t)}| \tag{4.25}$$

Beweis Siehe Anhang C. □

Es ist zu beachten, dass gemäß Gl. (4.18) stets $\mathcal{GR}_{x(t+k)} < 1$ gelten muss – das heißt, $\mathcal{GR}_{x(t+k)} \subset \mathcal{C}(\boldsymbol{x}(t)^g,\ x^e(t))$ gemäß Gl. (4.15).

Lemma 4.1 gilt für den allgemeinen Fall, in dem der Abstand zwischen dem Zentrum $\boldsymbol{x}(t)^g$ der Nachbarschaft und einem lokalen Optimum $\boldsymbol{o}$ klein im Vergleich zur Größe der Nachbarschaft $x^e(t)$ ist und das Einzugsgebiet der lokalen Nachbarschaft klein im Vergleich zum Suchraum. Selbst wenn ein Teil von $\mathcal{GR}_{x(t)}$ nahe an der Grenze von $\mathcal{C}(\boldsymbol{x}(t)^g,\ x^e(t))$ liegt – zum Beispiel ein langes und schmales Tal –, wird das Schrumpfen der Nachbarschaft höchstwahrscheinlich $\mathcal{GR}_{x(t)}$ nicht wesentlich beeinflussen. Falls $\mathcal{GR}_{x(t)}$ keine eindeutig zusammenhängende Region ist, könnten einige seiner Teile verkleinert oder vom Suchraum ausgeschlossen werden. Es ist jedoch zu beachten, dass, sofern sie nicht vollständig ausgeschlossen sind – das heißt, am Rand der Nachbarschaft im Zyklus t –, eine teilweise ausgeschlossene Teilregion dennoch in nachfolgenden Zyklen der lokalen Suche gefunden und optimiert werden kann.

Im Allgemeinen zeigt Gl. (4.25), dass, wenn das Zentrum der lokalen Suche ausreichend nahe am lokalen Optimum liegt, die relative Abdeckung von $\mathcal{GR}_{x(t)}$ und damit die Wahrscheinlichkeit, eine bessere Lösung zu finden, exponentiell ($1/\alpha > 1$) mit wiederholter Anwendung des Nachbarschaftsschrumpfens wächst. Das Schrumpfen der Nachbarschaft ist somit eine sehr effektive Heuristik zur Intensivierung der lokalen Suche, insbesondere im letzten Abschnitt des Verfahrens.

Die Wahrscheinlichkeit eines längeren Stillstands der lokalen Suche, der zum Verlassen des Standorts führen würde, kann aus Gl. (4.25) wie folgt abgeleitet werden:

Proposition 4.6 (Stagnationswahrscheinlichkeit bei Nachbarschaftsschrumpfung und konstantem $\mathcal{GR}_{x(t)}$) *Sei $\boldsymbol{x}(t)^g$ das Zentrum des Standorts s im Zyklus t im n-dimensionalen Lösungsraum. Die Wahrscheinlichkeit, dass die lokale Suche für k Zyklen andauert, wenn $\mathcal{GR}_{x(t)}$ durch das Nachbarschaftsschrumpfen nicht verändert wird, ist:*

$$P(\boldsymbol{x}(t)^g = \boldsymbol{x}(t+k)^g) = \prod_{h=1}^{k}\left(1 - \frac{1}{\alpha^{hn}}|\mathcal{GR}_{x(t)}|\right)^{nr} \tag{4.26}$$

Beweis Nach h Zyklen der Stagnation ist die Wahrscheinlichkeit $P_{nr=1}(\boldsymbol{x}(h)^g = \boldsymbol{x}(h+1)^g)$, mindestens keine fittere Lösung als $\boldsymbol{x}(t)^g$ in $\mathcal{C}(\boldsymbol{x}(t)^g,\ x^e(t+h))$ zu sampeln, gegeben durch die relative Abdeckung von $\mathcal{LR}_{x(t+h)}$, die gemäß Gl. (4.24) gleich ist:

$$P_{nr=1}(\boldsymbol{x}(h)^g = \boldsymbol{x}(h+1)^g) = |\mathcal{LR}_{x(t+h)}| = 1 - \frac{1}{\alpha^{kn}}|\mathcal{GR}_{x(t)}| \tag{4.27}$$

Die Wahrscheinlichkeit, in Zyklus h keine bessere Lösung als $\boldsymbol{x}(t)^g$ in nr unabhängigen Stichproben von $\mathcal{C}(\boldsymbol{x}(t)^g,\ x^e(t+h))$ zu finden, ist gleich:

$$P(\boldsymbol{x}(h)^g = \boldsymbol{x}(h+1)^g) = P_{nr=1}(\boldsymbol{x}(h)^g = \boldsymbol{x}(h+1)^g)^{nr} \tag{4.28}$$

Die Wahrscheinlichkeit, dass die lokale Suche für k aufeinanderfolgende Zyklen stagniert, ergibt sich dann aus Gl. (4.27) und (4.28):

$$\begin{aligned} P(\boldsymbol{x}(t)^g = \boldsymbol{x}(t+k)^g) &= \prod_{h=1}^{k-1} P(\boldsymbol{x}(h)^g = \boldsymbol{x}(h+1)^g) = \\ &= \prod_{h=1}^{k-1}\left(1 - \frac{1}{\alpha^{hn}}|\mathcal{GR}_{x(t)}|\right)^{nr} \end{aligned} \tag{4.29}$$

□

Die Korrektheit dieses Ergebnisses hängt von der Annahme ab, dass die Anzahl der rekrutierten Bienen nr während der gesamten k Stagnationszyklen konstant bleibt. Wenn die Anzahl der Sammlerbienen, die dem Ort zugewiesen werden, bei jeder Iteration der Hauptschleife variiert, wie beispielsweise in der von Packianather et al. vorgeschlagenen Variante [11], muss die Anzahl der Sammlerbienen nr in Gl. (4.26) durch einen variablen Parameter nr_h ersetzt werden.

Abschließend ist zu beachten, dass die Stagnationswahrscheinlichkeit niemals null sein kann, da $\mathcal{LR}_{x(t)} \neq \emptyset$ für jedes $x(t)$ gilt. Die Ergebnisse der Aussagen 4.5 und 4.6 sind unabhängig von der Form der Nachbarschaft gültig.

4.3.4 *Ein großes* stlim *oder* nr*?*

Aussage 4.6 quantifiziert die Wahrscheinlichkeiten des Verlassens eines Ortes, wenn die Verkleinerung der Nachbarschaft es nicht schafft, die Chancen auf Fortschritt bei der lokalen Suche signifikant zu verändern. Das heißt, wenn sie $|\mathcal{GR}_{x(t)}|$ nicht signifikant erhöht. Wie in Abschn. 4.3.3 angemerkt, tritt diese Situation am wahrscheinlichsten ein, wenn die lokale Suche bereits gute Fortschritte gemacht hat – insbesondere, wenn sie sich der Nähe des lokalen Optimums nähert und $\mathcal{GR}_{x(t)}$ zunehmend kleiner wird und sich dem Zentrum des Suchraums annähert.

Nach Aussage 4.6 wird die Wahrscheinlichkeit, dass die lokale Suche stagniert und das Verfahren zum Verlassen des Ortes auslöst, durch drei Faktoren bestimmt: (1) die Anzahl *nr* der in jedem Zyklus der lokalen Suche gesampelten Lösungen, (2) das Stagnationslimit *stlim* und (3) die Größe des Suchraums. Die Wahrscheinlichkeit des Stagnierens kann durch die Erhöhung der Werte von *nr* und *stlim* reduziert werden. Allerdings ist der Effekt der Veränderung der beiden Hyperparameter *nr* und *stlim* auf die Stagnationswahrscheinlichkeit nicht identisch, da die Verkleinerung des Suchraums durch die Nachbarschaftsverkleinerung nichtlinear erfolgt. Bei einer festen Anzahl von Sampling-Möglichkeiten $nr \cdot stlim$, sind zwei Strategien möglich. Die erste Strategie besteht darin, die Nachbarschaft in wenigen Iterationen gründlich zu durchsuchen, also ein großes *nr* zu verwenden. Die zweite Strategie wäre, den Suchraum weniger intensiv, aber über einen längeren Zeitraum zu durchsuchen, also ein großes *stlim* zu wählen. Dieser Abschnitt analysiert, welche der beiden genannten Strategien am effektivsten ist, um ein Stagnieren der lokalen Suche zu verhindern.

In der folgenden Analyse wird angenommen, dass *nr* und *stlim* um einen Faktor $q > 1$ erhöht werden können, wobei $q \in \mathbb{N}$ gilt, und die lokale Such-Stagnationswahrscheinlichkeit wird als $P_{nr}(\boldsymbol{x}(t)^g = \boldsymbol{x}(t+stlim)^g)$ bezeichnet, wobei der Index *nr* die Anzahl der im Suchraum in einem lokalen Suchzyklus gezogenen Kandidatenlösungen angibt.

Lemma 4.2 *Sei $\boldsymbol{x}(t)^g$ das Zentrum der Stelle s im Zyklus t im n-dimensionalen Lösungsraum. Unter der Annahme, dass $\mathcal{GR}_{x(t)}$ durch die Verkleinerung der Nachbarschaft nicht verändert wird, modifiziert eine Erhöhung des Stagnationslimits um einen ganzzahligen Faktor $q > 1$ die Stagnationswahrscheinlichkeit der lokalen Suche wie folgt:*

$$P_{nr}(\boldsymbol{x}(t)^g = \boldsymbol{x}(t + q \cdot stlim)^g) = P_{nr}(\boldsymbol{x}(t)^g = \boldsymbol{x}(t + stlim)^g) \cdot T \tag{4.30}$$

wobei T gleich ist mit:

$$T = \prod_{k=stlim+1}^{q \cdot stlim} \left(1 - \frac{1}{\alpha^{kn}} |\mathcal{GR}_{x(t)}|\right)^{nr} \tag{4.31}$$

Beweis Aus Proposition 4.6 ergibt sich, dass $P_{nr}(\boldsymbol{x}(t)^g = \boldsymbol{x}(t + q \cdot stlim)^g)$ gleich ist mit:

$$\begin{gathered} P_{nr}(\boldsymbol{x}(t)^g = \boldsymbol{x}(t + q \cdot stlim)^g) = \prod_{k=1}^{q \cdot stlim} \left(1 - \frac{1}{\alpha^{kn}} |\mathcal{GR}_{x(t)}|\right)^{nr} = \\ \prod_{k=1}^{stlim} \left(1 - \frac{1}{\alpha^{kn}} |\mathcal{GR}_{x(t)}|\right)^{nr} \cdot \prod_{k=stlim+1}^{q \cdot stlim} \left(1 - \frac{1}{\alpha^{kn}} |\mathcal{GR}_{x(t)}|\right)^{nr} = \\ = P_{nr}(\boldsymbol{x}(t)^g = \boldsymbol{x}(t + stlim)^g) \prod_{k=stlim+1}^{q \cdot stlim} \left(1 - \frac{1}{\alpha^{kn}} |\mathcal{GR}_{x(t)}|\right)^{nr} \end{gathered} \tag{4.32}$$

□

Lemma 4.3 *Sei x(t) das Zentrum der Stelle x im Zyklus t im n-dimensionalen Lösungsraum. Unter der Annahme, dass $\mathcal{GR}_{x(t)}$ durch die Verkleinerung der Nachbarschaft nicht verändert wird, modifiziert eine Erhöhung der Anzahl der Suchenden um einen ganzzahligen Faktor $q > 1$ die Stagnationswahrscheinlichkeit der lokalen Suche wie folgt:*

$$P_{q\cdot nr}(\boldsymbol{x}(t)^g = \boldsymbol{x}(t+stlim)^g) = P_{nr}(\boldsymbol{x}(t)^g = \boldsymbol{x}(t+stlim)^g)^q \tag{4.33}$$

Beweis Der Beweis ist unmittelbar:

$$\begin{aligned} P_{q\cdot nr}(\boldsymbol{x}(t)^g = \boldsymbol{x}(t+stlim)^g) &= \prod_{k=1}^{stlim}\left(1-\beta^k|\mathcal{GR}_{x(t)}|\right)^{q\cdot nr} = \\ = \left(\prod_{k=1}^{stlim}\left(1-\beta^k|\mathcal{GR}_{x(t)}|\right)^{nr}\right)^q &= P_{nr}(\boldsymbol{x}(t)^g = \boldsymbol{x}(t+stlim)^g)^q \end{aligned} \tag{4.34}$$

□

Die nächste Aussage zeigt, dass, wenn $\mathcal{GR}_{x(t)}$ durch die Verkleinerung der Nachbarschaft nicht beeinflusst wird, eine Erhöhung des Stagnationslimits um einen ganzzahligen Faktor $q > 1$ wirksamer zur Verringerung der Stagnation beiträgt als eine Erhöhung der Anzahl der Suchenden um denselben Faktor.

Proposition 4.7 (*stlim* versus *nr*) *Sei x(t) das Zentrum der Stelle s im Zyklus t im n-dimensionalen Lösungsraum. Unter der Annahme, dass $\mathcal{GR}_{x(t)}$ durch das Schrumpfen der Nachbarschaft nicht verändert wird, verringert eine Erhöhung des Stagnationslimits um einen ganzzahligen Faktor $q > 1$ die Wahrscheinlichkeit des Steckenbleibens stärker als eine gleich große Erhöhung der Anzahl der Suchbienen.*

$$P_{nr}(\boldsymbol{x}(t)^g = \boldsymbol{x}(t+q\cdot stlim)^g) < P_{q\cdot nr}(\boldsymbol{x}(t)^g = \boldsymbol{x}(t+stlim)^g) \tag{4.35}$$

Beweis Siehe Anhang C.2.2. □

Die Richtigkeit der Proposition 4.7 lässt sich auch zeigen, indem eine gegebene Anzahl von Stichprobenmöglichkeiten $T = (q\cdot nr)\cdot stlim = nr\cdot(q\cdot stlim)$ innerhalb von $\mathcal{C}(\boldsymbol{x}(t)^g,\ x^e(t))$ betrachtet wird. Wird die Anzahl der Suchbienen *nr* erhöht, so wird der Suchraum $q\cdot nr$-mal für *stlim* Stagnationszyklen abgetastet, bevor das Verfahren zum Verlassen der Stelle ausgelöst wird. Unter der Annahme, dass $\mathcal{GR}_{x(t)}$ durch das Schrumpfen der Nachbarschaft nicht verringert wird, haben alle abgetasteten Lösungen eine Wahrscheinlichkeit, die größer oder gleich $A = \left(1-\frac{1}{\alpha^{stlim\cdot n}}|\mathcal{GR}_{x(t)}|\right)$ ist, außerhalb von $\mathcal{GR}_{x(t)}$ zu liegen (siehe Gl. [C.30] im Anhang C). Wird das Stagnationslimit *stlim* erhöht, so wird der Suchraum *nr*-mal für $q \cdot stlim$ Zyklen abgetastet, und $(q \cdot stlim - stlim) \cdot nr$ dieser Stichproben haben eine Wahrscheinlichkeit, außerhalb von $\mathcal{GR}_{x(t)}$ zu liegen, die kleiner oder gleich $A = \left(1 - \frac{1}{\alpha^{stlim \cdot n}} |\mathcal{GR}_{x(t)}|\right)$ ist (siehe Gl. [C.31] im Anhang C).

Vorausgesetzt, dass $\mathcal{GR}_{x(t)}$ keine disjunkte multimodale Region ist, stellt Proposition 4.7 eine wertvolle Information für die Parametrisierung des Bienenalgorithmus dar. Die Bedingung, dass $\mathcal{GR}_{x(t)}$ nicht disjunkt ist, ist relativ häufig, wenn der Suchraum bereits auf etwa das Anziehungsbecken eines lokalen Fitnessmaximums eingegrenzt wurde. Umfasst $\mathcal{GR}_{x(t)}$ jedoch mehrere Maxima, könnten wiederholte Anwendungen des Nachbarschaftsschrumpfens dazu führen, dass das Hauptmaximum aus $\mathcal{GR}_{x(t)}$ ausgeschlossen wird. In diesem Fall garantiert ein hoher *nr*-Wert, dass die Nachbarschaft gründlich abgetastet wird, bevor das Hauptmaximum verloren geht. Leider ist die Morphologie der Fitnesslandschaft unbekannt, sodass der beste Kompromiss zwischen *nr* und *stlim* experimentell bestimmt werden muss. Abschließend sei angemerkt, dass in den empirischen Tests in Kap. 3 der Bienenalgorithmus über eine Vielzahl von Benchmarks hinweg die besten Ergebnisse mit großen *stlim*-Werten erzielte, was auf eine breite Anwendbarkeit der Proposition 4.7 hindeutet.

4.4 Nachbarschaftsform

In der Literatur zum Bienenalgorithmus ist die Form der Nachbarschaft eines der am wenigsten behandelten Themen. Die übliche Wahl – aufgrund ihrer einfachen Implementierung – besteht darin, die lokale Suche innerhalb eines Hyperwürfels $\mathcal{C}(\boldsymbol{x}(t)^g,\ x^e(t))$ mit der Seitenlänge $x^e(t)$ und zentriert in $\boldsymbol{x}(t)^g$ durchzuführen. Der Hauptnachteil dieser Wahl ist die anisotrope Natur der Suche, die in Richtung der Koordinatenachsen die geringste Reichweite und in Richtung der Diagonalen des Hyperwürfels die größte Reichweite besitzt. Diese Anisotropie führt zu einer Verzerrung in der lokalen Suche.

Darüber hinaus wächst das Volumen des Hyperwürfels exponentiell mit der Dimensionalität des Lösungsraums, was die Stichprobenentnahme ausdünnt (*Fluch der Dimensionalität,* [3]). In diesem Abschnitt werden die Auswirkungen der Verwendung eines isotropen Suchraums diskutiert.

4.4.1 Isotrope Lokalsuche

Ein *isotroper* Suchraum kann durch die Verwendung einer *Hypersphäre* anstelle des Standard-Hyperwürfels – also einer *Kugel* $\mathcal{B}$ mit dem Radius $x^r(t)$ und zentriert in $\boldsymbol{x}(t)^g$ – erreicht werden. Für algorithmische Details zur Implementierung einer gleichmäßig verteilten sphärischen Stichprobenentnahme sei auf Cook [7] und Muller [10] verwiesen.

Die Verwendung eines isotropen Suchraums verändert die prozedurale Implementierung des Bienenalgorithmus nicht, der weiterhin mit dem Pseudocode in den Kästen 2.3 und 2.4 ausgedrückt werden kann. Ein kleiner Unterschied besteht darin, dass das Schrumpfen der Nachbarschaft in diesem Fall den Radius der Hypersphäre und nicht die Kantenlänge des Hyperwürfels verringert.

Der Austausch von kubischen Nachbarschaften durch sphärische verändert jedoch die Eigenschaften der Suche. Beispielsweise ist die maximale Reichweite in einem Zyklus der lokalen Suche (Proposition 4.2) nicht mehr die Diagonale des Hyperwürfels $\frac{x^e(t)\sqrt{n}}{2}$, sondern der Radius der Hypersphäre $x^r(t)$ und skaliert nicht mehr mit der Dimensionalität n des Lösungsraums. Auch das Volumen einer hyperkubischen Nachbarschaft wächst mit der Dimensionalität des Lösungsraums:

$$\mathcal{V}(\mathcal{C}(\boldsymbol{x}(t)^g,\ x^e(t))) = (x^e(t))^n \tag{4.36}$$

während das Volumen einer hypersphärischen Nachbarschaft zunächst mit der Anzahl der Dimensionen zunimmt und dann abnimmt [20]:

$$\mathcal{V}(\mathcal{C}(\boldsymbol{x}(t)^g,\ x^r(t))) = V_n \cdot (x^r(t))^n = \frac{\pi^{\frac{n}{2}}}{\Gamma\left(\frac{n}{2}+1\right)}(x^r(t))^n \tag{4.37}$$

wobei Γ die Gammafunktion ist. Im Detail gilt: Wenn der Radius $x^r(t)$ fest ist, wächst das Volumen der Hypersphäre mit der Anzahl der Entscheidungsvariablen für $1 < n < n^*$, wobei

$$n^* = \{n \mid D_{n-1} < x^r(t) \leq D_n\} \tag{4.38}$$

mit

$$D_n = \frac{\Gamma(\frac{n}{2}+\frac{3}{2})}{\sqrt{\pi}\Gamma(\frac{n}{2}+1)} \tag{4.39}$$

gilt, und es nimmt danach stark ab, wobei es für große n-Werte gegen Null strebt. Wie in Abschn. 4.3 diskutiert, gelten die Aussagen 4.5 und 4.6 unabhängig von der Nachbarschaftsform.

Proposition 4.8 (Bereichsinvarianz) *Seien* $\mathcal{C}(\boldsymbol{x}(t)^g,\ x^e(t))$ *und* $\mathcal{B}(\boldsymbol{x}(t)^g,\ x^r(t))$ *der lokale Suchbereich unter Verwendung von kubischer bzw. sphärischer Stichprobenziehung und* $|\mathcal{GR}_{x(t)}|^C$ *und* $|\mathcal{GR}_{x(t)}|^S$ *die relative Abdeckung der* $\mathcal{GR}_{s(t)}$*-Region unter Verwendung von kubischer bzw. sphärischer Stichprobenziehung. Wenn das Schrumpfen der Nachbarschaft die* $\mathcal{GR}_{x(t)}$*-Region nicht verändert, führt das Schrumpfen der Kante oder des Radius des Suchbereichs um einen Faktor* α *zum gleichen Änderungsmaß in den jeweiligen Abdeckungen:*

$$
\begin{aligned}
\mathcal{C}(\boldsymbol{x}(t)^{g},\ \alpha x^{e}(t)) &\Rightarrow \frac{1}{\alpha^{n}}|\mathcal{GR}_{x(t)}|^{C} \\
\mathcal{B}(\boldsymbol{x}(t)^{g},\ \alpha x^{r}(t)) &\Rightarrow \frac{1}{\alpha^{n}}|\mathcal{GR}_{x(t)}|^{S}
\end{aligned}
\tag{4.40}
$$

Beweis Siehe Anhang C.2. □

Proposition 4.8 besagt, dass die Stagnationswahrscheinlichkeit gemäß Proposition 4.6 berechnet wird, unabhängig von der verwendeten Nachbarschaftsform. Allerdings hat die unterschiedliche Beziehung zwischen Volumen und Dimensionalität des Suchbereichs wichtige Auswirkungen auf die Verwendung von hypersphärischen oder hyperkubischen Nachbarschaften in hochdimensionalen Räumen.

Der Unterschied im Verhalten zwischen hypersphärischer und hyperkubischer Stichprobenziehung könnte genutzt werden, um das Verhältnis von Ausbeutung zu Exploration zu beeinflussen, indem entweder die Nachbarschaftsformen entsprechend vordefinierten Zielen festgelegt oder opportunistisch während des Optimierungsprozesses geändert werden. Beispielsweise könnten hyperkubische Nachbarschaften zu Beginn der Suche eingesetzt werden, um die Exploration des Suchraums zu fördern. Später kann die Nachbarschaftsform nach einer vorgegebenen Anzahl von Schritten oder nach einer vorgegebenen Anzahl von Stagnationsschritten auf hypersphärisch umgestellt werden, um die Konvergenz der Suche zum lokalen Optimum zu beschleunigen. Hypersphärische Nachbarschaften können auch in Betracht gezogen werden, um den Fluch der Dimensionalität bei Optimierungsproblemen mit einer großen Anzahl von Entscheidungsvariablen abzumildern, wie etwa beim Training neuronaler Netze.

4.4.2 Stagnationswahrscheinlichkeit: Experimentelle Überprüfung

Um die theoretischen Vorhersagen aus Abschn. 4.3 zu validieren und zu visualisieren – insbesondere den Zusammenhang zwischen der Nachbarschaftsform und der Stalling-Wahrscheinlichkeit –, wurde eine Reihe von Experimenten durchgeführt. Der Fall, in dem die lokale Suche in einem großen Attraktionsbecken gefangen ist, wurde simuliert. Das Becken wurde durch eine vierdimensionale Hypersphäre mit Einheitsradius ($r = 1$) erzeugt und im Ursprung des kartesischen Raums zentriert. Die lokale Suche wurde innerhalb einer hyperkubischen Nachbarschaft mit Seitenlänge $x^{e}(t) = 10 \gg r$ gestartet, mit einer Lebensdauer von $x^{ttl}(t) = 8$ und zentriert bei $\boldsymbol{x}(t)^{g} = [1,\ 0,\ 0,\ 0]$. 15 Suchagenten wurden eingesetzt, um die Nachbarschaft zu durchsuchen. Die Parameter des Beispiels sind in Tab. 4.1 zusammengefasst.

Fall 1 – Hyperkubische Stichprobe ohne Nachbarschaftsverkleinerung

In dem oben beschriebenen Szenario ist die Region eine Hypersphäre mit Mittelpunkt im Ursprung des kartesischen Koordinatensystems und Einheitsradius. Nach

Tab. 4.1 Haupteigenschaften des simulierten Stalling-Szenarios

Parameter	Beschreibung	Wert
n	Dimensionalität des Problems	4
nr	Anzahl der Suchagenten	15
$x^e(t)$	Kantenlänge des Suchraums	10
$x^{ttl}(t)$	Lebensdauer	8
$\boldsymbol{x}(t)^g$	Nachbarschaftszentrum	[1, 0, 0, 0]
$\mathcal{GR}_{x(t)}$ Zentrum	Zentrum des größeren Bereichs	[0, 0, 0, 0]
$\mathcal{GR}_{x(t)}$ Radius	Radius des größeren Bereichs	1

Proposition 4.4 liegt $\boldsymbol{x}(t)^g$ auf der (offenen) Oberfläche der Hypersphäre $\mathcal{GR}_{x(t)}$. Nach Berechnung des Volumens des hypersphärischen Beckens und des hyperkubischen Suchraums ergibt sich $|\mathcal{GR}_{x(t)}|$ wie folgt:

$$\begin{aligned} &\mathcal{V}(\mathcal{GR}_{x(t)}) \approx 4{,}9348 \quad \mathcal{V}(\mathcal{C}(\boldsymbol{x}(t)^g,\ x^e(t))) = 10^4 \\ &|\mathcal{GR}_{x(t)}| = \frac{\mathcal{V}(\mathcal{GR}_{x(t)})}{\mathcal{V}(\mathcal{C}(\boldsymbol{x}(t)^g,\ x^e(t)))} \approx 4{,}9348 \cdot 10^{-4} \end{aligned} \tag{4.41}$$

Und durch Komplementarität:

$$\mathcal{V}(\mathcal{LR}_{x(t)}) = 1 - \mathcal{V}(\mathcal{GR}_{x(t)}) \approx 9995{,}0652 \qquad |\mathcal{LR}_{x(t)}| \approx 0{,}9995 \tag{4.42}$$

Wenn keine Nachbarschaftsverkleinerung verwendet wird, wird die Stalling-Wahrscheinlichkeit gemäß Proposition 4.5 berechnet:

$$P(\boldsymbol{x}(t)^g = \boldsymbol{x}(t + x^{ttl}(t))^g) = 0{,}9995^{15\cdot 8} \approx 0{,}9425 \tag{4.43}$$

Fall 2 – Hyperkubische Stichprobe mit Nachbarschaftsverkleinerung

Wenn das Verkleinern der Nachbarschaft mit einem Verkleinerungsfaktor $\alpha = 0{,}9$ verwendet wird, bleibt $\mathcal{GR}_{x(t)}$ unverändert und sein Volumen entspricht dem in Gl. (4.41) berechneten Wert. Die lokale Suche kommt nach $x^{ttl}(t) = 8$ aufeinanderfolgenden Stagnationszyklen zum Stillstand. Nach jedem Stagnationszyklus wird das Verkleinern der Nachbarschaft durchgeführt und das Volumen des Suchraums wird ausgehend vom Anfangswert im Zyklus t wie folgt reduziert:

$$\begin{aligned} \mathcal{V}(\mathcal{C}(\boldsymbol{x}(t)^g,\ x^e(t))) &= 10^4 \\ \mathcal{V}(\mathcal{C}(\boldsymbol{x}(t+8)^g,\ x^e(t+8))) &= 343{,}3684 \end{aligned} \tag{4.44}$$

wobei $x^e(t + x^{ttl}(t)) \approx 4{,}3047$. Die relative Abdeckung von $\mathcal{GR}$ variiert von ihrem Anfangswert im Zyklus t bis zum Wert:

$$|\mathcal{GR}_{x(t)}| \approx 4{,}9348 \cdot 10^{-4} \qquad |\mathcal{GR}_{x(t+x^{ttl}(t))}| \approx 1{,}4372 \cdot 10^{-2} \tag{4.45}$$

Nach Proposition 4.6 ergibt sich die Stagnationswahrscheinlichkeit nun zu:

$$
\begin{aligned}
P(\boldsymbol{x}(t)^g = \boldsymbol{x}(t + x^{ttl}(t))^g) &= \prod_{k=1}^{x^{ttl}(t)} \left(1 - \frac{1}{\alpha^{kN}} |\mathcal{GR}_{x(t)}|\right)^{nr} = \\
= \prod_{k=1}^{8} \left(1 - \frac{1}{0{,}9^{k \times 4}} (4{,}9348 \cdot 10^{-4})\right)^{15} &\approx 0{,}67144
\end{aligned} \tag{4.46}
$$

Fall 3 – Hypersphärische Stichproben ohne Verkleinerung der Nachbarschaft
Wird die hyperkubische Nachbarschaft mit Kantenlänge $x^e(t) = 10$ durch eine hypersphärische (isotrope) Nachbarschaft mit Durchmesser $2x^r = 10$ ersetzt, so ergeben sich das Volumen des Suchraums $\mathcal{V}(\mathcal{B}(\boldsymbol{x}(t)^g,\ x(t)^r))$ und die relative Abdeckung von $\mathcal{GR}_x$ zu:

$$
\begin{aligned}
&\mathcal{V}(\mathcal{B}(\boldsymbol{x}(t)^g,\ x(t)^r)) \approx 3084{,}2514 \\
&|\mathcal{GR}_{x(t)}| \approx 1{,}6 \cdot 10^{-3} \quad |\mathcal{LR}_{x(t)}| \approx 0{,}9984
\end{aligned} \tag{4.47}
$$

Wird keine Verkleinerung der Nachbarschaft verwendet, so wird die Stagnationswahrscheinlichkeit gemäß Proposition 4.5 berechnet:

$$
P(\boldsymbol{x}(t)^g = \boldsymbol{x}(t + x^{ttl}(t))^g) = 0{,}9984^{15 \cdot 8} \approx 0{,}8252 \tag{4.48}
$$

Fall 4 – Hypersphärische Stichproben mit Verkleinerung der Nachbarschaft
Wird ein hypersphärischer Suchraum verwendet und das Verkleinern der Nachbarschaft mit einem Verkleinerungsfaktor $\alpha = 0{,}9$ eingesetzt, so ergibt sich das Volumen des initialen und des finalen Suchraums (nach $x^{ttl}(t) = 8$ aufeinanderfolgenden Stagnationszyklen) zu:

$$
\begin{aligned}
&\mathcal{V}(\mathcal{B}(\boldsymbol{x}(t)^g,\ x^r(t))) \approx 3084{,}2514 \\
&\mathcal{V}(\mathcal{B}(\boldsymbol{x}(t + x^{ttl}(t))^g,\ x^r(t + x^{ttl}(t)))) \approx 105{,}9034
\end{aligned} \tag{4.49}
$$

Und die initialen und finalen relativen Abdeckungen $\mathcal{GR}_s$ sind gleich:

$$
|\mathcal{GR}_{x(t)}| \approx 1{,}6 \cdot 10^{-3} \quad |\mathcal{GR}_{x(t + x^{ttl}(t))}| \approx 4{,}6597 \cdot 10^{-2} \tag{4.50}
$$

Nach Proposition 4.6 ergibt sich die erwartete Stagnationswahrscheinlichkeit zu:

$$
P(x(t) = x(t + x^{ttl}(t))) = \prod_{k=1}^{8} \left(1 - \frac{1}{0{,}9^{k \times 4}} (1{,}6 \cdot 10^{-3})\right)^{15} \approx 0{,}2725 \tag{4.51}
$$

Tab. 4.2 Vorhergesagte Wahrscheinlichkeit des Steckenbleibens und experimentelle Häufigkeit von Steckenbleibereignissen für die vier in Abschn. 4.4.2 beschriebenen Fälle

	Sampling-Typ			
	Kubisch		Sphärisch	
	Vorhergesagt	Experimentell	Vorhergesagt	Experimentell
Ohne NS	0,9425	0,9429	0,8252	0,8249
Mit NS ($\alpha = 0{,}9$)	0,6714	0,67137	0,2725	0,2716

Experimentelle Ergebnisse

Die obigen Vorhersagen wurden numerisch überprüft, indem 10^6 unabhängige Durchläufe der lokalen Suche für jeden der vier Fälle simuliert wurden. Tab. 4.2 vergleicht die experimentellen Häufigkeiten des Steckenbleibens – also wie oft die lokale Suche steckenblieb, geteilt durch die Gesamtzahl der Durchläufe (10^6) – mit den theoretischen Erwartungen aus Gl. (4.43), (4.46), (4.48) und (4.51).

Die empirischen Ergebnisse stimmen genau mit den theoretischen Vorhersagen überein und bestätigen die Korrektheit der Analyse. Der Einsatz des Shrinking-Verfahrens reduzierte die Wahrscheinlichkeit des Steckenbleibens bei allen verwendeten Nachbarschaftsformen durchgängig. Dieses Ergebnis bestätigt die Nützlichkeit des Nachbarschafts-Shrinking als Werkzeug zur Intensivierung der lokalen Suche im Endstadium. Die Resultate deuten zudem darauf hin, dass die übliche Praxis, kubisches Sampling einzusetzen, erhebliche Auswirkungen auf den ausnutzenden Anteil der lokalen Suche haben könnte. Dies liegt daran, dass eine Hypersphäre mit Durchmesser $d = 2r$ ein geringeres Volumen einschließt als ein Hyperwürfel mit Seitenlänge $l = 2r$, was zu einer stärker ausnutzenden Abtastung des Lösungsraums führt.

Die Tests wurden ebenfalls wiederholt, wobei die Dimensionalität des Lösungsraums von 2 bis 12 variiert wurde. Die Ergebnisse der Simulationen sind in Abb. 4.6 dargestellt und bestätigen erneut die Nützlichkeit des Nachbarschafts-Shrinking als Strategie gegen das Steckenbleiben der lokalen Suche. Die Resultate zeigen außerdem, dass sphärisches Sampling eine ausnutzendere Suche bewirkt als kubisches Sampling und die Wahrscheinlichkeit des Steckenbleibens für Lösungsräume mit einer Anzahl von Entscheidungsvariablen zwischen 3 und 10 signifikant reduziert.

4.5 Globale Suche

Der Suchaufwand im Bienenalgorithmus wird aufgeteilt zwischen den $nb \times nr$ Sammlern, die eine lokale, ausnutzende Suche durchführen, und den $ns - nb$ Spähern, die eine globale, explorative Suche über den gesamten Suchraum ausführen. Der Kürze halber wird in diesem Abschnitt die Anzahl der Späher mit ng bezeichnet. Dieses Kapitel hat sich bisher auf die analytische Formalisierung und Analyse der lokalen Suche konzentriert. In diesem Abschnitt liegt der Fokus auf der globalen Suche,

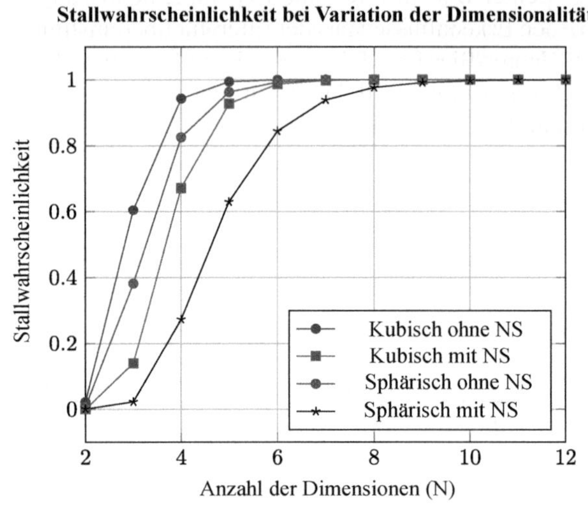

Abb. 4.6 Steckenbleiben bei Verwendung verschiedener Sampling-Methoden, mit und ohne Nachbarschafts-Shrinking. Alle Parameter sind konstant gehalten, außer der Anzahl der Entscheidungsvariablen des Problems

um deren Beitrag zum Optimierungsaufwand zu bestimmen. Im Detail stellt sich, während die *nb* lokalen Suchen sich zunehmend auf Regionen mit hoher Fitness konzentrieren, die Frage, ob und wie lange die zufällige globale Suche noch konkurrenzfähige Lösungen erzeugen kann. Sollte sich herausstellen, dass die globale Suche keinen nennenswerten Beitrag zum Suchaufwand leistet, könnten die für die globale Suche vorgesehenen Sampling-Möglichkeiten gewinnbringender in die lokale Suche investiert werden – etwa durch Erhöhung von *nb* oder *nr*.

Die Stichprobenentnahme einer Spurbiene kann wie folgt formalisiert werden:

$$\boldsymbol{\xi} = (\xi_1, \ldots, \xi_n) \mid \xi_i \sim U(m_i, M_i), \ \forall i \in [1, n] \tag{4.52}$$

wobei M_i und m_i die maximalen und minimalen Werte des Definitionsbereichs der i-ten Entscheidungsvariablen sind und $\boldsymbol{\xi}$ eine zufällig generierte Kandidatenlösung ist. Unter Verwendung der in Abschn. 4.1 definierten Notation kann Gl. (4.52) wie folgt umgeschrieben werden:

$$\begin{aligned}
&\boldsymbol{\xi} \sim \mathcal{C}(c, e) \\
&c = (c_1, \ldots, c_n), \quad e = (e_1, \ldots, e_n) \\
&c_i = \frac{M_i + m_i}{2}, \quad e_i = \frac{M_i - m_i}{2}, \quad \forall i \in [1, n]
\end{aligned} \tag{4.53}$$

Die minimale Bedingung, um die globale Suche in einem Durchlauf des Bienenalgorithmus als vorteilhaft zu betrachten, ist, dass mindestens einmal eine Lösung $\boldsymbol{\xi}$ mit höherer Fitness gefunden wird als eine der *nb* Nachbarschaftsbesten, die durch lokale Suche erzeugt wurden. Das heißt: Wenn in Zyklus t die Lösung $\boldsymbol{\xi}(t)$, die von einer der *ng* Spurbienen bei der globalen Suche besucht wurde, fitter ist als die schlechteste $\boldsymbol{x}_w(t)^g$ der *nb* Nachbarschaftsbesten, die durch lokale Suche erzeugt wurden. Formal gilt bei einem Maximierungsproblem, wenn:

$$\begin{aligned}&\exists\, \boldsymbol{\xi}(t) \mid \mathcal{F}(\boldsymbol{\xi}(t)) > \mathcal{F}(\boldsymbol{x}_w(t)^g),\\&\boldsymbol{x}_w(t)^g = \arg\min_{\boldsymbol{v}}\left\{\mathcal{F}(\boldsymbol{v}) \mid \boldsymbol{v} \in \{\boldsymbol{x}_1(t)^g, \ldots,\ \boldsymbol{x}_{nb}(t)^g\}\right\}\end{aligned} \tag{4.54}$$

Falls dies eintritt, wird $\boldsymbol{\xi}(t)$ zum Zentrum einer neuen Nachbarschaft, und die Spurbiene, die auf $\boldsymbol{\xi}(t)$ gelandet ist, rekrutiert Sammlerinnen für die lokale Suche. Unter Berücksichtigung der Definitionen in Gl. (4.15) ist es sinnvoll, die Definition von $\mathcal{GR}$ für $\boldsymbol{x}_w(t)^g$ auf den gesamten Suchraum zu erweitern:

$$\boldsymbol{v} \in \widehat{\mathcal{GR}}_{x_w(t)} \Leftrightarrow \mathcal{F}(\boldsymbol{v}) > \mathcal{F}\big(\boldsymbol{x}_w(t)^g\big) \quad \forall \boldsymbol{v} \in A \tag{4.55}$$

wobei A der Raum der zulässigen Lösungen des gegebenen Optimierungsproblems ist. Das Volumen des Bereichs $\widehat{\mathcal{GR}}$ nimmt monoton ab, während die Suche fortschreitet. Das folgende Lemma ist notwendig, um die Wahrscheinlichkeit zu definieren, dass $\boldsymbol{\xi}(t)$ in Zyklus t zu einem der nb besten Standorte wird.

Lemma 4.4 Seien $\boldsymbol{x}_1(t)^g, \ldots,\ \boldsymbol{x}_{nb}(t)^g$ die Zentren der nb besten Standorte im Zyklus $t \in [1,\ T]$ des Algorithmus. Es gelten die folgenden Eigenschaften:

$$\mathcal{V}\Big(\widehat{\mathcal{GR}}_{x_i(t)}\Big) \geq \mathcal{V}\Big(\widehat{\mathcal{GR}}_{x_i(t+1)}\Big), \qquad \forall i \in [1,\ nb] \tag{4.56}$$

und

$$\mathcal{F}(\boldsymbol{x}_i(t)^g) > \mathcal{F}(\boldsymbol{x}_j(t)^g) \Rightarrow \widehat{\mathcal{GR}}_{x_i(t)} \subset \widehat{\mathcal{GR}}_{x_j(t)}, \quad \forall i,\ j \in [1,\ nb],\ \ i \neq j \tag{4.57}$$

Beweis Die erste Eigenschaft lässt sich dadurch beweisen, dass – da der Suchraum global ist – das Volumen von $\mathcal{GR}_{x_i(t)}$ entweder unverändert bleibt, wenn $\boldsymbol{x}_i(t)^g = \boldsymbol{x}_i(t+1)^g$ oder abnimmt. Die zweite Eigenschaft ergibt sich aus der Definition von Gl. (4.55):

$$\begin{aligned}v \in \widehat{\mathcal{GR}}_{x_j(t)} &\Leftrightarrow \mathcal{F}(\boldsymbol{v}) > \mathcal{F}(\boldsymbol{x}_j(t)^g)\\v' \in \widehat{\mathcal{GR}}_{x_i(t)} &\Leftrightarrow \mathcal{F}(\boldsymbol{v}') > \mathcal{F}(\boldsymbol{x}_i(t)^g)\end{aligned} \tag{4.58}$$

Daher gilt:

$$\mathcal{F}(\boldsymbol{x}_i(t)^g) > \mathcal{F}(\boldsymbol{x}_j(t)^g) \Rightarrow \boldsymbol{x}_i(t)^g \in \widehat{\mathcal{GR}}_{x_j(t)} \tag{4.59}$$

Und:

$$\mathcal{F}(v') > \mathcal{F}(\boldsymbol{x}_i(t)^g) \Rightarrow v' \in \widehat{\mathcal{GR}}_{x_j(t)} \quad \forall v' \in \widehat{\mathcal{GR}}_{x_i(t)} \tag{4.60}$$

□

Es ist nun möglich, die Wahrscheinlichkeit zu definieren, dass eine zufällig generierte Lösung $\boldsymbol{\xi}(t)$ im Zyklus t in den Pool der nb besten Plätze aufgenommen wird.

Proposition 4.9 *Die Wahrscheinlichkeit, dass in einem gegebenen Zyklus t eine der ng Spurbienen eine Lösung $\boldsymbol{\xi}_i(t)$ findet (stichprobenartig auswählt), die besser ist als mindestens eine der $\{\boldsymbol{x}_1(t)^g, \ldots, \boldsymbol{x}_{nb}(t)^g\}$ Ergebnisse der lokalen Suche, ist:*

$$P\big(\mathcal{F}(\boldsymbol{\xi}_i(t)) > \mathcal{F}\big(\boldsymbol{x}_w(t)^g\big)\big) = 1 - \big(1 - P\big(\mathcal{F}(\boldsymbol{\xi}_i(t)) > \mathcal{F}\big(\boldsymbol{x}_w(t)^g\big)\big)\big)^{ng} \tag{4.61}$$

wobei $i \in \{1, \ldots, ng\}$ und:

$$P\big(\mathcal{F}(\boldsymbol{\xi}_i(t)) > \mathcal{F}\big(\boldsymbol{x}_w(t)^g\big)\big) = \frac{\mathcal{V}\Big(\widehat{\mathcal{GR}}_{x_w(t)}\Big)}{\prod_{i=1}^{n}(M_i - m_i)} \tag{4.62}$$

Beweis Lemma 4.4 zeigt, dass bei der globalen Suche Folgendes gilt:

$$\widehat{\mathcal{GR}}_{x_i(t)} \subset \widehat{\mathcal{GR}}_{x_w(t)} \quad \forall i \in \{1, \ldots, nb\}, \quad i \neq w \tag{4.63}$$

Im Detail ist das Landen einer Spurbiene innerhalb von $\mathcal{GR}_{x_w(t)}$ – das heißt, eine Kandidatenlösung wird zufällig innerhalb von $\mathcal{GR}_{x_w(t)}$ ausgewählt – eine notwendige und hinreichende Bedingung dafür, dass die globale Suche einen neuen besten Platz erzeugt. Dies geschieht mit der in Gl. (4.62) definierten Wahrscheinlichkeit. Da die Spurbienen den Lösungsraum unabhängig abtasten, gilt:

$$\begin{aligned} P\big(\mathcal{F}(\boldsymbol{\xi}_i(t)) > \mathcal{F}\big(\boldsymbol{x}_w(t)^g\big)\big) &= 1 - P\big(\mathcal{F}(\boldsymbol{\xi}_i(t)) \leq \mathcal{F}\big(\boldsymbol{x}_w(t)^g\big)\big)^{ns} = \\ &= 1 - \big(1 - P\big(\mathcal{F}(\boldsymbol{\xi}_i(t)) > \mathcal{F}\big(\boldsymbol{x}_w(t)^g\big)\big)\big)^{ns} \end{aligned} \tag{4.64}$$

□

Wird das Verlassen von Plätzen verwendet, so ist die Fitnessbewertung des Platzes $\boldsymbol{x}_w(t)^g$ nicht monoton in Bezug auf t. Folglich ist auch die Wahrscheinlichkeit in Gl. (4.61) nicht monoton in Bezug auf t, und ihr Wert schwankt in Abhängigkeit davon, wie schnell die lokale Suche an den neu erzeugten besten Plätzen voranschreitet. Im Detail gilt: Da die lokale Suche in ihrer Anfangsphase dazu neigt, schnell voranzuschreiten (siehe Abschn. 4.2.2), ist die in Gl. (4.61) definierte Wahrscheinlichkeit in den wenigen Zyklen nach dem Ereignis des Platzverlassens am höchsten, wenn die Fitness der zufällig neu initialisierten Lösung $\boldsymbol{x}_i(t)^g$ noch nicht signifikant verbessert wurde, und sinkt danach stark ab.

Die Wahrscheinlichkeit in Gl. (4.62) hängt ebenfalls von der Anzahl der Entscheidungsvariablen des Optimierungsproblems ab. Der Fluch der Dimensionalität, der durch das Schrumpfen der Nachbarschaft in der lokalen Suche gemildert wird (siehe Abschn. 4.4), gilt uneingeschränkt für die globale Suche. Das heißt, bei einer sehr großen Anzahl n von Variablen:

$$\lim_{n\to\infty} P\big(\mathcal{F}(\boldsymbol{\xi}_i(t)) > \mathcal{F}\big(\boldsymbol{x}_w(t)^g\big)\big) = 0 \tag{4.65}$$

Daher tendiert die Wahrscheinlichkeit in Gl. (4.61) bei hochdimensionalen Problemen gegen null, unabhängig von der Anzahl eingesetzter Spurbienen.

Die Wahrscheinlichkeit in Gl. (4.61) hängt von der Leistungsfähigkeit der lokalen Suche ab, die durch den Hyperparameter *nr* beeinflusst wird, also durch deren Intensität. Je größer *nr* ist, desto schneller schreitet die lokale Suche an den Standorten voran und desto schwieriger wird es für die globale Suche, zufällig wettbewerbsfähige Lösungen zu generieren. Allerdings wird die Wahrscheinlichkeit in Gl. (4.61) auch durch den Hyperparameter *ng* beeinflusst, also durch die Anzahl der der globalen Suche zugewiesenen Stichprobenmöglichkeiten. Das heißt: Je größer *ng* ist, desto höher ist die Wahrscheinlichkeit in Gl. (4.61). Da die Anzahl der Stichprobenmöglichkeiten in einem Durchlauf des Algorithmus begrenzt ist, stellen *ng* und *nr* gegensätzliche Anforderungen dar, deren Optimierung sich auf den Trade-off zwischen Exploration *(ng)* und Exploitation *(nr)* bezieht.

Ein weiteres Kriterium zur Bewertung der Nützlichkeit der globalen Suche wäre zu überprüfen: ob die zufällig ausgewählten Lösungen, die als neue Zentren für die lokale Suche bestimmt werden, tatsächlich a) in einem unerforschten Bereich liegen, der b) besser ist als die bisher untersuchten Bereiche. Im Detail: Jedes Mal, wenn die globale Suche einen neuen vielversprechenden Startpunkt für die lokale, ausbeutende Suche findet, hat der Bienenalgorithmus kein Gedächtnis darüber, ob diese Lösung in einem bereits untersuchten Bereich des Lösungsraums liegt.

Dieser Aspekt lässt sich wie folgt formalisieren. Sei $\boldsymbol{b}(k)$ die beste während der Ausführung des Algorithmus bis zum Optimierungszyklus $t > k$ gefundene Lösung und bezeichne $\overline{\mathcal{GR}_k}$ den Bereich der Lösungen, die besser sind als $\boldsymbol{b}(k)$:

$$v \in \overline{\mathcal{GR}_k} \Leftrightarrow \mathcal{F}(v) > \mathcal{F}(b(k)) \quad \forall v \in A \tag{4.66}$$

wobei A wie üblich den Raum der zulässigen Lösungen des Optimierungsproblems bezeichnet. Der Bereich $\overline{\mathcal{GR}_k}$ ist a) vom Algorithmus vollständig unerforscht (zumindest bis Zyklus t) und b) ein Bereich mit besseren Lösungen. Die Wahrscheinlichkeit, dass in einem gegebenen Zyklus t eine Spurbiene in diesem Bereich gezogen wird, ist:

$$P\big(\boldsymbol{\xi}_i \in \overline{\mathcal{GR}_k}\big) = 1 - \big(1 - P\big(\boldsymbol{\xi} \in \overline{\mathcal{GR}_k}\big)\big)^{ns}, \quad i \in [1,\ ns] \tag{4.67}$$

wobei

$$P\big(\boldsymbol{\xi} \in \overline{\mathcal{GR}_k}\big) = \frac{\mathcal{V}(\overline{\mathcal{GR}_k})}{\prod_{i=1}^{N}(M_i - m_i)} \tag{4.68}$$

Die in Gl. (4.68) ausgedrückte Wahrscheinlichkeit ähnelt stark der in Gl. (4.62) definierten Wahrscheinlichkeit. Im Gegensatz zu Gl. (4.62) nimmt jedoch die Wahrscheinlichkeit in Gl. (4.68) mit der Zeit ab, da:

$$\lim_{k\to\infty} \mathcal{V}(\overline{\mathcal{GR}_k}) = 0 \tag{4.69}$$

Das Ergebnis von Gl. (4.68) zeigt daher, dass die Nützlichkeit der Spurbienen mit der Zeit abnimmt.

Auch die Auswirkungen des Einsatzes von Nachbarschaftsschrumpfung sollten berücksichtigt werden. Wird diese verwendet, so wird die anfängliche Nachbarschaft üblicherweise groß gewählt, um den größten Teil (wenn nicht sogar das gesamte $ngh = \mathbf{1}$) des Suchraums abzudecken. In diesem Fall decken die Sammlerinnen anfangs eine große Fläche ab und agieren effektiv wie Spurbienen. Mit dem Fortschreiten der lokalen Suche wird die Nachbarschaft schrittweise verkleinert, und das Verhalten der Sammlerinnen wird zunehmend ausbeutend. Die globale Suche hat zu Beginn der Nachbarschaftssuche an einem Standort die größte Chance, wettbewerbsfähige Lösungen zu finden. Wie bereits angemerkt, führen die Sammlerinnen zu Beginn der Nachbarschaftssuche, sofern die Nachbarschaft ausreichend groß ist oder genügend Suchstandorte vorhanden sind, effektiv eine globale explorative Suche durch, sodass die Rolle der Spurbienen als redundant angesehen werden kann.

Zusammenfassend legt die Analyse dieses Abschnitts nahe, dass die Rolle der globalen Suche in den meisten Fällen begrenzt ist. Wird Nachbarschaftsschrumpfung eingesetzt, kann die globale Suche durch die Wahl eines großen Anfangsradius für den Bereich der lokalen Suche realisiert werden. Auch das Aufgeben von Standorten trägt zur globalen Exploration bei, indem die lokale Suche zufällig an einem neuen Ort reinitialisiert wird. Tatsächlich gibt es zahlreiche Beispiele in der Literatur, in denen die globale Suche nicht implementiert wurde und der Bienenalgorithmus so konfiguriert war, dass $nb = ns$ oder $nb \approx ns$ lokale Suchen verwendet wurden, also $ng = 0$ oder eine sehr kleine Anzahl [5, 8, 13, 14].

4.6 Diskussion

Das Feld der naturinspirierten Metaheuristiken wird von empirischen Studien dominiert, die sich häufig auf enge Problemdomänen konzentrieren, während grundlegende theoretische Untersuchungen vernachlässigt werden. Trotz des weitverbreiteten Erfolgs solcher Metaheuristiken fehlt es oft an einer mathematischen Analyse ihres Verhaltens und des Verhaltens ihrer Operatoren, wodurch dringend benötigtes Wissen darüber fehlt, wann und wie sie eingesetzt und parametrisiert werden sollten. Die Beschreibungen der Metaheuristiken basieren häufig auf ihren biologischen Metaphern, die mitunter irreführend sind oder die zugrundeliegenden Suchmechanismen verschleiern [4]. Das Fehlen analytischer Grundlagen im Bereich der naturinspirierten Metaheuristiken wurde von mehreren Autoren kritisiert [17, 21, 25].

In diesem Kapitel wurde eine rigorose analytische Beschreibung des Bienenalgorithmus vorgestellt und mehrere seiner Schlüsselelemente detailliert untersucht. Die Studie zeigte die Bedeutung des Verfahrens zur Verkleinerung der Nachbarschaft für den Suchprozess auf. Eine große anfängliche Nachbarschaft ermöglicht es der lokalen Suche, große Schritte im Suchraum zu machen, während die schrittweise Reduktion des Suchbereichs die Wahrscheinlichkeit der Verfeinerung der Lösungen in späteren Phasen erhöht. Die Erhöhung der Anzahl der Suchbienen hat zu Beginn der Suche und hinsichtlich der Wahrscheinlichkeit einer Stagnation gegen Ende einen geringeren Effekt als die Verwendung einer großen Nachbarschaft auf die erwartete Schrittweite. Ebenso ist ein großes Stagnationslimit wirksamer als eine große Anzahl von Suchbienen, um ein vorzeitiges Stagnieren der lokalen Suche zu verhindern. Dieses Ergebnis steht im Einklang mit den Ergebnissen mehrerer experimenteller Studien [12 – 14], in denen die besten Leistungen mit dem größtmöglichen Wert für das Stagnationslimit *stlim* erzielt wurden.

Einer der wichtigsten Beiträge dieser theoretischen Analyse betrifft die Form des Suchbereichs der lokalen Suche. Aufgrund ihrer einfachen Implementierung werden üblicherweise hyperkubische lokale Nachbarschaften gewählt. Die Analyse in diesem Kapitel hat einige Schwächen dieser Wahl aufgezeigt, wie etwa die Anisotropie der Reichweite und die begrenzten Ausnutzungsfähigkeiten hyperkubischer Nachbarschaften in hochdimensionalen Räumen. Wie in Abschn. 4.4 vorgeschlagen, sollte die Form der Nachbarschaft dynamisch angepasst werden, wobei im Verlauf des lokalen Optimierungsprozesses von einer explorativen (kubischen) zu einer ausnutzenden (sphärischen) Suche übergegangen wird.

Schließlich zeigte die Untersuchung der globalen Suche, dass diese Routine wahrscheinlich nur eine begrenzte Rolle im Gesamtmechanismus des Bienenalgorithmus spielt. Da die Kandidatenlösungen durch die lokale Suche schnell verfeinert werden, sinkt die Wahrscheinlichkeit, durch zufällige globale Suche wettbewerbsfähige Lösungen zu finden, rasch. Der Einsatz der globalen Suchprozedur ist zudem weniger entscheidend, wenn die lokalen Nachbarschaften mit einem großen Wert initialisiert und durch wiederholte Anwendung des Verfahrens zur Verkleinerung der Nachbarschaft schrittweise reduziert werden. Insgesamt liefern die Ergebnisse dieser Analyse eine theoretische Begründung für die Entscheidung vieler Autoren, $ns = nb$ zu setzen und alle Stichprobenressourcen der lokalen Suchroutine zuzuweisen.

4.7 Zusammenfassung

In diesem Kapitel wurde eine rigorose analytische Formulierung und Analyse des Bienenalgorithmus vorgestellt. Die lokale Suche wurde hinsichtlich ihrer Fähigkeit analysiert, Fitness-Gradienten zu erklimmen, das heißt ihrer Reichweite und ihres erwarteten Fortschritts. Die Wahrscheinlichkeit des Stillstands der lokalen Suche wurde untersucht und der Einfluss der Verkleinerung der Nachbarschaft auf die Stagnationswahrscheinlichkeit diskutiert. Die Analyse zeigte, dass in vielen Fällen die Verkleinerung der Nachbarschaft die Wahrscheinlichkeit eines Stillstands der lokalen Suche verringert. Die Analyse deutete außerdem darauf hin, dass eine verlängerte lokale Stichprobenziehung durch ein großes *stlim,* die auf der schrittweisen Verkleinerung der Nachbarschaft basiert und die Suche zunehmend ausnutzend macht, in vielen Fällen effektiver ist als der kurzfristige Einsatz großer Ressourcen mit einem großen *nr.*

Ein selten untersuchter Aspekt bei Metaheuristiken ist die Form der lokalen Suchnachbarschaft. In diesem Kapitel wurden die Auswirkungen der Verwendung hyperkubischer und hypersphärischer Nachbarschaften diskutiert. Die Ergebnisse dieser Studie sind nicht nur für den Bienenalgorithmus relevant, sondern auch für alle Metaheuristiken wie EAs, die ähnliche lokale Mutationsverfahren verwenden.

Die Nützlichkeit der globalen Suchprozedur wurde im letzten Teil des Kapitels analysiert. Die Ergebnisse der Studie deuten darauf hin, dass zufällige globale Stichprobenziehung im Lösungsraum wahrscheinlich keinen signifikanten Einfluss auf den Suchprozess hat und die verfügbaren Stichprobenmöglichkeiten effektiver in die lokale Suche investiert werden könnten.

Fragen zum Kapitelabschluss

1. Erläutern Sie die Bedeutung der formalen Definition des Bienenalgorithmus in diesem Kapitel. Wie trägt eine formale Definition zu einem tieferen Verständnis und einer besseren Analyse des Verhaltens des Algorithmus bei?
2. Diskutieren Sie das Konzept der „Reichweite“ im Kontext der lokalen Suche innerhalb des Bienenalgorithmus. Wie steht die „Reichweite“ im Zusammenhang mit den Explorations- und Ausnutzungsfähigkeiten des Algorithmus?
3. Analysieren Sie die Faktoren, die den erwarteten Fortschritt der lokalen Suche beeinflussen. Wie wirken sich Größe und Form der Nachbarschaft sowie die Fitnesslandschaft auf den Suchprozess und die Wahrscheinlichkeit aus, bessere Lösungen zu finden?
4. Erläutern Sie das Konzept eines „Stillstand“-Standorts und dessen Auswirkungen auf den Bienenalgorithmus. Wie trägt der Mechanismus des Standortaufgebens dazu bei, Stagnation zu verhindern und die Erkundung neuer Bereiche des Suchraums zu fördern?
5. Diskutieren Sie den Zusammenhang zwischen der Stillstandswahrscheinlichkeit und dem Nachbarschaftsradius. Wie beeinflusst die Wahl des Nachbarschaftsradius das Gleichgewicht zwischen Exploration und Ausnutzung, und wie kann dieser optimiert werden?
6. Analysieren Sie die Auswirkungen der Nachbarschaftsform auf die lokale Suche. Wie unterscheiden sich isotrope und nichtisotrope Nachbarschaften in ihren Explorationsmustern und ihrer Effektivität bei der Suche nach optimalen Lösungen?
7. Erläutern Sie das Konzept der isotropen lokalen Suche und diskutieren Sie die Bedingungen, unter denen sie auftritt. Welche Auswirkungen hat die isotrope lokale Suche auf die Leistungsfähigkeit des Bienenalgorithmus?
8. Diskutieren Sie die Rolle der globalen Suche im gesamten Suchprozess des Bienenalgorithmus. Wie ergänzt sie die lokale Suche und wie trägt sie zur Erkundung des Suchraums bei?

9. Fassen Sie die wichtigsten Erkenntnisse und Schlussfolgerungen aus der analytischen Untersuchung des Bienenalgorithmus in diesem Kapitel zusammen. Wie tragen diese Erkenntnisse zu einem tieferen Verständnis des Algorithmusverhaltens und seines Verbesserungspotenzials bei?
10. Diskutieren Sie die Grenzen der in diesem Kapitel vorgestellten analytischen Untersuchung. Welche Annahmen wurden getroffen und wie könnten sie die Anwendbarkeit der Schlussfolgerungen auf reale Optimierungsprobleme beeinflussen? Welche weiteren Forschungen könnten durchgeführt werden, um den analytischen Rahmen zu erweitern oder zu verfeinern?

Literatur

1. Aranha C, Camacho Villalón CL, Campelo F, Dorigo M, Ruiz R, Sevaux M, Sörensen K, Stützle T (2022) Metaphor-based metaheuristics, a call for action: the elephant in the room. Swarm Intell 16(1), S 1–6
2. Baronti L, Castellani M, Pham DT (2020) An analysis of the search mechanisms of the bees algorithm. Swarm Evol Comput 59:100746
3. Bellman RE (2015) Adaptive control processes: a guided tour. Princeton University Press
4. Camacho-Villalón CL, Dorigo M, Stützle T (2018) Why the intelligent water drops cannot be considered as a novel algorithm. In: International conference on swarm intelligence. Springer, S 302–314
5. Castellani M, Otri S, Pham DT (2019) Printed circuit board assembly time minimisation using a novel Bees Algorithm. Comput & Ind Eng 133:186–194
6. Castellani M, Pham QT, Pham DT (2012) Dynamic optimisation by a modified bees algorithm. Proc Inst Mech Eng Part I J Syst Control Eng 226(7):956–971
7. J. Cook. "Rational formulae for the production of a spherically symmetric probability distribution". In: *Mathematics of Computation* 11.58 (1957), pp. 81–82
8. Fahmy A, Kalyoncu M, Castellani M (2012) Automatic design of control systems for robot manipulators using the bees algorithm. Proc Inst Mech Eng Part I J Syst Control Eng 226(4):497–508
9. Gopalakrishnan Nair G (1979) On the convergence of the LJ search method. J Optim Theory Appl 28(3):429–434
10. Muller ME (1959) A note on a method for generating points uniformly on n-dimensional spheres. Commun ACM 2(4):19–20
11. Packianather M, Landy M, Pham DT (2009) Enhancing the speed of the bees algorithm using pheromone-based recruitment. In: 2009 7th IEEE international conference on industrial informatics. IEEE, S 789–794
12. Pham DT, Castellani M (2009) The bees algorithm: modelling foraging behaviour to solve continuous optimization problems. Proc Inst Mech Eng Part C J Mech Eng Sci 223(12):2919–2938
13. Pham DT, Castellani M (2014) Benchmarking and comparison of nature-inspired population-based continuous optimisation algorithms. Soft Comput 18:871–903
14. Pham DT, Castellani M (2015) A comparative study of the Bees Algorithm as a tool for function optimisation. Cogent Eng 2(1):1091540. https://doi.org/10.1080/23311916.2015.1091540
15. Pham DT, Darwish AH (2008) Fuzzy selection of local search sites in the Bees Algorithm. In: Proceedings of the 4th international virtual conference on intelligent production machines and systems (IPROMS 2008), S 1–14
16. Pham DT, Darwish AH (2010) Using the bees algorithm with Kalman filtering to train an artificial neural network for pattern classification. Proc Inst Mech Eng Part I J Syst Control Eng 224(7):885–892

17. Piotrowski AP (2018) Across neighborhood search algorithm: a comprehensive analysis. Inf Sci 435:334–381
18. Rajwar K, Deep K, Das S (2023) An exhaustive review of the metaheuristic algorithms for search and optimization: taxonomy, applications, and open challenges. Artif Intell Rev 1–71
19. Sörensen K (2015) Metaheuristics—the metaphor exposed. Int Trans Oper Res 22(1):3–18
20. Stibor T, Timmis J, Eckert C (2006) On the use of hyperspheres in artificial immune systems as antibody recognition regions. In: International conference on artificial immune systems. Springer, S 215–228
21. Swan J, Adriaensen S, Bishr M, Burke EK, Clark JA, De Causmaecker P, Durillo J, Hammond K, Hart E, Johnson CG et al (2015) A research agenda for metaheuristic standardization. In: Proceedings of the XI metaheuristics international conference, S 7–10
22. Velasco L, Guerrero H, Hospitaler A (2023) A literature review and critical analysis of metaheuristics recently developed. Arch Comput Methods Eng 1–22
23. Weyland D (2010) A rigorous analysis of the harmony search algorithm: how the research community can be misled by a "novel" methodology. Int J Appl Metaheuristic Comput (IJAMC) 1(2):50–60
24. Wolpert DH, Macready WG (1997) No free lunch theorems for optimization. IEEE Trans Evol Comput 1(1):67–82
25. Yang X-S (2012) Swarm-based metaheuristic algorithms and no-free-lunch theorems. In: Theory and new applications of swarm intelligence. InTech, S 1–16

Kapitel 5
Fallstudie – Optimierung von Steuerungssystemen für Robotermanipulatoren

Der Bienenalgorithmus wurde in Kap. 2 vorgestellt und in den Kap. 3 und 4 analysiert. Kap. 5 befasst sich mit der Anwendung des Algorithmus auf zwei kontinuierliche Optimierungsprobleme im Zusammenhang mit der Steuerung von Robotermanipulatoren: dem ANN-Lernen der inversen Kinematik eines seriellen Robotermanipulators mit drei Gliedern sowie der Optimierung der Parameter des PID-Regelungssystems eines Ein-Gelenk-Manipulators. Für beide Probleme werden der Problemkontext und die theoretischen Grundlagen eingeführt sowie der Steuerungsansatz vorgestellt.

Im ersten Fall besteht das Ziel des Optimierungsprozesses darin, den Vorhersagefehler des inversen Kinematikmodells zu minimieren. Die Effektivität des Bienenalgorithmus als Optimierer für ANN-Modelle wird mit der von zwei alternativen Methoden verglichen; die experimentellen Ergebnisse werden analysiert und diskutiert. Im zweiten Fall wird der Bienenalgorithmus eingesetzt, um den Fehler in der Position der Gliedspitze zu minimieren. Für weiterführende Informationen zu diesen beiden Anwendungen sei auf Pham et al. [18] und Fahmy et al. [6] verwiesen.

5.1 Hintergrund zu seriellen Manipulatoren

Robotermanipulatoren bestehen aus einer variablen Anzahl von Gliedern, von denen jedes über ein Gelenk angetrieben wird. Die Gelenke besitzen typischerweise einen Freiheitsgrad und können entweder drehbar (revolut) oder verschiebbar (prismatisch) sein: Das heißt, sie drehen entweder zwei benachbarte Glieder relativ zueinander um eine Achse oder verschieben sie. Die Glieder können entweder hintereinander geschaltet sein (*serieller* Manipulator) oder parallel angeordnet werden (*paralleler* Manipulator). Aufgrund der einfacheren Modellierbarkeit ist die serielle Konfiguration am weitesten verbreitet. Ein serieller Manipulator lässt sich in drei Abschnitte unterteilen: eine erste Sequenz meist langer Glieder und Gelenke, die den Arm bilden und dem Roboter Beweglichkeit verleihen; eine zweite Sequenz meist sehr kurzer

D. T. Pham et al., *Intelligente Optimierung mit dem Bienenalgorithmus*,
https://doi.org/10.1007/978-3-032-14424-9_5

Glieder und Gelenke, die das Handgelenk bilden und dem Roboter Geschicklichkeit ermöglichen; sowie am Ende der Struktur ein Endeffektor (z. B. ein Greifer, ein Schraubendreher), der die eigentliche Aufgabe ausführt [4]. In dieser Studie wird ein serieller Manipulator mit drei Gliedern verwendet, der über drei Drehgelenke angetrieben wird.

Ein grundlegendes Problem in der Robotik ist die Beschreibung der *Vorwärtskinematik* des Manipulators. Das bedeutet: Ausgehend von der Kenntnis der Roboterbewegung in Bezug auf die Verschiebung und Geschwindigkeit seiner Gelenke *(Gelenkraum),* sollen die Pose (Position und Orientierung) sowie die Geschwindigkeit des Endeffektors im dreidimensionalen kartesischen Raum *(Arbeitsraum)* beschrieben werden. Noch wichtiger ist die Abbildung der *inversen Kinematik* des Manipulators. Das heißt, ausgehend von einer gewünschten Pose und Geschwindigkeit im dreidimensionalen Arbeitsraum sollen die Gelenkstellungen und -geschwindigkeiten berechnet werden, die diese erreichen. Die Kenntnis der inversen Kinematik ermöglicht die Planung und Verfolgung der Trajektorie des Manipulators im Arbeitsraum – also die Programmierung seiner Bewegung im Arbeitsbereich.

Analytisch lässt sich der Positionsvektor des Endeffektors in einem festen kartesischen Bezugssystem an der Basis des Roboters aus den Gelenkstellungen wie folgt berechnen:

$$\boldsymbol{x} = f_\lambda(\boldsymbol{\theta}) \tag{5.1}$$

wobei $\boldsymbol{x} = (x_1, x_2, x_3, \gamma, \beta, \alpha)$ die Pose und Orientierung (z. B. Roll-Pitch-Yaw-Winkel) des Endeffektors im dreidimensionalen kartesischen Raum beschreibt, $\boldsymbol{\theta} = (\theta_1, \ldots, \theta_K)$ die Verschiebung der K Roboter-Gelenke beschreibt und f_λ die Vorwärtskinematikfunktion ist, die die Gelenkvariablen auf kartesische Variablen abbildet.

Die Abbildung f_λ hängt vom Vektor $\boldsymbol{\lambda} = (\lambda_1, \ldots, \lambda_r)$ der Roboterparameter ab – also von den Längen und Formen der Glieder sowie deren jeweiliger Anordnung. Im Folgenden konzentriert sich die Diskussion des kinematischen Problems auf den Anwendungsfall des Drei-Gelenk-Manipulators, sodass $K = 3$ und $\boldsymbol{\theta}$ ein dreidimensionaler Vektor der Gelenkwinkel (Drehgelenke) ist. Außerdem wird nur die Position $\boldsymbol{x} = (x_1, x_2, x_3)$ des Endeffektors betrachtet. Die exakte Identifikation der Vorwärtskinematik f_λ eines Robotermanipulators ist in der Regel nicht erreichbar, da Unsicherheiten bezüglich der Roboterparameter bestehen, etwa Gliederverformung, Verschleiß, Getriebespiel, Montagefehler usw. [14].

Da ein Roboter-Manipulator als ein System mit beschränktem Eingang und beschränktem Ausgang (bounded-input bounded-output, BIBO) betrachtet werden kann, kann Gl. (5.1) zur Bestimmung der inversen Robotik-Kinematik verwendet werden. Die zur Erreichung einer bestimmten Position des Endeffektors im dreidimensionalen kartesischen Raum erforderlichen Gelenkstellungen können wie folgt berechnet werden:

$$\boldsymbol{\theta} = f_\lambda^{-1}(\boldsymbol{x}) \tag{5.2}$$

Industrieroboter werden im Allgemeinen so konstruiert, dass eine geschlossene Lösung von Gl. (5.2) existiert. Diese Lösung ist jedoch nicht trivial, da es sich um eine nichtlineare transzendente Vektorgleichung handelt. Darüber hinaus ist f_λ surjektiv, das heißt, es handelt sich um eine Viele-zu-eins-Abbildung. Folglich besitzt die inverse Kinematik-Gl. (5.2) mehrere Lösungen, in manchen Fällen sogar unendlich viele. Das Vorhandensein mehrerer Lösungen ist problematisch für die Bahnverfolgung und eine kontinuierliche Trajektorienplanung, bei der eine stetige Kurve angestrebt wird. Aus diesem Grund werden die Gelenkstellungen des vorherigen Zeitschritts zur Gl. (5.2) addiert, um die Mehrdeutigkeit bezüglich der Mehrfachlösungen aufzulösen:

$$\boldsymbol{\theta}(t) = f_\lambda^{-1}[\boldsymbol{x}(t), \boldsymbol{\theta}(t-1)] \tag{5.3}$$

wobei der Index t den Zeitschritt bezeichnet, zu dem die Bewegung abgetastet beziehungsweise berechnet wird. Gl. (5.3) beschreibt ein Mehrgrößensystem (multiple-input-multiple-output, MIMO), in dieser Fallstudie eine Abbildung $f_\lambda^{-1} : \mathbb{R}^6 \rightarrow \mathbb{R}^3$. In der Praxis kann das MIMO-System näherungsweise in drei Mehrfacheingangs-Einzelausgangssysteme (multiple-input-single-output, MISO) zerlegt werden, wobei die Position jedes Gelenks separat berechnet wird:

$$\theta_k(t) = f_{\lambda,k}^{-1}(\boldsymbol{x}(t), \boldsymbol{\theta}(t-1)) \tag{5.4}$$

wobei $k = \{1, 2, 3\}$ das Gelenk, $\boldsymbol{x}(t) = (x_1(t), x_2(t), x_3(t))$, $\boldsymbol{\theta}(t-1) = (\theta_1(t-1), \theta_2(t-1), \theta_3(t-1))$ und $f_{\lambda,k}^{-1} : \mathbb{R}^6 \rightarrow \mathbb{R}$ die inverse Kinematik für das Gelenk k ist. Um den Manipulator zu steuern, müssen die drei Funktionen $f_{\lambda,k}^{-1}$ identifiziert werden.

Angesichts der Schwierigkeit, die inverse Kinematik analytisch zu modellieren, und der Unsicherheiten bezüglich der Roboterparameter werden häufig Näherungsverfahren eingesetzt. Im Detail werden die inversen Kinematiken der Roboterachsen durch parametrische Gleichungen modelliert, die an experimentelle Daten angepasst werden. Das heißt, der Roboter wird im Arbeitsraum bewegt und die besuchten kartesischen Positionen des Endeffektors sowie die zugehörigen Gelenkwinkel werden aufgezeichnet. Diese Datenpaare werden verwendet, um das parametrische Modell mittels statistischer oder maschineller Lernverfahren anzupassen.

Künstliche neuronale Netze (KNN) sind eine gängige Lösung für das kinematische Modellierungsproblem in der Robotik. Aufgrund ihrer universellen Approximationsfähigkeit [9] ist das Multi-Layer-Perzeptron (MLP) [19] wohl die am weitesten verbreitete KNN-Architektur. In dieser Studie wird ein MLP verwendet, um die inverse Kinematik $f_{\lambda,k}^{-1}$ jedes der Gelenke des Drei-Gelenk-Manipulators zu modellieren.

5.2 Das Multi-Layer-Perzeptron (MLP)

Das MLP besteht typischerweise aus drei oder vier gestapelten Schichten von Verarbeitungseinheiten. Jede Einheit ist vollständig mit den Einheiten der vorherigen und der nächsten Schicht verbunden. In einem MLP wird die Information in vorwärtsgerichteter Weise verarbeitet – das heißt, von einer Schicht zur nächsten ohne Rückkopplungsverbindungen. Ein Beispiel für die Struktur eines MLP ist in Abb. 5.1 dargestellt.

Die *Eingabeschicht* ist die erste Verarbeitungsstufe des MLP. Sie besteht aus Knoten, deren Anzahl der Anzahl der Eingangsvariablen entspricht, und leitet das Eingabemuster – den Eingabevektor der Variablen – an die Knoten der folgenden Schicht weiter. Nach der Eingabeschicht sind ein oder zwei Schichten von Verarbeitungseinheiten hintereinandergeschaltet *(verdeckte Schichten)*. Die letzte Schicht ist die *Ausgabeschicht* und besteht aus Elementen, deren Anzahl der Dimension des gewünschten Ausgabemusters entspricht.

Die versteckten Schichten und die Ausgabeschicht bestehen aus ähnlichen Einheiten, die als *Perzeptronen* bezeichnet werden. Ein Perzeptron bildet eine gewichtete Summe der Eingangssignale ab, die über eine nichtlineare *Transferfunktion* verarbeitet wird:

$$x_i^s = f^s\left(w_{i0}^s + \sum_{i=1}^{n_{s-1}} w_{ij}^s x_j^{s-1}\right) \tag{5.5}$$

wobei x_i^s die Ausgabe des i^{th}-ten Knotens der Schicht s ist (wobei $s = 1$ die Eingabeschicht bezeichnet), n_{s-1} die Größe der Schicht $s - 1$ ist, w_{ij}^s das Gewicht der Verbindung zwischen Knoten x_j^{s-1} der Schicht $s - 1$ und Knoten x_i^s der Schicht s ist, w_{i0}^s ein

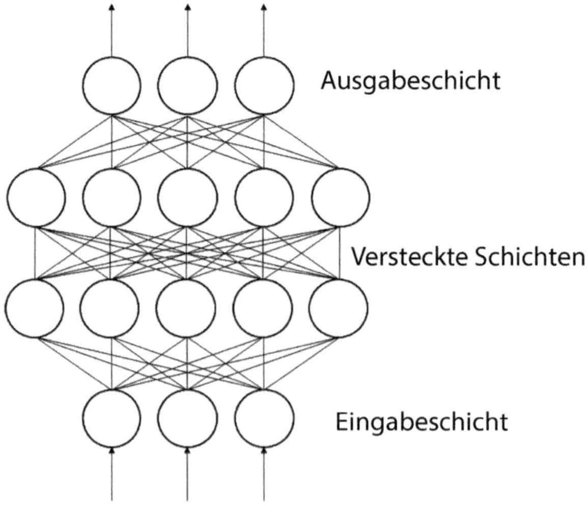

Abb. 5.1 Beispiel eines vierlagigen MLP. Die Eingabeschicht erhält ein dreidimensionales Eingangssignal $\boldsymbol{x}^0 = (x_1, x_2, x_3)$ und leitet es an die erste verdeckte Schicht weiter. Nachdem das Signal von den beiden verdeckten Schichten verarbeitet wurde, wird es schließlich von den Ausgabeneuronen in den Vektor $\boldsymbol{y} = (y_1, y_2, y_3)$ abgebildet. Das heißt, das gesamte MLP realisiert die nichtlineare Abbildung: $\boldsymbol{y} = g(\boldsymbol{x}^0)$

Offset-Term *(Bias-Term)* ist und f^s die von den Neuronen der Schicht s verwendete Transferfunktion ist. Typischerweise verwenden alle Knoten einer Schicht die gleiche Transferfunktion. Die am häufigsten verwendeten Typen von Transferfunktionen sind die *sigmoidale* und die *hyperbolische Tangens.*

Im Wesentlichen bildet ein MLP einen Eingangsvektor $\boldsymbol{x}^0 \in A \subseteq \mathbb{R}^n$ auf einen anderen Vektor $\boldsymbol{y} \in B \subseteq \mathbb{R}^m$ ab. Das heißt, es wird eine Zuordnung g durchgeführt, sodass $\boldsymbol{y} = g(\boldsymbol{x}^0)$. Die Funktion g besteht aus vielen parallelen Verarbeitungsschritten, bei denen die Elemente des Eingangsvektors oder eine Zwischenabbildung $\boldsymbol{x}^{s-1}$ aus der vorherigen Schicht $s-1$ – das heißt, der $n_{(s-1)}$-dimensionale Vektor, der durch die Ausgaben der n_{s-1}-Knoten der Schicht $s-1$ gebildet wird– linear kombiniert und über die nichtlineare Transferfunktion verarbeitet werden. Die Gesamtabbildung g hängt von den Koeffizienten der linearen Kombinationen der Eingangs- und Zwischenvektoren ab, also von den eingehenden Verbindungsgewichten der Verarbeitungsknoten. Durch Veränderung dieser Gewichte kann die Abbildung g modifiziert werden.

Es wurde gezeigt, dass ein MLP mit zwei versteckten Schichten so angepasst werden kann, dass es jede beliebig komplexe nichtlineare Funktion mit beliebiger Genauigkeit abbilden kann [9, 15]. Aus diesem Grund wird diese Art von ANN häufig in der Robotik eingesetzt. Die drei MLP-Architekturen, die zur Modellierung der inversen Kinematik der Gelenke des Manipulators verwendet wurden, sind identisch. Sie wurden durch Versuch und Irrtum optimiert und bestehen aus einer Eingabeschicht mit sechs Einheiten – jeweils eine Einheit für jedes Element des Eingabevektors –, zwei versteckten Schichten mit jeweils fünf Einheiten sowie einer Ausgabeschicht mit einem Element, das die Vorhersage der Verschiebung $\theta_k(t)$ des k^{th}-Gelenkwinkels liefert. Der sechsdimensionale Eingabevektor hat die Form:

$$\boldsymbol{x}^0 = (x_1(t), x_2(t), x_3(t), \theta_1(t-1), \theta_2(t-1), \theta_3(t-1)) \tag{5.6}$$

Die Architektur der drei MLP-Modelle wurde durch Versuch und Irrtum optimiert. Sie ist in Tab. 5.1 vollständig beschrieben.

Tab. 5.1 Architektur der drei MLPs, die zur Identifikation der inversen Kinematik $f_{\lambda,i}^{-1}$ der Gelenke des Drei-Gelenk-Manipulators verwendet wurden

Parameter	Beschreibung	Wert
l	Schichten	4
n_1	Eingabeknoten	6
n_2	Knoten der versteckten Schicht 1	5
n_3	Knoten der versteckten Schicht 2	5
n_4	Ausgabeknoten	1
$f^{2,3}$	Transferfunktion versteckte Schichten	Hyperbolischer Tangens
f^4	Transferfunktion Ausgabeschicht	Sigmoidal

5.3 MLP-Trainingsverfahren

Wie in Abschn. 1.3 erläutert, handelt es sich beim Training von KNN um ein kontinuierliches Optimierungsproblem, bei dem das Ziel darin besteht, die Verbindungsgewichte der Knoten so anzupassen, dass der Fehler des KNN auf dem Trainingsdatensatz minimiert wird:

$$\mathcal{F}(ann) = E(ann) = \sum_{i=1}^{m_t} e_i(\boldsymbol{y}_i, \boldsymbol{t}_i) = \sum_{i=1}^{m_t} e_i\big[g(\boldsymbol{x}_i^0), \boldsymbol{t}_i\big] \tag{5.7}$$

wobei $\boldsymbol{y}_i = g(\boldsymbol{x}_i^0)$ die KNN-Abbildung des i^{th}-Eingabevektors $\boldsymbol{x}_i^0$ in den Ausgabevektor $\boldsymbol{y}_i$ ist, $\boldsymbol{t}_i$ die erwartete (korrekte) KNN-Ausgabe ist, m_t die Größe des Trainingssatzes ist und $e_i(\boldsymbol{y}_i, \boldsymbol{t}_i)$ der vom KNN auf dem i^{th}-Muster verursachte Fehler ist.

Der Lösungsraum des Fehlerminimierungsproblems besteht aus der Menge der einstellbaren KNN-Verbindungsgewichte, also den Parametern der Funktion g aus Gl. (5.7). In einer MLP-Struktur gibt es $n_{s-1} + 1$ einstellbare Gewichte pro Knoten, entsprechend den Gewichten der n_{s-1} eingehenden Verbindungen von den Knoten der vorherigen Schicht, zuzüglich des Bias-Terms. Für die in Tab. 5.1 definierte Struktur ergibt sich die Gesamtanzahl der Gewichte, also die Dimensionalität n des Lösungsraums, zu:

$$\begin{aligned} n &= n_2 \times (n_1 + 1) + n_3 \times (n_2 + 1) + n_4 \times (n_3 + 1) \\ n &= 5 \times (6 + 1) + 5 \times (5 + 1) + 1 \times (5 + 1) = 71 \end{aligned} \tag{5.8}$$

Es sei darauf hingewiesen, dass die Dimensionalität des MLP-Fehlerminimierungsproblems groß ist – größer als bei jeder Funktion, die in Kap. 3 betrachtet wurde.

Für das MLP-Modell der inversen Kinematik eines Roboter-Gelenks hat $\boldsymbol{x}_i^0$ die in Gl. (5.6) beschriebene Form, $\boldsymbol{t}_i = \theta_{ki}(t)$ ist wie in Gl. (5.4) und der Fehler e_i auf dem i^{th}-Muster ist definiert als:

$$e_i(\boldsymbol{y}_i, t_i) = \frac{1}{2}(y_i - \theta_{ki}(t))^2 \tag{5.9}$$

Fehlerfunktionen der in Gl. (5.7) und (5.9) definierten Art sind für jede MLP-Architektur mit mehr als einer Verarbeitungsschicht – das heißt, für jede Architektur mit mindestens einer verdeckten Schicht von Einheiten – als stark multimodal bekannt.

Zur Schulung der drei MLP-Modelle wurde eine Menge von $m = 13580$ Datenmustern zufälliger Roboterpositionen gesammelt. Dieser Datensatz wurde in einen Trainingssatz mit $m_t = 10864$ zufällig ausgewählten Mustern – das heißt 80 % der Daten – und einen Validierungssatz, der aus den verbleibenden $m_v = 2716$ Datenmustern besteht, unterteilt. Der Trainingssatz wurde zur Schulung der MLP-Modelle verwendet, und deren Lerngenauigkeit wurde am Validierungssatz bewertet. Um das MLP-Trainingsverfahren zu vereinfachen, wurden die Werte jeder Eingangsvariablen nach dem Mittelwert-Varianz-Verfahren normalisiert. Die vollständigen Details des Datensatzes sind in Tab. 5.2 angegeben.

Der Bienenalgorithmus wurde verwendet, um die in Gl. (5.7) und (5.9) definierte Kostenfunktion zu minimieren. Für jedes Gelenk wurde die Leistung als Lerngenauigkeit des trainierten MLP-Modells gemessen. Die Leistung des Bienenalgorithmus wurde mit der Leistung des standardmäßigen, gradientenbasierten BP-Algorithmus (Abschn. 1.4) mit Momentum-Term [19] sowie mit der Leistung eines EA verglichen. Die drei MLP-Trainingsverfahren wurden wie in den Tab. 5.3, 5.4 und 5.5 angegeben konfiguriert. Ihre Hyperparameter wurden durch Versuch und Irrtum optimiert.

Das EA bewertet pro Optimierungszyklus eine Anzahl von Kandidatenlösungen, die seiner Populationsgröße ps entspricht, und insgesamt eine Anzahl von Lösungen, die $ps \times T$ in einem vollständigen Durchlauf mit T Optimierungszyklen entspricht. Analog dazu bewertet der Bienenalgorithmus pro Durchlauf eine Gesamtanzahl von Lösungen, die $cs \times T$ entspricht, wobei cs wie in Gl. (2.3) berechnet wird. Für alle Optimierungsalgorithmen wurde die Dauer T so gewählt, dass Overfitting vermieden wird [3] – um möglichst zu verhindern, dass das MLP das mit den Messdaten verbundene Rauschen lernt.

Ein Daten-Sampling-Verfahren wurde eingesetzt, um den Rechenaufwand und die Laufzeit der drei Algorithmen zu reduzieren. Im Detail wurde in jedem Optimierungszyklus eine Teilmenge S der Trainingsmuster zufällig ausgewählt und während dieses Optimierungszyklus anstelle des vollständigen Trainingssatzes verwendet.

Tab. 5.2 Haupteigenschaften des Roboter-Datensatzes

Parameter	Beschreibung	Wert
m	Gesamte Datenmuster	13 580 (100 %)
m_t	Trainingsmuster	10864 (80 %)
m_v	Testmuster	2716 (20 %)
θ_k $k = \{1, 2, 3\}$	Gelenkwinkelbereich	$[\frac{1}{6}\pi, \frac{5}{6}\pi]$
x_1	Kartesischer Positionsbereich des Manipulators	$[-1{,}7,\ 1{,}7]$
x_2		$[-0{,}7,\ 2{,}7]$
x_3		$[-1{,}7,\ 1{,}7]$

Tab. 5.3 BP-Hyperparameter zum Training der MLP-Modelle für die inverse Kinematik der drei Roboterachsen

Parameter	Beschreibung	Wert
T	Lernzyklen	50000
λ	Lernkoeffizient	0,1
μ	Impulsterm	0,01
δ_w	Initialisierungsbereich der MLP-Gewichte	$[-0{,}05,\ 0{,}05]$

Tab. 5.4 EA-Hyperparameter zum Training der MLP-Modelle für die inverse Kinematik der drei Roboterachsen

Parameter	Beschreibung	Wert
T	Generationen	10000
ps	Populationsgröße	100
os	Nachkommen pro Generation	$ps - 1$
r_c	Crossover-Rate	0
r_m	Mutationsrate	0,3
r_{bp}	BP-Rate	0,4
δ	Mutationsbereich	0,1
δ_w	Initialisierungsbereich der MLP-Gewichte	$[-0.05, 0.05]$

Tab. 5.5 Bienenalgorithmus-Hyperparameter zur Trainingsoptimierung der MLP-Modelle für die inversen Kinematiken der drei Roboterachsen

Parameter	Beschreibung	Wert
T	Zyklen des Bienenalgorithmus	50000
cs	Koloniegröße	322
ns	Scout-Bienen	15
nb	Beste Fundorte	13
ne	Elite-Fundorte	2
nrb	Rekrutierte Bienen für beste Fundorte	20
nre	Rekrutierte Bienen für Elite-Fundorte	50
ngh	Anfängliche Nachbarschaftsgröße	0,2
$stlim$	Grenze der Stagnationszyklen für das Aufgeben eines Fundortes	5
α	Faktor zur Verkleinerung der Nachbarschaft	0,8
δ_w	Initialisierungsbereich der MLP-Gewichte	$[-0.05, 0.05]$

Die Teilmenge der Beispiele umfasste 544 Elemente – das entspricht 5 % des gesamten Trainingssatzes. Die große Anzahl an Instanzen ermöglichte den Einsatz des Sampling-Verfahrens, ohne die Effektivität der Trainingsalgorithmen signifikant zu beeinträchtigen.

Ein Optimierungszyklus des BP-Algorithmus umfasste die Präsentation der Teilmenge S der Trainingsbeispiele und die Anpassung der Gewichte auf Basis des Fehlergradienten und der Momentum-Informationen. Das in dieser Studie verwendete EA folgt dem Pseudocode aus Kasten 2.1. Die Kandidatenlösungen wurden als reellwertiger Vektor der verketteten MLP-Gewichtswerte kodiert. Es wurde kein Crossover verwendet, während das BP-Lernen als problemspezifischer heuristischer Mutationsoperator hinzugefügt wurde. Dementsprechend durchlief ein EA-Individuum, das für das BP-Lernen ausgewählt wurde, einen Zyklus des BP-Gewichtstrainings.

Die EA-Individuen wurden zur Reproduktion mittels Fitness-Ranking [7] ausgewählt. Jede ausgewählte Kopie eines Individuums wurde mit Wahrscheinlichkeit r_m mutiert und mit Wahrscheinlichkeit r_{bp} dem BP-Training unterzogen. In jeder Generation wurde die EA-Population nach dem Verfahren des Generationsaustauschs mit Elitismus [7] aktualisiert. In jeder Generation wurden alle Individuen bewertet und mit der gesampelten Teilmenge S der Trainingsbeispiele trainiert.

Der in den Kästen 2.3 und 2.4 beschriebene Standard-Bienenalgorithmus wurde verwendet. Die optimale Konfiguration umfasste 15 Spurbienen; die 13 Spurbienen, die die leistungsstärksten Lösungen besuchten, rekrutierten Sammlerinnen durch den Schwänzeltanz, während die verbleibenden zwei eine globale Zufallssuche durchführten.

Etwa ein Sechstel der Sammlerinnen (50 von insgesamt 320) des Bienenvolkes wurden für die Suche an jedem der beiden Eliteplätze rekrutiert, während die verbleibenden elf besten Plätze jeweils 20 Sammlerinnen anzogen. Betrachtet man das Verhältnis $\rho = \frac{ne \times nre}{(nb-ne) \times nrb}$, das in Abschn. 3.8.1 zwischen Sammlerinnen zur Suche an den Eliteplätzen und Sammlerinnen zur Suche an den übrigen besten Plätzen definiert ist, kann die optimale Konfiguration in Tab. 5.5 als recht explorativ angesehen werden ($\rho = \frac{2 \times 50}{(13-2) \times 20} = 0{,}45$). Dieses Ergebnis stimmt mit den Erkenntnissen aus Abschn. 3.8.1 überein, wo explorative Strategien den Pool der Spitzenreiter bei multimodalen und multidimensionalen Funktionen dominierten. Das optimale Stagnationslimit *stlim* war recht niedrig: nur fünf Iterationen. Wie in Abschn. 3.8.1 diskutiert, unterstützt das niedrige Stagnationslimit vermutlich die ausnutzende Komponente des Algorithmus.

5.4 Ergebnisse der Roboter-Modelloptimierung

Für jedes Gelenk wurden für jeden Algorithmus zehn unabhängige Optimierungsdurchläufe durchgeführt. In jedem Durchlauf wurde der Datensatz, wie in Abschn. 5.3 beschrieben, zufällig in Trainings- und Testmengen aufgeteilt, die (Population/Kolonie der) Kandidatenlösungen zufällig initialisiert und das BP- (EA/Bienenalgorithmus-) Optimierungsverfahren mit der Trainingsmenge ausgeführt. Die Modellgenauigkeit der durch jeden Optimierungsdurchlauf erzeugten Lösung wurde auf der Testmenge geschätzt, indem der Root-Mean-Square-Error (RMSE) [13] der Modellvorhersagen berechnet wurde. Zu beachten ist, dass der RMSE – abgesehen von einem konstanten Multiplikationsfaktor – der Quadratwurzel der Zielfunktion entspricht, die in Gl. (5.7) und (5.9) definiert ist:

$$rmse_k = \sqrt{\sum_{i=1}^{m_v} \frac{1}{m_v} (y_i - \theta_{ki}(t))^2} \tag{5.10}$$

wobei $rmse_k$ der RMSE des MLP-Modells für das Gelenk k ist, berechnet mit den m_v Mustern der Testmenge.

Die Modellgenauigkeitsergebnisse jedes Satzes von zehn Optimierungsdurchläufen wurden mit robusten statistischen Methoden analysiert. Im Detail wurde die Verteilung der Ergebnisse durch die Fünf-Punkte-Zusammenfassung beschrieben: nämlich das untere und obere Extrem; das erste und dritte Quartil, die die Streuung der Ergebnisse angeben; und der Median, der die zentrale Tendenz (den Durchschnitt) der Ergebnisse angibt [13]. Die statistische Signifikanz der Unterschiede zwischen den mit dem Bienenalgorithmus und denen mit BP und EA erzielten Ergebnissen wurde mit paarweisen Mann-Whitney-U-Tests mit zweiseitiger Fragestellung analysiert [13]. Für jedes Gelenk sind die Statistiken der experimentellen Ergebnisse in den Tab. 5.6, 5.7 und 5.8 angegeben und in Abb. 5.2 dargestellt.

Die Abb. 5.3, 5.4 und 5.5 zeigen für jedes Gelenk die Ergebnisse eines beispielhaften Modelloptimierungslaufs des Bienenalgorithmus. Die Abbildungen stellen die Genauigkeit des optimierten MLP bei der Vorhersage des Gelenkwinkels für die zweitausendsiebenhundertsechzehn Muster des Testsatzes dar.

Bei Gelenk 1 erzielte der Bienenalgorithmus eine höhere Genauigkeit als die beiden anderen Algorithmen. Die Ergebnisse der U-Tests ($p > 0{,}001$) zeigen, dass die Überlegenheit des Bienenalgorithmus statistisch signifikant ist und mit hoher Wahrscheinlichkeit nicht auf zufällige Schwankungen zurückzuführen ist. Abb. 5.3 zeigt, dass das optimierte MLP-Modell den Gelenkwinkel sehr genau approximierte, mit einigen gelegentlichen Abweichungen, die sich $\pm 10°$ annäherten. Abb. 5.3b zeigt eine systematische Überschätzung des Gelenkwinkels nahe dem unteren Ende des Gelenkbereichs und eine systematische Unterschätzung nahe dem oberen Ende des Bereichs. Dieser Fehler war wahrscheinlich auf die geringe Abtastung der Extremwerte des Winkelbereichs während der Datenerfassung zurückzuführen.

Bei Gelenk 2 verschlechterten sich die Genauigkeitsergebnisse aller Algorithmen leicht und wurden ähnlicher. Die Leistungen des Bienenalgorithmus und des EA waren sehr ähnlich, und der U-Test zeigte, dass sie statistisch nicht unterscheidbar sind. Im Vergleich zum Standard-BP-Algorithmus erzielte der Bienenalgorithmus bessere Genauigkeitsergebnisse, und das Ergebnis des U-Tests zeigte, dass der Unterschied weiterhin auf dem Niveau $\alpha = 0{,}05$ statistisch signifikant ist. Auch bei Gelenk 2 überschätzte das Modell den Winkel nahe dem unteren Extrem des Bereichs und unterschätzte ihn nahe dem oberen Extrem.

Bei Gelenk 3 verschlechterten sich die Genauigkeitsergebnisse der drei Algorithmen deutlich stärker, und die Leistungen der drei Algorithmen wurden statistisch nicht mehr unterscheidbar. Eine Tendenz zur Überschätzung des Winkels am unteren Ende des Bewegungsbereichs und zur Unterschätzung am oberen Ende ist in Abb. 5.5b weiterhin erkennbar, wenn auch aufgrund der höheren Modellungenauigkeit deutlich weniger ausgeprägt.

Insgesamt nahm die Präzision der optimierten MLP-Modelle vom ersten bis zum dritten Gelenk sukzessive ab. Dieses Ergebnis lässt sich dadurch erklären, dass sich die Auswirkungen von Messfehlern der jeweiligen Gliedposition sowie Vibrationen und Spiel entlang der Gliederkette fortpflanzen und die Präzision der Positionsmessung der nachfolgenden Glieder beeinflussen. In geringerem Maße gilt auch das

Abb. 5.2 Genauigkeitsergebnisse (RMSE), die mit dem Bienenalgorithmus, dem EA und dem BP-Algorithmus beim Training der MLP-Modelle der inversen Kinematik der Roboter-Gelenke erzielt wurden. Die Diagramme fassen die Ergebnisse von zehn unabhängigen Optimierungsläufen zusammen

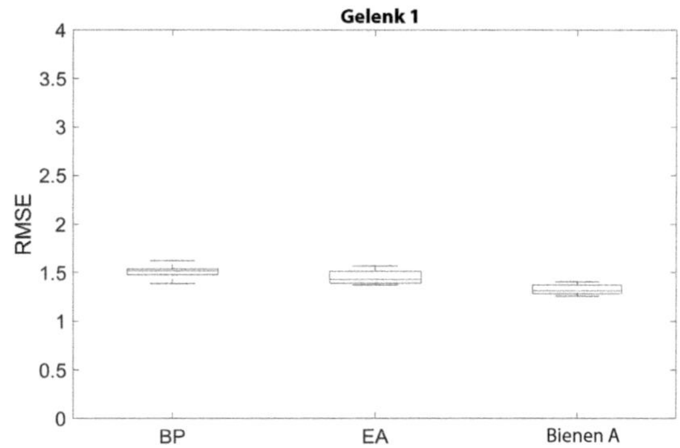

(a) Verbindung 1.

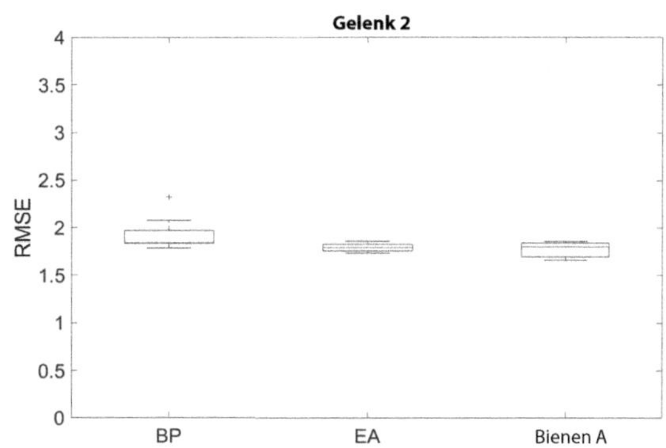

(b) Verbindung 2.

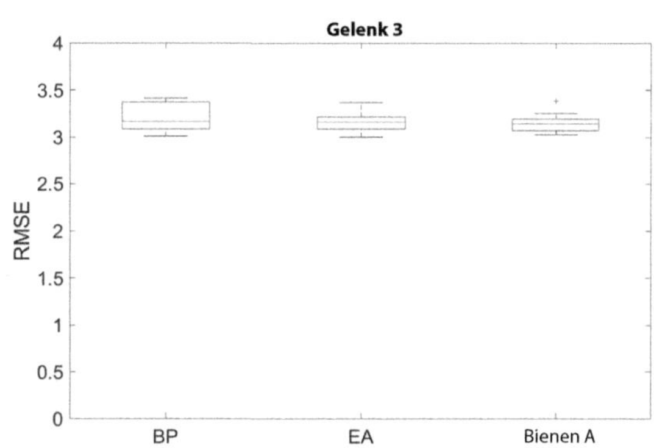

(c) Verbindung 3.

Tab. 5.6 Fünf-Punkte-Zusammenfassung der MLP-Modellgenauigkeitsergebnisse für Gelenk 1. Die Signifikanz der Unterschiede zwischen den mit dem Bienenalgorithmus, EA und BP erzielten Ergebnissen wurde mit Mann-Whitney-U-Tests analysiert, die *p*-Werte der paarweisen Vergleiche sind in der letzten Tabellenzeile angegeben

Statistik	BP	EA	Bees A
Min	1,39	1,37	1,26
Q1	1,48	1,39	1,28
Median	1,52	1,43	1,31
Q3	1,54	1,51	1,37
Max	1,62	1,57	1,40
p	0,0002	0,0008	

Tab. 5.7 Fünf-Punkte-Zusammenfassung der Genauigkeitsergebnisse des MLP-Modells für Gelenk 2. Die Signifikanz der Unterschiede zwischen den mit dem Bienenalgorithmus sowie dem EA und BP erzielten Ergebnissen wurde mittels Mann-Whitney-U-Tests analysiert. Die *p*-Werte der paarweisen Vergleiche sind in der letzten Zeile der Tabelle aufgeführt

Statistik	BP	EA	Bienen A
Min	1,79	1,73	1,66
Q1	1,83	1,76	1,70
Median	1,84	1,79	1,80
Q3	1,97	1,83	1,84
Max	2,32	1,86	1,86
p	0,0312	0,8501	

Tab. 5.8 Fünf-Punkte-Zusammenfassung der Genauigkeitsergebnisse des MLP-Modells für Gelenk 3. Die Signifikanz der Unterschiede zwischen den mit dem Bienenalgorithmus sowie dem EA und BP erzielten Ergebnissen wurde mittels Mann-Whitney-U-Tests analysiert. Die *p*-Werte der paarweisen Vergleiche sind in der letzten Zeile der Tabelle aufgeführt

Statistik	BP	EA	Bienen A
Min	3,01	3,00	3,03
Q1	3,09	3,09	3,07
Median	3,17	3,16	3,14
Q3	3,37	3,22	3,19
Max	3,41	3,37	3,38
p	0,7337	0,7913	

Umgekehrte: Die Kinematik eines bestimmten Glieds beeinflusst auch die der vorherigen Glieder. Das heißt, das MIMO-System kann nicht vollständig in drei unabhängige MISO-Systeme entkoppelt werden, und die Roboterkinematik eines Glieds kann nicht ausschließlich durch die Betrachtung dieses Glieds vollständig erklärt werden.

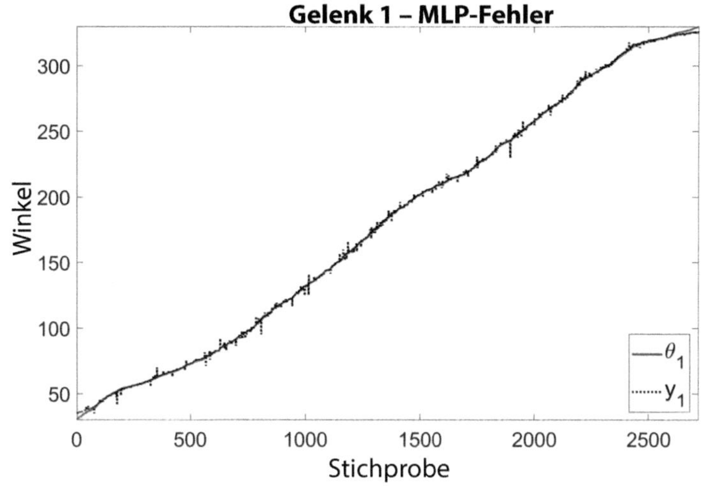

(a) MLP-Modellvorhersagen (y1) im Vergleich zum tatsächlichen Gelenkwinkel (θ1).

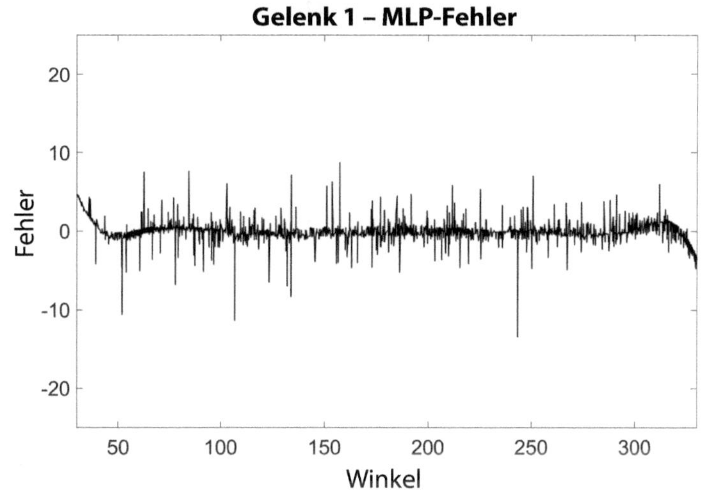

(b) MLP-Modellfehler vs. Gelenkwinkel

Abb. 5.3 MLP-Optimierungsergebnisse eines Beispiel-Laufs des Bienenalgorithmus. Die Abbildungen zeigen die Genauigkeit des optimierten MLP-Modells von Gelenk eins auf dem Testsatz der Beispiele. In der oberen Abbildung wurden die Gelenkwinkelproben in aufsteigender Reihenfolge angeordnet, was sich von ihrer zufälligen Reihenfolge im Testsatz unterscheidet

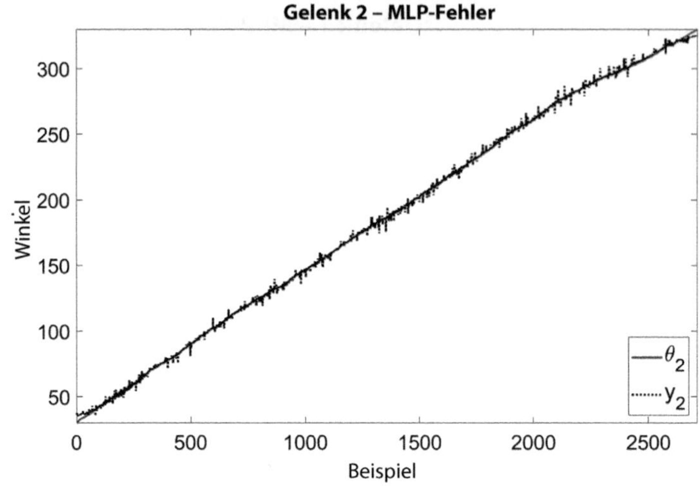

(a) MLP-Modellvorhersagen (y2) vs. tatsächlicher Gelenkwinkel (θ2).

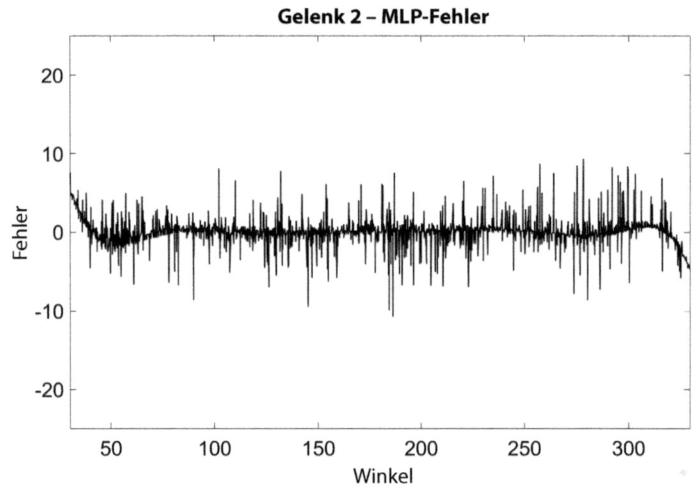

(b) MLP-Modellfehler vs. Gelenkwinkel

Abb. 5.4 MLP-Optimierungsergebnisse eines Beispiel-Laufs des Bienenalgorithmus. Die Abbildungen zeigen die Genauigkeit des optimierten MLP-Modells von Gelenk zwei auf dem Testsatz der Beispiele. In der oberen Abbildung wurden die Gelenkwinkelproben in aufsteigender Reihenfolge angeordnet, was sich von ihrer zufälligen Reihenfolge im Testsatz unterscheidet

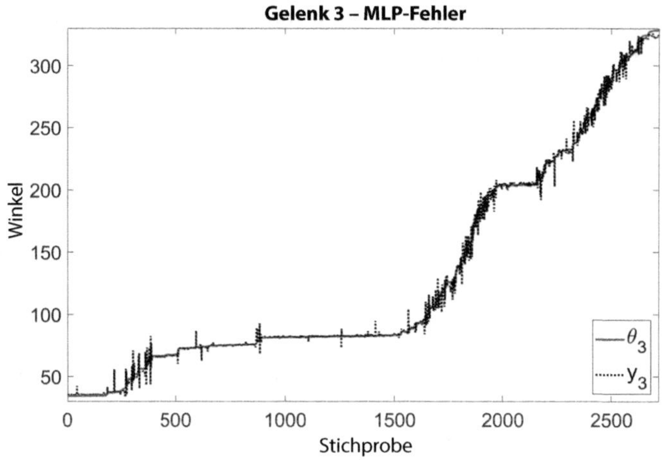

(a) MLP-Modellvorhersagen (y3) vs. tatsächlicher Gelenkwinkel (θ

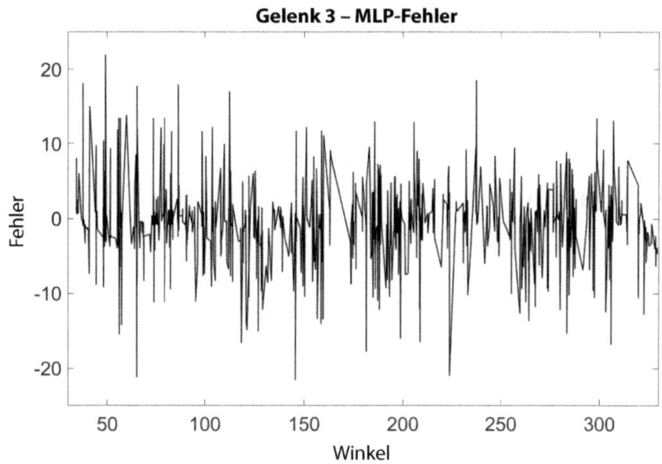

(b) MLP-Modellfehler vs. Gelenkwinkel

Abb. 5.5 MLP-Optimierungsergebnisse eines Beispiel-Laufs des Bienenalgorithmus. Die Abbildungen zeigen die Genauigkeit des optimierten MLP-Modells von Gelenk drei auf dem Testsatz der Beispiele. In der oberen Abbildung wurden die Gelenkwinkelproben in aufsteigender Reihenfolge angeordnet, was sich von ihrer zufälligen Reihenfolge im Testsatz unterscheidet

5.5 Hintergrund zur Steuerung eines Ein-Gelenk-Manipulators

Im Vergleich zu Mehrgelenkstrukturen sind Ein-Gelenk-Manipulatoren weniger beweglich und flexibel, aber wesentlich einfacher zu analysieren und zu steuern. Das übliche Steuerungsschema für diese Art von Roboterarm ist PID [17, 20]. PID-Schemata werden in der Robotik häufig eingesetzt, da sie *modellfrei* sind: Das heißt, sie beruhen nicht auf der Identifikation der inversen Dynamik des Manipulators. In einem PID-System basiert das Steuersignal ausschließlich auf Sensor-Rückmeldungen zur Position und Geschwindigkeit des Arms. In diesem Fall besteht die Hauptaufgabe darin, die Reglerparameter zu optimieren, also den Anteil der proportionalen, integralen und differenziellen Fehlerkomponenten.

Ein flexibler Gliedmanipulator ist eine spezielle Art von Ein-Gelenk-Roboterarm. Der Hauptvorteil flexibler Strukturen ist die Möglichkeit, leichte Manipulatoren zu bauen, die in der Lage sind, große Lasten mit hoher Geschwindigkeit und Präzision zu bewegen [2]. Der Hauptnachteil besteht darin, dass ihre Dynamik wesentlich komplexer ist als die von starren Strukturen [5], was die Auslegung des Reglers erschwert.

5.6 Optimierung des Reglers für flexible Gliedmanipulatoren

Der in dieser Fallstudie verwendete Manipulator bestand aus einem dünnen Aluminiumträger, an dessen Basis Dehnungsmessstreifen angebracht waren, die die Auslenkung der Trägerspitze maßen. Das flexible Glied war an seiner Basis an der Welle eines drehzahlgesteuerten Quanser SRV02-ET-Servomotors befestigt, der mit Sensoren für Winkelgeschwindigkeit und -position ausgestattet war. Der Winkelgeschwindigkeitssensor war ein Tachometer mit einem Messbereich von 65 V, der Winkelpositionssensor war ein optischer Encoder mit einer Auflösung von 0,08789 Grad pro Impuls. Die Abtastrate betrug 100 Hz. Ein schematisches Diagramm des Manipulators ist in Abb. 5.6 dargestellt.

Das Regelsystem wurde mit Matlab Simulink implementiert und über ein Quanser UPM 2405-Leistungsmodul sowie eine Quanser MultiQ PCI-Schnittstellenkarte mit dem Motor verbunden. Es bestand aus zwei Teilsystemen: Ein langsamer PID-Regler wurde zur Erreichung der Zielposition θ_t verwendet, und ein schneller PID-Regler diente zur Reduzierung der Schwingungen – das heißt der Auslenkung d – der Gliedspitze. Der langsame Regler lässt sich analytisch wie folgt beschreiben:

$$\tau_s(t) = K_P^{slow} e(t) + K_I^{slow} \int_{t-\delta}^{t} e(\tau) d\tau + K_D^{slow} \frac{de(t)}{dt} \tag{5.11}$$

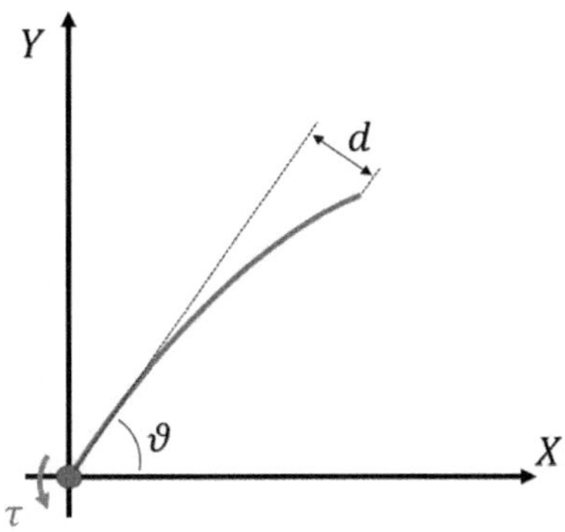

Abb. 5.6 Das flexible Glied wird durch das an seiner Basis aufgebrachte Drehmoment θ in die Winkelposition τ bewegt. Die Bewegung verursacht eine Auslenkung d der Gliedspitze

wobei $e(t) = \theta_t(t) - \theta(t)$ der Fehler der gewünschten Winkelposition $\theta_t(t)$ zum Zeitpunkt t ist. δ ist ein Zeitintervall. $\tau_s(t)$ ist die Stellgröße (Drehmoment) zur Korrektur des Positionsfehlers zum Zeitpunkt t. Und K_P^{slow}, K_I^{slow} und K_D^{slow} sind drei nichtnegative, einstellbare Parameter.

Analog lässt sich der schnelle PID-Regler analytisch wie folgt beschreiben:

$$\tau_f(t) = K_P^{fast} d(t) + K_I^{fast} \int_{t-\delta}^{t} d(\tau) d\tau + K_D^{fast} \frac{d(d(t))}{dt} \tag{5.12}$$

wobei $d(t)$ die Auslenkung der Gliedspitze zum Zeitpunkt t ist und K_P^{fast}, K_I^{fast} und K_D^{fast} die drei einstellbaren Parameter des schnellen PID-Reglers sind. Die gesamte Stellgröße $\tau(t)$ ergibt sich als Summe der Ausgaben des langsamen und des schnellen Reglers, also:

$$\tau(t) = \tau_s(t) + \tau_f(t) \tag{5.13}$$

Ein Blockdiagramm des gesamten Regelsystems ist in Abb. 5.7 dargestellt.

Das Ziel des Regelungssystems besteht darin, den aktuellen Winkelpositionsfehler $e(t)$ zu korrigieren und die Spitzenauslenkung $d(t)$ zu eliminieren – das heißt, beide im stationären Zustand auf Null zu bringen. Analytisch besteht das Ziel des Reglers

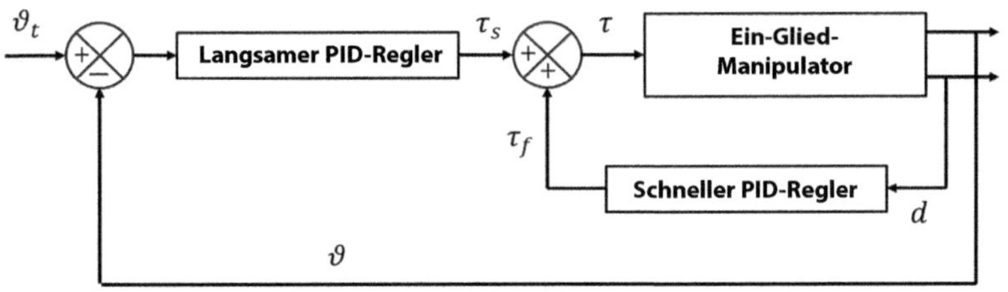

Abb. 5.7 PID-Regelungsschema für den Ein-Gelenk-Rotationsmanipulator, dargestellt in Abb. 5.6

darin, $e(t) = d(t) = 0$ am Ende der Bewegung zu erreichen, also bei $t \to \infty$, wenn die Geschwindigkeit $\frac{d\theta(t)}{dt} = 0$ und die Beschleunigung $\frac{d^2\theta(t)}{dt^2} = 0$ sind.

Die Auslegung eines Regelungssystems für einen Roboter-Manipulator stellt ein Minimierungsproblem dar, bei dem eine Kostenfunktion in Bezug auf die Fehlpositionierung der Struktur definiert werden muss. Nach der Definition kann diese Kostenfunktion durch Anpassung des Verhaltens des Regelungssystems minimiert werden, um eine schnelle Ausrichtung der Struktur auf die Zielposition zu erreichen. In dieser Fallstudie beeinflussen sechs nichtnegative, einstellbare PID-Parameter das Reglerverhalten: drei für den langsamen Regler und drei für den schnellen Regler. Das heißt, der Lösungsraum ist $A = A_1 \times \cdots \times A_6$, wobei $A_i = \mathbb{R}^+$ gilt.

Die Definition der Kostenfunktion für ein Regelungsproblem hängt von der Anwendung ab und kann eine oder mehrere Anforderungen umfassen. In dieser Fallstudie umfasst die Kostenfunktion die folgenden sechs Kriterien:

- Verzugszeit (t_d);
- Anstiegszeit (t_r);
- Spitzenzeit (t_p);
- Maximales Überschwingen *(os);*
- Stationärer Fehler (e_{ss});
- Maximale Amplitude der Spitzenauslenkung (a_d).

Betrachten wir zur Vereinfachung den Fall des einarmigen Roboters, der sich in Ruhe in der Winkelposition $\theta = 0$ bei $t = 0$ befindet: Die *Verzugszeit* t_d ist die Zeit, die benötigt wird, damit die Winkelposition θ des Drehgelenks die Hälfte des Sollwerts θ_t erreicht; die *Anstiegszeit* t_r ist die Zeit, die benötigt wird, damit die Winkelposition θ von 10 % auf 90 % des Sollwerts θ_t ansteigt; die *Spitzenzeit* t_p ist die Zeit, die benötigt wird, damit die Winkelposition θ den ersten Gipfel des Überschwingens erreicht. Das *maximale Überschwingen os* ist das maximale Überschwingen der Winkelposition θ vom Sollwert θ_t. Der *stationäre Fehler* e_{ss} ist die Differenz zwischen der endgültigen Winkelposition θ des Roboter-Gelenks und der Zielposition θ_t. Die *maximale Amplitude* (a_d) ist die maximale Auslenkung *d,* die von der Spitze des flexiblen Arms erreicht wird (Abb. 5.6). Es ist zu beachten, dass bei einem unterdämpften System wie dem flexiblen Gliedmanipulator der erste Gipfel des Überschwingens auch der maximale Gipfel ist. Die sechs Kostenkriterien, die zur Bewertung der Reglerwirkung herangezogen werden, sind in Abb. 5.8 dargestellt.

Die Gesamtkostenfunktion, die zur Bewertung der Effektivität von Kandidatenregelungen für den flexiblen Gliedmanipulator verwendet wurde, bestand aus der gewichteten Summe der sechs Kostenkriterien:

$$\mathcal{F}(controller) = w_d t_d + w_r t_r + w_p t_p + w_{os} t_{os} + w_{ss} e_{os} + w_a a_d. \tag{5.14}$$

Es ist zu beachten, dass das Optimierungsproblem von Natur aus mehrzielig ist (siehe Abschn. 1.1), da das Ziel darin besteht, sechs Kostenkriterien gleichzeitig zu optimieren. Es wurde in ein eindimensionales Optimierungsproblem überführt, indem die sechs Kriterien zu einer einzigen Kostenfunktion zusammengefasst wurden.

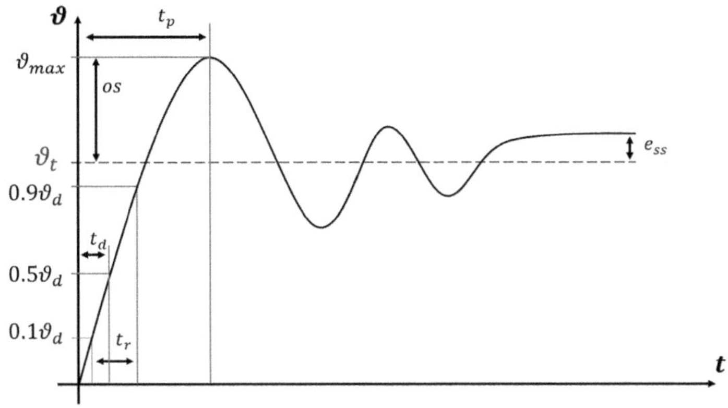

Abb. 5.8 Schematische Darstellung des Übergangsverhaltens des Roboter-Manipulators und der in der Kostenfunktion der Regelungsaktion verwendeten Kriterien. Der Manipulator befindet sich in Ruhe in der Winkelposition $\theta = 0$ zum Zeitpunkt $t = 0$ und soll am Ende der Bewegung die Position $\theta = \theta_t$ erreichen

Die Gewichtungsfaktoren aus Gl. (5.14) wurden experimentell festgelegt, wobei die Minimierung des maximalen Überschwingens und des stationären Fehlers an der Gliedspitze sowie die Minimierung der Amplitude der Spitzendeflexion priorisiert wurden. Aus diesem Grund sind die Faktoren w_{os}, w_{ss} und w_a deutlich größer als die übrigen drei. Die sechs Faktoren sind in Tab. 5.9 aufgeführt.

Die auf Schrumpfung basierende Version des Bienenalgorithmus wurde zur Optimierung der PID-Parameter des Robotersteuerungssystems eingesetzt. Wie in Abschn. 2.5 erläutert, unterscheidet sich diese Version vom Standard-Bienenalgorithmus dadurch, dass sie nicht das Verfahren zum Verlassen von Suchgebieten verwendet. Die Leistungsfähigkeit der Kandidatenlösungen wurde bewertet, indem die Bewegung des flexiblen Gliedmanipulators mittels eines analytischen Modells seiner Dynamik simuliert wurde. Für Details zum analytischen Modell wird auf die Literatur verwiesen [6, 10]. Die Leistungsfähigkeit des optimierten Reglers wurde am realen Roboter validiert.

Die Hyperparameter des Bienenalgorithmus wurden durch Versuch und Irrtum optimiert und wie in Tab. 5.10 angegeben festgelegt. Der Aufwand für die lokale Suche wurde auf $nb = 10$ beste Orte verteilt, von denen $ne = 3$ als „Elite“-Orte betrachtet wurden und die größte Anzahl an Sammlerbienen zugeteilt bekamen. Das Verhältnis $\rho = 0{,}85$ zwischen der Anzahl der Sammlerbienen an Elite-Orten und besten Orten (Abschn. 3.8.1) weist auf eine ausgewogene Suche hin – sie ist

Tab. 5.9 Gewichtungsfaktoren für die in der Kostenfunktion der Steuerungsaktion verwendeten Kriterien

t_d	t_r	t_p	os	e_{ss}	e_d
1	1	1	500	500	150

Tab. 5.10 Bienenalgorithmus zur Optimierung des Regelungssystems für den Einzelflexiblen-Gelenkmanipulator

Parameter	Beschreibung	Wert
T	Zyklen des Bienenalgorithmus	1000
cs	Koloniegröße	140
ns	Spurbienen	20
nb	Beste Orte	10
ne	Elite-Orte	3
nrb	Rekrutierte Bienen für beste Orte	10
nre	Rekrutierte Bienen für Elite-Orte	20
ngh	Anfängliche Nachbarschaftsgröße	0,001
$stlim$	Grenze der Stagnationszyklen für das Verlassen eines Ortes	Nicht verwendet
α	Faktor zur Verkleinerung der Nachbarschaft	0,8

durch mehrere, recht intensive lokale Suchen in Parallelität gekennzeichnet. Im Vergleich zur Modellierung der inversen Kinematik erforderte die Optimierung der sechs PID-Parameter einen deutlich geringeren Suchaufwand im Lösungsraum: nämlich $cs \times T = 1{,}4 \times 10^5$ Funktionsauswertungen gegenüber den $cs \times T = 18 \times 18^6$ Funktionsauswertungen, die zur Optimierung des Modells der inversen Kinematik benötigt wurden.

5.7 Ergebnisse der Optimierung des Roboterreglers

50 unabhängige Optimierungsdurchläufe wurden mit dem Bienenalgorithmus durchgeführt. Die 50 Lösungen wurden am realen Roboter getestet, wobei sie eingesetzt wurden, um die Bewegung des flexiblen Arms vom Startwinkel $\theta = 0$ zur Zielposition $\theta_t = \frac{\pi}{4}$ zu steuern. Die Leistungsfähigkeit der Regler wurde mit Gl. (5.14) bewertet. Die Fünf-Punkte-Zusammenfassung der mit den 50 Lösungen am realen Roboter erzielten Ergebnisse ist in Tab. 5.11 dargestellt. Die Tabelle enthält außerdem die Ergebnisse eines Tests, bei dem ein manuell optimierter Regler [10] verwendet wurde.

Die experimentellen Ergebnisse in Tab. 5.11 zeigen, dass der Bienenalgorithmus in der Lage ist, hochwirksame Regelsysteme zu erzeugen, die den manuell optimierten Regler durchweg übertreffen. Die Fitness-Werte der 50 Lösungen liegen in einem engen Bereich, was die Zuverlässigkeit der Optimierungsmethode belegt. Abb. 5.9 veranschaulicht das Übergangsverhalten des flexiblen Gliedmanipulators und vergleicht die Leistung von 50 automatisch optimierten Regelsystemen mit einem manuell abgestimmten System. Die Abbildung zeigt, dass die mit dem Bienenalgorithmus erzeugten Regelsysteme den flexiblen Arm im Vergleich zum manuell optimierten Regler schneller und zuverlässiger bewegen.

Tab. 5.11 Fünf-Punkte-Zusammenfassung der Leistungsfähigkeit der Lösungen, die durch 50 unabhängige Durchläufe des Bienenalgorithmus erzeugt wurden. Die optimierten Regelsysteme wurden am Testproblem anhand der in Gl. (5.14) definierten Kostenfunktion bewertet. Die Leistung eines manuell optimierten Reglers aus der Literatur ([10]) am Testproblem ist zum Vergleich aufgeführt

Statistik	Fitness
Min	19.0859
Q1	19.3373
Median	19.7143
Q3	20.1648
Max	20.7782
Manuell optimiert	28.1728

Abb. 5.10 zeigt die Verteilung der optimalen PID-Parameter, die in den 50 Optimierungsläufen des Bienenalgorithmus generiert wurden. Die Abbildung verdeutlicht, dass der Bienenalgorithmus verschiedene Lösungen mit vergleichbarer (Tab. 5.11) Effektivität finden konnte. Im Detail lag die optimale Einstellung einiger Parameter (K_D^{slow}, K_I^{slow}, K_D^{fast}) stets in einem sehr engen Bereich, während die optimale Einstellung der anderen Parameter in einem deutlich größeren Bereich variierte – was auf das Vorhandensein mehrerer äquivalenter Lösungen hinweist. Dieses Ergebnis ist auf die spezifischen Gewichtungen der Kostenkriterien (Tab. 5.9) zurückzuführen. Genauer gesagt, spiegelte die Streuung der Gewichtungseinstellungen die drei für die Regelung gesetzten Prioritäten wider: die Minimierung des Überschwingens, der Spitzenauslenkung und des stationären Fehlers. Die ersten beiden stehen im Zusammenhang mit der Dämpfungswirkung der Regelung, die hauptsächlich über den Differenzialanteil des langsamen (K_D^{slow}) beziehungsweise schnellen (K_D^{fast}) PID-Reglers eingestellt wird. Der stationäre Fehler wird durch den Integralanteil des langsamen Reglers K_I^{slow} kompensiert. Der Wert dieser drei Parameter hatte somit den größten Einfluss auf die Kostenfunktion und wurde durch den Optimierungsalgorithmus mit deutlich höherer Präzision festgelegt. Die Tatsache, dass unterschiedliche Einstellungen der übrigen drei Parameter zu ähnlich leistungsfähigen Reglern führten, deutet darauf hin, dass der Lösungsraum multimodal ist oder große, relativ flache Bereiche aufweist.

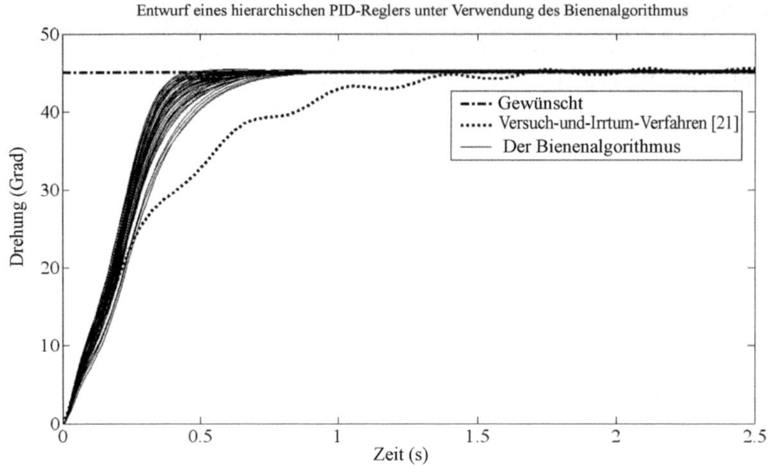

(a) Winkelposition [89].

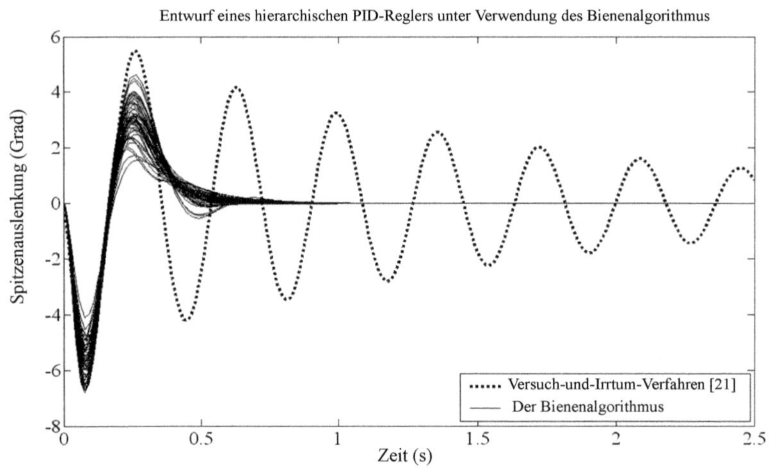

(b) Spitzenauslenkung [89].

Abb. 5.9 Übergangsverhalten des flexiblen Arms: Winkelposition und Spitzenauslenkung. Die Diagramme zeigen das Verhalten von 50 Regelsystemen, die durch unabhängige Durchläufe des Bienenalgorithmus erzeugt wurden, sowie eines manuell optimierten Regelsystems

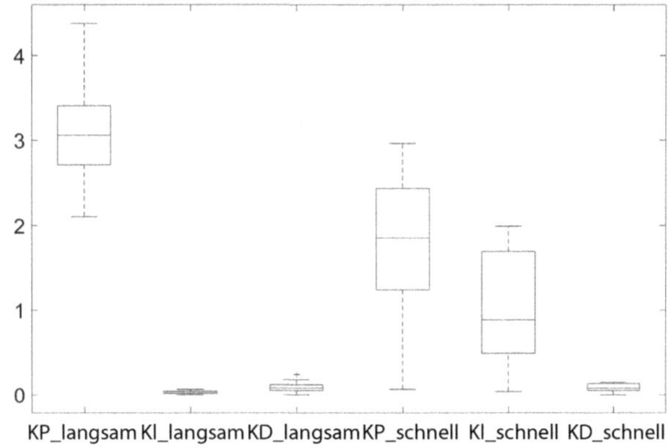

Abb. 5.10 Boxplot der optimalen Werte, die in 50 unabhängigen Durchläufen des Bienenalgorithmus für die sechs PID-Parameter des Ein-Gelenk-Roboterreglers erzielt wurden

5.8 Optimierung von Robotersteuerungssystemen: Abschließende Überlegungen

In diesem Kapitel wurden zwei Anwendungen des Bienenalgorithmus zur Optimierung von Robotersteuerungssystemen behandelt. Beide Anwendungen stellten mehrdimensionale kontinuierliche Optimierungsprobleme dar, die durch Fitnesslandschaften gekennzeichnet sind, die multimodal sind oder flache Bereiche aufweisen.

Im ersten Fallbeispiel ist die Modellierung der inversen Kinematik eines Manipulators erforderlich, um die Bahnplanung zu ermöglichen. Die Kandidatenlösungen waren MLP-ANN-Modelle, und deren Optimierung (Training) erforderte die Anpassung einer großen Anzahl von Parametern. MLP-Fehlerlandschaften sind dafür bekannt, stark multimodal zu sein, und zusammen mit der hohen Dimensionalität machte dies das Optimierungsproblem besonders schwierig.

Im Vergleich zu einem EA und der Standard-BP-Trainingsmethode erzielte der Bienenalgorithmus gleichwertige oder bessere Trainingsergebnisse, insbesondere bei der Modellierung der Kinematik des ersten Gelenks der Drei-Gelenk-Kette, wo der Einfluss von Vibrationen und Übersprechen zwischen den Gelenken minimal war und die Beziehung zwischen der Gelenkwinkelposition und den kartesischen Variablen klarer war. Die Genauigkeit der trainierten ANN-Modelle nahm an den äußeren Gelenken sukzessive ab, und die Leistungsunterschiede zwischen den Optimierungsverfahren wurden weniger deutlich, wenn nicht sogar ununterscheidbar.

Im zweiten Fallbeispiel wurde ein Schema aus zwei PID-Einheiten verwendet, um die Positionierung eines einarmigen flexiblen Manipulators zu steuern. In diesem Fall bestand das Ziel der Optimierungsbemühungen darin, eine Kostenfunktion zu minimieren, die mit dem Winkelpositionsfehler und der Durchbiegung des Arms zusammenhängt. Das Verhalten des Reglers hing von den sechs Parametern ab, die die Ausgabe der beiden PID-Einheiten bestimmten. Das Problem war schwierig, da mehrere Optimalitätskriterien berücksichtigt werden mussten, diese unterschiedlich gewichtet wurden und einige der Kriterien im Widerspruch zueinander standen – zum Beispiel führen kurze Anstiegs- und Verzögerungszeiten wahrscheinlich zu erhöhtem Überschwingen und größerer Spitzendurchbiegung. Dennoch war dieses zweite Optimierungsproblem auf einen deutlich kleineren Lösungsraum als das MLP-Modell-Training beschränkt und erforderte die Untersuchung einer wesentlich geringeren Anzahl von Kandidatenlösungen.

Für die Steuerung des flexiblen Armmanipulators war der Bienenalgorithmus in der Lage, Lösungen zu generieren, die ein manuell abgestimmtes Steuerungssystem durchweg übertrafen. Dieses Ergebnis ist auf die Schwierigkeiten zurückzuführen, denen menschliche Bediener beim Umgang mit stark nichtlinearen Systemen, zeitverzögerten Reaktionen und widersprüchlichen Zielsetzungen begegnen. Wie in Kap. 1 diskutiert, sind Metaheuristiken wie der Bienenalgorithmus besonders nützlich für die Optimierung solch komplexer Systeme. Darüber hinaus sind Metaheuristiken auch hilfreich, um Lösungen zu finden, die dem menschlichen Auge nicht offensichtlich erscheinen, wie etwa stark asymmetrische Strukturen im Ingenieurdesign. In diesem Fall kann nicht ausgeschlossen werden, dass einige der vom Bienenalgorithmus erzeugten Einstellungen für einen Regelungstechniker nicht „standardmäßig" gewesen wären.

Die zweite Anwendung beinhaltete zudem einige praxisnahe Lösungen für Probleme, mit denen Anwender bei der Implementierung von Metaheuristiken häufig konfrontiert sind. Das Steuerungsproblem war von Natur aus ein Mehrzielproblem und wurde durch die Kombination der verschiedenen Ziele in eine einzige Zielfunktion in ein Einzielproblem überführt. Mehrzielprobleme sind in der angewandten Optimierung häufig, da die gesuchte Lösung oft einen Kompromiss zwischen widersprüchlichen Anforderungen darstellt [8, 16]. Ein Beispiel: Bauingenieure müssen oft konkurrierende Anforderungen wie Leichtbau, Langlebigkeit, Kosten und Festigkeit in Einklang bringen; Automobilingenieure müssen Fahrzeuge entwerfen, die hohe Leistung, Langlebigkeit, niedrige Kosten und geringen Kraftstoffverbrauch vereinen; Finanzinvestoren müssen hohe Rendite gegen Risiko abwägen usw. Wenn kein vollständiger Satz äquivalenter Pareto-Lösungen [16] benötigt wird und der Entscheidungsträger nur eine gute Lösung sucht, ist die in diesem Kapitel verwendete gewichtete Summation ein gängiger Ansatz. Diese Methode wird in der Optimierungstheorie als *Skalarisierung* des Mehrzielproblems bezeichnet [8].

Ein weiteres häufiges Problem in der Optimierung ist die Notwendigkeit, eine Software-Repräsentation eines physischen Systems wie des Einarmroboters, eines Prozesses oder eines komplexen Netzwerks zu erstellen. Dieses Softwaremodell, manchmal ein komplexer *digitaler Zwilling* [21], wird dann verwendet, um den Lösungsraum effizient zu durchsuchen und die optimale Lösung zu finden. Die Genauigkeit des Softwaremodells hat entscheidende Auswirkungen auf die Übertragbarkeit der optimierten Lösung auf das reale System. Das Softwaremodell muss zudem schnell abfragbar sein, da der Rechenaufwand für die Bewertung der Kandidatenlösungen bestimmt, in welchem Umfang der Lösungsraum untersucht werden kann. In der zweiten Anwendung wurde das PID-Regelungsschema zunächst mit dem von

Kalyoncu und Tinkir entwickelten analytischen Modell [10] optimiert und anschließend am realen Roboter getestet. In der ersten Anwendung wurde der Bienenalgorithmus zur Optimierung des Modells selbst eingesetzt. Typischerweise umfasst die Optimierung eines physischen Systems mehrere Stufen, in denen zunächst ein oder mehrere Modelle des Systems optimiert werden müssen, bevor diese Modelle für weitere Optimierungszwecke genutzt werden können. Ein Beispiel: Die Steuerung eines Roboterarms erfordert zunächst die Identifikation seiner Kinematik und manchmal auch seiner Dynamik; anschließend kann die Kinematik für die Bahnoptimierung verwendet werden; und schließlich muss ein Steuerungssystem, das auf der inversen Roboterdynamik oder einem PID-Schema – oder einer Kombination aus beidem – basiert, optimiert werden. In manchen Fällen, wenn das System zu komplex ist, um es genau zu modellieren, kann das physische System oder der Prozess selbst zur Rückmeldung an das Optimierungsverfahren genutzt werden [1, 11, 12]. Aufgrund des in der Regel sehr zeitaufwändigen Rückmeldeprozesses aus dem realen System bedeutet dieser Ansatz jedoch meist, dass der Optimierer nur eine minimale Stichprobe des Lösungsraums untersuchen kann und die Ausführungszeiten des Algorithmus extrem lang sind.

5.9 Zusammenfassung

In diesem Kapitel wurden zwei Anwendungen des Bienenalgorithmus auf kontinuierliche Optimierungsprobleme im Bereich der Robotik vorgestellt. Die erste Anwendung betraf die Optimierung von drei MLP-Modellen der inversen Kinematik der Gelenke eines seriellen Drei-Gelenk-Manipulators. Das Optimierungsproblem bestand darin, die Menge an MLP-Gewichten zu finden, die den Modellfehler auf einer großen Menge von Roboterkonfigurationsdatenpunkten minimiert. Das Problem war stark multimodal und mehrdimensional und erforderte die präzise Identifikation komplexer nichtlinearer Kinematik. Im Vergleich zum standardmäßigen, gradientenbasierten BP-ANN-Trainingsalgorithmus und einem EA erzielte der Bienenalgorithmus Lösungen von zumindest vergleichbarer, wenn nicht sogar überlegener Genauigkeit.

Das zweite Problem erforderte die Optimierung des Steuerungssystems eines einarmigen flexiblen Manipulators. Das Steuerungssystem bestand aus zwei PID-Regelungsteilsystemen. Die Optimierungsaufgabe bestand darin, die Parametrierung der PID-Regler zu finden, die den Positionsfehler des Arms minimiert. Die Fehlerfunktion umfasste mehrere Kriterien, die sich auf die schnelle und präzise Erreichung der Gelenkwinkelposition des Roboters sowie die Minimierung der flexiblen Spitzendurchbiegung bezogen. Die Lösungen wurden vom Bienenalgorithmus unter Verwendung eines Softwaremodells des Manipulators generiert und am realen Roboter validiert. Im Vergleich zu einem manuell optimierten Regler aus der Literatur erzeugte der Bienenalgorithmus durchweg besser performende Lösungen. In 50 unabhängigen Optimierungsdurchläufen lieferte der Bienenalgorithmus viele verschiedene Lösungen mit ähnlicher Leistung, was auf das Vorhandensein mehrerer Minima oder flacher Bereiche in der Fitnesslandschaft hindeutet.

Fragen zum Kapitelabschluss

1. Erläutern Sie die Denavit-Hartenberg-Parameter und ihre Bedeutung für die Darstellung der Kinematik eines seriellen Manipulators. Wie werden diese Parameter bei der Vorwärts- und Inverskinematik verwendet? (Hinweis: Dies ist eine allgemeinbildende Frage zur Robotkinematik. Die Denavit–Hartenberg-Parameter werden in diesem Kapitel nicht behandelt, und Leserinnen und Leser können diese Frage bei Bedarf überspringen.)
2. Diskutieren Sie die Architektur und Funktionalität eines Multi-Layer Perceptron (MLP). Wie wird der Backpropagation-Algorithmus eingesetzt, um die Gewichte und Biases während des Trainingsprozesses anzupassen?
3. Welche Herausforderungen sind mit der Optimierung von Robotermodellen verbunden und wie wurden diese im Kontext dieses Kapitels adressiert? Bewerten Sie kritisch die Ergebnisse des Optimierungsprozesses für das Robotermodell.
4. Beschreiben Sie die Steuerungskonzepte, die für den Einarmmanipulator verwendet wurden. Welche Vor- und Nachteile hat jedes Konzept?
5. Wie wurde der Bienenalgorithmus für die Optimierung von Roboterreglern angepasst? Diskutieren Sie die spezifischen Modifikationen am Algorithmus und deren Begründung.
6. Vergleichen und kontrastieren Sie die Leistung der verschiedenen Steuerungskonzepte, die bei der Optimierung des Roboterreglers untersucht wurden. Welches Konzept (welche Konzepte) schnitt(en) am besten ab und welche Faktoren trugen zu ihrem Erfolg bei?
7. Analysieren Sie die Ergebnisse der Roboterregler-Optimierung mit dem Bienenalgorithmus. Waren die Ergebnisse zufriedenstellend? Welche Schlussfolgerungen lassen sich hinsichtlich der Effektivität des Bienenalgorithmus in diesem Kontext ziehen?
8. Diskutieren Sie die Herausforderungen und Überlegungen bei der Implementierung des Bienenalgorithmus für die Optimierung realer Robotersteuerungen. Wie könnte der Algorithmus für diesen Zweck weiter verbessert oder angepasst werden?
9. Erörtern Sie potenzielle zukünftige Forschungsrichtungen für den Einsatz des Bienenalgorithmus im Bereich der Robotersteuerungsoptimierung. Für welche weiteren Arten von Robotersteuerungsproblemen könnte dieser Ansatz von Nutzen sein?
10. Welche weiterreichenden Implikationen haben die in diesem Kapitel dargestellten Ergebnisse für das Gebiet der Robotik? Wie könnten naturinspirierte Optimierungsalgorithmen wie der Bienenalgorithmus die Zukunft der Robotersteuerung und Automatisierung prägen?

Literatur

1. Byrne EL (2007) Optimising the flow of experiments to a robot scientist with multi-objective evolutionary algorithms. In: Proceedings of the 9th annual conference companion on Genetic and evolutionary computation, S 2429–2436
2. Cannon RH Jr, Schmitz E (1984) Initial experiments on the end-point control of a flexible one-link robot. Int J Robot Res 3(3):62–75
3. Castellani M (2013) Evolutionary generation of neural network classifiers–an empirical comparison. Neurocomputing 99:214–229
4. Craig JJ (2006) Introduction to robotics. Pearson Education
5. Dwivedy SK, Eberhard P (2006) Dynamic analysis of flexible manipulators, a literature review. Mech Mach Theory 41(7):749–777
6. Fahmy A, Kalyoncu M, Castellani M (2012) Automatic design of control systems for robot manipulators using the bees algorithm. Proc Inst Mech Eng Part I J Syst Control Eng 226(4):497–508
7. Fogel DB (2006) Evolutionary computation: toward a new philosophy of machine intelligence. John Wiley & Sons
8. Gunantara N (2018) A review of multi-objective optimization: methods and its applications. Cogent Eng 5(1):1502242. https://doi.org/10.1080/23311916.2018.1502242
9. Hornik K, Stinchcombe M, White H (1989) Multilayer feedforward networks are universal approximators. Neural Netw 2(5):359–366
10. Kalyoncu M, Tinkir M (2008) Hierarchical adaptive network based fuzzy logic controller design for a single flexible link robot manipulator. In: 2008 13th international power electronics and motion control conference. IEEE, S 974–981
11. King RD, Rowland J, Aubrey W, Liakata M, Markham M, Soldatova LN, Whelan KE, Clare A, Young M, Sparkes A et al (2009) The robot scientist Adam. Computer 42(8):46–54
12. Knowles J (2009) Closed-loop evolutionary multiobjective optimization. IEEE Comput Intell Mag 4(3):77–91
13. Kokoska S (2008) Introductory statistics (preliminary edition): a problem-solving approach. Macmillan
14. Li K-L, Yang W-T, Chan K-Y, Lin P-C (2016) An optimization technique for identifying robot manipulator parameters under uncertainty. SpringerPlus 5:1–16
15. Lippmann R (1987) An introduction to computing with neural nets. IEEE ASSP Mag 4(2):4–22
16. Marler RT, Arora JS (2004) Survey of multi-objective optimization methods for engineering. Struct Multidiscip Optim 26:369–395
17. Milecki A, Nowak P (2023) Review of fault-tolerant control systems used in robotic manipulators. Appl Sci 13(4):2675
18. Pham DT, Castellani M, Fahmy A (2008) Learning the inverse kinematics of a robot manipulator using the bees algorithm. In: 2008 6th IEEE international conference on industrial informatics. IEEE, S 493–498
19. Pham DT, Packianather M, Afify A (2007) Artificial neural networks. In: Computational intelligence. Springer, S 67–92
20. Sahu V, Samal P, Panigrahi CK (2022) Modelling, and control techniques of robotic manipulators: a review. Mater Today Proc 56:2758–2766
21. Tao F, Xiao B, Qi Q, Cheng J, Ji P (2022) Digital twin modeling. J Manuf Syst 64:372–389

Kapitel 6
Fallstudie – Optimierung der Bauteilplatzierung und Abholreihenfolge in der Leiterplattenbestückung

Kap. 5 behandelte zwei Anwendungen des Bienenalgorithmus auf kontinuierliche Optimierungsprobleme im Bereich der Robotik. Dieses Kapitel stellt die Anwendung des Bienenalgorithmus auf zwei kombinatorische Optimierungsprobleme vor. Das übergeordnete Ziel der Optimierungsbemühungen war die Minimierung der Montagezeit bei der Herstellung von Leiterplatten (PCBs), insbesondere die Minimierung der Zeit, die für das Platzieren der elektronischen Bauteile auf der Platine benötigt wird. Wie in Abschn. 1.2 erwähnt, ähnelt die Optimierung der PCB-Montage dem Travelling Salesman Problem (TSP). Aus diesem Grund wurde der Bienenalgorithmus zunächst am Travelling Salesman Problem (TSP) getestet und anschließend auf die Montageaufgabe angewendet.

Das Hauptproblem bei der Anwendung des Bienenalgorithmus auf kombinatorische Optimierungsprobleme ist die Implementierung des lokalen Suchoperators. Die Lösung dieses Problems erfordert die Definition der „Nachbarschaft" einer Kandidatenlösung im Suchraum. Dies kann durch die explizite Definition einer Metrik (Distanz) oder durch ein weniger strenges Ähnlichkeitskonzept – Adjazenz im Lösungsraum – zwischen Lösungen erfolgen. Beispielsweise könnten im TSP zwei Lösungen als ähnlich betrachtet werden, wenn sie sich nur durch die Vertauschung zweier Elemente in der Reihenfolge der besuchten Städte unterscheiden. Sobald eine Definition der Nachbarschaft formuliert wurde, kann sie verwendet werden, um den Umfang der lokalen Suche um eine Kandidatenlösung herum festzulegen.

Dieses Kapitel führt zunächst in das Problemfeld der Optimierung der Leiterplattenmontage (PCB) ein. Die Diskussion konzentriert sich auf den komplexesten Typ von Montagegerät: das Moving Board with Time Delay (MBTD). Ziel der Optimierung ist die Minimierung der Platzierungszeit für den Hochgeschwindigkeits-Turret-Head-Chip-Shooter. Die vorgeschlagene kombinatorische Implementierung des Bienenalgorithmus wird im Detail beschrieben und ihre Leistung wird zunächst am TSP getestet, wobei sie mit der Leistung mehrerer moderner Optimierer verglichen wird. Abschließend wird der kombinatorische Bienenalgorithmus auf die eigentliche PCB-Montageoptimierungsaufgabe angewendet, seine Leistung analysiert

D. T. Pham et al., *Intelligente Optimierung mit dem Bienenalgorithmus*,
https://doi.org/10.1007/978-3-032-14424-9_6

und mit dem Stand der Technik in der Literatur verglichen. Für eine ausführlichere Darstellung dieser Studie sei auf Castellani et al. [1] verwiesen.

6.1 Problemfeld

Leiterplatten (PCBs) sind weit verbreitete Komponenten, insbesondere in wichtigen Industriezweigen wie Computer, Telekommunikation, Automobilindustrie und Unterhaltungselektronik [2, 3]. Der weltweite PCB-Markt wurde im Jahr 2021 auf \$70.92 Milliarden geschätzt und soll bis 2026 auf \$86.17 Milliarden anwachsen [3].

Die Montage von Leiterplatten erfordert das Platzieren elektronischer Bauteile unterschiedlicher Form und Größe, wie Widerstände, Kondensatoren und Transistoren, an bestimmten Positionen auf der unbestückten Platine. Ursprünglich war dieser Prozess arbeitsintensiv, ist jedoch heute vollständig automatisiert und erfolgt mit verschiedenen Arten von Bestückungsautomaten. Trotz der Geschwindigkeit moderner Maschinen ist die Montage derzeit eine der zeitaufwändigsten Phasen bei der Herstellung von Leiterplatten. Angesichts der großen Anzahl produzierter Leiterplatten haben selbst geringe Einsparungen bei der Montagezeit pro Einheit einen erheblichen Einfluss auf die gesamte Jahresproduktion.

Die größte Herausforderung bei der Definition eines effizienten PCB-Montageverfahrens ist die Optimierung der Platzierungsreihenfolge der Bauteile. Es gibt drei Maschinentypen für die Leiterplattenbestückung: *Typ-1* besteht aus einem beweglichen Zuführer und Montagetisch sowie einem festen Bestückkopf, der die Bauteile aufnimmt und auf der Leiterplatte platziert; *Typ-2* besteht aus einem festen Montagetisch und (einer Anordnung von) Zuführern sowie einem beweglichen Einzelkopf, der die Bauteile aufnimmt und an der gewünschten Position auf der Leiterplatte platziert; und *Typ-3*, der MBTD-Typ, bei dem ein Mehrkopf-Drehturm die Bauteile aus einer beweglichen Zuführeranordnung aufnimmt und sie auf der Leiterplatte platziert, die vom Montagetisch an die richtige Position gebracht wird [4]. *Typ-1*-Maschinen verfügen über einen Zuführer und werden verwendet, um nur einen Bauteiltyp zu platzieren. Wird eine Zuführeranordnung verwendet – *Typ-2* und *Typ-3* –, kann das Gerät verschiedene Bauteiltypen auf der Leiterplatte platzieren. Das Moving Board with Time Delay (MBTD) ist das komplexeste Gerät und ermöglicht den höchsten Durchsatz.

Ein schematisches Diagramm eines MBTD-*Typ-3*-Geräts ist in Abb. 6.1 dargestellt. In einer MBTD-Maschine erfolgen Bauteilaufnahme und -platzierung gleichzeitig, nachdem die Zuführeranordnung und der Tisch in ihre vorgesehenen Positionen gebracht wurden und der Drehturm das entsprechende Aufnahme- und Platzierwerkzeug indexiert hat [5]. Die Bewegungen der drei Maschinenteile – Tisch, Zuführer und Drehturm – müssen synchronisiert werden: Jedes Teil muss warten, bis die beiden anderen ihre Bewegung abgeschlossen haben, bevor das nächste Bauteil verarbeitet werden kann. Die Zeit T_i, die für das Platzieren des Bauteils i benötigt wird, ist das Maximum der Zeiten, die für die drei separaten Operationen benötigt werden: Tischbewegung (T_{bi}), Zuführerbewegung (T_{fi}) und Drehturm-Indexierung

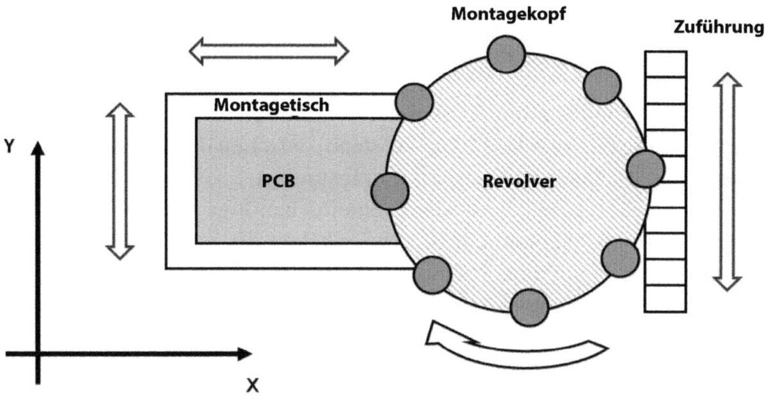

Abb. 6.1 Schematische Darstellung eines MBTD-Geräts. Der Montagetisch trägt die Leiterplatte und wird in den Richtungen X und Y bewegt, um die Leiterplatte zur Bauteilplatzierungsposition zu bringen. Der mehrköpfige, rotierende Drehturm nimmt Bauteile von den Zuführern auf und platziert sie auf der Leiterplatte. Die Zuführeranordnung wird in Y-Richtung bewegt, um den Zuführer mit dem gewünschten Bauteil zur Aufnahmeposition zu bringen

(T_t).

$$T_i = max(T_{bi}, T_{fi}, T_t) \tag{6.1}$$

Die Zeit T_{bi}, die benötigt wird, um den Tisch von der Position des Bauteils c_{i-1} zur Position (x_i, y_i) des Bauteils c_i zu bewegen, wird durch die Chebyshev-Metrik angegeben [6]:

$$T_{bi} = max\left(\frac{x_{i-1} - x_i}{v_x}, \frac{y_{i-1} - y_i}{v_y}\right) \tag{6.2}$$

wobei $v_b = (v_x, v_y)$ die Geschwindigkeit des beweglichen Tisches in der XY-Ebene ist. Gleichung (6.2) setzt voraus, dass sich der Tisch unabhängig entlang der beiden kartesischen Achsen bewegt. Dies ist der Fall, wenn die Bewegung entlang jeder Achse von einem separaten Motor gesteuert wird. Im Folgenden wird angenommen, dass die Anfangsposition des Tisches $c_0 = (0, 0)$ ist. Die Geschwindigkeit des beweglichen Tisches in X- und Y-Richtung wurde auf $60 \times 10^{-3}\ ms^{-1}$ festgelegt.

Für einen Drehteller mit h Bestückköpfen ist T_{fi} die Zeit, die benötigt wird, um das Zuführermagazin vom Steckplatz, an dem das Bauteil $c_{i+\frac{h}{2}-1}$ bereitgestellt wird, zu dem Steckplatz zu bewegen, an dem das Bauteil $c_{i+\frac{h}{2}}$ bereitgestellt wird. Das Bauteil $c_{i+\frac{h}{2}}$ wird gleichzeitig aufgenommen, während das Bauteil c_i auf die Leiterplatte montiert wird. Es wird angenommen, dass die Bauteile jeweils im Zentrum der Zuführerschächte aufgenommen werden und der Abstand zwischen zwei Schächten mit der euklidischen Metrik gemessen wird [6]. Die Geschwindigkeit v_f des Zuführermagazins in Y-Richtung entspricht der Geschwindigkeit v_b des beweglichen Tisches. Daher gilt :

$$T_{fi} = \frac{\sqrt{(y_j - y_k)^2}}{v_f} = \frac{\sqrt{(y_j - y_k)^2}}{v_b} \tag{6.3}$$

wobei y_k die Position des k-ten Steckplatzes im Zuführermagazin ist (der Zuführer bewegt sich entlang der Y-Achse). Der Abstand zwischen den Mittelpunkten zweier benachbarter Steckplätze wurde auf 15 mm festgelegt.

Schließlich wurde die Zeit T_t, die der Drehteller benötigt, um die Bestückköpfe um eine Position weiterzuschalten, auf $0{,}25\,s$ festgelegt. Es wurde angenommen, dass das Indexieren jeweils um eine Position und immer in derselben Richtung erfolgt.

Die gesamte Leiterplatten-Bestückungszeit T_a ist die Summe der Bestückungszeiten der n Bauteile:

$$T_a = \sum_{i=1}^{n} T_i = \sum_{i=1}^{n} max(T_{bi}, T_{fi}, T_t) \tag{6.4}$$

Die Minimierung von T_a erfordert die gleichzeitige Optimierung [6]

- der Platzierungsreihenfolge der Leiterplattenbauteile,
- der Anordnung verschiedener Bauteiltypen im Zuführermagazin, wobei jeder Steckplatz mit einem Bauteiltyp belegt wird.

Die erste Optimierungsaufgabe entspricht einem TSP mit n Städten, während die zweite eine Variante des kombinatorischen quadratischen Zuordnungsproblems (QAP) für m Positionen ist [7–9]. Da das TSP selbst ein Spezialfall des QAP ist, kann gesagt werden: Die Minimierung der Bestückungszeit für eine gegebene Leiterplatte mit einer MBTD-Maschine besteht in der gleichzeitigen Lösung von zwei quadratischen Zuordnungsproblemen (QAP). Es ist zu beachten, dass die beiden Optimierungsprobleme nicht unabhängig voneinander sind, da für die Bestückungszeit jedes Bauteils in Gl. (6.1) das Maximum aus T_{bi}, T_{fi} und T_t betrachtet wird. Folglich kann die optimale Lösung nicht gefunden werden, indem das Leiterplatten-Bestückungsproblem in die beiden Teilprobleme Bauteilplatzierung und Zuführeranordnung zerlegt und diese separat gelöst werden.

Wie in Abschn. 1.2 erläutert, wächst die Anzahl der zulässigen Lösungen für das TSP und, allgemeiner, für das QAP sehr schnell mit der Anzahl der anzuordnenden Elemente, also mit der Anzahl der Zuführerplätze und Bauteile auf der Leiterplatte. Kritischer ist, dass die zur Lösung des TSP mit einem deterministischen Solver benötigte Rechenzeit mit der Problemgröße (Anzahl der Elemente) überpolynomiell ansteigt. Gegenwärtig können die effizientesten Methoden das TSP in einer Rechenzeit lösen, die exponentiell mit der Anzahl der Elemente wächst, während die Zeitkomplexität einer Brute-Force-Suche faktoriell ansteigt (Abschn. 1.2).

Informatiker klassifizieren Probleme wie das QAP und dessen Spezialfall, das TSP, als *nichtdeterministisch-polynomiell schwer* (NP-schwer). NP-schwere Probleme zeichnen sich durch zwei Eigenschaften aus:

(a) Die zur Lösung eines nichtdeterministisch-polynomiell schweren (NP-schweren) Problems mit einem deterministischen Algorithmus benötigte Rechenzeit wächst mit der Anzahl der Entscheidungsvariablen überpolynomiell [10].
(b) Die Rechenzeit zur Überprüfung der Korrektheit einer Kandidatenlösung mit einem deterministischen Algorithmus kann mit der Anzahl der Entscheidungsvariablen polynomiell oder überpolynomiell wachsen [10].

Kann die Korrektheit einer Lösung eines NP-schweren Problems in polynomieller Zeit bezüglich der Variablenanzahl überprüft werden, so spricht man von einem *NP-vollständigen* Problem.

6.1.1 Review of PCB Assembly Optimisation Methods

Eine Vielzahl von Metaheuristiken wurde eingesetzt, um die Platzierungszeit von Leiterplattenkomponenten zu minimieren, darunter EAs [6, 18–20], Ameisenkolonie-Optimierung (ACO) [21, 22], PSO [23, 24], der Firefly-Algorithmus [25] sowie klassische Methoden wie Minimal-Spanning-Tree-Optimierung [26], ganzzahlige Programmierung [27, 28] und Tabu-Suche (TS) [29, 30]. Darüber hinaus wurden verschiedene Optimierungsalgorithmen für diese Aufgabe hybridisiert oder kombiniert, zum Beispiel: SA und ABC [8]; EA und Tabu-Suche (TS) [31]; sowie Kurvenanpassung und EA [32]. Für einen Überblick über intelligente Optimierungsmethoden für das allgemeine Problem der Montageablaufplanung sei auf Rashid et al. [33] verwiesen.

EAs sind die am längsten etablierten naturinspirierten Metaheuristiken und zählen bis heute zu den bekanntesten und am besten verstandenen. Die ersten Anwendungen von EA-Optimierern auf das Problem der Leiterplattenkomponentenplatzierung stammen aus den 1990er Jahren, insbesondere die für MBTD-Geräte entwickelten Algorithmen [20, 34, 35]. Zur Optimierung der Komponentenplatzierung und der Zuweisung der Zuführungen verwendeten Leu et al. [34] einen recht standardmäßigen GA, während Wong und Leu [35] vier speziell entwickelte, genetische Operatoren einsetzten und Ong und Pheng Khoo [20] Crossover und eine Kombination aus speziell entwickelten Mutationsoperatoren verwendeten. Letztere Methode erwies sich als leicht an eine Vielzahl von Planungsproblemen für Bestückungsautomaten anpassbar. Ong und Tan [36] schlugen einen GA mit vier problemspezifischen Crossover- und vier problemspezifischen Mutationsoperatoren für die Komponentenplatzierung mit einer MBTD-Maschine vor.

Das kombinatorische TSP war eine der allerersten Anwendungen von SI auf Optimierungsprobleme [37]. Nach Kenntnis der Autoren war der Bienenalgorithmus die erste naturinspirierte Metaheuristik jenseits von EAs, die auf das Problem der

Leiterplattenbestückungsplanung angewendet wurde [4, 38]. Im Vergleich zu EA-Optimierern erzielte der Bienenalgorithmus eine signifikante Reduktion der Montagezeit bei einem bekannten Benchmark-Problem zur Optimierung der Komponentenplatzierungsreihenfolge. Ang et al. [39] entwickelten eine neuartige Variante des Bienenalgorithmus für kombinatorische Optimierung unter Verwendung von Prinzipien aus der Theorie des erfinderischen Problemlösens (TRIZ) [40] und setzten diese zur Optimierung der Zuführeranordnung und Komponentenplatzierung für ein MBTD-Gerät ein. Der mit TRIZ verbesserte Bienenalgorithmus erzielte Spitzenergebnisse bei einer weit verbreiteten Benchmark-Optimierungsaufgabe, wobei jedoch eine Seeding-Routine verwendet wurde, um die Anfangspopulation bereits nahe an das finale Optimum zu bringen.

In jüngerer Zeit wurden weitere Metaheuristiken für die Optimierung der Leiterplattenbestückung eingesetzt. Hsu [24] verwendete eine angepasste Version von PSO und zeigte, dass diese einen GA-Optimierer übertraf. Alkaya und Duman [8] testeten verschiedene hybride Metaheuristiken und erzielten die besten Ergebnisse durch abwechselnde Zyklen von SA-basierter Komponentenplatzierungsoptimierung und ABC-basierter Zuführeranordnungsoptimierung.

Metaheuristiken wie EAs und ABC wurden ebenfalls eingesetzt, um die Platzierungszeit von Komponenten in unterschiedlichen Typen von Bestückungsautomaten zu optimieren, etwa bei Mehrachs-Portalen [25, 41–43] oder einem Kuka-Roboter [44].

In dieser Studie wird die Leistung der vorgeschlagenen kombinatorischen Implementierung des Bienenalgorithmus mit der Leistung von sechs verschiedenen Metaheuristiken verglichen: drei verschiedene EA-Optimierer [18, 34, 36], ein GA, der mit verschiedenen Heuristiken hybridisiert wurde [45], eine Implementierung des Standard-Bienenalgorithmus [4] und eine Implementierung des mit TRIZ erweiterten Bienenalgorithmus [46].

6.2 Anpassung des Bienenalgorithmus

Das Ziel der Optimierungsbemühungen ist es, die Anordnung der Komponententypen im Zuführer-Array und die Platzierungsreihenfolge der Komponenten auf der Leiterplatte zu finden, die die gesamte Montagezeit in Gl. (6.4) minimiert. Jede Lösung des Leiterplattenbestückungsproblems wird als Verkettung von zwei Arrays dargestellt, wie in Abb. 6.2 gezeigt. Das erste Array $B = \{b_1, \ldots, b_n\}$ repräsentiert die Platzierungsreihenfolge der n Komponenten auf der Leiterplatte, und das zweite Array $F = \{f_1, \ldots, f_m\}$ repräsentiert die Anordnung der $m \leq n$ Komponententypen im Zuführer.

Gültig und valide von Bauteiltypen ist jede Anordnung der möglichen Permutationen der m Bauteilkennzeichnungen, wobei jede Kennzeichnung einem bestimmten Typ elektronischer Bauteile entspricht. Wenn beispielsweise das Label $r = 2100\,K\Omega$ Widerstände bezeichnet, bedeutet $f_4 = 2$, dass die 100 $K\Omega$ Widerstände im vierten

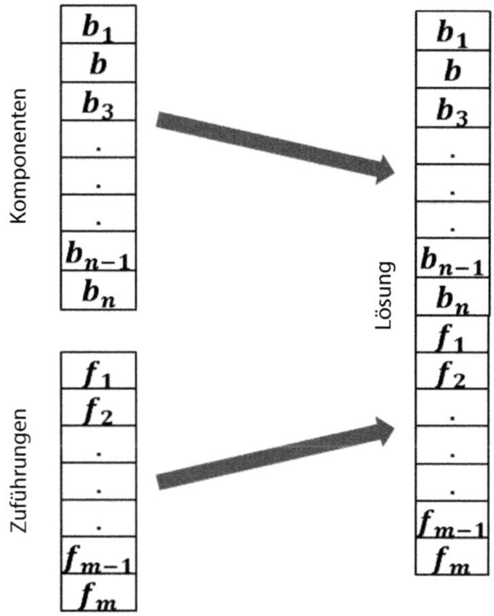

Abb. 6.2 Kandidatenlösungen für das Optimierungsproblem der Leiterplattenbestückungsreihenfolge werden als zwei verkettete Arrays dargestellt: Das Array $F = \{f_1, \ldots, f_m\}$ repräsentiert die Anordnung der Komponententypen im Zuführer, und das Array $B = \{b_1, \ldots, b_n\}$ repräsentiert die Platzierungsreihenfolge der Komponenten auf der Leiterplatte

Zuführschacht platziert werden sollen. Die Anzahl der Kennzeichnungen muss der Anzahl der Zuführschächte in der MBTD-Maschine entsprechen.

Jeder Ort auf der Leiterplatte wird durch eine fortlaufende Nummer $l = \{1, \ldots, n\}$ gekennzeichnet, und ein Index $r = \{1, \ldots, m\}$ ist dem Ort zugeordnet, um den Bauteiltyp anzugeben, der dort bestückt werden soll. Zum Beispiel zeigt $l_r = 21_2$ an, dass ein 100 $K\Omega$ Widerstand ($r = 2$) an Position 21 auf der Leiterplatte platziert werden soll.

Eine gültige Tour wird dann durch eine beliebige Permutation der Bauteilplatzierungsorte dargestellt, wobei die jedem Ort zugeordneten Indizes die Reihenfolge der Bauteilentnahme angeben. Zum Beispiel zeigt $b_5 = 21_2$ an, dass das fünfte Bauteil, das auf der Leiterplatte platziert wird, ein 100 $K\Omega$ Widerstand ($r = 2$) ist, der an Position 21 platziert werden soll. Verfügt der Revolver über $h = 6$ Köpfe, wird der vierte Schacht des Zuführarrays ($f_4 = 2$) an der Entnahmeposition liegen, wenn das zweite Bauteil platziert wird ($5 - \frac{h}{2} = 2$).

Das in Abschn. 2.3 beschriebene Bienenalgorithmus-Verfahren wird mit einigen Modifikationen eingesetzt, um die in Gl. (6.4) beschriebene Zielfunktion zu minimieren.

Die erste Modifikation betrifft das globale Suchverfahren, das nicht verwendet wurde. Der Grund für diese Änderung ist, dass angesichts der Komplexität der Lösungen als höchst unwahrscheinlich angesehen wurde, dass eine Zufallssuche Lösungen von vergleichbarer Qualität wie die durch lokale Suche entwickelten Lösungen erzeugen könnte. Vorversuche bestätigten, dass die globale Suche die Ergebnisse des Optimierungsverfahrens nicht verbesserte.

Die zweite Modifikation betrifft das lokale Suchverfahren: Es wurde kein Nachbarschaftsraum einer Kandidatenlösung verwendet, sondern fünf problemspezifische lokale Suchoperatoren entwickelt. Da die lokale Suche keinen klar definierten Nachbarschaftsraum mehr verwendet, wurde das Schrumpfen des Nachbarschaftsraums in der vorgeschlagenen kombinatorischen Variante des Bienenalgorithmus nicht berücksichtigt. Alle fünf lokalen Operatoren erzeugen neue Lösungen durch Permutationen der Elemente bestehender Lösungen. Sie werden entweder auf die Reihenfolge der Bauteiltypen am Zuführer oder auf die Bauteilplatzierungsreihenfolge angewendet, jedoch nicht gleichzeitig auf beide. Das heißt, die Nachbarschaftssuche erfolgt in alternierenden Phasen entweder auf die Zuführeranordnung oder auf die Bauteilplatzierungsreihenfolge. Experimentelle Tests ergaben die besten Ergebnisse, wenn ein Zyklus der Zuführeranordnung mit fünf Zyklen der Optimierung der Bauteilplatzierung abgewechselt wurde. Es wird jeweils nur einer der fünf Operatoren auf eine Lösung angewendet. Das heißt, eine neue Lösung wird erzeugt, indem die aktuell beste Nachbarschaftslösung (die vom Scout beworbene Lösung) genommen und mit einem zufällig ausgewählten lokalen Suchoperator modifiziert wird.

Zusammenfassend wird die lokale Suche wie folgt implementiert und sollte mit dem Standardverfahren verglichen werden, das in Abschn. 2.3.4 beschrieben ist. Gegeben sei die Suchstelle i (Elite oder Beste) in Iteration t des Hauptzyklus des Bienenalgorithmus. Jede der fb_i Sammlerbienen ($fb_i = nre$ oder $fb_i = nrb$) landet auf einer Lösung $\boldsymbol{x}_{ij}$, die zufällig aus der von der Spurbiene besuchten Lösung $\boldsymbol{x}_i(t)$ erzeugt wird. Fällt t in eine Phase, in der die Anordnung der Zuführungen verändert wird, so wird das Teilarray F von $\boldsymbol{x}_i(t)$ modifiziert. Fällt t in eine Phase, in der die Reihenfolge der Komponentenplatzierung verändert wird, so wird das Teilarray B von $\boldsymbol{x}_i(t)$ modifiziert. Am Ende der lokalen Suche wird nur die beste $\boldsymbol{x}'$ unter den fb_i von den Sammlerbienen besuchten Lösungen und der von der Spurbiene besuchten Lösung $\boldsymbol{x}_i(t)$ beibehalten, und die Biene, die diesen Ort besucht hat, wird in der nächsten Iteration des Hauptzyklus den Schwänzeltanz ausführen.

Die fünf lokalen Suchoperatoren arbeiten auf F und B in gleicher Weise. Sie werden im Folgenden beschrieben und ihre Wirkungsweise ist in Abb. 6.3 dargestellt. Der Pseudocode der vorgeschlagenen kombinatorischen Implementierung des Bienenalgorithmus ist in Kasten 6.1 angegeben.

6.2.1 Block-Insertion-Operator

Gegeben ein Array von Elementen, schneidet die Block-Insertion (Abb. 6.3a) ein zufällig gewähltes Teilarray aus und fügt es an einer anderen Stelle in die Sequenz der Elemente ein. Zum Beispiel: Gegeben das Array $x = [x_1, \ldots, x_8] = [3, 1, 5, 8, 2, 6, 4, 7]$, wählt die Block-Insertion zunächst zufällig zwei Schnittpunkte aus. Angenommen, die beiden Schnittpunkte $pc_1 = 2$ und $pc_2 = 4$ werden zufällig gewählt – das Teilarray $x' = [x_2, \ldots, x_4] = [1, 5, 8]$ wird aus x entfernt. Die verbleibenden Elemente von x bilden das Array $x'' = [x_1'', \ldots, x_5''] = [3, 2, 6, 4, 7]$. Ein Einfügepunkt pi in x'' wird dann bestimmt – nehmen wir an, es ist $pi = 3$, also nach dem dritten Element von x''. Das Array x' wird dann an Position pi in x'' eingefügt, und das Endergebnis der Anwendung der Block-Insertion-Operation ist das Array

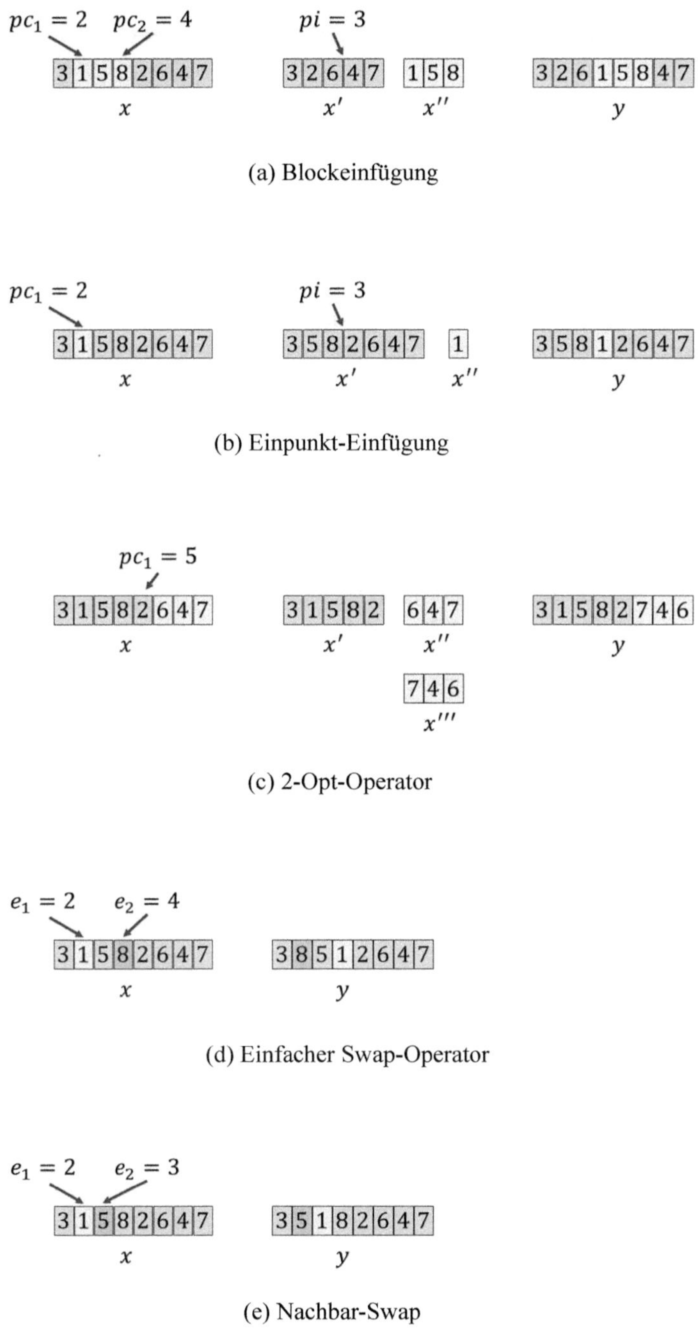

Abb. 6.3 Die fünf speziell entwickelten Operatoren, die in der vorgeschlagenen kombinatorischen Version des Bienenalgorithmus verwendet werden

Combinatorial BEES ALGORITHM Implementation

1. **Population Seeding**:
   Place s artificial bees on s randomly picked solutions $\boldsymbol{x}_i(1),\ i \in [1, s]$, $\forall \boldsymbol{x}_i(1),\ i \in [1, s]$, define stagnation counter $x_i^{ttl} = stlim$;
2. **Solution Evaluation**: calculate $c_i(1) = \mathcal{F}(\boldsymbol{x}_i(1))\ \forall i \in [1, s]$;
3. t=1, $phase = \phi(t)$ where $\phi : \mathbb{N} \to \{feeder, placement\}$
4. **Waggle Dance**: rank solutions $\boldsymbol{x}_i(t)$ in ascending order of cost $c_i(t)$, assign $fb_i = nre$ foragers to search near ne very best solutions, assign $fb_i = nrb$ foragers to search near next $nb - ne$ best solutions;
5. **Local Search**:
   (a) REPEAT nb times;
      i. REPEAT fb_i times;
         A. randomly select local search operator $\mathcal{O}$;
         B. $\boldsymbol{x}_{ij} = \mathcal{O}(\phi(t), \boldsymbol{x}_i(t))$;
      ii. $\boldsymbol{x}' = \arg\min_{\boldsymbol{y}} \{\mathcal{F}(\boldsymbol{y}) \mid \boldsymbol{y} \in \{\boldsymbol{x}_{i1}, \ldots, \boldsymbol{x}_{ifb}\}\}$;
      iii. IF $\mathcal{F}(\boldsymbol{x}'_i) < \mathcal{F}(\boldsymbol{x}_i(t))$;
            $\boldsymbol{x}_i(t+1) = \boldsymbol{x}'$, $x_i^{ttl} = stlim$;
         ELSE IF $x_i^{ttl} > 0$
            $\boldsymbol{x}_i(t+1) = \boldsymbol{x}_i(t)$, $x_i^{ttl} = x_i^{ttl} - 1$;
         ELSE (**Site Abandonment**)
            randomly reinitialise $\boldsymbol{x}_i(t+1)$, $x_i^{ttl} = stlim$;
      iv. $i = i + 1$;
6. t=t+1;
7. IF **Stopping Criterion** is met

      RETURN $\arg\max_{\boldsymbol{y}} \{\mathcal{F}(\boldsymbol{y}) \mid \boldsymbol{y} \in \{\boldsymbol{x}_1(t+1), \ldots, \boldsymbol{x}_{nb}(t+1)\}\}$;

   ELSE

      GO TO Step 3;

Code 6.1 Pseudocode der kombinatorischen Implementierung des Bienenalgorithmus ist die Zielfunktion, die minimiert werden soll

$y = [3, 2, 6, 1, 5, 8, 4, 7]$. Die Nettoauswirkung der Block-Insertion besteht darin, dass ein Abschnitt der Elementsequenz vorwärts oder rückwärts verschoben wird.

6.2.2 Single-Point-Insertion-Operator

Die Single-Point-Insertion (Abb. 6.3b) funktioniert ähnlich wie die Block-Insertion. Sie verschiebt jedoch nur ein einzelnes Element des Arrays anstelle eines Blocks.

6.2.3 2-Opt-Operator

Austauschverfahren [47] sind weit verbreitete und effektive Heuristiken für kombinatorische Optimierungsprobleme und wurden erfolgreich auf das TSP angewendet [48, 49]. Der 2-Opt-Operator (Abb. 6.3c) teilt das Array zufällig in zwei Teile und kehrt die Reihenfolge der Elemente eines der beiden Teilarrays um. Anschließend werden die beiden Teilarrays wieder verbunden. Zum Beispiel: Gegeben das Array $x = [x_1, \ldots, x_8] = [3, 1, 5, 8, 2, 6, 4, 7]$, wählt der 2-Opt-Operator zufällig einen Schnittpunkt $pc_1 = 5$ und erzeugt die beiden Teilarrays $x' = [3, 1, 5, 8, 2]$ und $x'' = [6, 4, 7]$. Anschließend kehrt er die Reihenfolge eines der beiden Teilarrays um – nehmen wir an, des zweiten – und erhält $x''' = [7, 4, 6]$. Schließlich werden x' und x''' wieder zusammengefügt, um $y = [x', x'''] = [3, 1, 5, 8, 2, 7, 4, 6]$ zu bilden.

6.2.4 Einfacher Tausch-Operator

Der Simple-Swap-Operator (Abb. 6.3d) wählt zufällig zwei Elemente des Arrays aus und vertauscht deren Werte. Zum Beispiel: Gegeben sei das Array $x = [x_1, \ldots, x_8] = [3, 1, 5, 8, 2, 6, 4, 7]$ und zwei zufällig ausgewählte Elemente $x_2 = 1$ und $x_4 = 8$, erzeugt Simple Swap das neue Array $y = [3, 8, 5, 1, 2, 6, 4, 7]$.

6.2.5 Nachbarschaftstausch

Die Wirkung des Neighbour-Swap-Operators (Abb. 6.3e) ist ähnlich, aber lokaler als die des Simple Swap. Es werden zufällig zwei benachbarte Elemente im Array ausgewählt und deren Werte vertauscht. Zum Beispiel: Gegeben sei das Array $x = [x_1, \ldots, x_8] = [3, 1, 5, 8, 2, 6, 4, 7]$ und zufällig ausgewählte benachbarte Elemente $x_2 = 1$ und $x_3 = 5$, werden die Werte von x_2 und x_3 vertauscht – das heißt, $x_2 = 5$ und $x_3 = 1$. Das neue Array $y = [3, 5, 1, 8, 2, 6, 4, 7]$ wird erzeugt.

6.3 Einige Überlegungen zum vorgeschlagenen Verfahren

Die vorgeschlagene Implementierung des Bienenalgorithmus wurde für die Lösung kombinatorischer Optimierungsprobleme entwickelt. Die größte Herausforderung bestand darin, ein Maß für die ‚*Ähnlichkeit*' zwischen Lösungen zu definieren. In diesem Fall wurde anstelle einer präzisen Metrik entschieden, eine Menge von Operatoren zu verwenden, die neue Lösungen erzeugen, die ihrerseits der bestehenden Lösung hinreichend ähnlich sind. Einige dieser Operatoren (2-Opt, Blockeinfügung) sind störender als andere (Simple Swap, Neighbour Swap, Einfacheinfügung). Im Vergleich zum Standard-Bienenalgorithmus für kontinuierliche Optimierungsprobleme, bei dem die Nachbarschaft schrittweise verkleinert wird, um die Ausnutzung immer feinerer Lösungen zu erhöhen, gibt es in dieser kombinatorischen Implementierung weniger Kontrolle über den Fokus der lokalen Suche.

Es ist wichtig zu betonen, dass der vorgeschlagene Algorithmus nur eine von vielen möglichen Implementierungen der Bienenalgorithmus-Metaheuristik zur Lösung kombinatorischer Optimierungsprobleme ist. Diese spezielle Version sollte keinesfalls als ‚der' kombinatorische Bienenalgorithmus betrachtet werden. Tatsächlich wurden andere Versionen des Bienenalgorithmus zur Lösung des PCB-Bestückungsproblems vorgeschlagen. Beispielsweise verwendeten Pham et al. [4] ein einfacheres Verfahren, ähnlich dem grundlegenden Bienenalgorithmus, siehe Abschn. 2.5), bei dem das Verlassen von Standorten nicht berücksichtigt wurde. Diese Version des Bienenalgorithmus verwendete nur zwei Suchoperatoren, 2-Opt und Einfacheinfügung, die zufällig entweder auf das Subarray der Zuführeranordnung (F) oder das Subarray der Bauteilplatzierungssequenz (B) angewendet wurden. Schließlich wurden in der Implementierung von [4] des Bienenalgorithmus alle besten Standorte von der gleichen Anzahl an Sammlerbienen durchsucht (das heißt, $nre = nrb$).

Eine weitere Implementierung des Bienenalgorithmus für das PCB-Bestückungsproblem wurde von Ang et al. [39] vorgeschlagen, die die Version von Pham et al. [4] um eine Reihe von TRIZ-inspirierten Operatoren erweiterten und ein Seeding-Verfahren einführten, das ausschließlich die Bauteilplatzierungssequenz weiterentwickelte.

6.4 Vorläufige Tests zum TSP

Um eine erste Bewertung seines Verhaltens und seiner Effektivität zu erhalten, wurde der vorgeschlagene Algorithmus am TSP getestet. Aufgrund seiner Ähnlichkeit mit dem Optimierungsproblem der PCB-Bauteilplatzierungssequenz wurde das TSP als nützlicher Benchmark für die Erprobung und Optimierung des vorgeschlagenen Verfahrens betrachtet. Als Vergleichsmaßstab für die Leistung der kombinatorischen Bienenalgorithmus-Version wurden drei weit verbreitete Optimierungsverfahren implementiert: Ant Colony Optimisation (ACO), ein evolutionärer Algorithmus (EA)

Tab. 6.1 Hyperparameter der kombinatorischen Bienenalgorithmus-Implementierung zur Lösung des TSP

Parameter	Beschreibung	Wert
T	Bienenalgorithmus-Zyklen	3000
cs	Koloniegröße	200
ns	Spurbienen	5
nb	Beste Orte	5
ne	Elite-Orte	1
nrb	Rekrutierte Bienen für beste Orte	25
nre	Rekrutierte Bienen für Elite-Orte	100
$stlim$	Grenze der Stagnationszyklen für das Verlassen eines Ortes	50

und ein gieriger Nearest Neighbour Optimiser (NNO). Es ist wichtig zu betonen, dass der No-Free-Lunch-(NFL)-Satz jegliche Verallgemeinerung dieses vorläufigen Tests verbietet und dass die Ergebnisse der Experimente nicht dazu verwendet werden können, allgemeine Eigenschaften oder eine Überlegenheit eines der bewerteten Algorithmen zu behaupten.

Die Koloniegröße des Bienenalgorithmus wurde auf $cs = 200$ künstliche Bienen festgelegt, während die übrigen Hyperparameter experimentell optimiert wurden. Im Detail wurden verschiedene Konfigurationen des Bienenalgorithmus an einem Satz von zehn zufällig generierten Karten getestet, wobei jede Karte 100 Städte umfasste. Auf jeder Karte wurden für jede Konfiguration zehn unabhängige Optimierungsläufe durchgeführt, und die Konfiguration, die über alle Karten und Optimierungsläufe die geringste kumulierte Distanz erzielte, wurde ausgewählt. Die endgültige Hyperparametereinstellung, die für den Bienenalgorithmus übernommen wurde, ist in Tab. 6.1 dargestellt. Die wichtigsten Merkmale der Verfahren ACO, EA und Nearest Neighbour Optimiser (NNO) werden im Folgenden beschrieben.

6.4.1 Nearest Neighbour Optimiser (NNO)

NNO ist ein deterministisches Verfahren, das auf der Heuristik basiert, stets zur nächstgelegenen Stadt zu wechseln. Das Verfahren beginnt damit, die beiden nächstgelegenen der n Städte auszuwählen, die wir als c_1 und c_2 bezeichnen und den Ausgangspunkt der Route bilden. Anschließend wird die Stadt gesucht, die den ersten beiden am nächsten liegt, also c_3.

$$c_3 = \arg\min_y \{d(x, y) \mid x \in \{c_1, c_2\},\ y =\in \{u_3, \ldots, u_n\}\} \tag{6.5}$$

Dabei ist $\{u_3, \ldots, u_n\}$ die Menge der noch nicht besuchten Städte und *d(a, b)* bezeichnet den Abstand zwischen den Städten *a* und *b*. NNO fährt dann fort, iterativ zur jeweils nächstgelegenen, noch nicht besuchten Stadt zu wechseln, bis alle n Städte besucht wurden [50].

NNO ist eine gierige Optimierungsmethode, die stets die Bewegung wählt, welche die insgesamt zurückgelegte Strecke am wenigsten erhöht. Sie ist rechnerisch einfach und liefert in der Regel eine gute, wenn auch selten optimale Lösung. Wie alle nichtexhaustiven Suchverfahren – insbesondere lokale – ist NNO gelegentlich anfällig für Fehlschläge [51].

6.4.2 Ameisenkolonie-Optimierung (ACO)

Das TSP war die erste Anwendung von ACO und wohl auch einer SI-Metaheuristik auf ein Optimierungsproblem [37, 52]. In Anhang B wird die ursprüngliche ACO-Formulierung beschrieben, die von Dorigo und Gambardella vorgeschlagen wurde [37]. Dieser Algorithmus kombiniert die Wirkung der problemspezifischen Heuristik – also des h_{ij}-Faktors, der kurze Strecken bevorzugt – mit der Wirkung der allgemeinen Heuristik, also der pheromonbasierten Optimierung. In dieser Studie wurde die in Anhang B beschriebene ACO-Version als Vergleichsmaßstab für den Bienenalgorithmus verwendet.

Im ACO bestimmen zwei Haupt-Hyperparameter das Verhalten des Suchverfahrens: die Pheromon-Verdampfungsrate ρ, die das Verhältnis zwischen Exploration und Exploitation bestimmt (Anhang B), sowie der Faktor α, der den Beitrag der heuristischen Komponente h_{ij} bestimmt.

Die Koloniegröße wurde auf 200 künstliche Ameisen festgelegt. Zur Optimierung der weiteren ACO-Hyperparameter wurde ein vollständiges faktorielles Experiment durchgeführt, wobei die Verdampfungsrate ρ von 0,05 bis 0,25 in Schritten von 0,05 (fünf Stufen), der Faktor α von 1 bis 5 in 1er-Schritten (fünf Stufen) und die Anzahl der Zyklen T von 1000 bis 5000 in Schritten von 1000 (fünf Stufen) variiert wurden. Insgesamt wurden 125 Kombinationen von Hyperparametern auf zehn zufällig generierten Karten mit jeweils 100 Städten getestet. Für jede Karte und jede Konfiguration wurden zehn unabhängige Optimierungsläufe durchgeführt. Die Konfiguration mit der geringsten kumulierten Distanz über alle Karten und Optimierungsläufe wurde beibehalten; sie ist in Tab. 6.2 aufgeführt.

6.4.3 Evolutionsalgorithmus (EA)

Die in dieser Studie verwendete EA-Version war auf MATLAB Central verfügbar und wurde speziell für das TSP entwickelt. Sie folgt mit einigen Modifikationen dem Pseudocode in Kasten 2.1. Der Algorithmus verwendet das Turnierauswahlverfahren ohne Zurücklegen [53], um ein Elternteil aus einer Gruppe von vier zufällig ausgewählten Individuen zu bestimmen. Jedes Elternteil erzeugt vier Nachkommen: eine

Tab. 6.2 Hyperparameter der für die Lösung des TSP verwendeten ACO- und EA-Implementierungen

Parameter	Beschreibung	Wert
ACO		
T	Optimierungszyklen	5000
cs	Koloniegröße	200
ρ	Verdampfungsrate	0,2
α	Gewichtung des heuristischen Faktors	1
EA		
T	Optimierungszyklen	4000
ps	Populationsgröße	200

Kopie von sich selbst und drei Mutanten, die jeweils durch einen eigenen, speziell entwickelten Mutationsoperator erzeugt werden. Die drei speziell entwickelten Mutationsoperatoren sind: genetische Inversion, bei der die Reihenfolge der Elemente eines zufällig ausgewählten Teilarrays umgekehrt wird; Nachbarschaftstausch (Abschn. 6.2.5); und genetisches Verschieben, bei dem ein zufällig ausgewähltes Teilarray um eine Position in der Sequenz nach vorne verschoben wird. Ein Crossover-Operator wird nicht verwendet. Zusammengefasst wird in jeder Generation ein Viertel der EA-Population zufällig für die Reproduktion ausgewählt, und jedes Elternteil erzeugt vier Nachkommen. Die Nachkommen ersetzen die alte Population vollständig (generationaler Austausch).

Diese spezielle EA-Implementierung ist durch nur zwei Hyperparameter gekennzeichnet: die Populationsgröße, die auf 200 festgelegt ist, und die Dauer (Anzahl der Generationen). Es wurden fünf Konfigurationen getestet, wobei die Dauer von 1000 bis 5000 Generationen in Schritten von 1000 variiert wurde. Für jede Konfiguration wurden zehn zufällige Karten mit jeweils 100 Städten generiert und auf jeder Karte zehn unabhängige Optimierungsdurchläufe durchgeführt. Die Konfiguration, die über alle Karten und Optimierungsdurchläufe die geringste kumulierte Distanz erzielte, wurde beibehalten. Wie in Tab. 6.2 dargestellt, wurde der optimale Wert für die EA-Dauer mit $T = 4000$ gefunden.

6.4.4 Ergebnisse zum TSP-Assembly-Problem

Unter Verwendung der in den Tab. 6.1 und 6.2 dargestellten Konfigurationen wurden die vier Optimierungsalgorithmen an einem neuen Satz von zehn zufällig generierten Karten mit jeweils 100 Städten getestet. Für jede Karte geben die Tab. 6.3 und 6.4 deskriptive Statistiken der Ergebnisse (kürzeste Touren) an, die von jedem Algorithmus in zehn unabhängigen Optimierungsdurchläufen erzielt wurden. Die Tabellen enthalten drei robuste Statistiken: das erste und dritte Quartil, die die Streuung (Verteilung) der Lösungen angeben, sowie das zweite Quartil, das den Medianwert der

Tab. 6.3 Experimentelle Ergebnisse, die mit dem Bienenalgorithmus auf zehn zufällig generierten TSP-Karten erzielt wurden. Auf jeder Karte wurden zehn unabhängige Optimierungsdurchläufe durchgeführt. Das erste (Q1), zweite (Q2, Medianwert) und dritte (Q3) Quartil der Kosten (Tourlänge) der erhaltenen Lösungen sind angegeben. Ist das Medianergebnis das beste auf einer Karte erzielte Ergebnis (siehe auch Tab. 6.4), wird es fett hervorgehoben. Ergebnisse, die statistisch nicht vom besten Ergebnis unterscheidbar sind (Mann-Whitney-U-Test auf 5 % Signifikanzniveau), werden ebenfalls fett dargestellt

Karte	Q1	Q2	Q3
1	135,4	**135,9**	137,8
2	127,1	**129,5**	132,2
3	134,7	**135,4**	136,3
4	137,8	**139,8**	141,9
5	132,2	**133,5**	135,0
6	124,7	**125,7**	126,6
7	132,8	**133,5**	134,9
8	131,8	**133,0**	134,7
9	134,5	**135,6**	136,0
10	128,4	**129,7**	131,0
Kumuliert	1319,4	1331,6	1346,4
Stichproben	$0{,}6 \times 10^6$		

Tab. 6.4 Experimentelle Ergebnisse, die mit ACO, EA und NNO auf zehn zufällig generierten TSP-Karten erzielt wurden. Auf jeder Karte wurden für jeden Algorithmus zehn unabhängige Optimierungsdurchläufe durchgeführt, mit Ausnahme des NNO-Algorithmus, der deterministisch ist. Das erste (Q1), zweite (Q2, Medianwert) und dritte (Q3) Quartil der Kosten (Tourlänge) der erhaltenen Lösungen sind angegeben. Ist das Medianergebnis das beste auf einer Karte erzielte Ergebnis (siehe auch Tab. 6.3), wird es fett hervorgehoben. Ergebnisse, die statistisch nicht vom besten Ergebnis unterscheidbar sind (Mann-Whitney-U-Test auf 5 % Signifikanzniveau), werden ebenfalls fett dargestellt

	ACO			EA			NNO
Karte	Q1	Q2	Q3	Q1	Q2	Q3	164,8
1	139,7	145,9	147,5	135,0	**136,1**	136,9	164,8
2	134,2	136,6	138,6	128,5	**130,5**	131,9	174,9
3	146,4	147,8	148,9	135,6	**136,1**	136,6	158,2
4	147,8	151,4	152,8	139,6	**140,8**	141,8	170,9
5	140,6	141,5	145,8	132,5	**133,5**	134,7	153,1
6	130,0	131,8	134,1	126,7	**127,5**	129,2	152,1
7	138,6	139,6	143,0	134,1	**134,9**	140,2	148,3
8	146,9	148,0	149,8	133,4	**136,5**	139,4	178,3
9	143,5	145,3	147,9	135,4	**136,0**	138,7	181,1
10	129,4	**130,3**	132,7	128,8	**129,7**	130,8	153,5
Kumuliert	1397,1	1418,2	1441,1	1329,6	1341,6	1360,2	1635,2
Stichproben	1×10^6			0.8×10^6			–

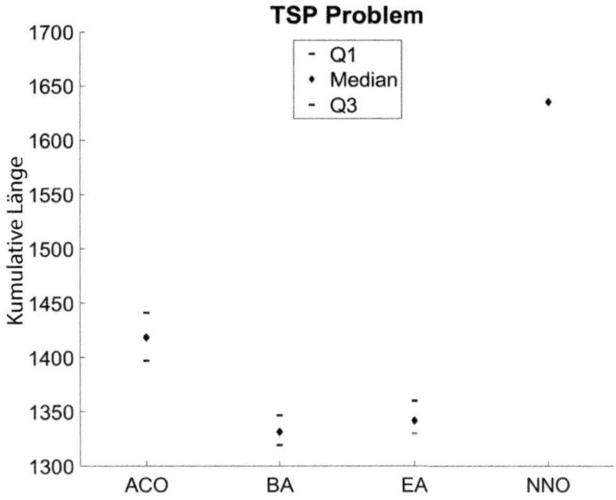

Abb. 6.4 Gesamtleistung der vier Optimierungsalgorithmen auf den zehn TSPs. Die Abbildung zeigt den kumulierten Wert über die zehn Karten (Tab. 6.3 und 6.4) des ersten (Q1), zweiten (Q2, Medianwert) und dritten (Q3) Quartils der von den vier Algorithmen erzielten Ergebnisse (Tourlänge). Das NNO ist vollständig deterministisch und liefert einen eindeutigen Wert zurück

zehn Ergebnisse darstellt und die zentrale Tendenz beschreibt. Da das NNO ein deterministisches Verfahren ist, wurde der Algorithmus nur einmal ausgeführt und das Ergebnis in Tab. 6.4 berichtet.

Das beste Ergebnis (Medianwert) unter den von den vier Algorithmen erzielten Resultaten ist für jede TSP-Karte fett hervorgehoben. Ergebnisse, die sich nicht signifikant vom besten unterscheiden, sind ebenfalls fett markiert. Die Signifikanz der Unterschiede zwischen den von den vier Algorithmen auf jeder Karte erzielten Ergebnissen wurde statistisch mittels paarweiser Mann-Whitney-U-Tests (zweiseitig) für ein $p < 0{,}05$- (5 %) Signifikanzniveau durchgeführt.

Die Tab. 6.3 und 6.4 enthalten für jeden Algorithmus auch die kumulierte Summe der auf den zehn Karten erzielten Statistiken. Diese Summe ist in Abb. 6.4 dargestellt. Am Tabellenende wird die Anzahl der pro Optimierungsdurchlauf gesampelten Lösungen aufgeführt, also das Produkt aus Populationsgröße (*ps*) bzw. Koloniegröße (cs) und der Anzahl der Optimierungszyklen *T*.

Die in den Tab. 6.3 und 6.4 berichteten Ergebnisse zeigen die Überlegenheit des Bienenalgorithmus und des EA im Vergleich zu den beiden anderen Optimierungsmethoden. Auf allen zehn Karten erzielt der Bienenalgorithmus die insgesamt kürzeste Route, wobei die Mann-Whitney-Signifikanztests zeigen, dass die von Bienenalgorithmus und EA erzielten Ergebnisse statistisch nicht unterscheidbar sind. Die Streuung der kumulierten Ergebnisse ($s = Q3 - Q1$) ist für den Bienenalgorithmus ($s = 27$) und den EA ($s = 30{,}6$) sehr ähnlich, während sie für ACO ($s = 44$) größer ist. Das heißt, der Bienenalgorithmus und der EA sind in diesem Problembereich nicht nur genauer, sondern auch konsistenter als ACO.

Die vergleichsweise schwächere Leistung der ACO-Metaheuristik lässt sich durch ihre allgemein gehaltene Suchstrategie erklären. Im Detail: Obwohl der heuristische Term h_{ij} die Suche in Richtung von Kurzstreckenbewegungen lenkt, verwendet ACO nicht die ausgefeilteren Operatoren, die beim Bienenalgorithmus und beim EA zum

Einsatz kommen, nämlich Subarray- und Nachbarschaftstausch, Verschiebung, Einfügen und 2-Opt. Mit anderen Worten: Der Bienenalgorithmus und der EA sind besser an die Eigenschaften des Problembereichs angepasst und übertreffen daher ACO. Hinsichtlich der Leistung des NNO bestätigt sich, dass gierige Optimierungsverfahren zwar meist schneller sind, aber oft von globalen Optimierungsmetaheuristiken übertroffen werden.

Eine größere Anzahl an Optimierungsdurchläufen könnte Unterschiede zwischen der Leistung des Bienenalgorithmus und des EA aufzeigen, die mit dem aktuellen Versuchsaufbau statistisch nicht erkennbar sind. Dies würde jedoch den Rahmen dieser Studie sprengen. Das wesentliche Ergebnis dieser Voruntersuchungen ist, dass die kombinatorische Implementierung des Bienenalgorithmus beim Test am TSP-Problem mit etablierten und sehr leistungsfähigen Suchalgorithmen wie EAs und ACO sowohl hinsichtlich der Lösungsqualität als auch bezüglich der Konsistenz der Ergebnisse konkurrieren kann. Darüber hinaus muss die vorgeschlagene Implementierung des Bienenalgorithmus weniger Lösungen sampeln als die EA- und ACO-Metaheuristiken, um vergleichbare oder bessere Resultate zu erzielen. Diese Effizienz ist besonders nützlich bei der Bearbeitung großer und komplexer NP-schwerer Probleme wie dem TSP und dem PCB-Assembly-Optimierungsproblem.

6.5 Ergebnisse zum PCB-Assembly-Problem

Die vorgeschlagene kombinatorische Implementierung des Bienenalgorithmus wurde auf den von Leu et al. [34] beschriebenen MBTD-Assembly-Benchmark angewendet. Der Benchmark besteht aus einer Leiterplatte (PCB), auf der zehn verschiedene Typen elektronischer Bauteile montiert sind. Daher besteht das Zuführermagazin aus zehn Plätzen, jeweils einem pro Bauteiltyp. Insgesamt müssen 50 Bauteile an festen Positionen auf der Leiterplatte platziert werden. Die exakten Positionen (Koordinaten) der Bauteile sowie die Eigenschaften der Bestückungsmaschine sind vollständig bei Leu et al. [34] beschrieben. Tab. 6.5 fasst die wichtigsten Merkmale des Assembly-Problems zusammen.

Tab. 6.5 Hauptparameter zur Charakterisierung des Benchmark-Problems der Leiterplattenbestückungsoptimierung

Parameter	Beschreibung	Wert
n	Leiterplattenkomponenten	50
m	Bestückungsplätze	10
h	Revolverköpfe	2
T_t	Revolver-Indexierzeit	0,25 s/Index
v_b	Durchschnittliche Geschwindigkeit des Leiterplatten-Bestücktisches	60×10^{-3} m/s
$v_f = v_b$	Durchschnittliche Zuführgeschwindigkeit	60×10^{-3} m/s

Die Hyperparameter des Bienenalgorithmus wurden durch Ausprobieren optimiert, wobei insgesamt 192 Konfigurationen getestet wurden und jede Konfiguration anhand der Ergebnisse von zehn unabhängigen Optimierungsläufen bewertet wurde. Die schließlich ausgewählte Konfiguration ist in Tab. 6.6 angegeben. Mit dieser Konfiguration wurden 100 unabhängige Optimierungsläufe durchgeführt, deren Ergebnisse in Tab. 6.7 zusammengefasst sind.

Die erste Beobachtung, die gemacht werden kann, ist, dass der Bienenalgorithmus sehr konsistente Optimierungsergebnisse erzielt: Die Differenz zwischen dem besten und dem schlechtesten Ergebnis der 100 Tests beträgt weniger als 10 % des Mittelwerts. Ein Vergleich der Leistungsfähigkeit der vorgeschlagenen Methode mit dem Stand der Technik in der Literatur ist schwierig, da verschiedene Autoren unterschiedliche Benchmarks verwendeten [8, 24] oder sich ausschließlich auf das Bauteilplatzierungsproblem konzentrierten [27]. Die Ergebnisse von sieben Studien, die den gleichen MBTD-Montage-Benchmark verwendeten, werden in Tab. 6.8 mit den besten und durchschnittlichen Ergebnissen des vorgeschlagenen kombinatorischen Bienenalgorithmus verglichen.

Tab. 6.8 zeigt, dass die vorgeschlagene Methode im Vergleich zum Stand der Technik in der Literatur äußerst wettbewerbsfähig ist. Im Vergleich zu den Methoden, die

Tab. 6.6 Hyperparameter der kombinatorischen Bienenalgorithmus-Implementierung zur Lösung des Leiterplattenbestückungsproblems

Parameter	Beschreibung	Wert
T	Bienenalgorithmus-Zyklen	3000
cs	Koloniegröße	2000
ns	Spurbienen	8
nb	Beste Fundorte	8
ne	Elite-Fundorte	4
nrb	Rekrutierte Bienen für beste Fundorte	100
nre	Rekrutierte Bienen für Elite-Fundorte	300
stlim	Grenze der Stagnationszyklen für das Aufgeben eines Fundortes	100

Tab. 6.7 Fünf-Punkte-Zusammenfassung der Ergebnisse (kürzeste Montagezeit) von 100 Optimierungsversuchen, erzielt durch die kombinatorische Bienenalgorithmus-Implementierung auf dem PCB-Montage-Optimierungs-Benchmark. Die Montagezeiten wurden in Sekunden gemessen

Statistik	Wert (s)
Min	23,46
Q1	24,71
Median	24,96
Q3	25,13
Max	25,63

Tab. 6.8 MBTD-Benchmark: Vergleich der Ergebnisse. Die Statistik der Montagezeiten ist in Sekunden angegeben

Methode	Initialisierung	Anfangswert (Mittelwert)	Endwert (Mittelwert)	Endwert (bester)
GA[a]	Nein	70,00	N. a.	51,50
Evolutionäres Programmieren (EP)[b]	Nein	N. a.	N. a.	36,00
GA[c]	Nein	60,00	N. a.	26,90
Hybrides GA[d]	Ja	28,83	N. a.	25,50
Bees A[e]	Ja	54,59	N. a.	25,92
Bees A[e]	Ja	29,00	N. a.	24,08
Bees A + TRIZ[f]	Ja	35,50	N. a.	23,58
Vorgeschlagen	Nein	71,08	24,96	23,46

[a]Leu et al. [34]
[b]Nelson und Wille [18]
[c]Ong und Tan [36]
[d]Ho und Ji [45]
[e]Pham et al. [4]
[f] Ang et al. [46]

keine Seeding-Routine verwendeten, übertraf der vorgeschlagene Bienenalgorithmus seine Konkurrenten deutlich. Gegenüber den Methoden, deren Leistung durch die Seeding-Prozedur verbessert wurde, erzielt der vorgeschlagene Bienenalgorithmus mindestens vergleichbare Ergebnisse und lieferte die Lösung mit der minimalen Montagezeit (23,46 s).

Beim Vergleich der Ergebnisse in Tab. 6.8 sind einige Einschränkungen zu beachten. In vielen Fällen fehlen Details zum experimentellen Ablauf. Beispielsweise ist nicht angegeben, ob die in der Literatur berichteten Werte den Bestfall oder das durchschnittliche Ergebnis einer Reihe von Optimierungsversuchen darstellen. Das heißt, ob es sich um Ausreißer („Glücksfälle") oder den Erwartungswert des durchgeführten Experiments handelt. In vielen Fällen haben die Autoren nicht einmal klargestellt, ob sie das Experiment überhaupt wiederholt haben. Zudem verwenden mehrere der in Tab. 6.8 aufgeführten Methoden eine Initialisierungsroutine [4, 45, 46], die die Anfangspopulation in die Nähe des Endergebnisses bringt. In solchen Fällen ist es schwierig, die Vorzüge der vorgeschlagenen Metaheuristik von denen der Initialisierungsprozedur zu trennen. Generell ist es auch schwierig, den Rechenaufwand der Metaheuristik zu vergleichen. Die meisten Autoren berichten die Anzahl der Fitnessauswertungen – also die Anzahl der gesampelten Lösungen –, die bis zum Auffinden der optimalen Lösung durchgeführt wurden, jedoch nicht die Gesamtzahl der während der gesamten Optimierungsprozedur gesampelten Lösungen und auch nicht den Samplingaufwand der Initialisierungsprozedur. Es ist daher nicht möglich, den Rechenaufwand für die Generierung der Lösungen in Tab. 6.8 zu vergleichen, weshalb die Tabelle keine Angaben zum Sampling enthält.

Der von Ang et al. [46] vorgeschlagene, durch TRIZ erweiterte Bienenalgorithmus erzielt eine Lösung, die qualitativ sehr nahe an der mit der vorgeschlagenen

Methode erreichten Lösung liegt. Allerdings berichteten Ang et al. [46], dass ihr gesamtes Verfahren das Sampling von insgesamt 23×10^6 Kandidatenlösungen erforderte. Es ist unklar, ob diese Zahl auch die durch die Initialisierungsroutine gesampelten Lösungen umfasst. Der vorgeschlagene Bienenalgorithmus sampelte insgesamt $cs \times T = 2000 \times 3000 = 6 \times 10^6$ Kandidatenlösungen, also ein Viertel der von Ang et al. [46] berichteten Zahl. Dieser Vergleich verdeutlicht die Effizienz der vorgeschlagenen Version des Bienenalgorithmus.

6.6 Kombinatorische Suche mit dem Bienenalgorithmus: Abschließende Betrachtungen

In diesem Kapitel wurde die Anwendung des Bienenalgorithmus auf das kombinatorische, NP-schwere Problem der Minimierung der Bestückungszeit von Leiterplatten (PCB) behandelt. Ziel war der Einsatz des komplexesten Bestückungsautomaten, der MBTD-Bestückungsmaschine. Das Optimierungsproblem ähnelt der gleichzeitigen Lösung zweier bekannter NP-schwerer Probleme: des QAP für die Anordnung der Zuführplätze und des TSP für die Optimierung der Reihenfolge der Bauteilplatzierung. In dieser Studie wurde der TSP als Benchmark für eine erste Bewertung der vorgeschlagenen kombinatorischen Implementierung des Bienenalgorithmus verwendet und anschließend der Algorithmus auf das PCB-Bestückungsproblem angewendet. In beiden Fällen lieferte die vorgeschlagene Implementierung des Bienenalgorithmus durchweg hochwertige Lösungen bei geringem Rechenaufwand und schnitt im Vergleich zum Stand der Technik in der Literatur vorteilhaft ab.

Die größte Schwierigkeit bei der Lösung kombinatorischer Optimierungsprobleme liegt in der Definition des lokalen Suchverfahrens, da eine einfache Metrik der Nähe wie die euklidische Distanz für kontinuierliche Optimierung nicht zur Verfügung steht. In dieser Studie wurde anstelle einer ad hoc definierten Distanzmaßzahl entschieden, Operatoren zu definieren, die „ähnliche" Lösungen erzeugen, also Lösungen, die durch Verschieben oder Vertauschen (von Blöcken) von Elementen in der Reihenfolge der Platzierungsoperationen und Zuführplätze zusammengesetzt werden. Diese Strategie ist die einfachste und in der untersuchten Literatur am häufigsten verwendete, und tatsächlich wurden einige der eingesetzten lokalen Suchoperatoren bereits vielfach als Bestandteil anderer Metaheuristiken [4, 39] oder als eigenständige Suchalgorithmen [48, 49] eingesetzt.

Da keine präzise Metrik der Nähe definiert wurde, kam die vorgeschlagene Implementierung des Bienenalgorithmus ohne Nachbarschaftsverkleinerung aus (Abschn. 2.3.5). Aufgrund der Komplexität der Lösungen war zudem die Wahrscheinlichkeit, zufällig eine gute Reihenfolge der Elemente zu finden, sehr gering, sodass keine globale Suche implementiert wurde. Die globale Exploration beschränkte sich in diesem Fall auf die zufällige Reinitialisierung des Standorts der Scout-Biene im Rahmen der Aufgabeprozedur (Abschn. 2.3.6).

Für beide Probleme war eine umfangreiche Vorstudie zur Optimierung der Hyperparameter des Bienenalgorithmus erforderlich. Für die TSP-Aufgabe umfasste diese Vorstudie 125 Konfigurationen, die jeweils in einer Serie von zehn Optimierungsversuchen bewertet wurden, was insgesamt 1250 Durchläufen des Bienenalgorithmus entspricht. Für die PCB-Bestückungsaufgabe war die Vorstudie noch umfangreicher und umfasste 192 Konfigurationen, die jeweils anhand der Ergebnisse von zehn Optimierungsversuchen bewertet wurden. Dieser Aufwand spiegelte die Komplexität der Suchaufgabe sowie die Notwendigkeit wider, die zahlreichen Parameter, die das Verhalten des Algorithmus bestimmen, zu optimieren. Die leistungsstärksten Konfigurationen zeichneten sich durch Hyperparameter-Einstellungen aus, die ausbeutende Suchstrategien widerspiegelten, bei denen die Eliteplätze zwischen der Hälfte (TSP) und drei Viertel (PCB-Bestückung) der Sammler anzogen. Dieses Ergebnis ist vermutlich auf die Schwierigkeit zurückzuführen, bereits gute Lösungen durch zufällige Permutationen der langen Elementsequenz weiter zu verbessern. Diese Schwierigkeit zeigte sich auch im sehr hohen Wert der optimalen Einstellungen für das Stagnationslimit: 50 Zyklen für den TSP und 100 Zyklen für das PCB-Bestückungsproblem. Beim letztgenannten Problem kam zur Schwierigkeit, die lange Sequenz der Bauteilplatzierungsoperationen zufällig zu verbessern, noch die gleichzeitige Optimierung der Zuführeranordnung hinzu.

Angesichts des Umfangs der Unterschiede zum „Standard"-Bienenalgorithmus für kontinuierliche Optimierung ist es lohnenswert zu diskutieren, wie die vorgeschlagene kombinatorische Implementierung des Bienenalgorithmus einzuordnen ist. Und ob die beiden Versionen als unterschiedliche Implementierungen des gleichen Frameworks betrachtet werden sollten, wie in diesem Kapitel geschehen, oder als zwei verschiedene Algorithmen. Oder ob der kombinatorische Bienenalgorithmus als Hybrid der bieneninspirierten Metapher mit kombinatorischer Optimierung wie 2-opt, Swap und Insertion zu sehen ist. Die Frage steht im Zusammenhang mit dem aktuellen Trend, in Veröffentlichungen neue, hybride und verbesserte Optimierungsalgorithmen vorzustellen, wie von Rajwar et al. [54] und Velasco et al. [55] in ihren aktuellen Übersichtsarbeiten zu Metaheuristiken dokumentiert. Wie Velasco et al. [55] betonen, sind Metaheuristiken im Allgemeinen modular und komponentenbasiert, was bedeutet, dass verschiedene Verfahren aus unterschiedlichen Frameworks kombiniert werden können, um einen Algorithmus an die jeweilige Problemstellung anzupassen. Ein typisches Beispiel ist die Vielzahl von Auswahl-, Crossover-, Mutations- und problemspezifischen Routinen, die in der EA-Optimierung üblicherweise kombiniert werden. Die Frage ist also, ob die Modifikation oder Ergänzung von Komponenten (Operatoren oder Strategien) einer Metaheuristik ausreicht, um den modifizierten Algorithmus als eigenständige Instanz oder gar als „Verbesserung" des Originals zu betrachten. Die Autoren dieses Buches vertreten die Ansicht, dass beide in den Fallstudien der Kap. 5 und 6 verwendeten Implementierungen auf der gleichen bieneninspirierten Metapher beruhen und dem übergeordneten Rahmen der adaptiven Ressourcenallokation (Schwänzeltanz) und parallelen Suche folgen. Die unterschiedlichen lokalen Suchoperatoren sind eine Folge des üblichen Anpassungsprozesses des allgemeinen Bienenalgorithmus-Frameworks an die jeweilige Problemstellung, wie er für alle Implementierungen von Metaheuristiken typisch ist, und sollten nicht dazu führen, die beiden Algorithmen als unterschiedlich zu betrachten.

6.7 Zusammenfassung

In diesem Kapitel wurden zwei Anwendungen des Bienenalgorithmus auf kombinatorische Optimierungsprobleme vorgestellt. Die Hauptanwendung betraf die Minimierung der Montagezeit bei der Herstellung von Leiterplatten (PCBs). Die Aufgabe umfasste die Optimierung der Zuführeranordnung und der Bauteilplatzierungsreihenfolge in einem MBTD-Montagegerät und entspricht der gleichzeitigen Lösung zweier kombinatorischer Optimierungsprobleme: dem QAP und dem TSP. Aus diesem Grund wurde der Bienenalgorithmus zunächst am TSP getestet und anschließend auf das Optimierungsproblem der PCB-Montage angewendet. Beide Probleme sind NP-schwer und zeichnen sich bei einer nichttrivialen Anzahl von Elementen (Städte, elektronische Bauteile) durch einen sehr großen Lösungsraum aus. Eine speziell entwickelte Implementierung des Bienenalgorithmus wurde erstellt, die fünf problembezogene Sequenzmodifikationsoperatoren umfasst.

Im Vergleich zu populären und sehr effektiven Metaheuristiken wie EAs und ACO erzielte die kombinatorische Implementierung des Bienenalgorithmus durchweg Lösungen von höchster Qualität bei geringem Rechenaufwand. Beim Problem der Minimierung der PCB-Montagezeit fand die vorgeschlagene Implementierung des Bienenalgorithmus zuverlässig Lösungen, die mit dem Stand der Technik in der Literatur hochgradig wettbewerbsfähig waren. Im Vergleich zu anderen Metaheuristiken benötigte der vorgeschlagene Bienenalgorithmus kein vorläufiges Seeding-Verfahren. Die in diesem Kapitel beschriebene Implementierung ist nicht die einzige Anpassung der Bienenalgorithmus-Metaheuristik an das MBTD-Optimierungsproblem. Im Vergleich zu einer ähnlich leistungsfähigen Implementierung erforderte die in diesem Kapitel vorgestellte Version einen deutlich geringeren Stichprobenaufwand, was ihre Effizienz und Genauigkeit weiter bestätigt.

Fragen zum Kapitelende

1. Welche zentralen Herausforderungen und Einschränkungen machen das PCB-Problem zu einer komplexen Optimierungsaufgabe?
2. Bewerten Sie kritisch bestehende Methoden zur Optimierung der PCB-Montage. Was sind deren Stärken und Schwächen? Wie schneiden sie hinsichtlich Lösungsqualität und Recheneffizienz ab?
3. Erläutern Sie die Gründe für die spezifischen Anpassungen des Bienenalgorithmus für die PCB-Montageoptimierung. Wie tragen die verschiedenen Einfügeoperatoren zum Suchprozess bei?
4. Analysieren Sie Zweck und Methodik der Voruntersuchungen am TSP. Warum wurde das TSP als Testumgebung gewählt und welche Erkenntnisse wurden aus diesen Tests gewonnen?

5. Bewerten Sie die Leistung des angepassten Bienenalgorithmus beim PCB-Montageproblem. Wie schneidet er im Vergleich zu anderen Algorithmen hinsichtlich Lösungsqualität und Rechenzeit ab? Welche Implikationen ergeben sich daraus für die praktische PCB-Montage?
6. Diskutieren Sie die Stärken und Schwächen des Bienenalgorithmus für die PCB-Montageoptimierung. In welchen Szenarien könnte er besonders effektiv oder ineffektiv sein?
7. Identifizieren Sie potenzielle Verbesserungsbereiche des Bienenalgorithmus für die PCB-Montageoptimierung. Wie könnte der Algorithmus modifiziert oder erweitert werden, um bessere Ergebnisse zu erzielen?
8. Untersuchen Sie die Übertragbarkeit des angepassten Bienenalgorithmus auf andere kombinatorische Optimierungsprobleme. Für welche weiteren Problemtypen könnte dieser Ansatz von Nutzen sein?
9. Diskutieren Sie die praktischen Aspekte bei der Implementierung des Bienenalgorithmus zur PCB-Montageoptimierung in einer realen Fertigungsumgebung. Welche Herausforderungen könnten auftreten und wie könnten diese adressiert werden?
10. Welche weiterreichenden Implikationen haben die in diesem Kapitel dargestellten Ergebnisse für den Bereich Fertigung und Automatisierung? Was könnten naturinspirierte Optimierungsalgorithmen wie der Bienenalgorithmus zu Fortschritten in diesen Bereichen beitragen?

Literatur

1. Castellani M, Otri S, Pham DT (2019) Printed circuit board assembly time minimisation using a novel Bees Algorithm. Comput & Ind Eng 133:186–194
2. Crama Y, Van De Klundert J, Spieksma FC (2002) Production planning problems in printed circuit board assembly. Discret Appl Math 123(1–3):339–361
3. Liu L (2021) Global PCB market: growth, trends, and forecasts. In: Electronic engineering times. https://www.eetimes.eu/the-pcb-market-growth-trends-and-forecasts/. (Visited on 06/23/2021)
4. Pham DT, Otri S, Darwish AH (2007) Application of the Bees Algorithm to PCB assembly optimisation. In: Proceedings of the 3rd virtual international conference on intelligent production machines and systems (IPROMS 2007), S 511–516
5. Ayob M, Cowling P, Kendall G (2002) Optimisation for surface mount placement machines. In: 2002 IEEE international conference on industrial technology, 2002. IEEE ICIT'02, Bd 1. IEEE, S 498–503
6. Ho W, Ji P (2006) Optimal production planning for PCB assembly. Springer Science & Business Media
7. Loiola EM, De Abreu NMM, Boaventura-Netto PO, Hahn P, Querido T (2007) A survey for the quadratic assignment problem. Eur J Oper Res 176(2):657–690
8. Alkaya AF, Duman E (2015) Combining and solving sequence dependent traveling salesman and quadratic assignment problems in PCB assembly. Discret Appl Math 192:2–16
9. Khoo L, Ng T (1998) A genetic algorithm-based planning system for PCB component placement. Int J Prod Econ 54(3):321–332
10. Bovet DP, Crescenzi P, Bovet D (1994) Introduction to the theory of complexity, Bd 7. Prentice Hall London

11. Burkard RE, Cela E, Pardalos PM, Pitsoulis LS (1998) The quadratic assignment problem. Springer
12. Jünger M, Reinelt G, Rinaldi G (1995) The traveling salesman problem. In: Handbooks in operations research and management science, Bd 7, S 225–330
13. Gillet VJ (2003) Application of evolutionary algorithms to combinatorial library design. In: Soft computing approaches in chemistry, S 1–30
14. Blum C, Li X (2008) Swarm intelligence in optimization. In: Swarm intelligence: introduction and applications. Springer, S 43–85
15. Akay B, Yao X (2013) Recent advances in evolutionary algorithms for job shop scheduling. In: Automated scheduling and planning: from theory to practice, S 191–224
16. Nguyen S, Mei Y, Ma H, Chen A, Zhang M (2016) Evolutionary scheduling and combinatorial optimisation: applications, challenges, and future directions. In: 2016 IEEE congress on evolutionary computation (CEC). IEEE, S 3053–3060
17. Ismail AH, Hartono N, Zeybek S, Pham DT (2020) Using the Bees Algorithm to solve combinatorial optimisation problems for TSPLIB. In: IOP conference series: materials science and engineering, Bd 847, No 1. IOP Publishing, S 012027
18. Nelson K, Wille L (1995) Comparative study of heuristics for optimal printed circuit board assembly. In: Proceedings of southcon'95. IEEE, S 322–327
19. Maimon O, Braha D (1998) A genetic algorithm approach to scheduling PCBs on a single machine. Int J Prod Res 36(3):761–784
20. Ong N-S, Pheng Khoo L (1999) Genetic algorithm approach in PCB assembly. Integr Manuf Syst 10(5):256–265
21. Chen W-S, Chyu C-C (2002) Reduction of printed circuit board group assembly time through the consideration of efficiency loss of placement time. Assem Autom 22(4):360–370
22. Suzdaltsev I, Suzdaltsev V, Bogula NY (2021) Modified ant colony algorithm for placement of electronic elements on the printed circuit board. In: 2021 international Russian automation conference (RusAutoCon). IEEE, S 1014–1017
23. Chen Y-M, Lin C-T (2007) A particle swarm optimization approach to optimize component placement in printed circuit board assembly. Int J Adv Manuf Technol 35:610–620
24. Hsu H-P (2016) Solving feeder assignment and component sequencing problems for printed circuit board assembly using particle swarm optimization. IEEE Trans Autom Sci Eng 14(2):881–893
25. Hsu H-P (2020) Printed circuit board assembly planning for multi-head gantry SMT machine using multi-swarm and discrete firefly algorithm. IEEE Access 9:1642–1654
26. Leipälä T, Nevalainen O (1989) Optimization of the movements of a component placement machine. Eur J Oper Res 38(2):167–177
27. Seth A, Klabjan D, Ferreira PM (2016) A new novel local search integer-programming-based heuristic for PCB assembly on collect-and-place machines. Math Program Comput 8:1–45
28. Li D, Yoon SW (2017) PCB assembly optimization in a single gantry high-speed rotary-head collect-and-place machine. Int J Adv Manuf Technol 88:2819–2834
29. Glover F, Laguna M (1998) Tabu search. Springer
30. Luo J, Wang J, Hu Y (2016) A Tabu search with multiple neighborhoods for an integrated operation optimization in electronic industry. In: 2016 35th Chinese control conference (CCC). IEEE, S 2825–2830
31. Luo J, Liu J, Hu Y (2017) An MILP model and a hybrid evolutionary algorithm for integrated operation optimisation of multi-head surface mounting machines in PCB assembly. Int J Prod Res 55(1):145–160
32. Zhu G-Y, Ju X-W, Zhang W-B (2018) Multi-objective sequence optimization of PCB component assembly with GA based on the discrete Fréchet distance. Int J Prod Res 56(11):4017–4034
33. Rashid M, Hutabarat W, Tiwari A (2012) A review on assembly sequence planning and assembly line balancing optimisation using soft computing approaches. Int J Adv Manuf Technol 59:335–349

34. Leu MC, Wong H, Ji Z (1993) Planning of component placement/insertion sequence and feeder setup in PCB assembly using genetic algorithm
35. Wong H, Leu MC (1993) Adaptive genetic algorithm for optimal printed circuit board assembly planning. CIRP Ann 42(1):17–20
36. Ong N-S, Tan W-C (2002) Sequence placement planning for high-speed PCB assembly machine. Integr Manuf Syst 13(1):35–46
37. Dorigo M, Gambardella LM (1997) Ant colony system: a cooperative learning approach to the traveling salesman problem. IEEE Trans Evol Comput 1(1):53–66
38. Otri S (2011) Improving the bees algorithm for complex optimisation problems. PhD thesis, Cardiff University
39. Ang MC, Pham DT, Ng KW (2009) Application of the Bees Algorithm with TRIZ-inspired operators for PCB assembly planning. In: Proceedings of 5th virtual international conference on intelligent production machines and systems (IPROMS2006), S 454–459
40. Sheng IL, Kok-Soo T (2010) Eco-efficient product design using theory of inventive problem solving (TRIZ) principles. Am J Appl Sci 7(6):852
41. Lin C-J, Huang M-L (2017) Modified artificial bee colony algorithm for scheduling optimization for printed circuit board production. J Manuf Syst 44:1–11
42. Guo S, Geng F, Takahashi K, Wang X, Jin Z (2019) A MCVRP-based model for PCB assembly optimisation on the beam-type placement machine. Int J Prod Res 57(18):5874–5891
43. Lin C-J, Lin C-H (2021) Using an improved differential evolution for scheduling optimization of dual-gantry multi-head surface-mount placement machine. Mathematics 9(16):2016
44. Andrzejewski K, Cooper M, Griffiths C, Giannetti C (2018) Optimisation process for robotic assembly of electronic components. Int J Adv Manuf Technol 99:2523–2535
45. Ho W, Ji P (2005) A genetic algorithm to optimise the component placement process in PCB assembly. Int J Adv Manuf Technol 26:1397–1401
46. Ang MC, Ng KW, Pham DT, Soroka A (2013) Simulations of PCB assembly optimisation based on the Bees Algorithm with TRIZ-inspired operators. In: Advances in visual informatics: third international visual informatics conference, IVIC 2013, Selangor, Malaysia, November 13–15, 2013. Proceedings 3. Springer, S 335–346
47. Lin S, Kernighan BW (1973) An effective heuristic algorithm for the traveling-salesman problem. Oper Res 21(2):498–516
48. Okano H, Misono S, Iwano K (1999) New TSP construction heuristics and their relationships to the 2-opt. J Heuristics 5:71–88
49. Englert M, Röglin H, Vöcking B (2014) Worst case and probabilistic analysis of the 2-Opt algorithm for the TSP. Algorithmica 68(1):190–264
50. Johnson DS, McGeoch LA (1997) The traveling salesman problem: a case study in local optimization. Local Search Comb Optim 1(1):215–310
51. Gutin G, Yeo A, Zverovich A (2002) Traveling salesman should not be greedy: domination analysis of greedy-type heuristics for the TSP. Discret Appl Math 117(1–3):81–86
52. Colorni A, Dorigo M, Maniezzo V et al (1991) Distributed optimization by ant colonies. In: Proceedings of the first European conference on artificial life, Bd 142. Paris, France, S 134–142
53. Fogel DB (2006) Evolutionary computation: toward a new philosophy of machine intelligence. John Wiley & Sons
54. Rajwar K, Deep K, Das S (2023) An exhaustive review of the metaheuristic algorithms for search and optimization: taxonomy, applications, and open challenges. Artif Intell Rev 1–71
55. Velasco L, Guerrero H, Hospitaler A (2023) A literature review and critical analysis of metaheuristics recently developed. Arch Comput Methods Eng 1–22

Kapitel 7
Fallstudie – Vorläufige Konstruktion und Multilösungsprobleme

Die Kap. 5 und 6 beschreiben Anwendungen des Bienenalgorithmus auf kontinuierliche und kombinatorische Optimierungsprobleme. In beiden Fällen besteht das Ziel des Verfahrens darin, eine Lösung zu entwerfen, die idealerweise das Optimum eines gegebenen Leistungsmaßes erreicht und in der Praxis wahrscheinlich eine Leistung erzielt, die dem Optimum nicht allzu unähnlich ist. Diese Lösung könnte beispielsweise die Konfiguration eines Systems sein, wie das ANN-Modell und das PID-Regelsystem, die in Kap. 5 untersucht wurden, oder die Einrichtung eines Prozesses – etwa die Reihenfolge der besuchten Städte sowie der Abholort und die Montageabfolge elektronischer Bauteile, wie in Kap. 6 dargestellt. Der Großteil der Literatur zur Einzelzieloptimierung (Abschn. 1.1) befasst sich mit Problemen wie den bisher betrachteten, bei denen das Ziel darin besteht, eine eindeutige Lösung zurückzugeben: die optimale. In der Technik gibt es jedoch Fälle, in denen der Anwender eine Menge guter Kandidatenlösungen wünscht, aus denen die endgültige ausgewählt wird. Dies ist beispielsweise beim Vorentwurf der Fall.

Der Vorentwurf ist eine der Phasen des technischen Entwurfs: nämlich Konzeptualisierung, Vorentwurf, Detailentwurf, Bewertung und – falls die Bewertungsergebnisse unbefriedigend sind – Überarbeitung [1]. In der Phase des Vorentwurfs erstellt der Ingenieur eine Anzahl von Kandidatenlösungen auf Basis der Spezifikationen und Anforderungen für das Produkt. Diese Lösungen sind ausreichend detailliert, um zu zeigen, dass das Produkt realisierbar ist und eine bestimmte Leistung beziehungsweise Qualität erreicht, während die Entwurfsspezifikationen eingehalten werden. Aus der Menge der vorläufigen Lösungen wählt der Ingenieur oder der Kunde dann die endgültige Lösung auf Grundlage weiterer Überlegungen aus. Der Vorentwurf ist ein kreativer Prozess, bei dem das Ziel nicht nur darin besteht, eine hochwertige Lösung zu finden, sondern mehrere Lösungen von ähnlich hoher Qualität zu generieren.

Bislang konzentrierte sich das rechnergestützte Design hauptsächlich auf den Detailentwurf – also auf die Phase nach dem Vorentwurf, in der die endgültige Konfiguration ausgewählt wurde und die Details des Produkts analysiert und ausgearbeitet werden, unter Einsatz von Verfahren wie der Finite-Elemente-Analyse, der

D. T. Pham et al., *Intelligente Optimierung mit dem Bienenalgorithmus*,
https://doi.org/10.1007/978-3-032-14424-9_7

Volumenmodellierung und der Simulation. Während das Interesse an der Automatisierung des kreativen Prozesses des Vorentwurfs – also an automatisierten Systemen, die mehrere alternative Lösungen bereitstellen können – zunimmt, sind die meisten Metaheuristiken für Einzelzieloptimierung darauf ausgelegt, eine einzige Lösung zu liefern.

In diesem Kapitel wird zunächst eine Anwendung des Bienenalgorithmus auf den Vorentwurf eines Getriebes vorgestellt. Die Anwendung stellt zudem ein Beispiel für ein diskretes Optimierungsproblem dar. Anschließend wird eine kürzlich entwickelte Variante des Bienenalgorithmus für Mehrfachlösungsprobleme eingeführt. Für weitere Details zur Anwendung des Bienenalgorithmus im Getriebevorentwurf sei auf Pham et al. [2] verwiesen.

7.1 Das Vorentwurfsproblem eines Getriebes

Das Getriebe ist eine mechanische Vorrichtung, die Rotationsleistung von einer Quelle auf einen Verbraucher in einem System überträgt und dazu dient, das Ausgangsdrehmoment zu erhöhen oder die Drehzahl beziehungsweise Drehrichtung zu verändern. Die Quelle kann ein Motor oder eine Maschine sein, die in einem Bereich diskreter Drehzahlen arbeitet, während der Verbraucher jede Vorrichtung sein kann, die Leistung bei einer anderen Drehzahl und einem anderen Drehmoment benötigt. Im Folgenden wird die folgende standardisierte Terminologie der klassischen Mechanik verwendet:

- Die *Drehzahl* ν oder *Frequenz* ist die Anzahl der vollständigen Umdrehungen, die ein Zahnrad um seine Achse in einer Zeiteinheit ausführt. Sie wird in Umdrehungen pro Minute (Revolutions per Minute (RPM)) oder im SI-System in Hertz ($Hz = s^{-1}$) gemessen.
- Die *Winkelgeschwindigkeit* ω ist die Winkelrate, mit der das Zahnrad rotiert. Sie wird in $rad \times s^{-1} = s^{-1}$ (das Bogenmaß ist dimensionslos) gemessen und steht mit der Frequenz in folgender Beziehung: $\omega = 2\pi \times \nu$.
- Die *Tangentialgeschwindigkeit* v ist die Geschwindigkeit eines Punktes am Außenrand des Teilkreises des Zahnrads. Sie wird in $m \times s^{-1}$ gemessen und steht mit der Winkelgeschwindigkeit in folgender Beziehung $v = \omega \times r$, wobei r der Radius des Teilkreises ist.

Um die gewünschte Umwandlung von Drehzahl und Drehmoment zu realisieren, verwendet das Getriebe einfache Mechanismen wie Zahnradpaare und Wellen. In dieser Fallstudie wurden die folgenden vier Annahmen getroffen:

- Die Drehzahl der Quelle ist konstant.
- Vom Verbraucher wird nur eine konstante Drehzahl benötigt.
- Im Getriebe werden nur parallele Wellen verwendet.
- Die Kraftübertragung zwischen zwei benachbarten Wellen erfolgt ausschließlich durch Zahnradpaare.

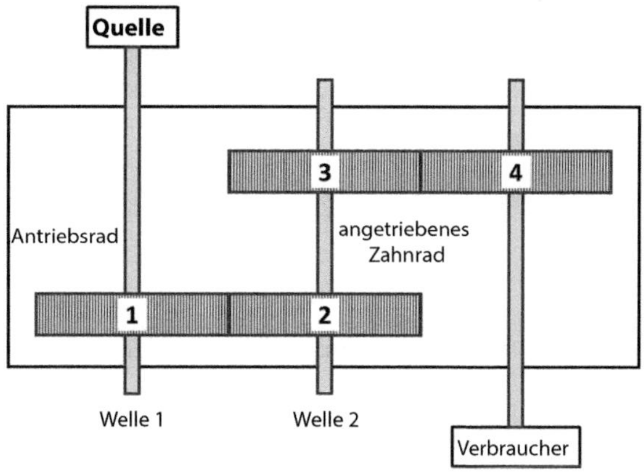

Abb. 7.1 Schematische Darstellung eines Getriebes

Abb. 7.1 veranschaulicht ein Getriebe, das aus zwei Wellen und vier Zahnrädern besteht. Die ersten beiden Zahnräder (1 und 2) übernehmen die Umwandlung der Drehzahl des Motors (Welle 1) in die Drehzahl der Zwischenwelle (Welle 2). Das zweite Zahnradpaar (3 und 4) wandelt die Drehzahl der Welle 2 weiter in die vom Verbraucher benötigte Drehzahl um. Die letzte (dritte) Welle dient nur zum Antrieb des Verbrauchers und wird der Einfachheit halber im Getriebemechanismus nicht mitgezählt. Dementsprechend besteht ein allgemeiner Getriebemechanismus aus einer Anzahl von Zahnrädern $ng = 2 \times ss$, wobei ss die Anzahl der Wellen ist. Jedes Zahnradpaar besteht aus einem treibenden Zahnrad (1 und 3 in der Abbildung), das sich mit der ursprünglichen Drehzahl dreht, und einem getriebenen Zahnrad (2 und 4), das sich mit der umgewandelten Drehzahl dreht.

Zahnräder werden so konstruiert, dass die Anzahl der Zähne proportional zum Radius ihres Teilkreises ist. Da die Umfangsgeschwindigkeit zweier ineinandergreifender Zahnräder gleich ist, kann geschrieben werden:

$$\omega_1 \times r_1 = \omega_2 \times r_2 \tag{7.1}$$

wobei ω_i und r_i jeweils die Winkelgeschwindigkeit und der Teilkreisradius des Zahnrads i sind. Da die Anzahl der Zähne proportional zum Radius ist:

$$\omega_1 \times \alpha \times nt_1 = \omega_2 \times \alpha \times nt_2 \tag{7.2}$$

wobei α eine Konstante ist und nt_i die Zähnezahl des Zahnrads i ist. Gl. (7.2) kann umgeschrieben werden als:

$$\frac{\omega_1}{\omega_2} = \frac{nt_2}{nt_1} = \rho_{12} \tag{7.3}$$

wobei ρ_{12} das *Übersetzungsverhältnis* ist und die Umwandlung der Winkelgeschwindigkeit des antreibenden Zahnrads ω_1 in die Geschwindigkeit des angetriebenen

Zahnrads ω_2 beschreibt. Das *Übersetzungsverhältnis* tr_{12} eines Zahnradpaares ist definiert als die Anzahl der Umdrehungen, die das antreibende Zahnrad für jede Umdrehung des angetriebenen Zahnrads ausführt. Nach Gl. (7.3) und der Definition von ω:

$$tr_{12} = \frac{rev_1}{rev_2} = \frac{\frac{rev_1}{s}}{\frac{rev_2}{s}} = \frac{\nu_1}{\nu_2} = \frac{\frac{\omega_1}{2\pi}}{\frac{\omega_2}{2\pi}} = \frac{\omega_1}{\omega_2} = \rho_{12} \tag{7.4}$$

Daher werden die Begriffe „Übersetzungsverhältnis" und „Getriebeübersetzung" im Folgenden synonym verwendet. Es lässt sich außerdem zeigen, dass

$$\frac{\tau_2}{\tau_1} = \frac{nt_2}{nt_1} = \rho_{12} \tag{7.5}$$

wobei τ_i das Drehmoment des Zahnrads i ist. Schließlich ergibt sich die durch das gesamte Getriebesystem realisierte Drehzahlumsetzung als Produkt der Übersetzungsverhältnisse aller enthaltenen Zahnradpaare. Das heißt:

$$\rho_{gb} = \frac{\nu_{in}}{\nu_{out}} = \prod_{i=1}^{ss} \rho_{(2i-1)(2i)} \tag{7.6}$$

wobei ν_{in} und ν_{out} jeweils die Drehzahlen der Quelle und des Verbrauchers sind.

Bei der vorgeschlagenen Konstruktionsaufgabe wird angenommen, dass nur eine geringe Anzahl alternativer Motoren zur Verfügung steht. Ziel des Konstruktionsverfahrens ist es, möglichst viele verschiedene Getriebekonfigurationen zu erzeugen, die in etwa die vom Verbraucher geforderte Drehzahl liefern.

Im Detail erzeugt die Quelle (die verfügbaren Motoren) eine Drehzahl innerhalb der folgenden diskreten Menge von Umdrehungen pro Minute (RPM): $\nu_{in} \in \{700, 1000, 1500, 3000\}$, das heißt $\nu_{in} \in \{11{,}66, 16{,}66, 25, 50\}$ Hz. Diese Drehzahl ist der *Eingang* des Getriebes und wird im Folgenden als solcher bezeichnet. Die Eingangsdrehzahl muss durch das Getriebe in eine der folgenden Mengen von Umdrehungen pro Minute für den Verbraucher umgewandelt werden: $\nu_{out} \in \{30, 50, 75, 100\}$, das heißt $\nu_{out} \in \{0{,}5, 0{,}83, 1{,}25, 1{,}66\}$ Hz. Diese letztgenannte Drehzahl wird im Folgenden als *Ausgang* des Getriebes bezeichnet.

In dieser Studie besteht die Funktion des Getriebes somit darin, die Eingangsdrehzahl ν_{in} in die Ausgangsdrehzahl $\nu_{out} < \nu_{in}$ zu reduzieren. Um bei einem beliebigen Zahnradpaar eine Reduktion der Drehzahl zu erreichen, muss die Zähnezahl des angetriebenen Zahnrads i größer sein als die Zähnezahl des antreibenden Zahnrads j, das heißt $\rho_{ij} > 1$. Diese Bedingung ergibt sich aus Gl. (7.3) und muss für jedes Zahnradpaar im Mechanismus erfüllt sein. Es ist zu beachten, dass diese Einschränkung nicht zwingend erforderlich ist: Eine Lösung könnte beispielsweise auch durch die Kombination von Zahnrädern, die die Drehzahl reduzieren, mit solchen, die sie erhöhen, realisiert werden, solange die gewünschte Ausgangsdrehzahl ν_{out} erreicht wird.

Tab. 7.1 Hauptspezifikationen des Getriebeentwurfsproblems

Ziel und Randbedingungen		
Parameter	Beschreibung	Werte
ν_{out}	Getriebeausgangsdrehzahl (U/min)	$\{30, 50, 75, 100\}$
ρ_{ij}	Übersetzungsverhältnis $\forall i, j = i + 1$	$\{1{,}0 < \rho_{ij} \leq 5 \mid \rho_{ij} \in \mathbb{R}\}$
Entscheidungsvariablen		
Parameter	Beschreibung	Werte
ν_{in}	Getriebeeingangsdrehzahl (U/min)	$\{700, 1000, 1500, 3000\}$
ss	Anzahl der Wellen	$\{ss \in [2, 8] \subset \mathbb{N}\}$
nt_i	Zähnezahl des Zahnrads i	$\{nt_i \in [18, 274] \subset \mathbb{N}\}$

Eine derartige Konfiguration wäre jedoch ineffizient und nicht kompakt, weshalb die Einschränkung gilt.

Unter den oben genannten Spezifikationen und Annahmen umfasst die Konstruktionsaufgabe die folgenden Entscheidungsvariablen:

- die Eingangsdrehzahl des Getriebes
- die Anzahl der Getriebewellen
- die Zähnezahl jedes Zahnrads

Der Wert jeder Variablen ist innerhalb eines diskreten Intervalls begrenzt. Zusätzlich wurde das maximale Übersetzungsverhältnis für jedes Zahnradpaar auf 5 festgelegt. Tab. 7.1 fasst die Spezifikationen des Getriebeproblems zusammen.

7.2 Getriebeentwurf – Die Problemlöser

Der Vorentwurf kann als Optimierungsproblem betrachtet werden, bei dem das Ziel darin besteht, möglichst viele Lösungen zu erzeugen, die eine vorgegebene Schwelle akzeptabler Qualität erfüllen. In dieser Studie wurde der Bienenalgorithmus als Lösungsverfahren eingesetzt und dessen Leistung mit der eines EA sowie einer Zufallssuche verglichen (Kasten 1.4). Bevor auf die Details der Implementierung der beiden Metaheuristiken eingegangen wird, müssen zwei grundlegende Elemente definiert werden: die Repräsentation der Kandidatenlösungen und die Fitnessfunktion. Diese beiden Elemente definieren die Fitnesslandschaft, die durchsucht werden muss, und sind sowohl für die Zufallssuche als auch für die Metaheuristiken identisch.

7.2.1 Repräsentationsschema

Eine Lösung wird durch eine variable Anzahl diskreter Entscheidungsvariablen definiert. Diese Variablen sind: die Getriebeeingangsdrehzahl v_{in}, die Anzahl der Wellen ss und die Zähnezahl nt_i der Komponenten von zwei bis acht Zahnradpaaren. Das heißt, jede Welle trägt zwei Zahnräder, $i \in [1, i_{max}]$, und $i_{max} = 2 \times ss$ variiert in Zweierschritten von einem Minimum von $2 \times 2 = 4$ Zahnrädern bis zu einem Maximum von $2 \times 8 = 16$ (Tab. 7.1). Folglich gilt $n = 2 + i_{max} \in \{6, 8, 10, 12, 14, 16, 18\}$.

Wenn das Problem durch eine variable Anzahl von Entscheidungsvariablen charakterisiert ist, steht der Entwickler von Metaheuristiken vor der Aufgabe, die Länge der Repräsentation festzulegen. In diesem Fall, da die Kandidatenlösungen auf natürliche Weise als Vektoren von n diskreten und beschränkten Variablen kodiert werden können (Tab. 7.1), besteht die Aufgabe darin, wie die variable Länge dieses Vektors berücksichtigt werden kann. Zwei Ansätze sind gebräuchlich.

Der erste Ansatz besteht darin, die Kandidatenlösungen mit einem Vektor variabler Länge darzustellen und eine heterogene Population von Lösungen zu optimieren. Die Operatoren, die die kodierten Lösungen manipulieren, müssen diese Variabilität berücksichtigen und gegebenenfalls die Länge der einzelnen Repräsentationen ändern. Beispielsweise könnte der lokale Suchoperator des Bienenalgorithmus die Anzahl der Wellen variieren, indem er ein oder mehrere Zahnradpaare (zwei oder ein Vielfaches von zwei Elementen) zum Vektor, der eine Lösung kodiert, hinzufügt oder entfernt. Dieser Ansatz wurde beispielsweise von Castellani [3] verwendet, um die Struktur und die Gewichtungen eines MLP-Klassifikators zu entwickeln, wobei Blöcke von Gewichtungen, die hinzugefügten oder entfernten Neuronen entsprechen, zur Repräsentation hinzugefügt oder daraus entfernt wurden. Der Hauptnachteil dieses Ansatzes ist die Störanfälligkeit der Operationen, die die Repräsentationsgröße verändern, was sorgfältige Manipulationsstrategien erfordern kann. So wurden beispielsweise in der von Castellani entwickelten EA [3] hinzugefügte Knoten mit kleinen Gewichtungen verbunden, um deren anfänglichen Einfluss auf die Gesamtausgabe des MLP zu minimieren. Der Hauptvorteil dieses Ansatzes ist, dass er den Speicher- und Verarbeitungsaufwand für Lösungen minimiert.

Der zweite Ansatz besteht darin, die Lösungen als Vektoren fester Länge darzustellen, typischerweise der maximal zulässigen, und beim Dekodieren der Lösung nur einen Teil der Repräsentation zu berücksichtigen. Beispielsweise könnte ein MLP als lange Zeichenkette von Gewichtungen kodiert werden, die die maximal zulässige Struktur repräsentiert, und eine zusätzliche Kodierung gibt an, welche dieser Gewichtungen zu aktiven Knoten gehören. Das heißt, die Repräsentation besteht aus einer Maximalstruktur, von der Teile „ein- oder ausgeschaltet" werden können. In diesem Fall besteht die Hauptsorge darin, dass die Metaheuristik möglicherweise eine große Menge an „nutzlosen" Informationen verarbeiten oder zumindest im Speicher halten muss. Ob diese Informationen verarbeitet werden, hängt von den Manipulationsoperatoren ab, also davon, ob sie auf die gesamte Repräsentation oder nur auf den aktiven Teil wirken. Der Hauptvorteil dieses Ansatzes ist, dass „ausgeschaltete" Informationen bereits einer gewissen Optimierung unterzogen worden

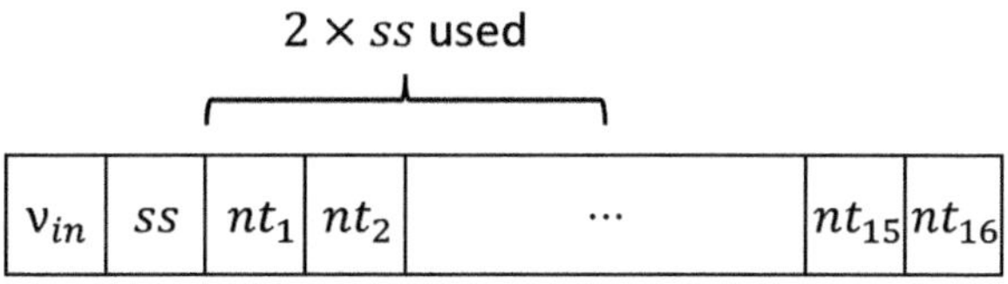

Abb. 7.2 Kodierung einer Kandidatenlösung für das Getriebe. Nur die ersten $n_i = 2 + 2 \times ss$ Entscheidungsvariablen werden dekodiert

sein könnten und bei einer Reaktivierung funktionsfähig sind, wodurch die Störanfälligkeit der Operatoren, die die Länge der Repräsentation der Kandidatenlösungen verändern, reduziert wird.

Für das Vorentwurfsproblem des Getriebes ist die Länge der Repräsentation überschaubar, weshalb der zweite Ansatz gewählt wurde. Eine Kandidatenlösung i wurde als Vektor von $n = 2 + 2 \times 8$ diskreten Variablen kodiert, von denen für jede Lösung i nur die ersten $n_i = 2 + 2 \times ss$ dekodiert wurden. Jede der 16 Variablen, die die Zähnezahl nt_i des Zahnrads i repräsentieren, ist im Intervall [18, 274] beschränkt (Tab. 7.1). Abb. 7.2 veranschaulicht das Repräsentationsschema.

7.2.2 *Zielfunktion*

Wenn der Lösungsraum beschränkt ist, steht der Entwickler vor der Wahl, ob er die Erzeugung von Lösungen zulassen möchte, die die Nebenbedingungen verletzen, und diese Lösungen in der Fitnessbewertung bestrafen will oder ob er Suchoperatoren entwirft, die nur zulässige Lösungen erzeugen. Der erste Ansatz vereinfacht die Definition der Operatoren, die die kodierten Lösungen manipulieren, und beschleunigt die Lösungsverarbeitung. Er kann auch dazu beitragen, dass die Population vielversprechende Lösungen erkundet, die die Nebenbedingungen nur minimal verletzen, und von dort aus das Feedback der Zielfunktion nutzt, um die Suche in den Bereich der zulässigen Lösungen zu lenken. Der zweite Ansatz eliminiert den Rechenaufwand für die Verarbeitung unzulässiger Lösungen. In den in den vorangegangenen Kapiteln vorgestellten Anwendungen wurde der erste Ansatz verfolgt. In dieser Anwendung ist die Repräsentation der Lösungen rechnerisch günstig, daher wird der zweite Ansatz gewählt.

Die Zielfunktion beinhaltet somit Strafwerte für Lösungen, die die Nebenbedingungen verletzen. Für das Getriebeauslegungsproblem wurde entschieden, den Ausgabewert der Zielfunktion auf das Intervall $\mathcal{F}(\boldsymbol{x}) \in [0{,}5000]$ zu beschränken, wobei $\boldsymbol{x}$ eine Kandidatenlösung ist. Lösungen, die die Getriebespezifikationen vollständig erfüllen, erhalten einen Fitnesswert von $\mathcal{F}(\boldsymbol{x}) = 5000$, während Lösungen, die die Spezifikationen nicht vollständig erfüllen, niedrigere Fitnessbewertungen erhalten. Die Fitness einer Lösung, die eine Spezifikation verletzt, spiegelt sowohl die Schwere als auch das Ausmaß der Verletzung wider. Dementsprechend wird die Getriebeauslegung als ein Funktionsmaximierungsproblem formuliert, bei dem das

Ziel nicht darin besteht, das globale Optimum zu finden, sondern Lösungen mit einer Fitness zu finden, die so nah wie möglich am Optimalwert von 5000 liegt oder diesem entspricht.

Die erste und schwerwiegendste Nebenbedingung ist die Anzahl der Wellen *ss*, die nicht weniger als zwei und nicht mehr als acht betragen darf. Lösungen $\boldsymbol{x}$, die diese Nebenbedingung verletzen, wird ein Fitnesswert von $\mathcal{F}(\boldsymbol{x}) = 0$ zugewiesen. Das heißt, jedes Individuum, das solche Lösungen besucht, wird durch die Rückmeldung der niedrigstmöglichen Fitnessbewertung effektiv abgeschreckt.

Die zweite Nebenbedingung ist die Anforderung, dass in jedem Zahnradpaar $\frac{nt_2}{nt_1} = \rho_{12} > 1$ (Abschnitt 7.1) die Zähnezahl des angetriebenen Zahnrads 2 die Zähnezahl des antreibenden Zahnrads 1 strikt übersteigen muss (Reduktionspaar). Jedes Zahnradpaar, bei dem diese Bedingung nicht erfüllt ist, wird als *falsches Paar* bezeichnet, und der Zähler *wp* erfasst die Anzahl der Zahnradpaare, die die $\rho_{12} > 1$-Nebenbedingung nicht erfüllen. Die Fitness jeder Kandidatenlösung, bei der $wp > 0$ gilt, wird wie folgt bewertet:

$$\mathcal{F}(\boldsymbol{x}) = 28 - 2 \times wp \tag{7.7}$$

Dies ist ein sehr niedriger Wert und wird wahrscheinlich nur zu Beginn der Suche wettbewerbsfähig sein.

Die dritte Nebenbedingung ist die Anforderung, dass das Übersetzungsverhältnis $\rho_{ij} \leq 5$ für jedes Zahnradpaar *i* und *j* gilt. In diesem Fall wird die Nebenbedingung innerhalb einer Toleranz von 15% eingehalten. Jede Lösung, die Zahnradpaare enthält, welche die Toleranzgrenze überschreiten – das heißt $\rho_{ij} > 5{,}75$ –, wird mit dem folgenden Faktor bestraft:

$$w_{os} = 1 - 0{,}1 \times exc \tag{7.8}$$

wobei *exc* die Summe der Überschreitungen aller Zahnradpaare *i* und *j* ist, die die Toleranzgrenze überschreiten. Beispielsweise ergibt sich für eine Kandidatenlösung, bei der zwei Zahnradpaare die Schwellenwertgrenze überschreiten – nehmen wir an $\rho_{12} = 6{,}5$ und $\rho_{56} = 7$ –, folgender Strafterm:

$$w_{os} = 1 - 0{,}1 \times [(6{,}5 - 5) + (7 - 5) = 1 - 0{,}1 \times (3{,}5) = 1 - 0{,}35 = 0{,}65 \tag{7.9}$$

Abschließend wurde die Fitnessfunktion so gestaltet, dass sie zwei Qualitätskriterien berücksichtigt. Das erste Kriterium ist die Kompaktheit der Lösungen – das heißt, die Anzahl der Wellen *ss* sollte so gering wie möglich sein. Das zweite Kriterium ist die Genauigkeit des gesamten Getriebeübersetzungsverhältnisses. Das heißt, die Differenz δ zwischen dem Getriebeübersetzungsverhältnis und dem geforderten Verhältnis, nämlich $\delta = \rho_{gb} - \frac{v_{in}}{v_{out}}$, sollte minimal sein. Das erste Kriterium wurde als subtraktiver Strafterm ausgedrückt:

$$P_1 = -w_1 \times 3^{A_1 \times ss} \tag{7.10}$$

Das zweite Kriterium wurde analog als subtraktiver Strafterm formuliert:

$$P_2 = -w_2 \times 3^{A_2 \times \delta} \tag{7.11}$$

Unter Berücksichtigung der oben genannten Nebenbedingungen und Qualitätskriterien wurde die Fitnessfunktion wie folgt definiert:

$$\mathcal{F}(\boldsymbol{x}) = \begin{cases} 0{,}0 & \mathit{if}\ ss < 2\ or\ ss > 8 \\ 28 - 2 \times wp & \mathit{if}\ wp > 0 \\ F' = 5000 - P_1 - P_2 & \mathit{if}\ F' \geq 0 \\ F' = 27 & \mathit{if}\ F' < 0 \\ F' \times w_{os} & \mathit{if}\ exc > 0 \end{cases} \tag{7.12}$$

Wobei der erste Fall in Gl. (7.12) die Nebenbedingungen bezüglich der Anzahl der Wellen berücksichtigt, der zweite die Nebenbedingung für das Übersetzungsverhältnis gemäß Gl. (7.7), der dritte die in Gl. (7.10) und (7.11) definierten Qualitätskriterien ausdrückt und der fünfte die Nebenbedingung für das maximale Übersetzungsverhältnis gemäß Gl. (7.8). Der vierte Fall stellt sicher, dass der Wert der Zielfunktion immer $\mathcal{F}(\boldsymbol{x}) \geq 0$ für jede Kandidatenlösung $\boldsymbol{x}$ ist. Wenn die Lösung keine Nebenbedingung verletzt, ist das Minimum $\mathcal{F}(\boldsymbol{x}) = 27$, was geringfügig höher ist als die Fitness einer Lösung, die irgendeine Art von Nebenbedingung verletzt.

Die Menge der vier Hyperparameter $H = \{w_1, /, w_2, /, A_1, /, A_2\}$ wurde experimentell so optimiert, dass eine Fitnessbewertung erzielt wird, die für einen weiten Bereich von Ausgangsdrehzahlen wirksam ist. Schließlich wurde sie auf $H = \{0.286, /, 1{,}0, /, 0{,}7925, /, 1{,}0\}$ festgelegt.

Nachdem nun das Repräsentationsschema und die Fitnessfunktion definiert wurden, können die in den Experimenten verwendeten Implementierungen des Bienenalgorithmus und der EA beschrieben werden.

7.2.3 Der Bienenalgorithmus-Optimierer

Mit geringfügigen Modifikationen wurde der Standard-Bienenalgorithmus, wie in den Boxen 2.3 und 2.4 beschrieben, verwendet. Der Algorithmus nutzte das in Abschnitt 7.2.1 definierte Repräsentationsschema. Die anfängliche Blütenfeldgröße *ngh* wurde für die Variable, die die Anzahl der Wellen darstellt, auf zwei gesetzt – das heißt, die Sammlerbienen besuchten Kandidatenlösungen, die sich von der von der Spurbiene gefundenen Lösung um höchstens zwei zusätzliche oder weniger Wellen unterschieden. Die anfängliche Patchgröße für die 16 Variablen, die die Anzahl der Zähne jedes möglichen Zahnrads repräsentieren, wurde auf $ngh = 10$ gesetzt. Das

Tab. 7.2 Bienenalgorithmus, der für das Getriebedesignproblem verwendet wurde

Parameter	Beschreibung	Wert
T	Zyklen des Bienenalgorithmus	300
cs	Koloniegröße	150
ns	Spurbienen	33
nb	Beste Fundorte	3
ne	Elite-Fundorte	2
nrb	Rekrutierte Bienen für beste Fundorte	20
nre	Rekrutierte Bienen für Elite-Fundorte	50
$ngh1$	Anfängliche Nachbarschaftsgröße für ss	2
$ngh2$	Anfängliche Nachbarschaftsgröße für nt_i (i = 1,…,14)	10

bedeutet, dass sich die von den Sammlerbienen besuchten Lösungen von der von der Spurbiene besuchten Lösung um höchstens zehn Zähne pro Zahnrad unterschieden.

Alle Entscheidungsvariablen wurden durch den lokalen Suchoperator verändert, einschließlich derjenigen, die nichtaktive Zahnradpaare repräsentieren. Dies vereinfachte die Gestaltung des lokalen Suchoperators und trug zur Erhaltung der Populationsdiversität bei. Für alle Variablen wurden die Werte der ausgewählten Blütenfelder durch die lokale Suche gleich verteilt als ganze Zahlen abgetastet. Die Verkleinerung der Nachbarschaft reduzierte die Nachbarschaftsgröße um eins. Die einzige Ausnahme bildete die erste Entscheidungsvariable, die Eingangsdrehzahl, die nur die vier Werte $v_{in} \in \{700, 1000, 1500, 3000\}$ U/min annehmen konnte. In diesem Fall erhöhte oder verringerte der lokale Suchoperator den Wert zufällig auf den nächstniedrigeren oder nächsthöheren Wert. Zum Beispiel konnte $v_{in} = 1000$ U/min entweder auf 700 verringert oder auf 1500 U/min erhöht werden.

Der Bienenalgorithmus initialisierte die Population gleich verteilt innerhalb des Bereichs der zulässigen Konfigurationen. In der Hauptschleife konzentrierte er den Großteil der Sammlerbienen auf zwei Elite-Fundorte ($nre = 50$) und setzte $nrb = 20$ Sammlerbienen ein, um einen weiteren besten Fundort zu durchsuchen. 30 Spurbienen wurden in jeder Iteration für die globale Suche eingesetzt. Die Hyperparameter der vorgeschlagenen Implementierung des Bienenalgorithmus sind in Tab. 7.2 zusammengefasst.

7.2.4 Der evolutionäre Optimierer

Die in dieser Studie verwendete EA-Implementierung ist im Pseudocode in Kasten 2.1 beschrieben. Sie verwendete das gleiche Repräsentationsschema, die gleiche Fitnessfunktion und das gleiche Initialisierungsverfahren wie der Bienenalgorithmus. Dies stellte sicher, dass beide Metaheuristiken das gleiche Problem aus vergleichbaren Ausgangspunkten angingen.

Tab. 7.3 EA für das Getriebeentwurfsproblem

Parameter	Beschreibung	Wert
T	Generationen	300
cs	Populationsgröße	150
os	Nachkommen pro Generation	150
r_c	Crossover-Rate	1
r_m	Mutationsrate	0,25
$\delta 1$	Mutationsbereich für ss	2
$\delta 2$	Mutationsbereich für nt_i (i = 1, …, 14)	10

Die EA verwendete das Generationsaustausch-Schema [4], proportionale Selektion [4] und den Zweipunkt-Crossover-Rekombinationsoperator [4]. Alle drei Methoden wurden in den vorherigen Kapiteln dieses Buches behandelt, insbesondere in Kap. 2 und 3. Als Mutationsoperator wurde in der EA das gleiche Verfahren eingesetzt, das beim lokalen Suchen im Bienenalgorithmus verwendet wird. Die Mutationsbreite wurde konstant auf die Anfangswerte ($ngh1$ und $ngh2$) des Bienenalgorithmus gehalten.

Populationsgröße und Anzahl der Evolutionszyklen wurden so gewählt, dass die gleiche Gesamtanzahl an Fitnessauswertungen wie beim Bienenalgorithmus durchgeführt wurde. Die übrigen Hyperparameter der EA wurden experimentell optimiert. Die Parameter der EA sind in Tab. 7.3 aufgeführt.

7.2.5 *Zufallssuche*

Die in dieser Studie verwendete Zufallssuchroutine entspricht der im Pseudocode von 1.4 beschriebenen, wobei A den Raum der in Tab. 7.1 beschriebenen beschränkten diskreten Werte darstellt. Kandidatenlösungen wurden zufällig mit demselben Verfahren erzeugt, das auch zur Initialisierung der Populationen des Bienenalgorithmus und der EA verwendet wurde. Die Zufallssuche erhielt die gleichen Stichprobenmöglichkeiten wie die beiden Metaheuristiken, das heißt $cs = ps = 150$ Lösungen pro Zyklus, insgesamt $T = 300$ Zyklen. Alle erzeugten Lösungen erfüllten die Variablenbeschränkungen, das heißt, sie waren gültige Lösungen.

7.3 Getriebeentwurf – Experimentelle Ergebnisse

Ziel der Experimente war es zu überprüfen, wie viele nicht identische Lösungen der Bienenalgorithmus und die beiden anderen Metaheuristiken finden konnten. Diese Lösungen mussten die folgenden beiden Mindestqualitätskriterien erfüllen:

- Die Ausgangsdrehzahl des Getriebes muss innerhalb einer 10 % - Toleranz der geforderten Ausgangsdrehzahl liegen.
- Der Wert der Zielfunktion (Fitnessfunktion) liegt über oder gleich einem vordefinierten Schwellenwert.

Für jeden Algorithmus wurde jede Lösung, die die oben genannten beiden Kriterien erfüllte, akzeptiert und als gefundene gültige Lösung gezählt.

Für jede der vier möglichen Ausgangsdrehzahlen wurde ein Experiment durchgeführt v_{out} (Tab. 7.1). Für jede Ausgangsdrehzahl wurden jeweils 100 unabhängige Durchläufe für jeden Optimierungsalgorithmus durchgeführt. Die Ergebnisse sind in Tab. 7.4 zusammengefasst.

Tab. 7.4 zeigt die Fähigkeit des Bienenalgorithmus, eine große Anzahl nichtidentischer Lösungen mit akzeptabler Fitness zu finden. In einigen Fällen erzeugte der Bienenalgorithmus eine um ein oder zwei Größenordnungen höhere Anzahl an Lösungen als die beiden anderen Algorithmen. Der Unterschied in den Ergebnissen ist besonders deutlich bei der niedrigsten Abtriebsdrehzahl $v_{out} = 30$ U/min, die das höchste Übersetzungsverhältnis des Getriebes erfordert.

Die Unfähigkeit der Zufallssuche, viele akzeptable Lösungen zu erzeugen, ist wahrscheinlich auf die geringe Wahrscheinlichkeit zurückzuführen, hochfitte Lösungen rein zufällig zu finden (Abschnitt 1.4). Die EA hingegen verfügt über Mechanismen wie Selektion, Mutation und Rekombination, um die Lösungen zu verfeinern. Unter dem Einfluss der Selektion wird die Population jedoch zur Konvergenz auf das Optimum eines der Fitnessmaxima getrieben. Sobald die Population konvergiert ist,

Tab. 7.4 Experimentelle Ergebnisse von jeweils hundert unabhängigen Optimierungsversuchen. Für jede geforderte Ausgangsdrehzahl v_{out} gibt die Tabelle den arithmetischen Mittelwert der Anzahl nichtidentischer, über dem Schwellenwert liegender Lösungen an, die durch den Bienenalgorithmus, Random Search und den EA gefunden wurden

Fitness	Algorithmus	Geforderte Ausgangsdrehzahl*			
Schwellenwert		30	50	75	100
4992	Random Search	20	88	142	164
	EA	61	672	871	811
	Bienenalgorithmus	3453	4012	3973	3804
4993	Random Search	17	71	127	151
	EA	54	611	756	791
	Bienenalgorithmus	3275	3885	3830	3786
4994	Random Search	10	46	87	118
	EA	41	345	559	626
	Bienenalgorithmus	2654	3329	3492	3600
4995	Random Search	1	6	11	15
	EA	7	45	74	94
	Bienenalgorithmus	427	613	689	755

* Ausgangsdrehzahl in U/min angegeben

bleibt der Algorithmus im Allgemeinen stecken und kann seine Nachbarschaft nicht mehr verlassen. Diese Eigenschaft der Populationskonvergenz hat vermutlich die Fähigkeit der EA eingeschränkt, die Menge akzeptabler Lösungen zu diversifizieren. Der Bienenalgorithmus strebt keine Populationskonvergenz an und führt viele parallele lokale Suchen durch, die nach ihrer Konvergenz an anderer Stelle neu gestartet werden. Dieses Fehlen der Konvergenz ist entscheidend für die Fähigkeit des Bienenalgorithmus, den Suchraum breiter zu erkunden und eine wesentlich größere Anzahl akzeptabler Lösungen zu finden.

Bezüglich der Parametrisierung der Metaheuristiken konzentriert der Bienenalgorithmus einen Großteil der Sammlerbienen auf nur zwei Stellen, an denen eine stark ausnutzende Suche durchgeführt wird. Gleichzeitig erkundet er mit einer großen Anzahl von Spurbienen weiterhin den Suchraum, was hilft, neue vielversprechende Regionen zu entdecken. Die optimale Parametrisierung für die EA weist auf eine überwiegend explorative Suchstrategie hin. Im Detail ist die hohe Mutationsrate r_m zusammen mit dem Fehlen von Elitismus in der Ersetzungsroutine vermutlich dafür verantwortlich, dass die Populationskonvergenz verzögert wird und so eine breitere Erkundung des Suchraums begünstigt.

7.4 Vorläufige Getriebeauslegung: Abschließende Überlegungen

Die vorläufige Studie zur Getriebeauslegung zeigte, dass der Bienenalgorithmus in der Lage ist, eine stärker diversifizierte Suche aufrechtzuerhalten als die in der Gegenüberstellung verwendete EA-Implementierung. Diese Fähigkeit wird – wie bereits hervorgehoben – auf die charakteristische Strategie des Bienenalgorithmus zurückgeführt, mehrere parallele, unabhängige Suchen mit unterschiedlicher Intensität (Anzahl der Suchbienen) durchzuführen. Viele Metaheuristiken wie EAs, ACO und PSO zielen hingegen auf eine fortschreitende Konvergenz der Population und eine abschließende, umfassende Ausbeutung eines einzigen, zunehmend kleineren Bereichs des Lösungsraums ab.

Um die Stichprobeneffizienz des Bienenalgorithmus besser zu würdigen, ist es sinnvoll, die Größe des Lösungsraums zu berechnen. Jedes Zahnrad kann mit 18 bis 274 Zähnen konfiguriert werden (Tab. 7.1), was insgesamt $l = 274 - 18 = 256$ Stufen ergibt. Ohne Berücksichtigung der Nebenbedingungen kann jedes Zahnradpaar auf $l^2 = 65536$ verschiedene Arten konfiguriert werden. Bei acht Wellen, also acht Zahnradpaaren, ergibt sich eine Gesamtanzahl möglicher Kombinationen von Zahnradwerten in der Größenordnung von $l_{tot} = (l^2)^8 \approx 10^{38}$. Diese Zahl, multipliziert mit den vier möglichen Einstellungen für v_{in} und den sieben möglichen Einstellungen für die Anzahl der Wellen, ergibt einen gesamten Lösungsraum in der Größenordnung von 10^{39} Elementen. Unter Berücksichtigung der Nebenbedingung, dass alle Zahnradpaare die Drehzahl reduzieren müssen ($\rho_{i,i+1} > 1 \; \forall i = 2, \ldots, 8$), verbleibt pro Zahnradpaar eine Anzahl gültiger Lösungen von $v = \frac{l}{2} \times (l - 1) = 32640$, und die Gesamtanzahl gültiger Lösungen beträgt $v_{tot} = 2 \times 7 \times (v)^8 \approx 10^{37}$. Dem Bienenalgorithmus war es gestattet, nur $cs \times T = 150 \times 300 = 4.5 \times 10^4$ Kandidatenlösungen zu untersuchen, und dennoch konnte er eine Anzahl hochwertiger Lösungen in der Größenordnung von 10^3 finden.

Um das erforderliche Maß an Präzision zur Erfüllung der Fitness-Schwellenwerte in Tab. 7.4 zu verstehen, betrachten wir den Fall eines Getriebes mit zwei Wellen – die kompakteste Konfiguration. Dieses Getriebe benötigt ein Übersetzungsverhältnis von $\rho_{gb} = 23{,}3$, um eine Eingangsdrehzahl von $v_{in} = 700$ U/min in eine Ausgangsdrehzahl von $v_{out} = 30$ U/min umzuwandeln, wobei der Fehler beim Übersetzungsverhältnis des Getriebes höchstens 4% betragen darf, um die Fitness-Schwelle von 4995 zu erreichen. Getriebeauslegungen mit einer höheren Anzahl an Wellen oder einem höheren v_{in} erfordern eine noch höhere Präzision, um die Fitness-Schwelle zu erfüllen. Der Bienenalgorithmus fand 427 Lösungen, die die $v_{out} = 30$ U/min-Anforderung mit einer Qualitätsbewertung von mindestens 4995 erfüllten, also etwa eine von 100 untersuchten Lösungen.

Dennoch war die Getriebeauslegungsstudie recht rudimentär und zählte lediglich die Anzahl der nichtidentischen Lösungen. Ein Aspekt, der nicht analysiert wurde, war, ob die gefundenen Lösungen demselben Gipfel oder unterschiedlichen lokalen Fitnessgipfeln angehörten und – im letzteren Fall – ob die Lösungen zu vielen verschiedenen Gipfeln gehörten. Für Zwecke der Vorentwurfsphase kann argumentiert werden, dass es vorzuziehen ist, weniger Kandidatenlösungen aus unterschiedlichen Gipfeln, das heißt tatsächlich unterschiedlichen Konstruktionsentscheidungen zu erhalten, anstatt eine große Anzahl sehr kleiner Variationen der gleichen Lösung.

Das Auffinden des Optimums vieler verschiedener lokaler Fitnessgipfel ist nicht nur für Mehrfachlösungsprobleme wie den Vorentwurf wichtig, sondern auch als Strategie gegen suboptimale Konvergenz bei Optimierungsproblemen mit nur einer Lösung. Besonders im Fall hochgradig multimodaler Fitnesslandschaften, wie beispielsweise der *Schwefel*-Funktion in Abb. 3.2, ist die Fähigkeit zur Diversifizierung der Suche entscheidend für den Erfolg. Selbst wenn die Anzahl lokaler Gipfel gering ist, kann ein deutlich größerer suboptimaler Gipfel die gesamte Kolonie anziehen. Der nächste Abschnitt analysiert die am weitesten verbreiteten Methoden zur Aufrechterhaltung der Populationsdiversität in populationsbasierten Metaheuristiken.

7.5 Aufrechterhaltung der Populationsdiversität für Einzel- und Mehrfachlösungsoptimierung

Während der Bienenalgorithmus darauf ausgelegt ist, mehrere gleichzeitige, unabhängige Suchen durchzuführen, gibt es keinen Mechanismus, der verhindert, dass viele oder sogar alle lokalen Suchen wiederholt in dasselbe Attraktionsbecken fallen. Eine wünschenswerte Eigenschaft für den Bienenalgorithmus wäre die Fähigkeit, sich bereits untersuchte Regionen „zu merken“ und deren erneute Untersuchung zu vermeiden. Konkret: ein Mechanismus ähnlich dem Tabu-Suchalgorithmus (Tabu Search, TS) [5], bei dem bereits untersuchte Lösungen gespeichert werden und die Suche daran gehindert wird, diese erneut zu besuchen. Das heißt, bereits untersuchte Lösungen werden „tabu" und dürfen nicht erneut betrachtet werden.

TS wurde sowohl als eigenständiger Algorithmus als auch – häufiger – als Unterroutine in anderen Optimierungsalgorithmen eingesetzt. Beispielsweise wurde er bei der Lösung des TSP verwendet, um zu verhindern, dass ACO bereits untersuchte Lösungen erneut generiert [6]. Ein dem TS ähnlicher Ansatz wurde auch von Shatnawi et al. auf den Bienenalgorithmus angewendet [7]. Ihre Methode speicherte die Ergebnisse lokaler (besuchter Nachbarschaften) und globaler (besuchter Lösungen) Suchen, um Wiederholungen zu vermeiden.

TS als Unterprogramm verbessert nicht nur die Explorationsfähigkeit des Hauptalgorithmus, sondern erhöht auch dessen Effizienz. Leider weist TS einige Nachteile auf: Es müssen alle bereits besuchten Lösungen gespeichert werden, was bei komplexen Repräsentationen einen hohen Speicherbedarf mit sich bringt. Zudem muss TS jede neue Lösung mit allen bisher gespeicherten Lösungen abgleichen, was bei komplexen Repräsentationen einen erheblichen Rechenaufwand bedeuten kann. Der Speicherbedarf kann reduziert werden, indem die Anzahl der im Speicher gehaltenen Lösungen begrenzt wird, beispielsweise durch das „Vergessen" der ältesten Lösungen. Der Rechenaufwand kann durch Lösungs-Ranking oder intelligente Abgleichroutinen verringert werden. Dennoch führt TS zu einem Overhead, der sorgfältig gegen die erzielten Vorteile abgewogen werden muss. Beispielsweise kann es rechnerisch günstiger sein, eine Lösung erneut zu bewerten als zu prüfen, ob sie bereits zuvor erzeugt wurde.

TS eignet sich zudem am besten für diskrete Lösungsräume, während in kontinuierlichen Räumen zwei Lösungen, die sich um ein beliebig kleines δ unterscheiden, als verschieden gelten. Die gängigste Lösung für dieses Problem besteht darin, eine Nachbarschaft der gespeicherten Lösungen zu definieren und die Erzeugung neuer Lösungen innerhalb dieser Nachbarschaft zu verhindern [8, 9]. Das heißt, zwei Lösungen werden innerhalb eines vorgegebenen Toleranzschwellwerts als identisch betrachtet. Die größte Schwierigkeit bei diesem Ansatz besteht darin, den Toleranzschwellwert zu definieren.

Um die Diversifikation der Lösungen zu erzwingen, gibt es einen anderen Ansatz: Fitness Sharing (FS) [10, 11]. FS ist eine beliebte *Niching*-Technik, die in EAs eingesetzt wird, um die Populationsdiversität zu fördern. In diesem Fall wird nicht das erneute Sampling von Lösungen verhindert, sondern die Fitness ähnlicher Lösungen gemäß folgender Formel reduziert:

$$\mathcal{F}_{sh}(\boldsymbol{x}_i) = \frac{\mathcal{F}(\boldsymbol{x}_i)}{\sum_{j=1}^{N} sh(\boldsymbol{x}_i, \boldsymbol{x}_j)} \tag{7.13}$$

wobei ein Maximierungsproblem angenommen wird, $\mathcal{F}(\boldsymbol{x}_i)$ die Fitness einer gegebenen Lösung $\boldsymbol{x}_i$ ist und die *sh*-Funktion wie folgt definiert ist:

$$sh(\boldsymbol{x}_i, \boldsymbol{x}_j) = \begin{cases} 1 - \frac{d(\boldsymbol{x}_i, \boldsymbol{x}_j)}{\sigma}^{\alpha} & d(\boldsymbol{x}_i, \boldsymbol{x}_j) < \sigma \\ 0 & d(\boldsymbol{x}_i, \boldsymbol{x}_j) \geq \sigma \end{cases} \tag{7.14}$$

Dabei sind σ der Sharing-Radius, α ein Parameter, der als Steigungskoeffizient bezeichnet wird und häufig auf $\alpha = 1$ gesetzt wird, und $d(\boldsymbol{x}_i, \boldsymbol{x}_j)$ der Abstand zwischen zwei gegebenen Lösungen $\boldsymbol{x}_i$ und $\boldsymbol{x}_j$. Das heißt, FS reduziert die Fitness aller Lösungen, deren Abstand kleiner als ein vordefinierter Radius σ ist. Zu beachten ist, dass die Summe im Nenner der Gl. (7.13) auch den Term $\boldsymbol{x}_i$ selbst enthält. Gibt es keine andere Lösung in der Nähe von $\boldsymbol{x}_i$, so ist $sh(\boldsymbol{x}_i, \boldsymbol{x}_j)$ für $i = j$ gleich 1 und für alle $i \neq j$ gleich 0. Folglich ist die Summe im Nenner gleich 1 und die Fitness bleibt unverändert. Die Idee hinter FS ist, dass mehrere Lösungen, die dasselbe Fitnessmaximum ausnutzen, eine verringerte Fitness erhalten und die Selektion ihre Anzahl schnell reduziert. FS zwingt die Individuen somit, ihre eigene separate „Nische“ (lokales Maximum) in der Fitnesslandschaft zu finden und auszunutzen.

Ähnlich wie beim FS-Ansatz in EAs simulieren einige PSO-Implementierungen elektrostatisch geladene Partikel, die sich auf individueller Ebene [12, 13] oder auf Ebene von Sub-Schwärmen [14] gegenseitig abstoßen, wobei die Kraft umgekehrt proportional zu ihrem Abstand ist. Diese Ansätze wurden sowohl auf Einzel-Lösungs- [12, 14] als auch auf Mehrfach-Lösungsoptimierungsprobleme [13] angewendet.

Ein weiterer Ansatz zur Mehrfach-Lösungsoptimierung mit PSO besteht darin, die Nachbarschaft um die Kandidatenlösungen zu sampeln und zu versuchen, die Form der lokalen Fitnesslandschaft zu erschließen. Diese Information kann genutzt werden, um zu erkennen, ob zwei oder mehr Partikel dasselbe Maximum ausnutzen [15]. Die Hauptbeschränkung dieses Ansatzes besteht darin, dass er sich nicht gut auf hochdimensionale Probleme skalieren lässt.

Anstatt die Erzeugung ähnlicher Lösungen zu verhindern, unterbindet die *Crowding*-Methode [16] die Entstehung von zu vielen ähnlichen Lösungen in EA-Populationen. Im Detail wird jede neue Lösung mit einer zufällig ausgewählten Subpopulation der Größe *cf* (dem *Crowding-Faktor*) verglichen und ersetzt die ähnlichste Lösung dieser Subpopulation nur dann, wenn sie deren Fitness verbessert. Crowding-Methoden wurden von mehreren Autoren mit wettbewerbsfähigen Ergebnissen auf die Mehrfachlösungsoptimierung angewendet [17, 18].

Ein alternativer Ansatz für die Mehrfachlösungsoptimierung ist das sequentielle Niching (SN) [19]. SN verwendet *Derating-Funktionen*, um die Fitnessfunktion lokal zu modifizieren und lokale Optima aus der Fitnesslandschaft zu „entfernen“. Beispielsweise würde in einem Maximierungsproblem eine Derating-Funktion einen lokalen Gipfel in der Fitnesslandschaft „abflachen“, während in einem Minimierungsproblem die Derating-Funktion eine lokale Fitnessmulde „auffüllen“ würde. SN führt mehrere Durchläufe eines Optimierungsverfahrens durch. Am Ende jedes Durchlaufs wird die Zielfunktion durch die Addition einer Derating-Funktion, die auf das gefundene Optimum zentriert ist, modifiziert. Somit wird bei jedem erneuten Durchlauf des Optimierungsverfahrens ein neues Optimum aus einer anderen Region des Lösungsraums gefunden. Im Vergleich zur TS-Methode, bei der eine lange

Liste gesampelter Lösungen gespeichert und abgeglichen wird, ist die SN-Idee, die Fitnessfunktion zu modifizieren, in der Regel weniger speicher- und rechenintensiv. Die größte Schwierigkeit bei SN besteht darin, die Größe des Bereichs abzuschätzen, in dem die Derating-Funktion angewendet werden soll. SN wurde erstmals unter Verwendung eines EA als Optimierer implementiert [19], kann jedoch mit jedem anderen Optimierungsalgorithmus kombiniert werden.

Zusammenfassend gesagt, gibt es zwei Hauptmethoden, um die Diversifikation der Suche in populationsbasierten Metaheuristiken zu erzwingen: Die erste besteht darin, die Erzeugung zweier identischer (oder sehr ähnlicher) Lösungen direkt zu verhindern (zum Beispiel Tabu-Listen, Crowding, elektrostatische Abstoßung); die zweite besteht darin, die Zielfunktion (FS, SN) zu modifizieren, um eine übermäßige und wiederholte Abtastung lokaler Regionen zu verhindern. Während TS keinerlei Annahmen über die Fitnesslandschaft trifft, basieren die anderen Methoden üblicherweise auf der Schätzung des euklidischen Abstands zwischen zwei Lösungen (FS, Crowding, elektrostatische Abstoßung) oder zwischen einer Lösung und einem gefundenen Optimum (SN). Mit anderen Worten: Sie gehen davon aus, dass die lokalen Attraktionsbecken eine ziemlich regelmäßige, isotrope Form haben, und versuchen, die Suche auf ein oder wenige Individuen pro Becken zu beschränken. Sie nehmen außerdem häufig an, dass der Radius für alle lokalen Attraktionsbecken gleich ist und geschätzt werden kann (FS, SN). Keine dieser beiden Annahmen ist jedoch garantiert, und die Festlegung der Nischengröße in FS und SN ist eine wegweisende Entscheidung, die oft mit Schätzungen, Näherungen und Kompromissen verbunden ist.

Im weiteren Verlauf dieses Kapitels wird ein neuer adaptiver Diversifikationsansatz auf Basis von Derating-Funktionen vorgestellt: der Local Optimum Region Radius Estimator (LORRE). LORRE nutzt die Ergebnisse des lokalen Suchverfahrens des Bienenalgorithmus und wird in dieser Studie als Erweiterung der Standardimplementierung des Bienenalgorithmus eingesetzt (Abschnitt 2.3).

7.6 LORRE-BA: Der LORRE-verbesserte Bienenalgorithmus

Der LORRE-BA basiert auf dem in Abschnitt 2.3 beschriebenen Standard-Bienenalgorithmus. Der einzige Unterschied zum Standardverfahren besteht darin, dass die Fitnessfunktion während der Suche dynamisch durch die Addition von Derating-Funktionen modifiziert wird. Das heißt: Jedes Mal, wenn die lokale Suche erschöpft ist und ein Standort aufgegeben wird, wird eine Derating-Funktion hinzugefügt. Die Aufgabe der Derating-Funktionen besteht darin, bei Minimierungsproblemen lokale Mulden in der Fitnessoberfläche „aufzufüllen“ oder bei Maximierungsproblemen lokale Gipfel zu „nivellieren“. Die modifizierte Fitnessfunktion wird dann für nachfolgende lokale Suchen verwendet, die dadurch in andere Attraktionsbecken gelenkt werden.

Die im LORRE-BA verwendeten Derating-Funktionen sind in einem hypersphärischen Bereich definiert. Sie sind also n-Sphären, die über dem n-dimensionalen Lösungsraum definiert sind. Beispielsweise werden bei einem zweidimensionalen Optimierungsproblem die Derating-Funktionen über einem Kreis mit dem Radius r definiert. Die Größe des Radius wird anhand der Historie der lokalen Suche an der jeweiligen Stelle festgelegt. Falls das Attraktionsbecken des lokalen Fitnessoptimums keine Hypersphäre ist, wird die Derating-Funktion wahrscheinlich nur einen Teilbereich davon abdecken. Für die meisten hinreichend regelmäßigen Fitnesslandschaften umfasst dieser Teilbereich alle Lösungen mit der höchsten Fitness, und der verbleibende Teil des Attraktionsbeckens wird keine neuen Suchen mehr anziehen. In besonderen Fällen, wie etwa einem langen und schmalen Tal, kann es erforderlich sein, zwei oder mehr Derating-Funktionen anzuwenden, um weitere Suchen in diesem Bereich zu verhindern.

LORRE-BA übernimmt die Idee der Verwendung von Derating-Funktionen aus SN. Allerdings unterscheidet sich LORRE-BA in zwei wesentlichen Aspekten von SN. Erstens führt SN mehrere aufeinanderfolgende Durchläufe des Optimierungsverfahrens durch und fügt am Ende jedes Durchlaufs eine neue Derating-Funktion zur Fitnessfunktion hinzu. LORRE-BA hingegen führt parallel eine vorgegebene Anzahl (nrb) lokaler Suchen durch und aktualisiert innerhalb eines Durchlaufs des Suchverfahrens die Fitnessfunktion jedes Mal, wenn eine lokale Suche ins Stocken gerät. Zweitens wird bei SN der Radius der Derating-Funktion für alle lokalen Optima als der gleiche voreingestellte Hyperparameter verwendet, während er im LORRE-BA für jedes Attraktionsbecken individuell geschätzt wird. Die Schätzung des Radius basiert auf den Informationen, die von den Sammlerbienen gesammelt werden, die auf Lösungen mit niedriger Fitness gestoßen sind. Diese Informationen werden in Implementierungen des Bienenalgorithmus üblicherweise verworfen, wo nur der Standort der jeweils besten besuchten Lösung für jede Nachbarschaft gespeichert wird. Nach Kenntnis der Autoren ist der von Abdullah und Alzaqebah entwickelte Hybridalgorithmus [20] die einzige Version des Bienenalgorithmus, in der Informationen aus suboptimalen Lösungen genutzt werden, in diesem Fall zur Erhöhung der explorativen Fähigkeit des Algorithmus.

7.6.1 Grundkonzepte

Das LORRE-BA-Verfahren lässt sich in drei Hauptteile gliedern. Der erste Teil ist das eigentliche *Optimierungsverfahren*, das dem Standard-Bienenalgorithmus mit zwei Modifikationen folgt. Die erste Modifikation ist die Verwendung einer dynamisch angepassten Zielfunktion $\mathcal{M}$ anstelle der standardmäßigen statischen Zielfunktion $\mathcal{F}$. Diese Funktion ist nicht wie bei der Standardversion des Bienenalgorithmus für alle lokalen Suchen gleich, sondern stellt eine Eigenschaft der lokalen Suche dar, ähnlich wie die Kanten- und Stagnationszähler. Das heißt: Jede zum Zeitpunkt t verwendete Nachbarschaft i wird durch das Quadruple $\boldsymbol{s}'_i(t) = \{\boldsymbol{x}_i(t)^g, x_i(t)^e, x_i(t)^{ttl}, \mathcal{M}_k\}$ definiert (vergleichbar mit dem Triple $\boldsymbol{s}_i(t) = \{\boldsymbol{x}_i(t)^g, x_i(t)^e, x_i(t)^{ttl}\}$ in Abschnitt 4. 2). Im Gegensatz zu den anderen Elementen des Quadruples bleibt die modifizierte

Fitnessfunktion während der gesamten Lebensdauer der Nachbarschaft gleich, daher fehlt das Zeitargument. $\mathcal{M}_k$ ist durch einen fortlaufenden Index k charakterisiert, der bei jeder Änderung der ursprünglichen Fitnessfunktion $\mathcal{F}$ erhöht wird. Zu Beginn der Suche $\mathcal{M}_0 = \mathcal{F}$ zeigt $\mathcal{M}_1$ an, dass eine Änderung vorgenommen wurde, und so weiter. Die zweite Modifikation besteht darin, dass am Ende jedes Zyklus der lokalen Suche die jeweils beste (vom Scout gefundene) und schlechteste an jedem Standort gesampelte Lösung gespeichert werden.

Der zweite Teil ist das Verfahren zur *Fitness-Modifikation*, das jedes Mal ausgelöst wird, wenn ein Standort aufgegeben wird (Abschn. 2.3.6). In diesem Fall wird das lokale Maximum $\boldsymbol{x}_i(t)^g$ in der *Lösungsmenge SS* gespeichert, und die Fitnessfunktion wird so verändert, dass eine erneute Suche in derselben Region vermieden wird. Im Detail gilt: Wenn die lokale Nachbarschaft $\boldsymbol{s}'_i(t)$ in Iteration t aufgegeben wird, wird die aktuelle Zielfunktion $\mathcal{M}_k$ durch Addition der Derating Funktion G modifiziert:

$$\mathcal{M}_{k+1} = \mathcal{M}_k \times G(\boldsymbol{x}_i(t)^g, r) \tag{7.15}$$

wobei $\boldsymbol{x}_i(t)^g$ das Zentrum der Nachbarschaft $\boldsymbol{s}'_i(t)$ ist – also die vom Scout besuchte Lösung – und r der geschätzte Radius des lokalen Maximums, also der Radius der Derating-Funktion. Wenn in Iteration t mehr als ein Standort aufgegeben wird, wird für jeden aufgegebenen Standort eine Derating-Funktion hinzugefügt:

$$\mathcal{M}_{k+1} = \mathcal{M}_k \times \prod_{j=1}^{m} G_j(\boldsymbol{x}_j(t)^g, r_j) \tag{7.16}$$

wobei m die Anzahl der in Zeitschritt t aufgegebenen Standorte ist. Die modifizierte Zielfunktion wird zur Bewertung der Kandidatenlösungen der lokalen Suchen verwendet, die in Iteration $t+1$ gestartet werden.

Der dritte Teil ist der *Pruning-Teil*, der beim Abschluss des Optimierungsverfahrens stattfindet. Im Pruning-Teil werden die am wenigsten fitten Elemente der Lösungsmenge *SS* verworfen, ebenso wie ähnliche oder doppelte Lösungen. Die verbleibenden Lösungen stellen das Ergebnis der Multi-Lösungsoptimierung mittels LORRE-BA dar.

Die Stärke von LORRE-BA liegt in der Fähigkeit, die Größe der Attraktionsbecken in der Fitnesslandschaft abzuschätzen. Das heißt: Gegeben ein Optimum $\boldsymbol{o}$, findet das LORRE-Verfahren die größte Hypersphäre mit Zentrum in $\boldsymbol{o}$, in der die Fitnesslandschaft bei einem Minimierungsproblem konvex beziehungsweise bei einem Maximierungsproblem konkav ist. Diese Hypersphäre kann mit dem gesamten Attraktionsbecken von $\boldsymbol{o}$ übereinstimmen oder einen Teil davon umfassen, in dem (einige der) fittesten Lösungen liegen. Im Folgenden wird in diesem Kapitel, sofern nicht anders angegeben, ohne Beschränkung der Allgemeingültigkeit angenommen, dass es sich beim Optimierungsproblem um ein Minimierungsproblem handelt und der Wert der Zielfunktion (die Fitness einer Lösung) als Maß für die Kosten interpretiert wird.

Durch die dynamische Schätzung des Radius der Becken, in denen sich lokale Optima befinden, und die Verhinderung weiterer Suchen in diesen Bereichen adressiert LORRE-BA Multi-Lösungsoptimierungsprobleme effektiv. Da zudem der Radius jedes Beckens individuell geschätzt wird, kann LORRE-BA Attraktionsbecken mit heterogenen Formen und Radien optimal abbilden.

7.6.2 Der Schätzer für den Radius der lokalen Optimum-Region

In jedem Zyklus t der lokalen Suche an einem gegebenen Ort i durchsuchen fb_i Sammler den Lösungsraum in der Nachbarschaft der vielversprechenden Lösung $\boldsymbol{x}_i(t)^g$, die vom Späher gefunden wurde (Abschnitt 2.3.4). Die Anzahl der Sammler hängt davon ab, ob der Ort elitär ($fb_i = nre$) oder lediglich der beste ist ($fb_i = nrb \leq nre$). Wenn einer der Sammler auf eine bessere Lösung $\boldsymbol{y}$ als $\boldsymbol{x}_i(t)^g$ stößt, wird diese zur neuen Späherin und die Nachbarschaft zum Zeitpunkt $t + 1$ wird auf $\boldsymbol{x}_i(t + 1)^g = \boldsymbol{y}$ zentriert. Die von den verbleibenden $fb_i - 1$ Spähern gefundenen Lösungen werden verworfen, ebenso wie alle Informationen, die über die Nachbarschaft gesammelt werden könnten. Wie von Castellani et al. [21] hervorgehoben, ist die Bewertung der Kandidatenlösungen in der Regel der rechenintensivste Schritt in einem Optimierungsverfahren. Die Nutzung der Informationen der verworfenen Sammler würde daher die Effizienz des Bienenalgorithmus erheblich steigern.

Das LORRE basiert auf der Annahme, dass nach mehreren Zyklen der lokalen Suche das Zentrum einer Nachbarschaft wahrscheinlich nahe am lokalen Optimum $\boldsymbol{o}$ liegt. Nachdem sich dem Optimum genähert wurde, kann die lokale Suche noch moderate Fortschritte erzielen, indem das Zentrum weiter an das Optimum herangeführt wird, bis keine weitere Verbesserung mehr möglich oder erreicht ist und schließlich die Aufgabe des Ortes ausgelöst wird.

Betrachten wir die Folge der lokalen Besten $S^b = \{\boldsymbol{x}_i(t_1)^g, \ldots, \boldsymbol{x}_i(t_{sc})^g\}$, wobei t_1 und t_{sc} die Zeitpunkte sind, zu denen die lokale Suche an Ort i jeweils begonnen bzw. abgebrochen wurde. Das heißt, S^b ist die Folge der Lösungen, an denen die Scouts während der sc-Zyklen der lokalen Suche an Ort i gelandet sind. Im Folgenden wird zur Vereinfachung der Notation die Folge der lokalen Besten als $S^b = \{\boldsymbol{s}_1, \ldots, \boldsymbol{s}_{sc}\}$ bezeichnet. Wie in Abschn. 4.2 angemerkt, konvergiert S^b gegen das lokale Optimum $\boldsymbol{o}$, und das letzte Element $\boldsymbol{s}_{sc}$ ist die beste Annäherung an $\boldsymbol{o}$, die durch die lokale Suche erzielt wurde. Daher werden $\boldsymbol{s}_{sc} \approx \boldsymbol{o}$ und $\boldsymbol{s}_{sc}$ als Zentrum des Attraktionsbeckens betrachtet, das von zukünftigen Suchen ausgeschlossen werden soll – im Folgenden als *Tabu-Region* bezeichnet. Die Fitness-Landschaft in der Tabu-Region wird als konvexes und isotropes (symmetrisches) Loch um das Minimum $\boldsymbol{o}$ angesehen, beispielsweise als hypersphärisches Loch oder als Rotationsparaboloid. Das Ziel von LORRE ist es, den Radius o^r dieses konvexen symmetrischen Lochs zu schätzen. Ist das Attraktionsbecken um $\boldsymbol{o}$ nicht symmetrisch, wurde LORRE so konzipiert, dass es die größte konvexe und symmetrische Teilregion des Beckens approximiert.

Während der lokalen Suche wird mit zunehmender Präzision bei der Lokalisierung des lokalen Minimums die Nachbarschaft durch das Schrumpfverfahren (Abschn. 2.3.5) schrittweise verkleinert. Zu einem bestimmten Zeitpunkt t_a nähert die Nachbarschaft die größte konvexe Region um das Optimum an. Das heißt, sie nähert das an, was später von LORRE-BA als Tabu-Region identifiziert wird. Ab dem Zeitpunkt t_a nimmt die Kostenfunktion (Fitness) der Kandidatenlösungen mit zunehmender Entfernung vom Zentrum der Nachbarschaft ab.

Folglich wird in jedem Schritt $t \geq t_a$ die *schlechteste* $\boldsymbol{w}_t$ der von den Sammlern gesampelten *fb*-Lösungen am nächsten am Rand der Nachbarschaft liegen und am weitesten von $\boldsymbol{o}$ entfernt sein. Gegeben sei ein Ort *i*, so kann der Radius o^r der größten konvexen symmetrischen Region wie folgt angenähert werden:

1. Erstellen Sie die Mengen S^b und $S^w = \{\boldsymbol{w}_1, \ldots, \boldsymbol{w}_{sc}\}$ der jeweils besten und schlechtesten Lösungen, die in jedem der *sc* lokalen Suchzyklen in *i* gesampelt wurden.
2. Wählen Sie die gesampelte Lösung $\boldsymbol{s}^* \in S^w$, die dem Rand der konvexen Region am nächsten liegt.
3. Berechnen Sie den Radius $r = d(\boldsymbol{s}_{sc}, \boldsymbol{s}^*) \approx o^r$.

Das Kriterium zur Auswahl von $\boldsymbol{s}^*$ verwendet sowohl die Mengen S^b als auch S^w. Die Idee ist, die topologisch nächstgelegene Lösung $\boldsymbol{s}' \in S^b$ zu $\boldsymbol{s}_{sc}$ zu finden, sodass mindestens eine Lösung $\boldsymbol{w}' \in S^w$ zwischen $\boldsymbol{s}_{sc}$ und $\boldsymbol{s}'$ existiert: $\mathcal{F}(\boldsymbol{w}') > \mathcal{F}(\boldsymbol{s}')$. Falls $\boldsymbol{s}'$ existiert, befindet sich diese Lösung wahrscheinlich jenseits des Rands der Tabu-Region, $\boldsymbol{w}'$ muss nahe am Rand liegen: $\boldsymbol{s}^* = \boldsymbol{w}'$. Gibt es mehr als eine solche Lösung, wird die mit den höchsten Kosten (schlechteste Fitness) gewählt. Gibt es keine, hat die lokale Suche wahrscheinlich immer innerhalb der Tabu-Region stattgefunden: $\boldsymbol{s}^* = \boldsymbol{s}_1$.

Das Kriterium zur Bestimmung des Radius der Tabu-Region kann wie folgt formalisiert werden. Wir definieren die Teilmenge $W \subset S^w$:

$$W = \left\{\boldsymbol{w} \mid \boldsymbol{w} \in S^w \wedge \left(\exists\, \boldsymbol{s} \in S^b \mid d(\boldsymbol{w}, \boldsymbol{s}_{sc}) < d(\boldsymbol{s}, \boldsymbol{s}_{sc}) \wedge \mathcal{F}(\boldsymbol{w}) > \mathcal{F}(\boldsymbol{s})\right)\right\} \tag{7.17}$$

Dann gilt:

$$\boldsymbol{s}^* = \begin{cases} \arg\max\limits_{\boldsymbol{w} \in W}\{\mathcal{F}(\boldsymbol{w})\} & W \neq \emptyset \\ \boldsymbol{s}_1 & W = \emptyset \end{cases} \tag{7.18}$$

Schließlich gilt:

$$r = d(\boldsymbol{s}^*, \boldsymbol{s}_{sc}) \tag{7.19}$$

Abb. 7.3 zeigt zwei Skizzen von S^b und S^w, die jeweils drei Elemente enthalten (die lokale Suche kam nach drei Zyklen zum Stillstand): einmal, wo die eindimensionale

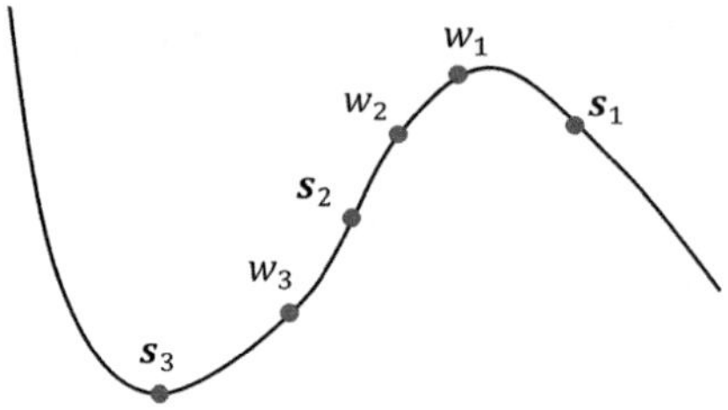

(a) Fall 1: Mehrere Dips

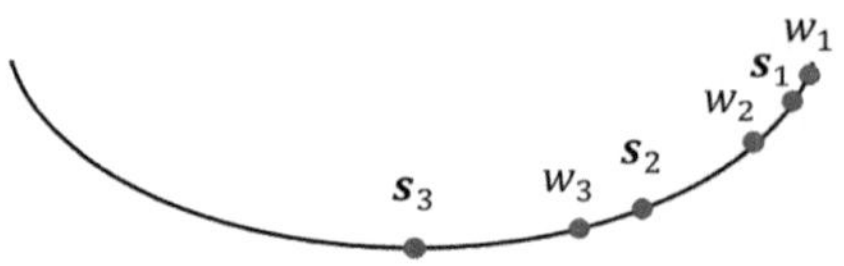

(b) Fall 2: Ein Einbruch

Abb. 7.3 In beiden eindimensionalen Beispielen enthalten die beiden Lösungsmengen S^b und S^w jeweils drei Elemente. Im ersten Fall verteilen sich die beiden Lösungsmengen auf zwei Becken. Die Lösung $\boldsymbol{w}_1$ ist die einzige, die Gl. (7.17) erfüllt, und $\boldsymbol{s}^* = \boldsymbol{w}_1$. Im zweiten Fall liegen alle Lösungen im selben Becken, kein Element von S^w erfüllt die Bedingungen der Gl. (7.17), und $\boldsymbol{s}^* = \boldsymbol{s}_1$

Fitnesslandschaft aus zwei Senken besteht, und einmal, wo sie nur ein einziges Becken aufweist. Abb. 7.4 zeigt einen Simulationslauf auf einer einfachen periodischen Funktion.

7.6.3 *Die Derating-Funktion*

Die Rolle der Derating-Funktion G in Gl. (7.15) besteht darin, die Kosten der Kandidatenlösungen lokal zu erhöhen, um einen bereits besuchten Bereich für die Scouts weniger attraktiv zu machen. Einige gängige Beispiele für Derating-Funktionen wurden von Beasley et al. [19] für Maximierungsprobleme definiert:

- *Proportionale Funktion*:

$$G_p(\boldsymbol{x}, \boldsymbol{s}_{sc}) = \begin{cases} \left(\frac{d(\boldsymbol{x}, \boldsymbol{s}_{sc})}{r}\right)^\alpha & d(\boldsymbol{x}, \boldsymbol{s}_{sc} < r \\ 1 & d(\boldsymbol{x}, \boldsymbol{s}_{sc}) \geq r \end{cases} \tag{7.20}$$

wobei $\alpha > 0$ ein vorgegebener Parameter ist, $\boldsymbol{s}_{sc} \approx \boldsymbol{o}$, und $r \approx o^r$. Die Funktion $G_p(\boldsymbol{x}, \boldsymbol{s}_{sc}) = 0$, wenn $\boldsymbol{x} = \boldsymbol{s}_{sc}$, und steigt progressiv mit dem Abstand zwischen $\boldsymbol{x}$ und $\boldsymbol{s}_{sc}$, bis sie $G_p(\boldsymbol{x}, \boldsymbol{s}_{sc}) = 1$ für $d(\boldsymbol{x}, \boldsymbol{s}_{sc}) \geq r$ wird.
- *Exponentielle Funktion*:

$$G_e(\boldsymbol{x}, \boldsymbol{s}_{sc}) = \begin{cases} e^{\ln(m) \times \left[\frac{r - d(\boldsymbol{x}, \boldsymbol{s}_{sc})}{r}\right]} & d(\boldsymbol{x}, \boldsymbol{s}_{sc}) < r \\ 1 & d(\boldsymbol{x}, \boldsymbol{s}_{sc}) \geq r \end{cases} \tag{7.21}$$

wobei $m > 0$ der minimale Derating-Wert ist, den die Funktion G_e annimmt, wenn $d(\boldsymbol{x}, \boldsymbol{s}_{sc}) = 0$ (das heißt, $G_e(\boldsymbol{s}_{sc}, \boldsymbol{s}_{sc}) = m$).

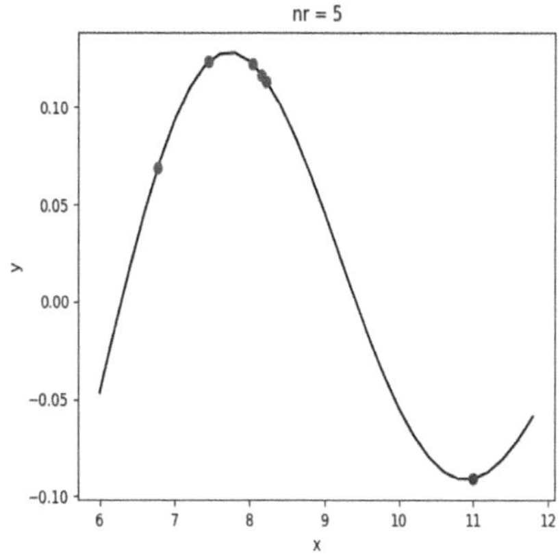

(a) fünf Sammler

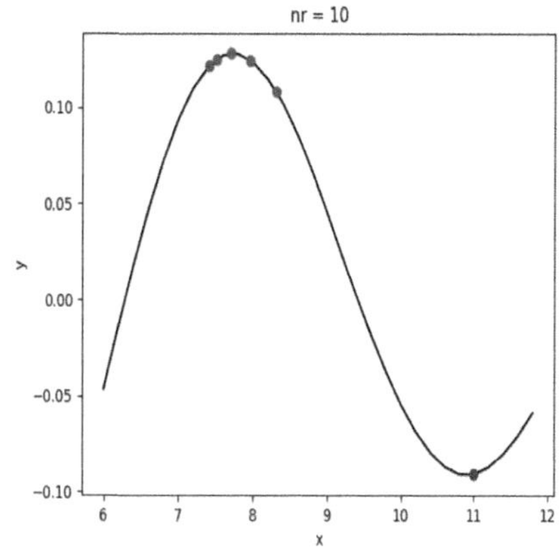

(b) zehn Sammler

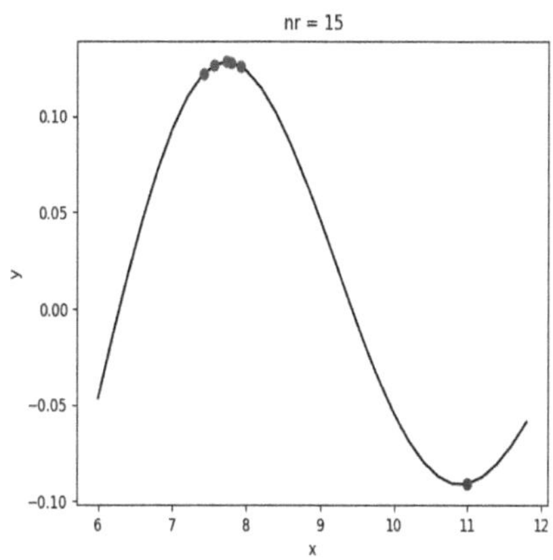

(c) fünfzehn Sammler

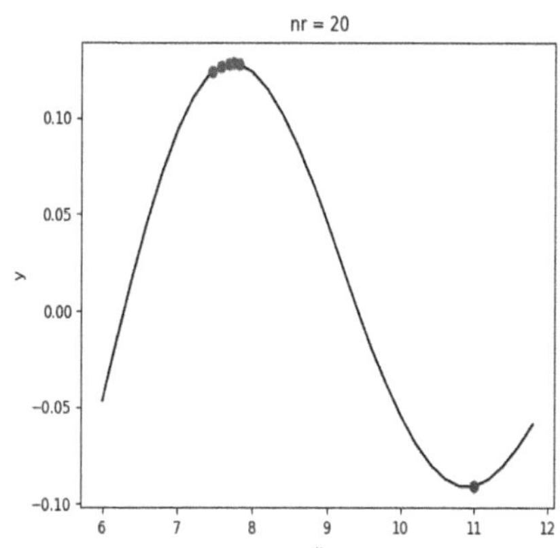

(d) zwanzig Sammler

Abb. 7.4 Das Beispiel zeigt eine Instanz der BA-Lokalsuche auf der eindimensionalen Fitnessfunktion $\mathcal{F}(x) = -\sin(x)/x$ im Intervall [sechs, zwölf]. Die Nachbarschaft ist um $\boldsymbol{s}_{sc}$ (blau) zentriert und die Suche wird mit $stlim = 5$ und unterschiedlichen nr durchgeführt. Die schlechtesten Lösungen (rot) der letzten $stlim$-Schritte liegen am Rand des lokalen Optimumbereichs. Es ist zu erkennen, dass die schlechtesten Lösungen die Grenze umso genauer anzeigen, je größer das lokale Sampling (nr) ist

Es ist zu beachten, dass innerhalb der Tabu-Region die oben genannten Derating-Funktionen die Distanz $d(\boldsymbol{x}, \boldsymbol{s}_{sc})$ auf das Intervall $[min, 1]$ abbilden, wobei $min = 0$ in Gl. (7.20) und $min > 0$ in Gl. (7.21) definiert ist. Um bei Maximierungsaufgaben wirksam zu sein, müssen sie auf einer Fitnesslandschaft operieren, die in $\mathbb{R}^+$ definiert ist. Im Detail müssen sie, um weitere lokale Suchen zu unterbinden, die lokale Fitness auf Werte nahe dem Minimum der Fitnesslandschaft absenken (deraten). Um die proportionale und exponentielle Funktion bei Minimierungsproblemen zu verwenden, besteht die einfachste Modifikation darin, das Problem in die Maximierung von $-\mathcal{F}(\boldsymbol{x})$ umzuwandeln. Alternativ zu den oben genannten Derating-Funktionen kann ein *konstanter* Derating-Faktor verwendet werden:

$$\mathcal{M}_{flat}(\boldsymbol{x}) = \begin{cases} o^l & d(\boldsymbol{x}, \boldsymbol{s}_{sc}) < r \\ \mathcal{F}(\boldsymbol{x}) & d(\boldsymbol{x}, \boldsymbol{s}_{sc}) \geq r \end{cases} \quad (7.22)$$

Das Ziel eines konstanten Derating-Faktors ist es, die Mulde, in der das Minimum liegt, bis zum Rand aufzufüllen – so wie Wasser sie auffüllen würde. Dieser Ansatz erfordert die Abschätzung der Grenze des Attraktionsbeckens, um den Derating-Faktor o^l zu berechnen. Dies kann mit LORRE und $o^l = \mathcal{F}(\boldsymbol{s}^*)$ ($o^l = \mathcal{M}_k(\boldsymbol{s}^*)$, falls bereits einige Derating-Funktionen angewendet wurden, erfolgen. Andere Techniken wie SN analysieren die Fitnesslandschaft nicht und sind nicht in der Lage, o^r abzuschätzen. Die Hauptvorteile der Verwendung eines konstanten Derating-Faktors wie in Gl. (7.22) gegenüber Derating-Funktionen wie Gl. (7.20) und (7.21) bestehen darin, dass der Straf-Faktor o^l:

- auf jede Funktion, die in den gesamten $\mathbb{R}$-Raum abbildet, angewendet werden kann – unabhängig davon, ob es sich um ein Minimierungs- oder Maximierungsproblem handelt;
- nicht vorgegeben ist, sondern sich aus der lokalen Topologie von $\mathcal{F}$ ableitet;
- die Fitnesslandschaft in der Tabu-Region abflacht, anstatt das Loch mit einem lokalen „Hügel“ zu füllen oder im Fall eines Maximierungsproblems einen Gipfel mit einer Mulde zu versehen.

Der letzte Punkt ist besonders wichtig, da so die Entstehung künstlicher Attraktionsbecken wie Täler, die durch benachbarte Derating-Funktionen erzeugt werden, vermieden wird. Daher wird die modifizierte Fitnessfunktion aus Gl. (7.22) im Folgenden verwendet.

Unabhängig von der verwendeten Derating-Methode hängt die Wirksamkeit der Derating-Technik davon ab, wie genau o und o^r berechnet werden und wie gut die isotrope Tabu-Region zur Form des Beckens passt.

7.6.4 Lösungsbereinigung

Nach Abschluss der Suche umfasst der LORRE-BA eine letzte Phase, in der redundante und schlechte Lösungen entfernt werden. Redundante Lösungen können entstehen, wenn zwei oder mehr lokale Suchen dieselbe Fitnessfunktion verwenden und alle im selben Attraktionsbecken enden. Dieser Fall tritt typischerweise zu Beginn der Suche auf, wenn alle lokalen Suchen mit derselben anfänglichen, unveränderten Fitnessfunktion $\mathcal{F}$ starten. Sie können auch entstehen, wenn o^r nicht korrekt abgeschätzt wird oder die Tabu-Region schlecht an die Fitnesslandschaft angepasst ist, beispielsweise wenn das Attraktionsbecken ein langes und schmales Tal ist. Schlechte Lösungen entstehen typischerweise am Ende der Suche, wenn alle tiefsten Mulden in der Fitnesslandschaft aufgefüllt wurden und nur noch Nebenminima übrig sind.

Die vom Bienenalgorithmus gefundene Lösungsmenge SS enthält mehrere Elemente. Diese Elemente können sein:

1. gültige Optima, die mit guter Näherung der Menge der lokalen Optima von $\mathcal{F}$ entsprechen;
2. duplizierte Lösungen, einschließlich ähnlicher Lösungen aus demselben Attraktionsbecken;
3. Scheinoptima, das heißt Lösungen mit typischerweise geringer Fitness, die keinem Optimum von $\mathcal{F}$ entsprechen. Solche Lösungen können durch vorzeitige Konvergenz der lokalen Suche entstehen oder Artefakte sein, die durch die Modifikation der Fitnesslandschaft mittels Derating-Funktionen erzeugt werden.

Pruning der Lösungsmenge SS von Duplikaten und minderwertigen Optima ist ein häufiges Problem in der Mehrfachlösungsoptimierung. Die Aufgabe ist nicht trivial und erfordert die Formulierung von Heuristiken, um zu entscheiden, welche Lösungen verworfen werden sollen. Beispielsweise können doppelte Lösungen anhand ihrer Ähnlichkeit erkannt und entfernt werden. Scheinoptima weisen in der Regel eine geringe Fitness auf, und ein Cut-off-Verfahren wird wahrscheinlich die Mehrheit von ihnen eliminieren.

Alternativ, wenn nur Lösungen mit sehr hoher Fitness gesucht werden, könnte eine weitere mögliche Heuristik darin bestehen, alle m Elemente von SS nach ihrer Fitness zu sortieren und in der Rangfolge nach einer großen Lücke in der Fitness zwischen zwei aufeinanderfolgenden Lösungen zu suchen. Dies kann durch Anwendung eines Differenzenoperators D wie folgt erreicht werden:

$$D(i) = \mathcal{F}(\boldsymbol{x}_i) - \mathcal{F}(\boldsymbol{x}_{i-1}) \qquad i > 1 \tag{7.23}$$

wobei $\boldsymbol{x}_i \in SS$ und $i \in [1, m]$. Im Allgemeinen können verschiedene Pruning-Filter implementiert werden. Einige Beispiele sind unten aufgeführt:

- **Domänengesteuerte** Metaheuristiken werden in der Regel eingesetzt, weil Wissen über gute Lösungen fehlt oder nur minimal vorhanden ist. Allerdings können einige Eigenschaften der gewünschten Lösungen bekannt sein, und diese Eigenschaften können genutzt werden, um den Pruning-Prozess zu steuern. Beispielsweise kann ein *absolutes Cut-off*-Fitnessniveau verwendet werden, um aus SS alle Lösungen mit Kosten oberhalb eines maximal akzeptablen Schwellenwerts zu entfernen.
- **Perzentil-Cut-off**. Die Elemente von SS können nach ihren Kosten sortiert werden, und es werden nur Lösungen innerhalb eines bestimmten Perzentils beibehalten.
- **Ableitungs-Cut-off**. Mit dem in Gl. (7.23) definierten Operator D kann ein Cut-off-Punkt gesucht werden, an dem die absolute Differenz $D(i) - D(i-1) > c$ liegt, wobei c der voreingestellte Cut-off-Schwellenwert ist.

- **Ähnlichkeitsbasiert**: Zwei oder mehr Lösungen können identisch oder sehr ähnlich sein, und es wird nur die fitteste beibehalten.
- **Level-basiert**: Lokale Suchen, die zur gleichen Zeit gestartet wurden, verwenden die gleiche modifizierte Fitnessfunktion $\mathcal{M}$. Wenn die Information über den Startzeitpunkt, also die Iteration l, in der die lokale Suche gestartet wurde, gespeichert wird, ist es möglich, alle Lösungen zu erfassen, die mit derselben $\mathcal{M}$ erzeugt wurden. Zwei topologisch nahe beieinanderliegende Lösungen (das heißt innerhalb eines Derating-Radius vom Optimum), die von Standorten mit derselben $\mathcal{M}$ gefunden wurden, gehören wahrscheinlich zum selben Attraktionsbecken und können entfernt werden.

Abb. 7.5 zeigt ein Beispiel für das Pruning, das auf die vom LORRE-BA-Algorithmus bei der Schwefel-Funktion gefundenen Lösungen angewendet wurde (Box 3.2 und Abb. 3.2).

7.6.5 Zur Rangbildung

Im Bienenalgorithmus werden erschöpfte Orte asynchron aufgegeben, und in der LORRE-BA-Variante werden sie durch neue Orte ersetzt, wobei eine modifizierte Fitnessfunktion verwendet wird. Daher kann gesagt werden, dass der LORRE-BA-Algorithmus *nrb* parallele lokale Suchen auf unterschiedlichen Varianten $\mathcal{M}_k$ der ursprünglichen Fitnesslandschaft durchführt. Dies führt zu dem Problem, im Rahmen des Schwänzeltanzes Lösungen, die auf unterschiedlichen Fitnesslandschaften bewertet wurden, zu vergleichen und zu bewerten, um die besten *ne* Elite- und $nb-ne$ besten Orte aus den *ns* von den Scouts bewerteten Lösungen auszuwählen.

Aus den oben genannten Gründen ist es im LORRE-BA zweckmäßig, die Orte nicht in beste Orte und Elite-Orte zu unterteilen und allen ausgewählten Orten die gleiche Anzahl *nrb* von Sammlerinnen zuzuweisen. Das heißt, es ist $ne = 0$ zu setzen. Ebenso sollte die globale Suche im LORRE-BA möglichst vermieden werden. Die Exploration des Lösungsraums kann nach der Aufgabe eines Ortes wie folgt erfolgen: Wird ein Ort in Iteration i der Hauptschleife des Bienenalgorithmus aufgegeben, so wird die modifizierte Fitnesslandschaft $\mathcal{M}_{k+1}$ gemäß Abschn. 7.6.1 definiert, und die *nb* Sammlerinnen des aufgegebenen Ortes werden ausgesandt, um die durch $\mathcal{M}_{k+1}$ in Iteration $i + 1$ erzeugte Fitnesslandschaft zu erkunden. Die beste von diesen *nb* Sammlerinnen gefundene Lösung wird dann als Ausgangspunkt einer neuen lokalen Suche beibehalten, also als Zentrum einer neuen Nachbarschaft. Werden $m > 1$ Orte in derselben Iteration aufgegeben, werden $m \times nb$ Sammlerinnen für die globale Suche eingesetzt, und die m besten Lösungen werden als Ausgangspunkte für m lokale Suchen beibehalten.

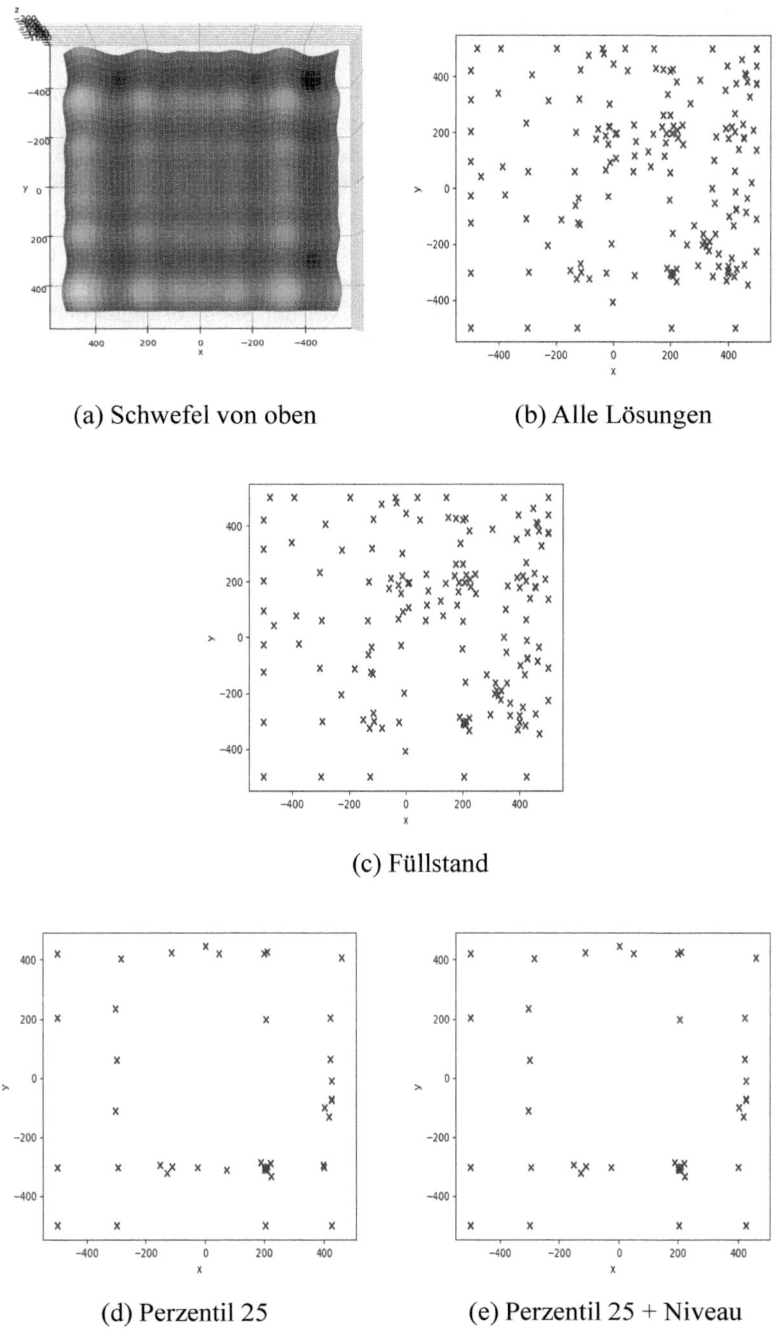

(a) Schwefel von oben

(b) Alle Lösungen

(c) Füllstand

(d) Perzentil 25

(e) Perzentil 25 + Niveau

Abb. 7.5 Wirkung von Pruning-Filtern. Die Fitnesslandschaft der Schwefel-Funktion ist in Abb. 7.5a von oben dargestellt. Alle vom LORRE-BA-Verfahren gefundenen Lösungen sind in Abb. 7.5b gezeigt. Das Ergebnis der Anwendung verschiedener Filter und Filterkombinationen ist in Abb. 7.5c–e dargestellt

7.7 Benchmark-Funktionen

Zur Bewertung des vorgeschlagenen LORRE-Verfahrens wurden drei Benchmarks verwendet und die erzielten Ergebnisse mit denen eines Standard-Bienenalgorithmus mit SN verglichen. Da SN und LORRE in dieselbe Metaheuristik des Bienenalgorithmus integriert wurden, müssen etwaige Unterschiede in den Ergebnissen auf die Diversifikationsverfahren zurückzuführen sein. Zur besseren Veranschaulichung wurden zweidimensionale Benchmarks verwendet.

Die korrekte Einstellung des Derating-Radius für die SN-Methode ist von entscheidender Bedeutung. Diese Aufgabe muss vor der Suche erfolgen und ist, da sie das Abschätzen des Radius der Attraktionsbecken erfordert, schwierig und kann in der Regel nur suboptimal gelöst werden.

Zwei der drei Benchmarks sind bekannte Funktionen aus der Literatur [22], die aufgrund ihrer multimodalen Fitnesslandschaft verwendet wurden. Die erste ist die zweidimensionale Version der *Griewank*-Funktion, definiert in Kasten 3.1 und dargestellt in Abb. 3.1. Im Hinblick auf die Tests in Kap. 3 wurde der Definitionsbereich der *Griewank*-Funktion auf das Intervall $-5 \leq x_i \leq 5$ eingeschränkt, wobei $i = \{1, 2\}$, und die Funktion wurde wie folgt leicht modifiziert:

$$Griewank'(\boldsymbol{x}) = 1 + \frac{1}{4000}(x_1^2 + x_2^2) - \cos\left(\frac{x_1 x_2}{\sqrt{2}}\right) - 2 \tag{7.24}$$

Genauer gesagt, unterscheidet sich die *Griewank'*-Funktion vom Original dadurch, dass das globale Minimum im Ursprung des kartesischen Raums zentriert wurde und der letzte konstante additive Term auf -2 statt auf 1 gesetzt wurde. Letztere Modifikation wurde eingeführt, um die Funktion stets negativ zu machen, sodass das Minimierungsproblem in ein Maximierungsproblem überführt werden konnte, das durch die stets positive $-$*Griewank'*-Funktion definiert ist, und die Standard-SN-Derating-Funktionen gemäß Gl. 7.20 und 7.21 angewendet werden konnten (siehe Abschn. 7.6.3).

Die *Griewank'*-Funktion ist durch Minima ähnlicher Tiefe gekennzeichnet, die symmetrisch zum Ursprung des kartesischen Raums angeordnet sind. Alle Attraktionsbecken der lokalen Minima sind groß und haben denselben Radius. Wird dieser Radius korrekt abgeschätzt, kann SN mit jeder der beiden Funktionen in Gl. (7.20) und (7.21) alle lokalen Minima vollständig abdecken.

Der zweite in der Literatur beschriebene Benchmark ist die zweidimensionale *Michalewicz*-Funktion [22], die wie folgt definiert ist:

$$Michalewicz(\boldsymbol{x}) = -\sin(x_1)\left[\sin\left(\frac{x_1^2}{\pi}\right)\right]^{20} - \sin(x_2)\left[\sin\left(\frac{2x_2^2}{\pi}\right)\right]^{20} \tag{7.25}$$

wobei $0 \leq x_i \leq \pi$ und $i = \{1, 2\}$. Diese Funktion ist durch ein Plateau gekennzeichnet, das von zwei parallelen Tälern unterschiedlicher Breite durchzogen wird, sowie von einem dritten Tal, das senkrecht zu den ersten beiden verläuft. Der Boden der drei Täler ist flach. Die *Michalewicz*-Funktion weist zwei Minima auf, die durch die Schnittpunkte des senkrechten Tals mit jeweils einem der beiden parallelen Täler entstehen. Die Funktion ist in Abb. 7.6a und b dargestellt. Es wird erwartet, dass sie für das SN-Verfahren problematisch ist, da die beiden Täler unterschiedlich breit sind. Zudem kann es vorkommen, dass die lokale Suche aufgrund des flachen Bodens in der Nähe eines Minimums in einem der Täler steckenbleibt, sodass die Derating-Funktion dieses Minimum abdeckt, bevor es gefunden wird.

Die dritte Benchmark-Funktion wurde speziell für diese Studie entwickelt. Sie ist definiert für $-20 \leq x_i \leq 20$, wobei $i = \{1, 2\}$, und ist durch mehrere symmetrische Optima mit unterschiedlichen Radien gekennzeichnet. Sie wird im Folgenden als

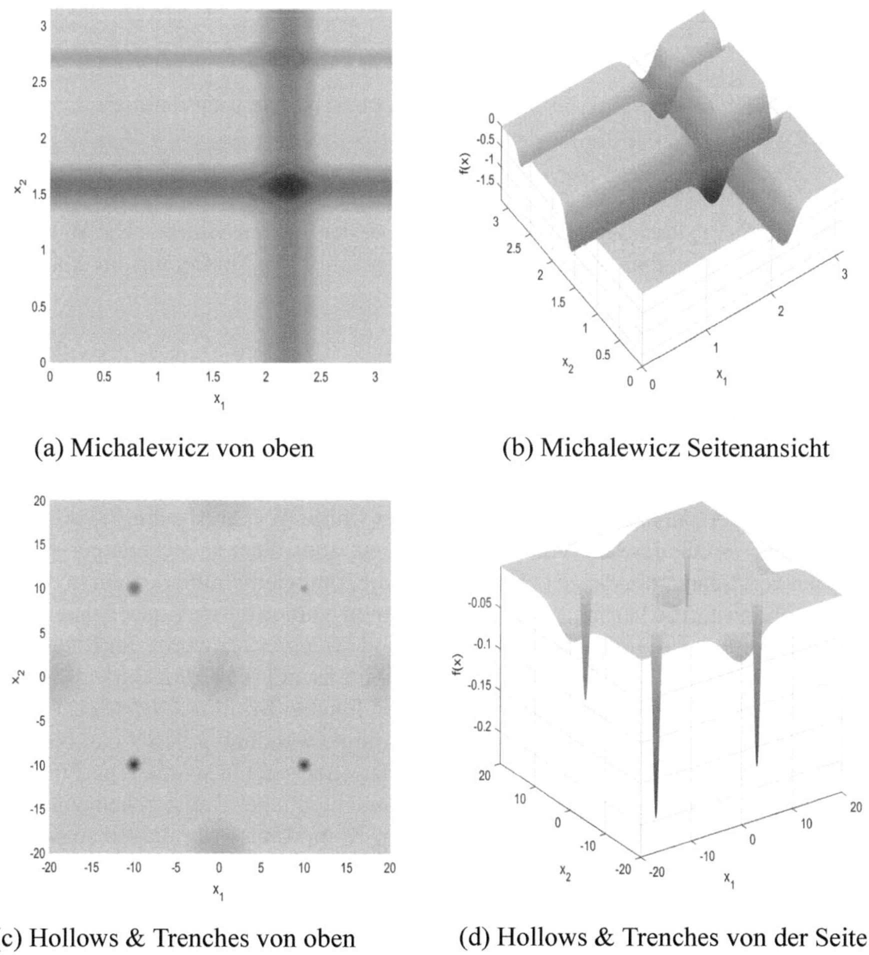

(a) Michalewicz von oben (b) Michalewicz Seitenansicht

(c) Hollows & Trenches von oben (d) Hollows & Trenches von der Seite

Abb. 7.6 *Hollows & Trenches*- und *Michalewicz*-Benchmark-Funktionen

Tab. 7.5 Werte der neun Koeffizienten, die die Funktion *Hollows & Trenches* gemäß Gl. (7.26) charakterisieren

i	μ_{i1}	μ_{i2}	σ_i	v_i
1	0	0	10,5	2,0
2	20	0	14,0	2,5
3	0	20	16,0	2,7
4	−20	0	12,0	2,5
5	0	−20	9,0	2,3
6	10	10	0,1	0,05
7	−10	−10	0,2	0,3
8	−10	10	0,25	0,24
9	10	−10	0,17	0,23

Hollows & Trenches (vgl. Abb. 7.6) bezeichnet und ist wie folgt definiert

$$i = \{1, 2\} \tag{7.26}$$

Der Koeffizient v_i dient zur Einstellung der Tiefe der lokalen Minima. Die Werte der Koeffizienten μ_i, σ_i und v_i sind in Tab. 7.5 aufgeführt. Die Funktion ist in Abb. 7.6c und d dargestellt

7.8 Experimenteller Aufbau

Tab. 7.6 gibt einen Überblick über den experimentellen Aufbau, der bei den Tests mit den drei Benchmark-Funktionen verwendet wurde. Wie in Abschn. 7.7 erläutert, wurde die Leistung des LORRE-BA mit der einer äquivalenten Bienenalgorithmus-Variante verglichen, bei der SN eingesetzt wurde, um wiederholte Suchen in derselben Nachbarschaft zu vermeiden. Die Algorithmen wurden durch Versuch und Irrtum parametriert. Für die Benchmarks *Griewank* und *Michalewicz* wurde der Radius der in SN verwendeten Derating-Funktionen so optimiert, dass er zum Einzugsbereich des Hauptminimums (*Michalewicz*) bzw. aller lokalen Minima (*Griewank*) passt. Diese Einstellung stellt die Idealsituation für die Anwendung von SN dar, bei welcher der Radius der Löcher korrekt abgeschätzt oder geraten wurde. Die Funktion *Hollows & Trenches* ist durch Löcher sehr unterschiedlicher Breite gekennzeichnet, sodass kein einziger Radius einen akzeptablen Kompromiss für alle Einzugsbereiche darstellt. Daher wurden für das SN-Verfahren zwei Tests durchgeführt: Im ersten wurde der Radius an die schmalsten Einzugsbereiche angepasst, im zweiten an die breitesten.

SN erzeugt nach jeweils 15 Iterationen des Bienenalgorithmus eine neue Reduktionsfunktion, wobei das globale Optimum der aktuellen *nb* parallelen Suchen verwendet wird. Aufgrund der Einfachheit der Benchmarks ist dieses Zeitintervall

Tab. 7.6 Hyperparameter, die in den drei Benchmark-Optimierungstests verwendet wurden

Funktion	Parameter	Beschreibung	Wert
Griewank	T	Optimierungszyklen	60
	cs	Koloniegröße	40
	ns	Spurbienen	5
	nb	Beste Plätze	5
	nrb	Rekrutierte Bienen für beste Plätze	8
	$stlim$	Stagnationsgrenze	5
	ngh	Anfangsnachbarschaft	$[-5, 5]$
	dr	SN-Reduktionsradius	2
Michalewicz	T	Optimierungszyklen	30
	cs	Koloniegröße	50
	ns	Spurbienen	5
	nb	Beste Plätze	5
	nrb	Rekrutierte Bienen für beste Plätze	10
	$stlim$	Stagnationsgrenze	6
	ngh	Anfangsnachbarschaft	$[0, \pi]$
	dr	SN-Reduktionsradius	0,25
Hollows & Trenches	T	Optimierungszyklen	120
	cs	Koloniegröße	4
	ns	Spurbienen	1
	nb	Beste Plätze	1
	nrb	Rekrutierte Bienen für beste Plätze	4
	$stlim$	Stagnationsgrenze	3
	ngh	Anfangsnachbarschaft	$[-20, 20]$
	dr	SN-Reduktionsradius	2 und 5,5
Alle	ne	Elite-Standorte	0
Alle	nre	Rekrutierte Bienen für Elite-Standorte	0

ausreichend, um mit guter Genauigkeit eines der Fitness-Minima zu lokalisieren. Die Gesamtanzahl der hinzugefügten Reduktionsfunktionen – das heißt Stopps und Neustarts des Bienenalgorithmus – während der SN-Prozedur wurde auf die Anzahl der Optima (no) in der Benchmark-Funktion festgelegt. Das heißt, die Gesamtanzahl der Iterationen pro Benchmark wurde auf $T = no \times 15$ festgelegt. Im Idealfall findet der Bienenalgorithmus nach 15 Iterationen ein neues Minimum, versieht es mit einer Reduktionsfunktion und setzt dies fort, bis alle „Löcher" gefüllt sind und T Iterationen abgelaufen sind, ohne dass eine Scheinlösung erzeugt wird. Die Laufzeit des LORRE-BA-Algorithmus auf jedem Benchmark wurde wie bei SN auf $T = no \times 15$ Iterationen festgelegt. Folglich führen LORRE-BA und die SN-Prozedur in einem Durchlauf die gleiche Anzahl an Fitness-Bewertungen durch.

Die Leistungsfähigkeit der beiden Verfahren wurde wie folgt bewertet:

1. Jeder Algorithmus (LORRE-BA oder SN) wird ausgeführt, bis T Iterationen abgelaufen sind.
2. Die Menge der durch LORRE-BA gefundenen Lösungen SS wird mit absoluten Cut-off- und levelbasierten Pruning-Filtern gefiltert.
3. Für jedes Experiment wird eine Fehlermessung wie folgt erzeugt:

$$Error(SS) = \frac{1}{no} \sum_{i=1}^{no} \min_{\boldsymbol{x} \in SS} \{d(\boldsymbol{x}, \boldsymbol{o}_i)\} \tag{7.27}$$

wobei $\boldsymbol{o}_1, \ldots, \boldsymbol{o}_{no}$ die Optima der durch $\mathcal{F}$ erzeugten Fitnesslandschaft sind.

Im Detail nimmt Gl. (7.27) jedes Optimum ($\boldsymbol{o}_i$) von $\mathcal{F}$ und berechnet dessen Abstand zur nächstgelegenen gefundenen Lösung ($\boldsymbol{x} \in SS$). Wenn der zu bewertende Algorithmus alle lokalen Optima mit guter Genauigkeit gefunden hat, existiert für jedes Optimum eine eng passende Lösung, nämlich $d(\boldsymbol{x}, \boldsymbol{o}_i) \approx 0 \; \forall i \in \{1, \ldots, no\}$, und *Fehler* ($SS$) wird klein oder null sein. Jeder verpasste Gipfel wird relativ weit von der nächstgelegenen Lösung in SS entfernt sein, der Abstand $d(\boldsymbol{x}, \boldsymbol{o}_i)$ wird groß sein und somit auch *Fehler* (SS). Das in Gl. (7.27) ausgedrückte Kriterium erfasst also sowohl die Fähigkeit eines Algorithmus, alle lokalen Optima zu finden, als auch seine Präzision bei der Lokalisierung dieser Optima.

7.9 Experimentelle Ergebnisse

Tab. 7.7 zeigt die Fünf-Punkte-Zusammenfassung von 100 Durchläufen des LORRE-BA sowie des entsprechenden Verfahrens, bei dem SN anstelle von LORRE verwendet wurde. Die Ergebnisse sind ebenfalls in Abb. 7.7 dargestellt.

Bei der *Griewank*-Funktion entspricht der Radius der von der SN-Prozedur verwendeten Derating-Funktion exakt dem Radius der Attraktionsgebiete der lokalen Minima. In dieser idealen Situation erzielt der Bienenalgorithmus mit SN die besten Ergebnisse hinsichtlich der durchschnittlichen (Median-)Fehler und der Konsistenz (Streuung) der Resultate. LORRE muss den Radius der Attraktionsgebiete schätzen und liefert Ergebnisse, die denen der SN-Variante nicht allzu unähnlich sind.

Bei der *Michalewicz*-Funktion haben die beiden Attraktionsbecken unterschiedliche Radien, und der Bienenalgorithmus unter Verwendung von LORRE übertrifft die Version mit SN hinsichtlich des durchschnittlichen Fehlers. Die Verteilung der mit LORRE erzielten Ergebnisse ist stark zum Minimalfehler hin verzerrt: Der Unterschied zwischen dem Median und dem Minimalfehler beträgt nur $median - min = 0{,}053$, was 13-mal kleiner ist als der Unterschied zwischen den beiden Extremen $max - min = 0{,}690$. Die Streuung der mit SN erzielten Ergebnisse ($max - min = 0{,}608$) ist vergleichbar mit der Streuung, die mit LORRE erzielt

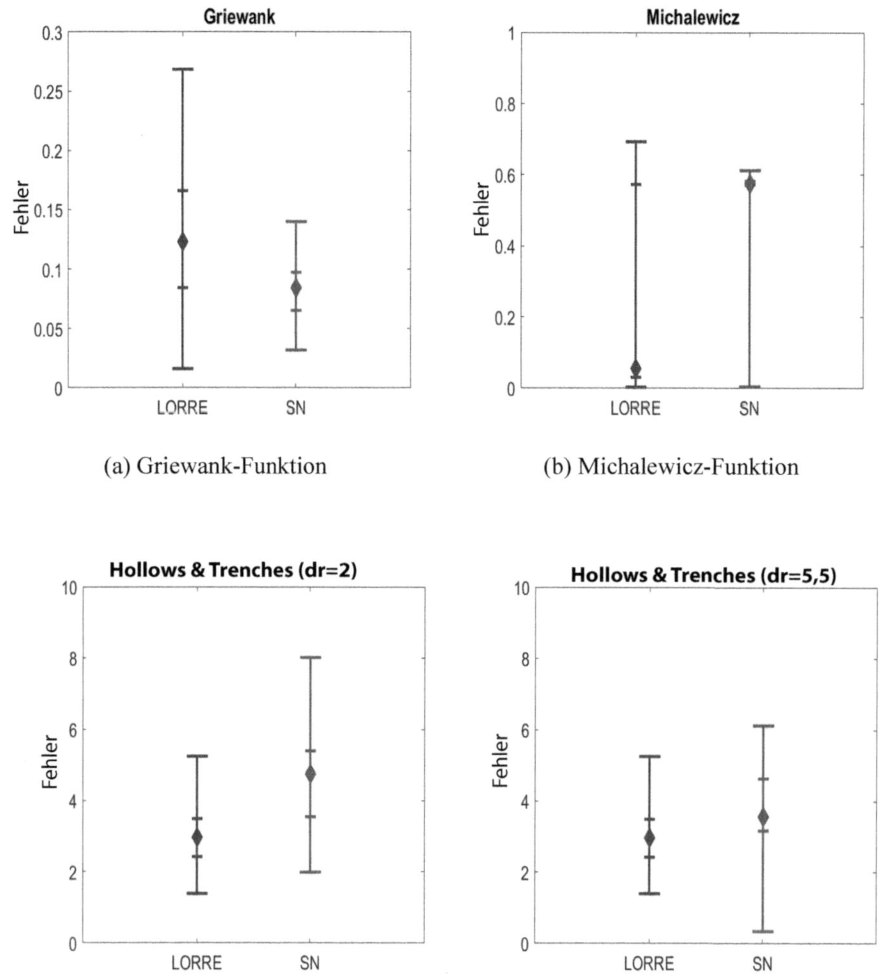

(a) Griewank-Funktion

(b) Michalewicz-Funktion

(c) Hollows & Trenches (dr = 2)

(d) Hollows & Trenches (dr = 5,5)

Abb. 7.7 Fünf-Punkte-Zusammenfassung der mit LORRE und SN erzielten Ergebnisse. Eine detaillierte numerische Aufschlüsselung findet sich in Tab. 7.7

wurde. Allerdings ist die Verteilung der mit SN erzielten Ergebnisse stark zum Maximalfehler hin verzerrt: Der Unterschied zwischen dem Maximalwert und dem ersten Quartil beträgt nur $max - Q1 = 0{,}042$. Das heißt, während mit SN der Bienenalgorithmus in den meisten Optimierungsläufen große Fehlerwerte erzielt, werden mit LORRE überwiegend kleine Fehlerwerte erreicht.

Die Tests am *Hollows & Trenches*-Benchmark zeigen am deutlichsten, dass die mit SN erzielten Ergebnisse stark vom Radius der verwendeten Derating-Funktion

Tab. 7.7 Fünf-Punkte-Zusammenfassung des Fehlerwerts, der mit den Diversifikationsverfahren LORRE und SN auf den drei Benchmark-Funktionen erzielt wurde

Statistik	Griewank	Michalewicz	H & T	H & T
			dr = 2	dr = 5,5
LORRE				
Min	0,016	0,002	1,387	1,387
Q1	0,085	0,031	2,426	2,426
Median	0,123	0,055	2,955	2,955
Q3	0,166	0,573	3,481	3,481
Max	0,268	0,692	5,242	5,242
SN				
Min	0,032	0,004	1,994	0,349
Q1	0,066	0,570	3,547	3,171
Median	0,084	0,575	4,734	3,552
Q3	0,097	0,583	5,397	4,617
Max	0,140	0,613	8,017	6,112

abhängen. Wurde ein großer Radius ($dr = 5{,}5$) verwendet, so zeigte der Bienenalgorithmus mit SN eine ähnliche Leistung wie die LORRE-BA-Version, allerdings mit größerer Streuung. Wurde der kleine Radius ($dr = 2$) verwendet, übertraf die LORRE-BA-Version die Version mit SN. In diesem speziellen Benchmark waren die lokalen Attraktionsbecken gleichmäßig über den Lösungsraum verteilt, und nicht zusammenhängend. Das Abdecken der kleinsten Becken mit einer Derating-Funktion mit großem Radius beeinflusste die benachbarten Becken nicht, da diese ausreichend weit voneinander entfernt waren. Die Verwendung einer Derating-Funktion mit kleinem Radius füllte jedoch nur teilweise die größten Attraktionsbecken aus, und SN konnte weitere Suchen in diesen Bereichen nicht vollständig unterbinden. Daher das schlechtere Fehlerergebnis bei Verwendung von $dr = 2$. In einem anderen Benchmark, bei dem zwei oder mehr tiefe und schmale Löcher auf der Fitnessoberfläche aneinandergrenzen, könnten breite Derating-Funktionen mehr als ein Attraktionsbecken gleichzeitig abdecken, sodass einige lokale Minima übersehen werden. Zusammenfassend bietet ein Verfahren wie LORRE, das den Radius jeder Derating-Funktion adaptiv schätzt, klare Vorteile gegenüber der Verwendung von Funktionen mit voreingestellter Breite, insbesondere wenn keine detaillierten Kenntnisse über die Fitnesslandschaft vorliegen und Hohlräume unterschiedlicher Breite vorhanden sind.

7.10 Multilösungsprobleme – Abschließende Überlegungen

Wenn das Ziel des Optimierungsprozesses darin besteht, möglichst viele alternative Lösungen zu finden, ist die Diversifizierung der Suche der Schlüssel zum Erfolg. Im Gegensatz zu vielen Standard-Metaheuristiken, die auf eine Konvergenz der Population setzen und von einer anfänglich breiten Erkundung des Lösungsraums allmählich zur Ausnutzung der vielversprechendsten Region übergehen, setzt der Bienenalgorithmus darauf, während des gesamten Suchlaufs viele ausnutzende Suchen parallel aufrechtzuerhalten. Darüber hinaus wird, sobald eine lokale Suche zum lokalen Optimum konvergiert ist, diese im Lösungsraum an einer zufälligen Position neu gestartet. Dieser Ansatz hilft dem Bienenalgorithmus, mehrere lokale Optima mit hoher Präzision zu lokalisieren.

Die Fähigkeit des Bienenalgorithmus, eine große Anzahl hochqualitativer Lösungen zu finden, wurde im Testfall zur Getriebeauslegung demonstriert, bei dem die Standardversion eine EA-Implementierung übertraf. Allerdings gibt es im Standard-Bienenalgorithmus keinen Mechanismus, der verhindert, dass mehrere, potenziell alle, lokalen Suchen wiederholt in dasselbe Attraktionsbecken fallen, insbesondere wenn dieses Becken groß ist. Daher wurde eine neue Version des Bienenalgorithmus vorgeschlagen. Diese Version basiert auf dem LORRE-Verfahren, das die Ergebnisse der lokalen Suchstichproben nutzt, um die Größe der ausgenutzten Regionen adaptiv zu schätzen. Sobald der Radius eines lokalen Attraktionsbeckens im Minimierungsproblem (bzw. Maximierungsproblem) geschätzt wurde, wird die Senke (bzw. der Hügel) in der Fitnesslandschaft mit einer Derating-Funktion aufgefüllt (bzw. eingeebnet). Diese adaptive Schätzung der Optima-Regionen ist der Hauptunterschied zwischen dem vorgeschlagenen Ansatz und Methoden wie dem verbreiteten SN, bei dem der Radius der Derating-Funktion ein voreingestellter Parameter ist. Abgesehen von der Schwierigkeit, den korrekten Radius im Voraus zu bestimmen, ist die Verwendung eines festen Radius nur dann optimal, wenn alle Attraktionsbecken gleich groß sind. Die an drei Benchmark-Funktionen durchgeführten Experimente zeigten, wie die Leistung von SN von der Einstellung des Derating-Funktionsradius abhing und wie der vorgeschlagene LORRE-BA unabhängig von der Größe der Optima-Regionen konsistent arbeitete.

Das Vermeiden wiederholter Suchen in derselben Region ist nicht nur bei Multilösungsproblemen wichtig, sondern generell für die Optimierung. Die wiederholte Ausnutzung desselben Attraktionsbeckens führt tatsächlich zu einem Effizienzverlust des Suchalgorithmus. Jede neue Suche in einem bereits optimierten lokalen Becken bringt keinen Vorteil für die Fähigkeit des Algorithmus, das globale Optimum zu finden, verbraucht jedoch wertvolle Stichprobenmöglichkeiten. In diskreten Lösungsräumen verhindert TS effektiv doppelte Stichproben, verhindert jedoch nicht die Stichprobe von Lösungen, die bereits optimierten Attraktionsbecken angehören. In kontinuierlichen Lösungsräumen wird TS üblicherweise durch die Definition einer festen Nachbarschaft von Tabu-Lösungen wie bei SN implementiert. Dieser Ansatz verhindert nicht nur die Stichprobe doppelter Lösungen, sondern hilft auch, wiederholte Suchen in derselben Region zu vermeiden. LORRE überwindet die Hauptbeschränkung fester Nachbarschaften, die schwer einzustellen sind und selten zur Größe aller Attraktionsbecken passen. Weitere wesentliche Einschränkungen von TS sind die Speicheraufwände zur Speicherung aller (kürzlich) besuchten Lösungen sowie der Rechenaufwand, jede neue Kandidatenlösung mit den gespeicherten Tabu-Lösungen abzugleichen. Auch LORRE verursacht einen gewissen Rechenaufwand, da jede Hinzufügung einer Derating-Funktion die Komplexität der Fitnessfunktion erhöht und somit die Bewertung einer Kandidatenlösung verteuert. Bei besonders langen Suchen auf hochgradig multimodalen Funktionen kann dieser zusätzliche Aufwand problematisch werden.

Es ist zu beachten, dass LORRE intrinsisch mit dem lokalen Suchmechanismus des Bienenalgorithmus verbunden ist, insbesondere mit der Eigenschaft, die Sammler auf *nb* klar abgegrenzte Nachbarschaften zu verteilen. In Standard-Metaheuristiken, bei denen die Suche global von der gesamten Population durchgeführt wird, sind die Lokalisierung und Größenbestimmung der lokalen Attraktionsbecken nicht trivial. Außerhalb des Bienenalgorithmus-Rahmens eignet sich LORRE am besten für Metaheuristiken, die auf der Ausnutzung klar definierter Nachbarschaften basieren, wie die in den Abschn. 2.6.3 und 2.6.4 behandelten VNS- und LJ-Search-Algorithmen.

Abschließend sei angemerkt, dass das LORRE-Verfahren davon ausgeht, dass die lokale Suche zum lokalen Optimum oder zumindest zu einer hinreichend genauen Annäherung daran konvergiert ist. Auch wenn dies im Regelfall zu erwarten ist, kann nicht vollständig ausgeschlossen werden, dass die lokale Suche in manchen Fällen weit entfernt von einem lokalen Optimum steckenbleibt (zum Beispiel in einer flachen Region). In diesem Fall wird LORRE die Derating-Funktion falsch platzieren und möglicherweise sogar ein nahegelegenes Minimum abdecken. Dieses Verhalten ist intrinsisch mit der Annahme einer erfolgreichen Konvergenz zum lokalen Optimum verbunden und allen Diversifikationsverfahren auf Basis von Tabu-Regionen wie TS und SN gemein.

7.11 Zusammenfassung

In diesem Kapitel wurde die Anwendung der Standardimplementierung des Bienenalgorithmus auf ein beschränktes, diskretes Multilösungsoptimierungsproblem vorgestellt. Ziel des Optimierungsprozesses war die Vorentwurfsplanung eines Reduktionsgetriebes. Die Aufgabe bestand darin, möglichst viele Lösungen vordefinierter Qualität zu generieren. Jede Lösung sollte die Eingangsdrehzahl auf eine gewünschte Ausgangsdrehzahl reduzieren und dabei eine Reihe von Konstruktionsvorgaben erfüllen. Das Problem erforderte die Suche in einem sehr großen Lösungsraum möglicher Kandidatenlösungen, wobei der Bienenalgorithmus seine hohe Effektivität und Effizienz als Optimierungsverfahren unter Beweis stellte. Die Anzahl der vom Bienenalgorithmus gefundenen akzeptablen Alternativlösungen übertraf die der EA-Implementierung bei weitem.

Darüber hinaus wurde das LORRE-Verfahren vorgeschlagen, um die Suche im Lösungsraum zu diversifizieren und zu verhindern, dass der Bienenalgorithmus bereits optimierte Attraktionsbecken erneut durchsucht. LORRE analysiert die in der lokalen Suchnachbarschaft gesampelten Lösungen, um die Größe des Attraktionsbeckens abzuschätzen, und verwendet Derating-Funktionen, um dieses Becken aus der Fitnesslandschaft zu eliminieren. Im Vergleich zu Standardtechniken mit Derating-Funktionen mit festem Radius ist LORRE ein vollständig adaptives und automatisches Verfahren zur Suchdiversifikation. Die neue Implementierung, die die Standard-Metaheuristik des Bienenalgorithmus mit dem LORRE-Diversifikationsverfahren kombiniert, wurde als LORRE-BA bezeichnet. Getestet an drei Benchmark-Funktionen, bewies der LORRE-BA-Algorithmus seine Flexibilität und Genauigkeit im Vergleich zu einem äquivalenten Standard-Bienenalgorithmus mit SN.

Wie im Kapitel diskutiert, ist das Verhindern neuer Suchen in bereits optimierten Attraktionsbecken nicht nur bei Multilösungsproblemen wertvoll, sondern erhöht auch die Effizienz des Bienenalgorithmus bei Standardoptimierungsproblemen. Der vorgeschlagene LORRE-BA wirkt ähnlich wie das TS-Verfahren, wobei jede hinzugefügte Derating-Funktion effektiv eine Tabu-Region schafft, in der weitere Suchen unterbunden werden. Bei langen Suchen auf hochgradig multimodalen Fitnesslandschaften kann das Hinzufügen vieler Derating-Funktionen die Rechenkosten für die Bewertung der Kandidatenlösungen erhöhen, sodass der Effizienzgewinn durch den zusätzlichen Rechenaufwand wieder aufgehoben werden kann. Dieses Problem ist allen Methoden gemeinsam, die auf der Verwendung von Tabu-Lösungen (bzw. -Regionen) wie TS und SN basieren.

7.12 Fragen am Kapitelende

1. Erläutern Sie den Unterschied zwischen Einzellösungs- und Mehrfachlösungsproblemen und diskutieren Sie die Herausforderungen, die mit dem Auffinden mehrerer äquivalenter Optima bei letzteren verbunden sind. Erklären Sie das Konzept der äquivalenten Optima bei Mehrfachlösungsproblemen.
2. Beschreiben Sie das Getriebeentwurfsproblem, das als vorläufige Fallstudie verwendet wurde. Was sind die wichtigsten Entscheidungsvariablen und Nebenbedingungen? Wie wird die Zielfunktion formuliert?
3. Analysieren Sie die drei Problemlöser, die in der Fallstudie zum Getriebeentwurf verwendet wurden: den Bienenalgorithmus, den evolutionären Algorithmus und die Zufallssuche. Vergleichen und kontrastieren Sie deren Suchstrategien und erwartete Leistungsfähigkeit.
4. Diskutieren Sie die Anpassung des Bienenalgorithmus an das Getriebeentwurfsproblem. Welche spezifischen Modifikationen wurden vorgenommen und wie adressieren sie die besonderen Eigenschaften dieses Problems?

5. Bewerten Sie kritisch die Ergebnisse der Fallstudie zum Getriebeentwurf. Welche Erkenntnisse wurden hinsichtlich der relativen Leistungsfähigkeit der verschiedenen Problemlöser gewonnen? Wie schnitt der Bienenalgorithmus beim Auffinden mehrerer äquivalenter Optima ab?
6. Erläutern Sie das Konzept der Diversifikation der Suche im Kontext von Mehrfachlösungsproblemen. Warum ist es in diesem Zusammenhang entscheidend, Exploration und Exploitation auszubalancieren?
7. Beschreiben Sie den LORRE-BA-Algorithmus und seine Hauptkomponenten: den Local-Optimum-Region-Radius-Estimator, die Derating-Funktion und das Lösungspruning. Wie arbeiten diese Komponenten zusammen, um die Diversifikation der Suche zu fördern? Unter welchen Bedingungen könnten diese Mechanismen weniger effektiv sein und wie könnten sie potenziell verbessert werden?
8. Analysieren Sie die Leistungsfähigkeit von LORRE-BA bei Benchmarkfunktionen und beim Getriebeentwurfsproblem. Wie schneidet er im Vergleich zum Standard-Bienenalgorithmus und anderen Optimierungstechniken hinsichtlich Lösungsqualität und Diversität ab?
9. Diskutieren Sie, wie die Notwendigkeit, mehrere äquivalente Optima bei Mehrfachlösungsproblemen zu finden, das Gleichgewicht zwischen Exploration und Exploitation beeinflusst. Wie versucht LORRE-BA, dieses Gleichgewicht aufrechtzuerhalten, und welche potenziellen Zielkonflikte bestehen zwischen dem Auffinden vielfältiger Lösungen und der Konvergenz zu hochwertigen Lösungen?
10. Diskutieren Sie die Herausforderungen und Überlegungen bei der Anwendung des Bienenalgorithmus und von LORRE-BA auf reale Mehrfachlösungsprobleme. Wie könnten diese Algorithmen weiter verbessert oder für verschiedene Problemdomänen angepasst werden?
11. Was sind die weiterreichenden Implikationen der in diesem Kapitel vorgestellten Ergebnisse für das Gebiet der Optimierung? Wie könnte die Entwicklung effektiver Mehrfachlösungs-Optimierungsalgorithmen das Engineering Design und andere Bereiche beeinflussen, in denen mehrere äquivalente Optima existieren?

Literatur

1. Pham DT, Yang Y (1993) A genetic algorithm based preliminary design system. Proc Inst Mech Eng Part D J Automob Eng 207(2):127–133
2. Pham DT, Castellani M, Ghanbarzadeh A (2007) Preliminary design using the bees algorithm. In: Proceedings of eighth international conference on laser metrology, CMM and machine tool performance, LAMDAMAP, Euspen, Cardiff, UK, pp 420–429
3. Castellani M (2013) Evolutionary generation of neural network classifiers–an empirical comparison. Neurocomputing 99:214–229
4. Fogel DB (2006) Evolutionary computation: toward a new philosophy of machine intelligence. John Wiley & Sons

5. Glover F, Laguna M (1998) Tabu search. Springer
6. Dorigo M, Blum C (2005) Ant colony optimization theory: a survey. Theor Comput Sci 344(2–3):243–278
7. Shatnawi N, Sahran S, Faidzul M (2013) A memory-based Bees Algorithm: an enhancement. J Appl Sci 13(3):497–502
8. Siarry P, Berthiau G (1997) Fitting of tabu search to optimize functions of continuous variables. Int J Numer Methods Eng 40(13):2449–2457
9. Baykasoglu A (2006) Applying multiple objective tabu search to continuous optimization problems with a simple neighbourhood strategy. Int J Numer Methods Eng 65(3):406–424
10. Goldberg DE, Richardson J et al (1987) Genetic algorithms with sharing for multimodal function optimization. In: Genetic algorithms and their applications: proceedings of the second international conference on genetic algorithms, Bd 4149. Lawrence Erlbaum, Hillsdale, NJ
11. Holland JH (1992) Adaptation in natural and artificial systems: an introductory analysis with applications to biology, control, and artificial intelligence. MIT press
12. Blackwell TM, Bentley PJ (2002) Dynamic search with charged swarms. In: Proceedings of the 4th annual conference on genetic and evolutionary computation, S 19–26
13. Liu L, Yang S, Wang D (2012) Force-imitated particle swarm optimization using the near-neighbor effect for locating multiple optima. Inf Sci 182(1):139–155
14. El Dor A, Clerc M, Siarry P (2012) A multi-swarm PSO using charged particles in a partitioned search space for continuous optimization. Comput Optim Appl 53:271–295
15. Li L, Hong-Qi L, Shao-Long X (2008) Particle swarm multi_optimizer for locating all local solutions. In: 2008 IEEE congress on evolutionary computation (IEEE world congress on computational intelligence). IEEE, S 1040–1046
16. De Jong KA (1975) An analysis of the behavior of a class of genetic adaptive systems. PhD thesis
17. Thomsen R (2004) Multimodal optimization using crowding-based differential evolution. In: Proceedings of the 2004 congress on evolutionary computation (IEEE Cat. No. 04TH8753), Bd 2. IEEE, S 1382–1389
18. Wong K-C, Wu C-H, Mok RK, Peng C, Zhang Z (2012) Evolutionary multimodal optimization using the principle of locality. Inf Sci 194:138–170
19. Beasley D, Bull DR, Martin RR (1993) A sequential niche technique for multimodal function optimization. Evol Comput 1(2):101–125
20. Abdullah S, Alzaqebah M (2013) A hybrid self-adaptive bees algorithm for examination timetabling problems. Appl Soft Comput 13(8):3608–3620
21. Castellani M (2018) Competitive co-evolution of multi-layer perceptron classifiers. Soft Comput 22(10):3417–3432
22. Molga M, Smutnicki C (2005) Test functions for optimization needs. Technical report, p 48

Kapitel 8
Neueste Entwicklungen und Forschungsausrichtungen

Seit seiner Einführung im Jahr 2005 [1] wurde der Bienenalgorithmus in einer sehr großen Anzahl von Varianten und Anwendungen implementiert, von denen dieses Buch nur einen Teil behandelt hat. Eine vollständige Übersicht über die gesamte Literatur zum Bienenalgorithmus würde den Rahmen dieses Buches sprengen, und das Ergebnis dieser Bemühung wäre angesichts der breiten, aktiven und schnelllebigen Forschung bald überholt.

Der in Abschn. 2.3 vorgestellte Algorithmus kann als Standard-Bienenalgorithmus betrachtet werden [2–4]. In seiner aktuellen Form oder in den vereinfachten Basis- und Shrinking-Varianten, die in Abschn. 2.5 beschrieben sind, wird er seit den frühesten Jahren in der Literatur zum Bienenalgorithmus verwendet. Nach bestem Wissen der Autoren ist die Standardversion die einzige Implementierung des Bienenalgorithmus, die umfassend benchmarked und analytisch untersucht wurde. Diese intensive Charakterisierung und Analyse ist eine der großen Stärken der Forschung zum Bienenalgorithmus und bietet eine solide Grundlage sowie ein gutes Verständnis der Metaheuristik. Es sollte jedoch angemerkt werden, dass das Standardverfahren lediglich die am häufigsten verwendete Implementierung des Bienenalgorithmus für kontinuierliche Optimierungsprobleme ist.

Dieses Buch hat bisher Implementierungen des Standard-Bienenalgorithmus (Kap. 5) sowie kombinatorische (Kap. 6) und diskrete Varianten (Kap. 7) vorgestellt. Die Kapitel deckten recht gleichmäßig 20 Jahre Forschung ab, von frühen Anwendungen in der Robotik [5, 6] und dem Vorentwurf [7] bis hin zu aktuellen Entwicklungen [8] früherer Arbeiten [9] und neuen Ideen (Abschn. 7.6).

Dieses abschließende Kapitel richtet den Blick auf die Zukunft der Forschung und Praxis zum Bienenalgorithmus, diskutiert aktuelle Fragestellungen und Wissenslücken und beleuchtet einige der jüngsten Entwicklungen. Bei der Entwicklung neuer Forschungsrichtungen sollte die Konsequenz des NFL-Theorems als erste Überlegung dienen: Ein Algorithmus kann nicht verbessert, sondern nur an ein spezifisches Problem angepasst werden, und jede Leistungssteigerung in einem bestimmten Bereich geht mit einem entsprechenden Leistungsverlust in anderen Bereichen einher.

D. T. Pham et al., *Intelligente Optimierung mit dem Bienenalgorithmus*,
https://doi.org/10.1007/978-3-032-14424-9_8

Die erste Frage ist daher das Ziel der Modifikation – also der praktische Grund, der eine Anpassung des Standardverfahrens erfordert. Dieser Grund kann ein spezifisches Merkmal des Optimierungsproblems sein, wie die kombinatorische Natur des PCB-Assemblierungsproblems in Kap. 6, oder eine allgemeinere Überlegung, wie die Reduzierung der Anzahl an Hyperparametern.

8.1 Der Bienenalgorithmus – Offene Fragestellungen

Ein häufig diskutierter Aspekt des Bienenalgorithmus ist die große Anzahl an einstellbaren Hyperparametern, deren Optimierung mitunter einen gewissen Aufwand erfordert. Wie in Abschn. 2.4 erwähnt, ermöglicht dieses Merkmal die Anpassung des Bienenalgorithmus an eine Vielzahl von Problemen, wird von einigen Autoren jedoch als Nachteil des Algorithmus angesehen. Es wurden Forschungsarbeiten unternommen, um die Anzahl der einstellbaren Hyperparameter zu reduzieren [10], die Hyperparameteroptimierung zu automatisieren [11, 12] oder sie durch statistische Analysen zu standardisieren [3]. Dennoch wurde eine standardisierte Implementierung eines minimal parametrisierten Bienenalgorithmus bislang weder vorgeschlagen noch charakterisiert. Wahrscheinlich wird eine solche Version stärker auf Anpassung und Selbstorganisation angewiesen sein und eine gewisse Anpassung an die jeweilige Problemstellung erfordern – könnte aber für weniger erfahrene Anwender einen nützlichen Ausgangspunkt bieten.

Wie alle populationsbasierten Metaheuristiken entwickelt der Bienenalgorithmus iterativ eine vom Anwender festgelegte Anzahl von Kandidatenlösungen weiter. Ist diese Zahl groß oder ist die Manipulation und Bewertung der Kandidatenlösungen rechnerisch aufwendig, kann der Einsatz des Bienenalgorithmus mit erheblichen Rechenaufwänden und langen Laufzeiten verbunden sein. Parallele Implementierungen, idealerweise auf GPU-Karten, können dieses Problem erheblich entschärfen. Die Parallelisierung des Verfahrens kann auf verschiedenen Ebenen erfolgen, etwa auf Ebene der Einzellösungen oder lokaler Nachbarschaften (Blumenfelder). Die meisten Operationen des Bienenalgorithmus sind rechnerisch günstig und erfordern höchstens das Ranking der von den Scout-Bienen beworbenen Lösungen. Die Modifikation der Lösungen für die lokale Suche kann jedoch bei komplexen Kodierungen problematisch sein, beispielsweise bei einem tiefen ANN mit Millionen von Verbindungsgewichten, sowie bei Nebenbedingungen für die Lösungen – insbesondere bei kombinatorischen Optimierungsproblemen, bei denen die Werte der einzelnen Parameter voneinander abhängen. Im TSP muss beispielsweise die elementarste Änderung der Reihenfolge der besuchten Städte den Tausch zweier Elemente der Sequenz umfassen.

Die Bewertung der Kandidatenlösungen ist in der Regel die rechnerisch aufwendigste Operation. Beispielsweise kann die Bewertung eines ANN-Klassifikationssystems die Erkennung einer großen Anzahl von Bildern erfordern, wobei jedes Bild eine große Informationsmenge (Pixel) enthält. In Fällen, in denen die Handhabung der Einzellösungen rechenintensiv ist, muss die Koloniegröße – also die Stichprobe des Lösungsraums – minimiert werden. Mehrere Beispiele in der Literatur zeigen, dass Metaheuristiken mit kleinen Populationen dennoch über ausreichende Suchfähigkeiten verfügen, um eine beträchtliche Bandbreite an Problemen effektiv zu lösen [13– 15].

In seiner aktuellen Form ist der Standard-Bienenalgorithmus eine allgemeine Optimierungsrahmenstruktur, die auf eine sehr große Bandbreite von Problemen anwendbar ist. Diese Allgemeinheit bedeutet jedoch, dass die Standardformulierung für eine optimale Leistung eine gewisse Anpassung an den spezifischen Optimierungsbereich benötigt. Diese Anpassung kann auf Ebene der Hyperparameter erfolgen, den Einsatz problemspezifischer Operatoren erfordern oder eine Modifikation der Standardoperatoren notwendig machen. In diesem Zusammenhang ist es wichtig, sich daran zu erinnern, dass Metaheuristiken komponentenbasiert sind [16] – das heißt, dass problemspezifische Operatoren oder Operatoren aus anderen Rahmenstrukturen (Frameworks) zu den Standardoperatoren hinzugefügt oder diese ersetzen können, um Algorithmen zu schaffen, die den Anforderungen der jeweiligen Optimierungsaufgabe entsprechen. Anstatt auf eine möglichst getreue Umsetzung des Standardframeworks zu zielen, sollte der Entwickler daher offen dafür sein, wie dieses Framework angepasst werden kann, um die Effektivität und Effizienz der Suche zu steigern.

Die folgenden Abschnitte dieses Kapitels, basierend auf Pham et al. [17], stellen einige aktuelle Entwicklungen und neuartige Implementierungen des Bienenalgorithmus vor. Auch wenn sie nicht vollständig sind, belegen die ausgewählten Beispiele das anhaltende Interesse der Forschungsgemeinschaft am Bienenalgorithmus und können Anregungen für zukünftige Forschungsrichtungen bieten. Die folgenden Abschnitte dieses Kapitels, basierend auf Pham et al. [17] und lizenziert unter CC BY-NC 4.0, stellen einige aktuelle Entwicklungen und neuartige Implementierungen des Bienenalgorithmus vor.

8.2 Aktuelle Versionen des Bienenalgorithmus

In diesem Abschnitt werden sechs neue Versionen des Bienenalgorithmus vorgestellt, von denen eine zur Beschleunigung des Verfahrens entwickelt wurde, drei zur Vereinfachung der Parametereinstellung, die fünfte sowohl zur Vereinfachung als auch zur schnellen Konvergenz und die sechste zur Verbesserung der Lösungsqualität. Die erste Version ist der Dual-Population-Bienenalgorithmus von Song et al. [18], die zweite Version ist der Fibonacci-Bienenalgorithmus von Hartono und Pham [19], die dritte Version ist der Zwei-Parameter-Bienenalgorithmus von Ismail et al. [20], die vierte Version ist der Ein-Parameter-Bienenalgorithmus von Suluova und Pham [21], die fünfte Version ist der Super-schnelle Bienenalgorithmus von Laili et al. [22] und die sechste Version ist der Learning Bienenalgorithmus von Eker und Pham [23].

8.2.1 Dual-Population-Bienenalgorithmus

Abb. 8.1 [18] zeigt ein Flussdiagramm dieser Version des Bienenalgorithmus. Wie der Name andeutet, verwendet der Algorithmus zwei Populationen von Bienen, von denen eine eine gierige (lokale) Suche durchführt und die andere zur Erhöhung der Populationsdiversität dient. Die individuellen Größen der beiden Populationen variieren dynamisch. Die Gesamtgröße der beiden Populationen bleibt konstant. Die Suchpopulation enthält Bienen, die über dem Durchschnitt der beiden Populationen liegen. Die Ergänzungspopulation besteht aus Bienen unterhalb des Durchschnitts. Bienen aus der Suchpopulation werden in die Ergänzungspopulation versetzt, wenn sie unter den Durchschnitt fallen. Bienen in der Ergänzungspopulation können probabilistisch ausgewählt werden, um die Population für die nächste Iteration zu bilden. Bienen aus der Suchpopulation werden in die Ergänzungspopulation versetzt, wenn sie unter den Durchschnitt fallen. Bienen in der Ergänzungspopulation können probabilistisch ausgewählt werden, um die Population für die nächste Iteration zu bilden.

Es ist zu beachten, dass diese Version des Bienenalgorithmus sich deutlich von der zuvor beschriebenen Basisversion unterscheidet. Dies zeigt, dass die Forschung zum Bienenalgorithmus praktisch unbegrenzte Möglichkeiten bietet.

8.2.2 Fibonacci-Bienenalgorithmus (BA_F)

Die Fibonacci-Folge geht auf Leonardo Fibonacci zurück, einen Mathematiker des 13. Jahrhunderts [24]. Diese Folge ist eine Zahlenreihe, bei der jede Zahl die Summe der beiden vorhergehenden Zahlen ist. Die Folge beginnt mit 0 und 1 und entwickelt sich wie folgt: 0, 1, 1, 2, 3, 5, 8, 13, 21, 34, ... Das Muster setzt sich unendlich fort und offenbart eine Zahlenfolge, die in verschiedenen Naturphänomenen auftritt, darunter Blattstellungen, Spiralen in Muscheln, Baumverzweigungen und Blütenblättern [24, 25]. Auch die Bienenabstammung spiegelt die Fibonacci-Folge wider. Der Stammbaum einer männlichen Biene, also einer Drohne, entspricht exakt der Fibonacci-Folge, da die Anzahl der Vorfahren in jeder aufeinanderfolgenden Generation den Fibonacci-Zahlen entspricht [24, 25]. Drohnen entstehen aus unbefruchteten Eiern durch einen Fortpflanzungsprozess, der als Parthenogenese bekannt ist. Parthenogenese bezeichnet die Entwicklung von Embryonen ohne Befruchtung, was zu männlicher Nachkommenschaft führt, die zwar eine Mutter, aber keinen Vater hat. Im Gegensatz dazu entstehen weibliche Bienen, also sowohl Arbeiterinnen als auch Königinnen, aus befruchteten Eiern. Abb. 8.2 zeigt den Stammbaum einer Drohne in einem einfachen Abstammungsmodell [24, 26]. Interessanterweise entspricht die Gesamtzahl der Bienen in jeder Generation der Fibonacci-Folge.

BA_F basiert auf dem beobachteten, auf der Fibonacci-Folge beruhenden Stammbaummuster bei Drohnen, bei dem die Anzahl der Drohnenvorfahren der Fibonacci-Folge folgt, wie oben beschrieben. BA_F verwendet die Folge, um die Anzahl der

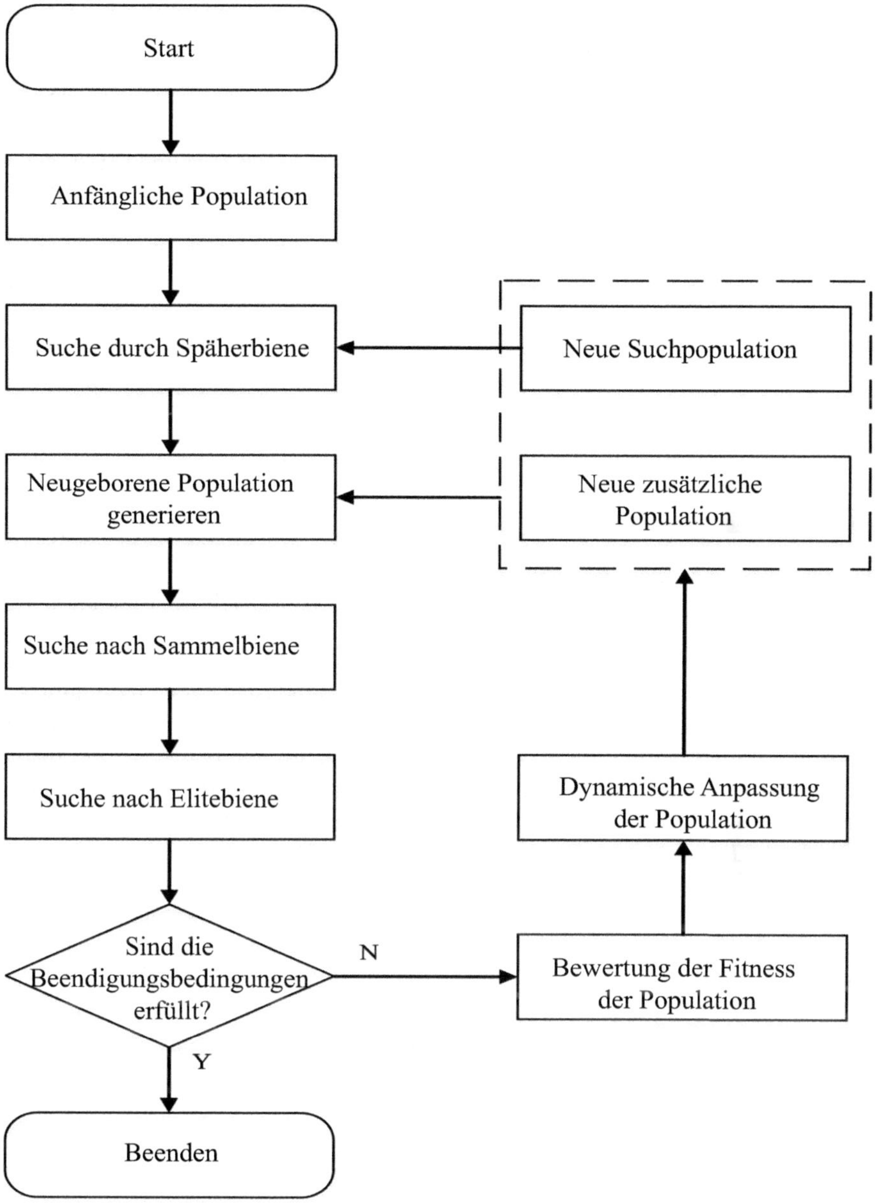

Abb. 8.1 Flussdiagramm des Dual-Population-Bienenalgorithmus [18]

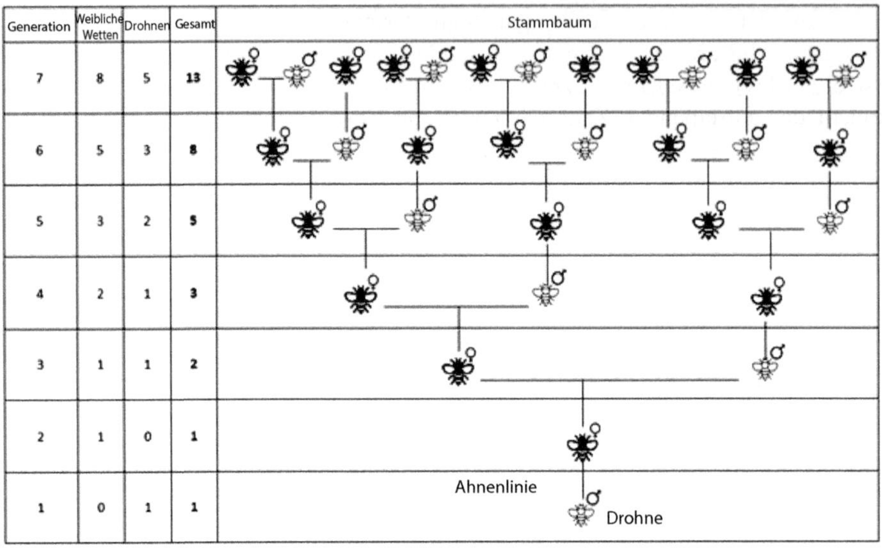

Abb. 8.2 Fibonacci-Folge im Stammbaum einer Drohne (adaptiert nach Koshy [26])

Bienen zu bestimmen, die zu den Blütenfeldern entsandt werden. Diese Entscheidung ist durch das inhärente Wachstumsmuster der Fibonacci-Folge motiviert, das mit dem Ziel übereinstimmt, die Sammel-Effizienz des Algorithmus zu maximieren. Durch einen rangbasierten Ansatz, bei dem Bienen gemäß der Fibonacci-Folge für die vielversprechendsten Felder rekrutiert werden, versucht BA_F, die Felder effektiver auszubeuten und dadurch potenziell bessere Ergebnisse zu erzielen.

Die Reduktion der vom Benutzer zu wählenden Parameter wird wie folgt erreicht. Im Gegensatz zum Standard-Bienenalgorithmus, der „Elite“- und „Beste“-Auswahlstellen verwendet, konzentriert sich BA_F auf alle ausgewählte Stellen. Dadurch entfällt die Notwendigkeit, zwischen „Elite“- und „Beste“-Kategorien bei den ausgewählten Stellen zu unterscheiden, sodass zwei Parameter, nämlich die Anzahl der Elite-Stellen und die Anzahl der zu deren Ausbeutung rekrutierten Bienen, entfallen. Innerhalb der ausgewählten Stellen (Stellen mit den besten Fitnesswerten) führen die Bienen ihre Suche durch, und die Zuteilung der Bienen zur Ausbeutung der ausgewählten Stellen *(nr)* erfolgt über ein Rangsystem, das der Fibonacci-Folge folgt. Die am höchsten platzierte Biene erhält die maximale Anzahl aus der angegebenen Fibonacci-Folge, während Bienen mit niedrigerem Rang abnehmende Zahlen aus der Folge zugewiesen bekommen.

Beispielsweise bei drei Feldern, $nb = 3$, $ne = 0$ (keine Unterscheidung zwischen „Beste“ und „Elite“) und $maxnr = 8$, wobei *maxnr* ein benutzerdefinierter Parameter ist. Das erste Feld zieht acht rekrutierte Bienen an ($nr_1 = maxnr = 8$), das zweite Feld zieht fünf rekrutierte Bienen an ($nr_2 = 5$), und das dritte Feld zieht drei rekrutierte Bienen an ($nr_3 = 3$). Auch wenn nicht sicher ist, ob die Zuteilung der Sammlerinnen in der Natur der Fibonacci-Folge folgt, spiegelt diese differenzierte

Zuteilung dennoch wider, dass mehr Sammlerinnen auf höherwertige Blütenfelder verteilt werden [27, 28]. Nach einer festgelegten Anzahl von Versuchen, falls die fitteste Biene in einem Feld unverändert bleibt, wird *nr* für dieses Feld auf null gesetzt und eine neue Menge an Feldern initialisiert.

8.2.3 Zwei-Parameter-Bienenalgorithmus (BA_2)

Dieser Algorithmus folgt dem Ablauf des grundlegenden Bienenalgorithmus (Abschn. 2.5), unterscheidet sich jedoch in zwei Aspekten, die die Rekrutierung und Ausbeutung betreffen. Der Algorithmus ist im Pseudocode in Kasten 8.1 zusammengefasst, und seine Hyperparameter sind in Tab. 8.1 zusammen mit denen des Standard-Bienenalgorithmus [20] aufgeführt.

Wie beim grundlegenden Bienenalgorithmus gibt der Benutzer die Anzahl ns der Spurbienen vor.

Für die Rekrutierung der Sammelbienen legt der Benutzer die Anzahl *nre* der Bienen fest, die der besten Spurbiene folgen (der einzigen „Elite"-Biene, die das beste Blumenfeld beziehungsweise die beste Lösung gefunden hat). Eine abnehmende Funktion wird verwendet, um die Anzahl der Sammelbienen zu bestimmen, die den

```
TWO-PARAMETER BEES ALGORITHM

1. Population Seeding:
   scatter ns artificial bees on ns randomly picked solutions;

2. Fitness Evaluation:
   evaluate the fitness of the ns solutions visited by the scouts;

3. Waggle Dance:
   rank the ns solutions in descending order of fitness,
   allocate foragers for local search near the best nb sites;

4. Local and Global search,
   each forager probabilistically chooses to search locally or globally;

5. IF Stopping Criterion is met,

        return best solution found;

   ELSE

        GO TO Step 3;
```

Code 8.1 Pseudocode des ‚Zwei-Parameter-Bienenalgorithmus'

Tab. 8.1 Hauptparameter: Standard-Bienenalgorithmus versus BA_2

Parameter	Beschreibung	Std BA	BA_2
T	Anzahl der Iterationen des Hauptzyklus	Ja	Ja
ns	Anzahl der Spurbienen	Ja	Ja
nb	Anzahl der besten Fundorte	Ja	Nein
ne	Anzahl der Elite-Fundorte	Ja	1
nrb	Rekrutierte Bienen für beste Fundorte	Ja	Nein
nre	Rekrutierte Bienen für Elite-Fundorte	Ja	Ja
ngh	Nachbarschaftsgröße	Ja	Nein
stlim	Grenze der Stagnationszyklen für das Aufgeben eines Fundortes	Ja	Nein
α	Faktor zur Verkleinerung der Nachbarschaft	Ja	Nein

übrigen Spurbienen folgen. Beispielsweise könnte die zweitbeste Biene die Hälfte von *nre* rekrutieren, die drittbeste Biene wiederum die Hälfte dieser Anzahl und so weiter. Somit ist es nicht erforderlich, dass der Benutzer *nb, ne* und *nrb* auswählt.

Ein weiterer Unterschied zum grundlegenden Bienenalgorithmus besteht darin, dass im BA_2 die Bienen gleichzeitig Exploration und Ausbeutung durchführen. Einige Folgebienen konzentrieren sich darauf, den Bereich um die von der Spurbiene entdeckte Lösung auszubeuten, während andere weitere Teile des Lösungsraums erkunden. Je höher die Platzierung der Spurbiene – das heißt je besser das gefundene Blumenfeld –, desto größer ist die Anzahl der Folgebienen, die sich auf die Ausbeutung des Fundortes konzentrieren, und desto kleiner ist die Anzahl der umherwandernden Bienen.

In BA_2 wird das Konzept der Nachbarschaft auf den gesamten Lösungsraum verallgemeinert, sodass der Benutzer *ngh* nicht mehr auswählen muss. Für jede Spurbiene wird eine Wahrscheinlichkeitsfunktion verwendet, um die Verteilung der Sammelbienen im Lösungsraum zu bestimmen – das heißt, welche Folgebienen sich auf die entdeckte Lösung konzentrieren und welche sich weiter entfernen. Da der grundlegende Bienenalgorithmus keine Nachbarschaftsverkleinerung und kein Verlassen von Fundstellen verwendet, muss der Benutzer auch α und *stlim* nicht festlegen.

8.2.4 Ein-Parameter-Bienenalgorithmus (BA_1)

Der Ein-Parameter-Bienenalgorithmus (BA_1) [21] baut auf dem Zwei-Parameter-Bienenalgorithmus (BA_2) auf. Ziel ist es, die Parametereinstellung weiter zu vereinfachen und die Effizienz gegenüber dem ursprünglichen Bienenalgorithmus zu steigern. BA_1 erreicht dies, indem das K-Means-Clustering zur automatischen Bestimmung der Anzahl der Patches (Nahrungsquellenbereiche) eingesetzt wird. Dadurch kann der Algorithmus einen Parameter aus BA_2 eliminieren.

Bei BA_1 muss der Benutzer nur die Gesamtanzahl der Bienen im Schwarm angeben. Der Algorithmus startet mit der zufälligen Generierung von Anfangslösungen im Suchraum, die die Spurbienen repräsentieren, welche nach Nahrungsquellen suchen. Anschließend wird das inkrementelle K-Means-Clustering [29] angewendet, um die Bienen anhand ihrer Entfernung zur fittesten Biene, die die bisher vielversprechendste Nahrungsquelle gefunden hat, zu gruppieren. Der Algorithmus führt das Clustering iterativ durch und verfolgt dabei die Gesamtdistortion – ein Maß dafür, wie gut die Bienen gruppiert sind.

Die optimale Anzahl der Cluster (der K-Wert) wird dann anhand des Minimalwerts einer Distortionsfunktion $f(K)$ ausgewählt. Dieser K-Wert bestimmt die Anzahl der Patches im Suchraum. Jeder Bienenschwarm-Cluster wird einem Patch zugeordnet und die Bienen werden zu Sammelbienen, die für die Ausbeutung der Nahrungsquellen in diesem Patch verantwortlich sind. Das Zentrum jedes Patches ist der Standort der fittesten Biene innerhalb des Clusters.

Um Exploration und Exploitation auszubalancieren, verwenden BA_2 wie auch BA_1 eine dreieckige Wahrscheinlichkeitsverteilung. Diese Verteilung konzentriert die Sammelbienen um die Zentren der hochrangigen Patches (mit besseren Fitnesswerten) und verteilt sie in niedrigrangigen Patches zufälliger. Dadurch entfällt die Notwendigkeit eines Parameters für die Nachbarschaftsgröße, da die Phasen der Exploration und Exploitation durch die Wahrscheinlichkeitsverteilung zusammengeführt werden.

Darüber hinaus integriert BA_1 Strategien zur Verkleinerung und zum Verlassen von Fundstellen, um den Suchprozess zu verbessern. Wie zuvor erläutert, verkleinert Shrinking die Größe der Patches im Zeitverlauf schrittweise, sodass die Suche auf vielversprechende Bereiche fokussiert wird. Das Verlassen von Fundstellen ermöglicht es den Bienen, einen Patch zu verlassen, wenn nach einer bestimmten Anzahl von Versuchen keine Verbesserungen erzielt werden – wodurch verhindert wird, dass der Algorithmus in lokalen Optima steckenbleibt. BA_1 bestimmt die Verkleinerungsrate automatisch anhand der Iterationsnummer und das Stagnationslimit anhand der durchschnittlichen Anzahl von Bienen pro Fundstelle. Dies vereinfacht die Parametereinstellung weiter.

8.2.5 Superschneller Bienenalgorithmus

Dies ist die bislang einfachste Version des Bienenalgorithmus. Der Algorithmus verwendet nur drei Bienen. Er führt eine gierige lokale Suche mit der leistungsstärksten Biene durch und wendet genetische Operatoren (präzedenzwahrendes Crossover und Mutation) mit der mittelrangigen Biene an. Die leistungsschwächste Biene kann für die Crossover-Operation verwendet oder verworfen werden. Falls sie nicht mit der mittelrangigen Biene gekreuzt wird, wird stattdessen die leistungsstärkste Biene verwendet. In beiden Fällen wird eine neue Biene zufällig erzeugt, um die schwächste Biene zu ersetzen und so die Populationsdiversität aufrechtzuerhalten.

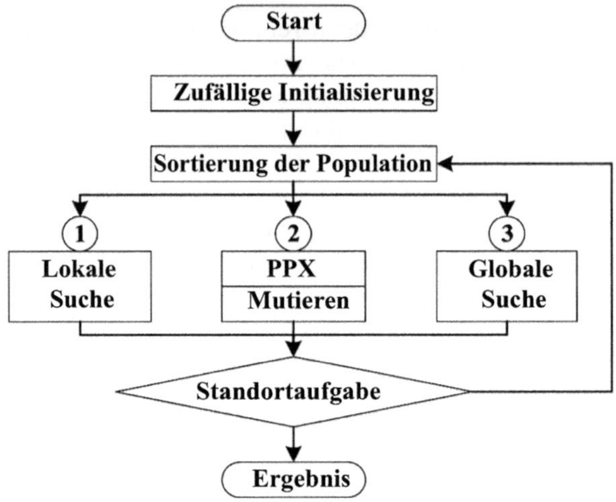

Abb. 8.3 Der superschnelle Bienenalgorithmus. Nachdruck aus Robotics and Computer-Integrated Manufacturing, Vol 59, Yuanjun Laili, Fei Tao, Duc Truong Pham, Yongjing Wang, Lin Zhang, „Robotic disassembly re-planning using a two-pointer detection strategy and a super-fast bees algorithm“, 130–142, Copyright (2019), mit freundlicher Genehmigung von Elsevier

Abb. 8.3 zeigt den superschnellen Bienenalgorithmus [22]. Die mit 1, 2 und 3 beschrifteten Kästchen stellen die Aktionen der besten, der mittelrangigen und der schlechtesten Biene dar. Die lokale Ausbeutung erfolgt durch die beste Biene, die globale Exploration durch die schlechteste Biene. Die mittelrangige Biene kann als Ausführung einer hybriden lokalen und globalen Suche betrachtet werden. Da die Populationsgröße fest ist und es nur eine Elite-Biene gibt, muss der Benutzer *ns, nb* oder *ne* nicht angeben. Es werden keine Sammelbienen für die Nachbarschaftssuche eingesetzt – daher sind auch *nre, nrb* und *ngh* nicht erforderlich.

Der superschnelle Bienenalgorithmus, auch als *„Ternary Bienenalgorithmus“* bezeichnet, da er drei Bienen verwendet, ist äußerst effizient. Dies ist auf die sehr kleine Population zurückzuführen. Allerdings könnte dies auch eine potenzielle Schwäche des Algorithmus darstellen, da er bei manchen Problemen schnell zu falschen Optima konvergieren kann.

8.2.6 Lernender Bienenalgorithmus (BA_ℓ)

Der lernende Bienenalgorithmus (BA_ℓ) [23] erweitert den Standard-Bienenalgorithmus (BA) durch die Integration von Q-Learning, einer Methode des bestärkenden Lernens. Dadurch kann der Algorithmus aus vergangenen Iterationen lernen und seine Suchstrategie anpassen, um bessere Ergebnisse zu erzielen.

BA_ℓ beginnt – wie der Standard-Bienenalgorithmus – mit einer Anfangspopulation von Lösungen und unterteilt den Suchraum in Bereiche, sogenannte Patches. Diese Patches werden als Elite-, ausgewählte und nicht ausgewählte Bereiche kategorisiert, wobei jedem eine bestimmte Anzahl von „Bienen“ zugewiesen wird. Der

Algorithmus verwendet zwei Q-Tabellen: eine, um den Wert der Erkundung verschiedener Dimensionen des Problems zu verfolgen, und eine weitere, um den Wert verschiedener Suchoperatoren zu bewerten.

Anschließend führt der Algorithmus lokale und globale Suchen durch. In der lokalen Suche modifizieren die Bienen in den Elite-Patches die aktuelle Lösung, basierend auf den Werten in den Q-Tabellen und einem Mutationsoperator. Die Realisierbarkeit und Fitness dieser neuen Lösung werden anschließend bewertet. Ist die neue Lösung besser als die bisher beste, wird sie übernommen und die Q-Tabellen werden entsprechend mithilfe eines Belohnungssystems aktualisiert. Das Belohnungssystem basiert auf der Fitness der neuen Lösung – bessere Lösungen führen zu höheren Belohnungen, die wiederum die Werte in den Q-Tabellen beeinflussen und zukünftige Suchen steuern. Ist die neue Lösung schlechter, wird eine Strafe verhängt und die Q-Tabellen werden entsprechend angepasst.

Gelingt es einer Biene nach mehreren Versuchen nicht, eine bessere Lösung zu finden, wird dieser Bereich aufgegeben und ein neuer Bereich zufällig generiert. Diese globale Suche hilft zu verhindern, dass der Algorithmus in lokalen Optima steckenbleibt. Der Prozess wird wiederholt, bis ein Abbruchkriterium erfüllt ist, und die beste gefundene Lösung wird als Ergebnis zurückgegeben.

Die Lernrate, ein zentraler Parameter im Q-Learning, wird dynamisch in Abhängigkeit von der Fitness der aktuellen Lösung angepasst. Diese adaptive Lernrate ermöglicht es dem Algorithmus, das Gleichgewicht zwischen Exploration und Exploitation fein abzustimmen. Das führt zu effizienteren und effektiveren Suchprozessen.

Abb. 8.4 zeigt ein vereinfachtes Flussdiagramm des BA_ℓ.

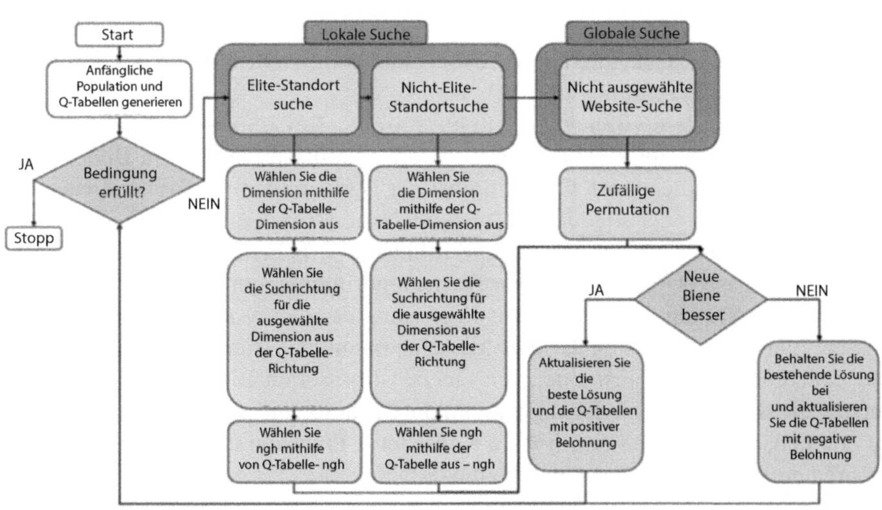

Abb. 8.4 Vereinfachtes Flussdiagramm des lernenden Bienenalgorithmus

8.3 Neuere Anwendungen des Bienenalgorithmus in Produktion und Fertigung

In diesem Abschnitt werden einige aktuelle Anwendungen des Bienenalgorithmus zur Lösung von Optimierungsproblemen in der Produktion und Fertigung vorgestellt. Dabei wurden sowohl kontinuierliche als auch kombinatorische Optimierungsprobleme adressiert.

8.3.1 Anwendungen auf kontinuierliche Optimierungsprobleme

Packianather et al. [30] setzten den Bienenalgorithmus ein, um Prozessparameter für das Draht-Elektroerosionsschneiden zu optimieren. Die Autoren nutzten den Algorithmus, um die beste Kombination von Prozessparametern für den digitalen Zwilling des zu bearbeitenden Produkts zu ermitteln. Conte und D'Addona [31] wendeten den Bienenalgorithmus auf den Werkzeugverschleiß und die Messung während Drehoperationen an. Ziel der Autoren war es, mithilfe der Bienen die Konturen des Verschleißbereichs eines Werkzeugs zu bestimmen und den Punkt des maximalen Verschleißes zu lokalisieren.

Ay et al. [32] setzten Bee-Miner, einen kostenempfindlichen Klassifikationsalgorithmus für Data Mining, der vom Bienenalgorithmus abgeleitet ist, zur Klassifizierung von Fertigungsfehlern ein. Zeybek [33] trainierte ein Long-Short-Term-Memory-(LSTM-)Deep-Learning-Netzwerk [34], um die verbleibende Nutzungsdauer von Turbofan-Triebwerken vorherzusagen, bevor diese für das Remanufacturing zur Verfügung stehen, und nutzte dabei eine modifizierte Version des besonders schnellen Bienenalgorithmus.

Ein speicherbasierter Bienenalgorithmus mit einer Lévy-Suchfunktion wurde von Shatnawi et al. [35] zur mehrstufigen Schwellenwertbestimmung von Bildern eingesetzt, einer grundlegenden Operation bei der Bildverarbeitung für automatisierte visuelle Inspektion oder allgemeine Computer Vision (Computer-Sehen). Auch Castellani et al. [36] haben den Bienenalgorithmus in Arbeiten zu Bildverarbeitungssystemen eingesetzt. Sie nutzten den Bienenalgorithmus, um primitive Formen an Punktwolken-Szenen für die Echtzeit-Erkennung dreidimensionaler Objekte anzupassen. Lan et al. [37] lösten das Problem, eine räumliche Transformation zu finden, die zwei Punktwolken ausrichtet, mit einem verbesserten Bienenalgorithmus. Sie setzten die Singulärwertzerlegung ein, um die Sucheffizienz des Bienenalgorithmus zu erhöhen, und erzielten eine höhere Konsistenz, Präzision und Robustheit als die verbreitete Iterative-Closest-Point-Methode.

Öztürk et al. [38] verwendeten den Bienenalgorithmus, um die Parameter (Pulsfrequenz, Amplitude und Basis) für einen Test zu bestimmen, mit dem die biaxialen Spannungs-Dehnungs-Kurven ermittelt werden, die zur Steuerung des pulsierenden

Innenhochdruckumformprozesses für eine gleichmäßige Dickenverteilung erforderlich sind. Sahin [39] setzte einen multiobjektiven Bienenalgorithmus zur Auslegung von PID-Regelsystemen ein, wie bespielsweise für Roboterausrüstungen. Es gelang, die PID-Parameter so zu bestimmen, dass Einschwingzeit, Anstiegszeit, Überschwingen und Systemfehler gleichzeitig minimiert wurden. Im Bereich der Robotik modifizierten Kashkash et al. [40] den Bienenalgorithmus durch Hinzufügen einer neuen Methode zur Initialisierung der Population und nutzten den modifizierten Algorithmus, um den kürzesten kollisionsfreien Pfad für einen mobilen Roboter zu finden.

Die mechanische Konstruktion wurde von Acar et al. [41] mit einer Version des Bienenalgorithmus durchgeführt, die mit Harmony Search [42] hybridisiert worden war. Der hybride Algorithmus, der ein Harmony Memory beinhaltete, wurde zur Optimierung der Konstruktion von sphärischen Viergelenkmechanismen für Robotergreifer eingesetzt.

Kumar et al. [43] zeigten, wie die Zwei-Parameter-Version des Bienenalgorithmus verwendet wurde, um das optimale Set an Hyperparametern für ein Convolutional-Neural-Network in Kombination mit einem LSTM-Netzwerk zu finden. Das resultierende Deep-Learning-System war in der Lage, die verbleibende Nutzungsdauer von Wälzlagern in rotierenden Maschinen präzise vorherzusagen, um Wartungs- oder Remanufacturing-Operationen zu planen.

Die Oberflächenqualität von dreidimensional gedruckten Bauteilen hängt von den Parametern des dreidimensionalen Druckprozesses ab. Kamaruddin et al. [44] setzten den Bienenalgorithmus ein, um die Parameterkombination zu finden, die die Oberflächenqualität von im Fused-Deposition-Modelling hergestellten Bauteilen maximiert.

8.3.2 Anwendungen auf kombinatorische Optimierungsprobleme

Ang und Ng [45] optimierten Prozesspläne für die Bestückung von Leiterplatten. Sie kombinierten den Bienenalgorithmus mit TRIZ-Operatoren, um die Montagezeit zu minimieren. Song et al. [18] setzten ihren Dual-Population-Bienenalgorithmus für die parallele Maschinenbelegung mit Zeitfenstern ein. Die Produktionsplanung und -steuerung für ein Blechbearbeitungswerk wurde von Wang et al. [46] sowohl mit dem Basis-Bienenalgorithmus als auch mit der Version unter Einsatz der Standortaufgabestrategie durchgeführt.

Li et al. [47] planten Aufgaben und wählten Ressourcen für eine Cloud-Edge-kollaborative Fertigungsumgebung mit einem dynamischen Bienenalgorithmus. Die Operatoren im Algorithmus wurden anhand einer Reihe von Indikatoren angepasst, und ein paralleles Sortierverfahren wurde eingeführt, um die Planung und Auswahl von Cloud-Edge-Ressourcen und Kooperationsmodi zu beschleunigen.

Die Art und Weise, wie Schweißarbeiten durchgeführt werden, kann die Endgeometrie des geschweißten Bauteils beeinflussen. Wu und Wang [48] diskutieren einen integrierten Optimierungsansatz, der den Bienenalgorithmus mit einem künstlichen neuronalen Netz kombiniert, um Schweißverfahren zu finden, die die Verformung dünnwandiger Legierungsrohre minimieren.

Vi et al. [49] schlugen einen hybriden genetischen Bienenalgorithmus zum Training eines Multilayer-Perzeptrons sowie zur Lösung eines zweistufigen Flow-Shop-Planungsproblems und eines Just-in-Time-Job-Shop-Planungsproblems vor. Die Autoren verglichen die erzielten Ergebnisse auch mit denen des genetischen Algorithmus PSO.

Singh et al. [50] integrierten die Optimierung mit dem Bienenalgorithmus und Simulation, um die Arbeitsbelastung für Beschäftigte an Produktions- und Montagelinien zu reduzieren. Zunächst wird die Simulation eingesetzt, um Ergonomiedaten für verschiedene Arbeiter zu erhalten. Anschließend wird der Bienenalgorithmus als Werkzeug zur Optimierung der Arbeitsplatzrotation der Beschäftigten zwischen den Arbeitsstationen verwendet.

Xu et al. [51] untersuchten die Optimierung der kollaborativen Fertigung (und des Remanufacturing). Die Autoren setzten den verbesserten multiobjektiven diskreten Bienenalgorithmus und den verbesserten diskreten BA-Pareto-Algorithmus ein, um eine robotergestützte Demontagelinie auszubalancieren, die optimale Aggregation kollaborativer Fertigungsdienstleistungen für ein robotisiertes Montagesystem auszuwählen und die Aufgabenreihenfolge für eine Mensch-Roboter-kollaborative Demontageoperation zur Minimierung der menschlichen Ermüdung zu planen.

Die Aufgabenverteilung in einer Cloud-Remanufacturing-Umgebung wurde von Caterino et al. [52] mithilfe eines Bienenalgorithmus durchgeführt, dessen Parameter im Rahmen eines vollfaktoriellen Versuchsplans ausgewählt worden waren. Ihre Arbeit bestätigte die Bedeutung einer Erhöhung der Anzahl der Spurbienen und der Nutzung der leistungsstärksten Standorte und der Elite-Standorte.

Zu den Remanufacturing-Anwendungen des Bienenalgorithmus gehört auch die Optimierung der Produktdemontage, die den ersten Schritt in jeder Remanufacturing-Prozesskette darstellt. So setzten Liu et al. [53] einen diskreten Bienenalgorithmus ein, um Demontagesequenzen und die Ausbalancierung der Demontagelinie gleichzeitig zu optimieren, wobei das analytische Prozessnetzwerk die Gewichtung der verschiedenen Optimierungsziele vornahm. Hartono et al. [54] verwendeten einen multiobjektiven Bienenalgorithmus, um robotergestützte Demontagesequenzpläne zu entwickeln, die maximalen Gewinn bei minimalem Energieverbrauch und minimalen Treibhausgasemissionen erzielen.

Der Bienenalgorithmus wurde auch für die Optimierung von Logistik und Lieferketten eingesetzt. Mastrocinque [55] implementierte ein auf dem Bienenalgorithmus basierendes Tool zur Optimierung der Lieferkette eines Bulldozers auf Basis seiner Stückliste und stellte fest, dass der Bienenalgorithmus besser abschnitt als ACO. Schließlich setzten Ismail und Pham [56] den Zwei-Parameter-Bienenalgorithmus zur Lösung des kapazitierten Fahrzeugroutenproblems ein. Um die Lösung zu beschleunigen, wurde ein Dekompositionsansatz gewählt, bei dem die Kunden zunächst in Cluster eingeteilt wurden, bevor für jedes Cluster die optimale Route bestimmt wurde.

8.4 Zusammenfassung

In diesem Kapitel wurden sechs neue Versionen des Bienenalgorithmus vorgestellt und Beispiele für den Einsatz des Algorithmus in Produktion und Fertigung gegeben. Es existieren zahlreiche weitere potenzielle Anwendungsgebiete – insbesondere mit dem Aufkommen der kürzlich entwickelten einfacheren und effizienteren Versionen, die bislang nur für eine begrenzte Anzahl von Problemen im Produktionsingenieurwesen eingesetzt wurden und problemlos auf viele weitere Fragestellungen angewendet werden könnten.

Fragen zum Kapitelende

1. Analysieren Sie kritisch die identifizierten offenen Fragestellungen des Bienenalgorithmus. Wie wirken sich diese Einschränkungen auf die Leistungsfähigkeit und Anwendbarkeit des Algorithmus aus?
2. Erläutern Sie das Konzept des Dual-Population-Bienenalgorithmus. Wie verbessert die Einführung einer zweiten Population die Explorationsfähigkeit und die Gesamtleistung des Algorithmus?
3. Diskutieren Sie die Rolle der Fibonacci-Zahlen im Fibonacci-Bienenalgorithmus. Wie beeinflusst die Verwendung von Fibonacci-Folgen die Anpassung des Suchprozesses und welche potenziellen Vorteile bietet dieser Ansatz?
4. Analysieren Sie den Zwei-Parameter-Bienenalgorithmus und dessen vereinfachten Parametereinstellungsprozess. Wie wirkt sich diese Vereinfachung auf die Benutzerfreundlichkeit und Leistungsfähigkeit des Algorithmus aus?
5. Erläutern Sie die Strategien, die vom superschnellen Bienenalgorithmus eingesetzt werden, um eine schnellere Konvergenz zu erreichen. Wie beeinflussen diese Strategien das Gleichgewicht zwischen Exploration und Exploitation?
6. Bewerten Sie kritisch die aktuellen Anwendungen des Bienenalgorithmus bei kontinuierlichen Optimierungsproblemen. Bei welchen Problemtypen hat der Bienenalgorithmus vielversprechende Ergebnisse gezeigt, und welche Herausforderungen bestehen weiterhin?
7. Diskutieren Sie die aktuellen Anwendungen des Bienenalgorithmus bei kombinatorischen Optimierungsproblemen. Wie wurde der Algorithmus für diese Problemstellungen angepasst, und was sind die wichtigsten Erkenntnisse aus diesen Anwendungen?
8. Analysieren Sie die aktuellen Trends und zukünftigen Richtungen in der Forschung zum Bienenalgorithmus. Welche Bereiche bieten das größte Potenzial für zukünftige Entwicklungen, und welche Herausforderungen müssen noch bewältigt werden?

9. Verfolgen Sie die Entwicklung des Bienenalgorithmus von seiner ursprünglichen Formulierung bis zu den aktuellen Versionen. Welche wesentlichen Verbesserungen und Modifikationen wurden eingeführt, und wie haben sie die Leistungsfähigkeit und Anwendbarkeit des Algorithmus beeinflusst?
10. Diskutieren Sie das Potenzial für zukünftige Anwendungen des Bienenalgorithmus. In welchen neuen Problembereichen könnte der Algorithmus eingesetzt werden, und welche Modifikationen oder Erweiterungen wären notwendig, um seinen Erfolg in diesen Bereichen zu gewährleisten?
11. Berücksichtigen Sie die verschiedenen in diesem Kapitel vorgestellten Modifikationen und Erweiterungen (Dual-Population, Fibonacci, Zwei-Parameter, superschnell) und bewerten Sie kritisch die gesamte evolutionäre Entwicklung des Bienenalgorithmus. Wurden durch diese Entwicklungen die anfänglichen Einschränkungen des Algorithmus wirksam adressiert oder haben sie neue Kompromisse und Herausforderungen eingeführt? Welche potenziellen Konsequenzen ergeben sich aus diesen Veränderungen für die Anwendbarkeit und Leistungsfähigkeit des Algorithmus in unterschiedlichen Problembereichen?

Literatur

1. Pham DT, Ghanbarzadeh A, Koc E, Otri S, Rahim S, Zaidi M (2005) The bees algorithm. In: Note T (ed) Manufacturing engineering centre. UK, Cardiff University, S 44–48
2. Castellani M, Pham QT, Pham DT (2012) Dynamic optimisation by a modified bees algorithm. Proc Inst Mech Eng Part I J Syst Control Eng 226(7):956–971
3. Pham QT, Pham DT, Castellani M (2012) A modified bees algorithm and a statistics-based method for tuning its parameters. Proc Inst Mech Eng Part I J Syst Control Eng 226(3):287–301
4. Hussein WA, Sahran S, Sheikh Abdullah SNH (2017) The variants of the Bees Algorithm (BA): a survey. Artif Intell Rev 47:67–121
5. Pham DT, Castellani M, Fahmy A (2008) Learning the inverse kinematics of a robot manipulator using the bees algorithm. In: 2008 6th IEEE international conference on industrial informatics. IEEE, S 493–498
6. Fahmy A, Kalyoncu M, Castellani M (2012) Automatic design of control systems for robot manipulators using the bees algorithm. Proc Inst Mech Eng Part I J Syst Control Eng 226(4):497–508
7. Pham DT, Castellani M, Ghanbarzadeh A (2007) Preliminary design using the bees algorithm. In: Proceedings of eighth international conference on laser metrology, CMM and machine tool performance, LAMDAMAP, Euspen, Cardiff, UK, S 420–429
8. Castellani M, Otri S, Pham DT (2019) Printed circuit board assembly time minimisation using a novel Bees Algorithm. Comput & Ind Eng 133:186–194
9. Pham DT, Otri S, Darwish AH (2007) Application of the Bees Algorithm to PCB assembly optimisation. In: Proceedings of the 3rd virtual international conference on intelligent production machines and systems (IPROMS 2007), S 511–516
10. Pham DT, Darwish AH (2008) Fuzzy selection of local search sites in the Bees Algorithm. In: Proceedings of the 4th international virtual conference on intelligent production machines and systems (IPROMS 2008), S 1–14
11. Imanguliyev A (2013) Enhancements for the Bees Algorithm. PhD thesis, Cardiff University
12. Otri S (2011) Improving the bees algorithm for complex optimisation problems. PhD thesis, Cardiff University

13. Reeves CR (1993) Using genetic algorithms with small populations. In: ICGA, vol 5. Citeseer, S 90–92
14. Kramer GR, Gallagher JC (2005) An analysis of the search performance of a mini-population evolutionary algorithm for a robot-locomotion control problem. In: 2005 IEEE congress on evolutionary computation, vol 3. IEEE, S 2768–2775
15. Cabrera JCF, Coello CAC (2010) Micro-MOPSO: a multi-objective particle swarm optimizer that uses a very small population size. In: Multi-objective swarm intelligent systems: theory & experiences. Springer, S 83–104
16. Velasco L, Guerrero H, Hospitaler A (2023) A literature review and critical analysis of metaheuristics recently developed. Arch Comput Methods Eng 1–22
17. Pham D, Song Y, Laili Y, Ismail A, Hartono N, Packianather M, Castellani M (2024) The bees algorithm and its applications in production and manufacturing. Int J Adv Prod Res 1(1):1–10. https://doi.org/10.62743/uad.8966
18. Song Y, Xing L, Chen Y (2022) Application of the dual-population bees algorithm in a parallel machine scheduling problem with a time window. In: Intelligent production and manufacturing optimisation—the bees algorithm approach. Springer, S 229–242. https://doi.org/10.1007/978-3-031-14537-7_14
19. Hartono N, Pham DT (2024) A novel Fibonacci-inspired enhancement of the Bees Algorithm: application to robotic disassembly sequence planning. Cogent Eng 11(1):2298764. https://doi.org/10.1080/23311916.2023.2298764
20. Ismail AH, Ruslan W, Pham DT (2023) A user-friendly Bees Algorithm for continuous and combinatorial optimisation. Cogent Eng 10(2):2278257. https://doi.org/10.1080/23311916.2023.2278257
21. Suluova HF, Pham DT (2024) A new single-parameter bees algorithm. Biomimetics 9(10):634. https://doi.org/10.3390/biomimetics9100634
22. Laili Y, Tao F, Pham DT, Wang Y, Zhang L (2019) Robotic disassembly re-planning using a two-pointer detection strategy and a super-fast bees algorithm. Robot Comput Integr Manuf 59:130–142
23. Eker FM, Pham DT (2025) Disassembly sequence planning by hybrid bees algorithm with reinforcement learning. In: Rickli JL (Hrsg) Advances in remanufacturing 2024. Proceedings of the VIII international workshop on autonomous remanufacturing. Springer (in press)
24. Scott TC, Marketos P (2014) On the origin of the Fibonacci Sequence. MacTutor Hist Math 23:1–46
25. Omotehinwa T, Ramon S (2013) Fibonacci numbers and golden ratio in mathematics and science. Int J Comput Inf Technol 2(4):630–638
26. Koshy T (2019) Fibonacci and Lucas numbers with applications, Bd 2. John Wiley & Sons
27. Visscher PK, Seeley TD (1982) Foraging strategy of honeybee colonies in a temperate deciduous forest. Ecology 63(6):1790–1801
28. Shackleton K, Balfour NJ, Al Toufailia H, James E, Ratnieks FL (2023) Honey bee waggle dances facilitate shorter foraging distances and increased foraging aggregation. Anim Behav 198:11–19
29. Pham DT, Dimov SS, Nguyen C (2004) An incremental K-means algorithm. Proc Inst Mech Eng Part C J Mech Eng Sci 218(7):783–795
30. Packianather MS, Alexopoulos T, Squire S (2022) The application of the bees algorithm in a digital twin for optimising the wire electrical discharge machining (wedm) process parameters. In: Intelligent production and manufacturing optimisation—the bees algorithm approach. Springer, S 43–61. https://doi.org/10.1007/978-3-031-14537-7_3
31. Conte S, D'Addona DM (2022) Bees Algorithm models for the identification and measurement of tool wear. In: Intelligent production and manufacturing optimisation—the bees algorithm approach. Springer, S 111–128. https://doi.org/10.1007/978-3-031-14537-7_7
32. Ay M, Baykasoglu A, Ozbakir L, Kulluk S (2022) A case study with the BEE-Miner Algorithm: defects on the production line. In: Intelligent production and manufacturing optimisation—the bees algorithm approach. Springer, S 63–77. https://doi.org/10.1007/978-3-031-14537-7_4

33. Zeybek S (2022) Prediction of the remaining useful life of engines for remanufacturing using a semi-supervised deep learning model trained by the Bees Algorithm. In: Intelligent production and manufacturing optimisation—the bees algorithm approach. Springer, S 383–397. https://doi.org/10.1007/978-3-031-14537-7_21
34. Schmidhuber J, Hochreiter S et al (1997) Long short-term memory. Neural Comput 9(8):1735–1780
35. Shatnawi N, Sahran S, Nasrudin MF (2022) Memory-based Bees Algorithm with Lévy Flights for multilevel image thresholding. In: Intelligent production and manufacturing optimisation—the bees algorithm approach. Springer, S 175–191. https://doi.org/10.1007/978-3-031-14537-7_11
36. Castellani M, Baronti L, Zheng S, Lan F (2022) Shape recognition for industrial robot manipulation with the Bees Algorithm. In: Intelligent production and manufacturing optimisation—the bees algorithm approach. Springer, S 97–110. https://doi.org/10.1007/978-3-031-14537-7_6
37. Lan F, Castellani M, Wang Y, Zheng S (2022) Global optimisation for point cloud registration with the Bees Algorithm. In: Intelligent production and manufacturing optimisation—the bees algorithm approach. Springer, S 129–144. https://doi.org/10.1007/978-3-031-14537-7_8
38. Öztürk O, Şen MA, Kalyoncu M, Halkacı HS (2022) An application of the bees algorithm to pulsating hydroforming. In: Intelligent production and manufacturing optimisation—the bees algorithm approach. Springer, S 79–93. https://doi.org/10.1007/978-3-031-14537-7_5
39. Sahin M (2023) Solving TSP by using combinatorial Bees algorithm with nearest neighbor method. Neural Comput Appl 35(2):1863–1879
40. Kashkash M, Haj Darwish A, Joukhadar A (2022) A new method to generate the initial population of the Bees Algorithm for robot path planning in a static environment. In: Intelligent production and manufacturing optimisation—the bees algorithm approach. Springer, S 193–207. https://doi.org/10.1007/978-3-031-14537-7_12
41. Acar O, Sağlam H, Şaka Z (2022) The effect of Harmony Memory integration into the Bees Algorithm. In: Intelligent production and manufacturing optimisation—the bees algorithm approach. Springer, S 159–174. https://doi.org/10.1007/978-3-031-14537-7_10
42. Geem ZW, Kim JH, Loganathan GV (2001) A new heuristic optimization algorithm: harmony search. Simulation 76(2):60–68
43. Kumar A, Kumar S, Gupta N, Nathinee T, Pham DT (2024) Bees Algorithm for hyperparameter search with deep learning to estimate the remaining useful life of ball bearings. In: Intelligent engineering optimisation with the bees algorithm. Springer. https://doi.org/10.1007/978-3-031-64936-3_11
44. Kamaruddin S, Ridzuan AH, Sukindar NA (2024) Optimisation of surface roughness in 3D printing using the bees algorithm. In: Intelligent engineering optimisation with the bees algorithm. Springer. https://doi.org/10.1007/978-3-031-64936-3_9
45. Ang MC, Ng KW (2022) Minimising printed circuit board assembly time using the bees algorithm with TRIZ-inspired operators. In: Intelligent production and manufacturing optimisation—the bees algorithm approach. Springer, S 25–41. https://doi.org/10.1007/978-3-031-14537-7_2
46. Wang C, Chen T, Li Z (2022) Method for the production planning and scheduling of a flexible manufacturing plant based on the Bees Algorithm. In: Intelligent production and manufacturing optimisation—the bees algorithm approach. Springer, S 211–227. https://doi.org/10.1007/978-3-031-14537-7_13
47. Li Y, Peng C, Laili Y, Zhang L (2022) A parallel multi-indicator-assisted dynamic Bees Algorithm for cloud-edge collaborative manufacturing task scheduling. In: Intelligent production and manufacturing optimisation—the bees algorithm approach. Springer, S 243–258. https://doi.org/10.1007/978-3-031-14537-7_15
48. Wu CB, Wang C (2024) Bees Algorithm-based optimisation of welding sequence to minimise distortion of thin-walled square Al-Mg-Si alloy tubes. In: Intelligent engineering optimisation with the bees algorithm. Springer. https://doi.org/10.1007/978-3-031-64936-3_7
49. Vi TD, Thu VHA, Anh TTM, Vy NDM (2024) Hybrid Genetic Bees Algorithm (GBA) for continuous and combinatorial optimisation problems. In: Intelligent engineering optimisation with the bees algorithm. Springer. https://doi.org/10.1007/978-3-031-64936-3_8

50. Singh A, Caterino M, Rinaldi M, Fera M, Macchiaroli R, Truong PD (2024) Ergonomic risk assessment combining the Bees Algorithm and simulation tools. In: Intelligent engineering optimisation with the bees algorithm. Springer. https://doi.org/10.1007/978-3-031-64936-3_14
51. Xu WJ, Yang H, Ji ZR, Liu ZH, Liu JY (2024) The bees algorithm for robotics-enabled collaborative manufacturing. In: Intelligent engineering optimisation with the bees algorithm. Springer. https://doi.org/10.1007/978-3-031-64936-3_10
52. Caterino M, Fera M, Macchiaroli R, Pham DT (2022) Task optimisation for a modern cloud remanufacturing system using the Bees Algorithm. In: Intelligent production and manufacturing optimisation—the bees algorithm approach. Springer, S 365–382. https://doi.org/10.1007/978-3-031-14537-7_20
53. Liu J, Anavatti S, Garratt M, Abbass HA (2022) Multi-operator continuous ant colony optimisation for real world problems. Swarm Evol Comput 69:100984
54. Hartono N, Ramírez FJ, Pham DT (2022) Optimisation of robotic disassembly sequence plans for sustainability using the multi-objective bees algorithm. In: Intelligent production and manufacturing optimisation—the bees algorithm approach. Springer, S 337–363. https://doi.org/10.1007/978-3-031-14537-7_19
55. Mastrocinque E (2022) Supply chain design and multi-objective optimisation with the Bees Algorithm. In: Intelligent production and manufacturing optimisation—the bees algorithm approach. Springer, S 289–302. https://doi.org/10.1007/978-3-031-14537-7_17
56. Ismail AH, Pham DT (2022) Bees traplining metaphors for the vehicle routing problem using a decomposition approach. In: Intelligent production and manufacturing optimisation—the bees algorithm approach. Springer, S 261–287. https://doi.org/10.1007/978-3-031-14537-7_16

Anhang A
Spezielle Benchmark-Funktionen

Anhang A enthält die 3D- und 2D-Ansichten von 22 der 25 speziell entwickelten Benchmarks, die in Abschn. 3.6 beschrieben sind. Die drei mehrdimensionalen Funktionen von Box 3.8 können nicht dargestellt werden und wurden nicht in den Anhang aufgenommen.

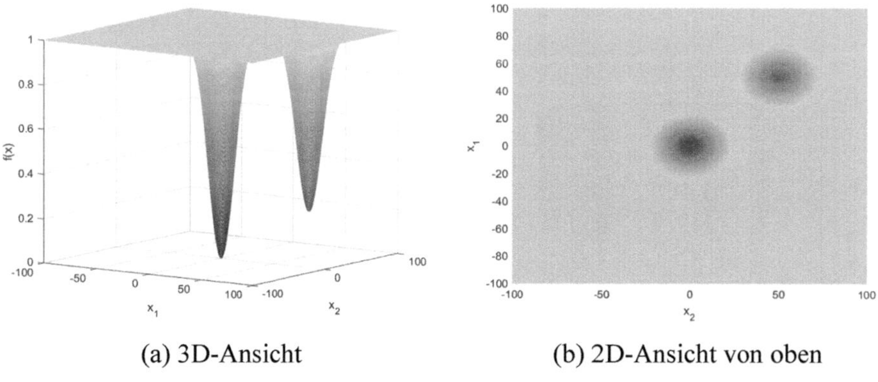

(a) 3D-Ansicht (b) 2D-Ansicht von oben

Abb. A.1 Funktion 1 bildet zwei „Löcher“ ab. Das globale Minimum befindet sich im Zentrum des Lösungsraums.

D. T. Pham et al., *Intelligente Optimierung mit dem Bienenalgorithmus*,
https://doi.org/10.1007/978-3-032-14424-9

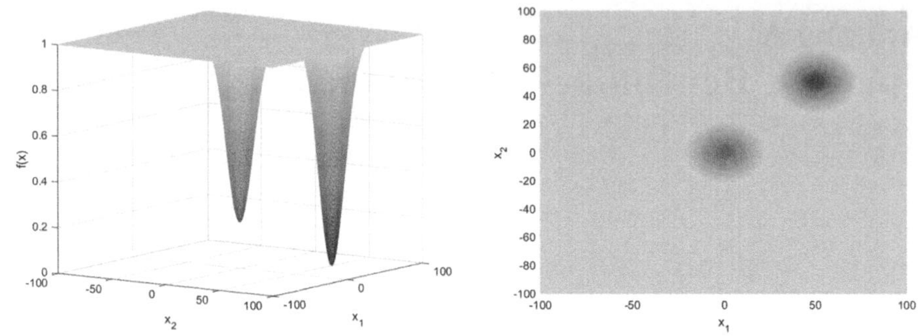

(a) 3D-Ansicht (b) 2D-Ansicht von oben

Abb. A.2 Funktion 2 bildet zwei „Löcher" ab. Das globale Minimum liegt weit entfernt vom Zentrum des Lösungsraums.

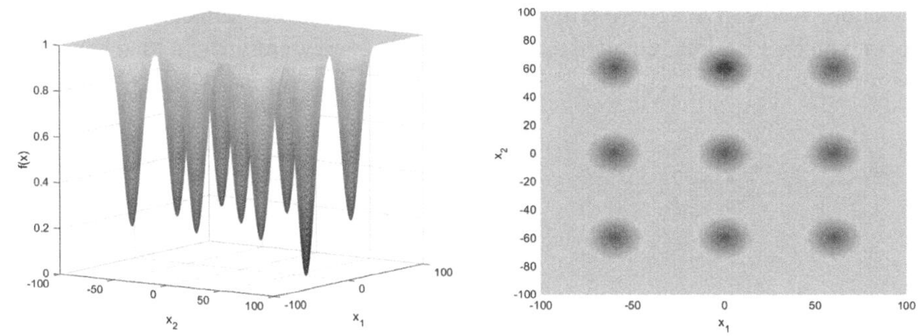

(a) 3D-Ansicht (b) 2D-Ansicht von oben

Abb. A.3 Funktion 3 bildet neun Becken gleicher Größe ab, die auf einem Gitter angeordnet sind. Das globale Minimum liegt weit entfernt vom Zentrum des Lösungsraums.

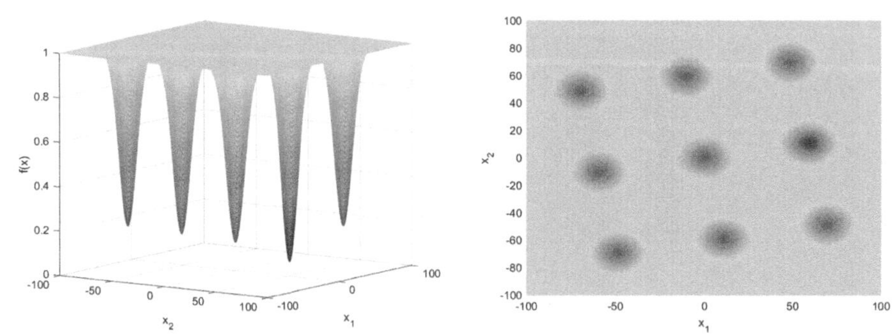

(a) 3D-Ansicht (b) 2D-Ansicht von oben

Abb. A.4 Funktion 4 beschreibt dieselbe Fitnesslandschaft wie Funktion 3, gegen den Uhrzeigersinn um $4/9 \cdot \pi$ rotiert.

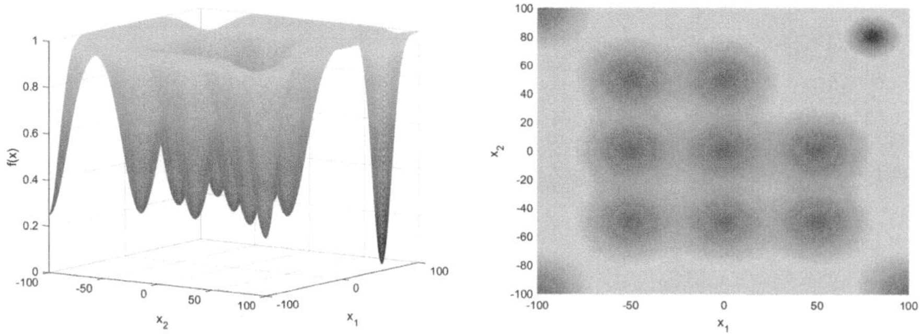

(a) 3D-Ansicht (b) 2D-Ansicht von oben

Abb. A.5 Funktion 5 bildet elf große sekundäre Becken ab, die auf einem Raster angeordnet sind. Das globale Minimum befindet sich in einer schmalen und steilen Senke, weit entfernt vom Zentrum des Lösungsraums.

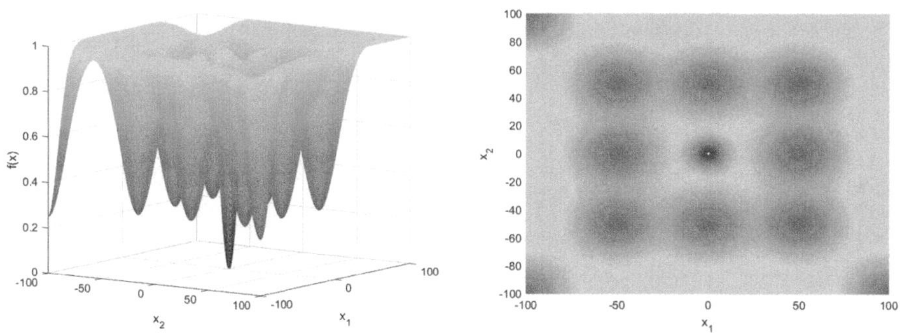

(a) 3D-Ansicht (b) 2D-Ansicht von oben

Abb. A.6 Funktion 6 bildet elf große sekundäre Becken ab, die auf einem Gitter angeordnet sind. Das globale Minimum befindet sich in einer schmalen und steilen Senke im Zentrum des Lösungsraums.

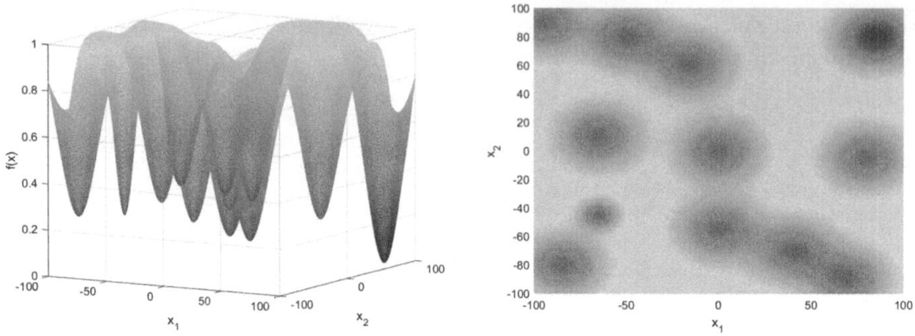

(a) 3D-Ansicht (b) 2D-Ansicht von oben

Abb. A.7 Funktion 7 bildet elf große, sekundäre Becken ab, die zufällig angeordnet sind. Das globale Minimum befindet sich in einer schmalen und steilen Senke, weit entfernt vom Zentrum des Lösungsraums.

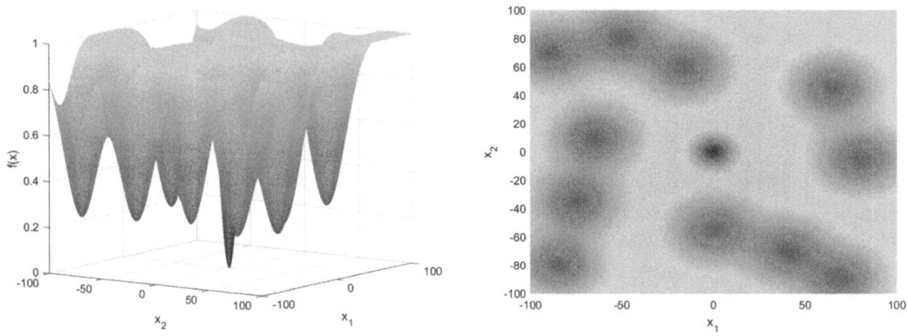

(a) 3D-Ansicht (b) 2D-Ansicht von oben

Abb. A.8 Funktion 8 bildet elf große, sekundäre Becken ab, die zufällig angeordnet sind. Das globale Minimum befindet sich in einer schmalen und steilen Senke im Zentrum des Lösungsraums.

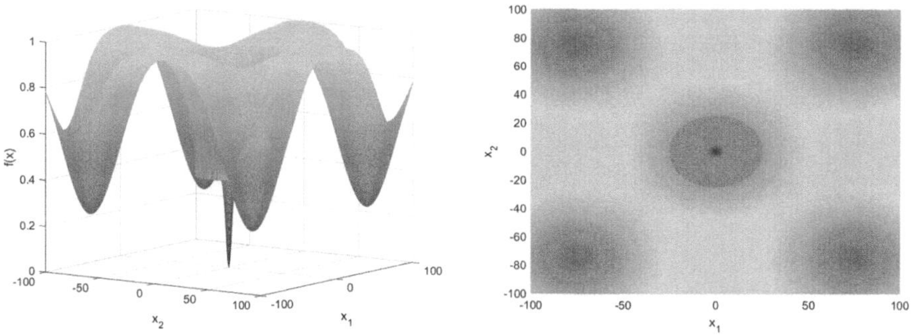

(a) 3D-Ansicht (b) 2D-Ansicht von oben

Abb. A.9 Funktion 9 bildet vier sekundäre Minima ab, die auf einem Gitter angeordnet sind. Das globale Minimum befindet sich in einer schmalen und steilen Senke im Zentrum des Suchraums, umgeben von einer großen, flachen Stufe.

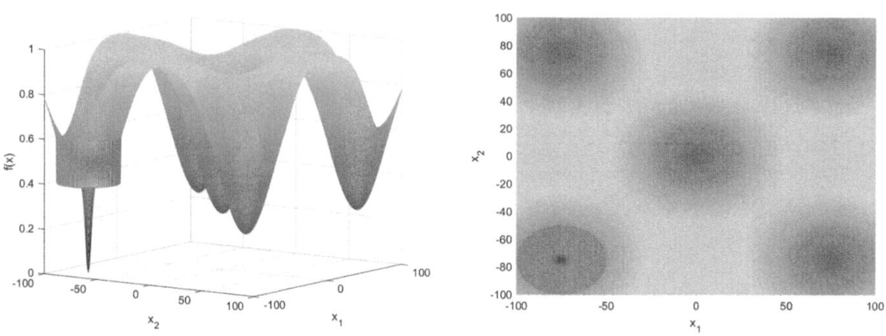

(a) 3D-Ansicht (b) 2D-Ansicht von oben

Abb. A.10 Funktion 10 bildet vier sekundäre Minima ab, die auf einem Gitter angeordnet sind. Das globale Minimum befindet sich in einer schmalen und steilen Senke, weit entfernt vom Zentrum des Suchraums, umgeben von einer großen, flachen Stufe.

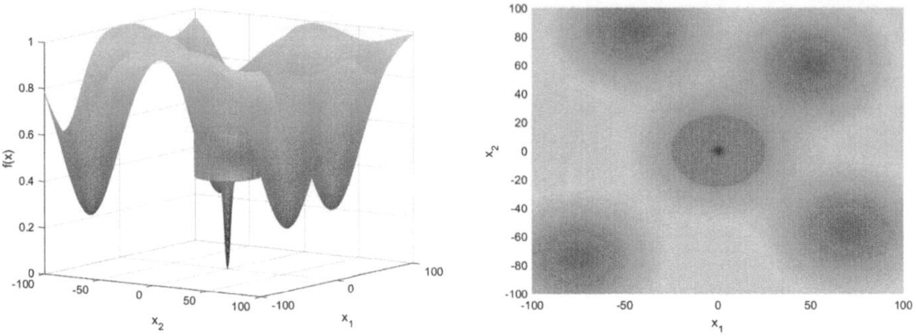

(a) 3D-Ansicht (b) 2D-Ansicht von oben

Abb. A.11 Funktion 11 bildet vier zufällig angeordnete sekundäre Minima ab. Das globale Minimum befindet sich in einer schmalen und steilen Senke im Zentrum des Suchraums, umgeben von einer großen, flachen Stufe.

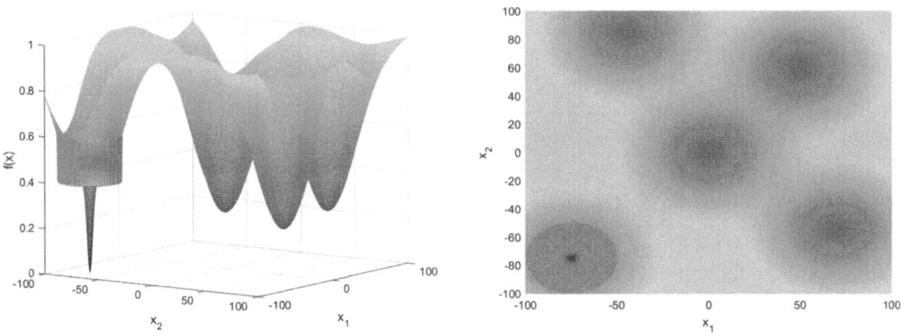

(a) 3D-Ansicht (b) 2D-Ansicht von oben

Abb. A.12 Funktion 12 bildet vier zufällig angeordnete sekundäre Minima ab. Das globale Minimum befindet sich in einer schmalen und steilen Senke, weit entfernt vom Zentrum des Suchraums, umgeben von einer großen, flachen Stufe.

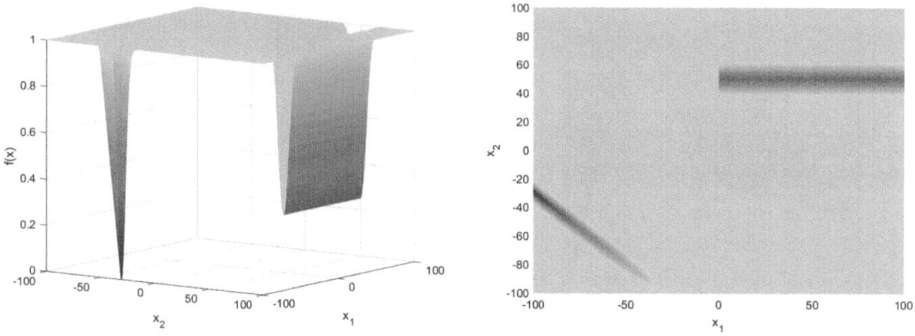

(a) 3D-Ansicht (b) 2D-Ansicht von oben

Abb. A.13 Funktion 13 bildet zwei Täler auf gegenüberliegenden Seiten des Suchraums ab. Das Minimum befindet sich am Ende eines der beiden Täler, am Rand des Lösungsraums.

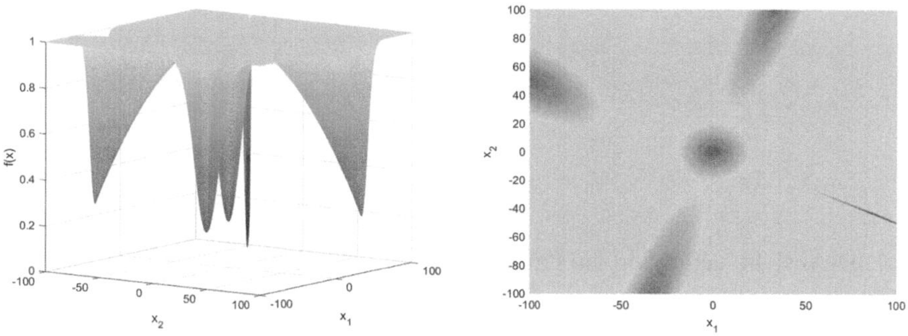

(a) 3D-Ansicht (b) 2D-Ansicht von oben

Abb. A.14 Funktion 14 bildet zwei Paare von Tälern mit entgegengesetzten Steigungen ab, die sich im Zentrum des Lösungsraums treffen, wo sich ein schmales Becken befindet. Das Minimum liegt nahe dem Rand des Lösungsraums am Ende des schmalsten Tals.

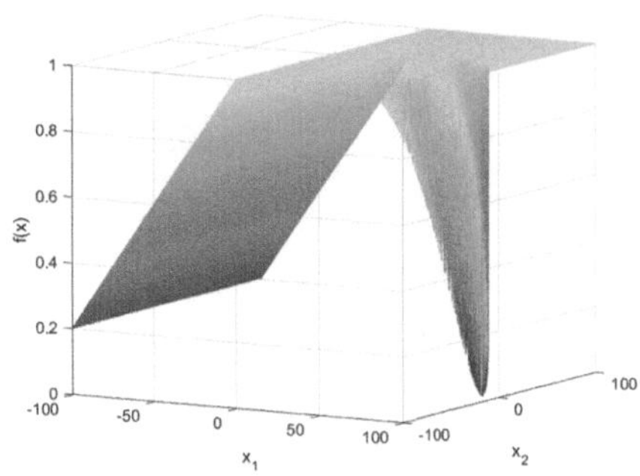

(a) 3D-Ansicht

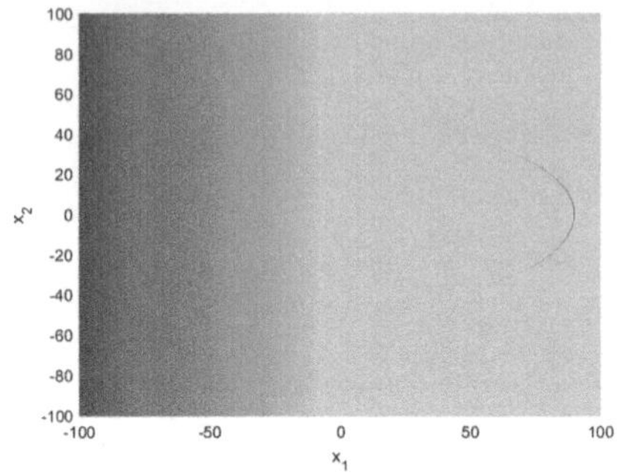

(b) 2D-Ansicht von oben.

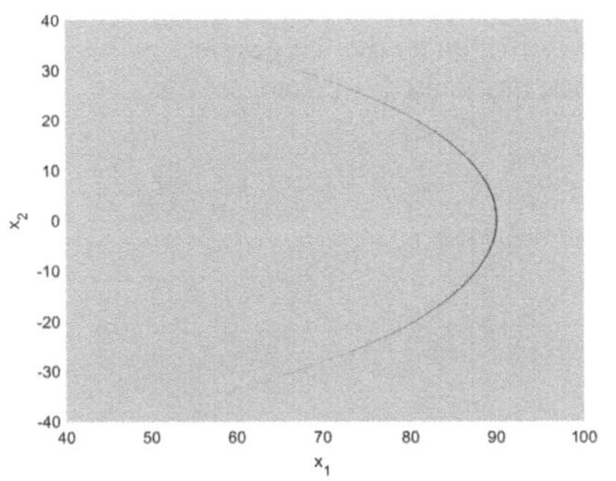

(c) 2D-Ansicht, vergrößert auf das enge Tal.

Abb. A.15 Funktion 15 bildet ein sehr schmales parabelförmiges Tal ab, das von einer großen, flachen Oberfläche umgeben ist. Das Tal befindet sich in der Halbebene $x_1 > 0$. Die andere Halbebene fällt in Richtung negativer x_1 -Werte ab.

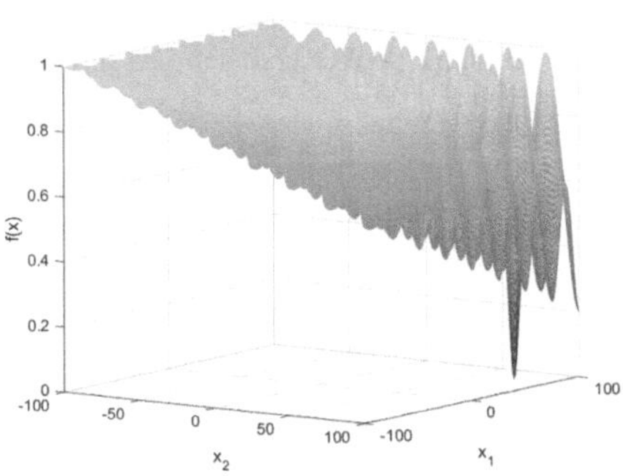

(a) 3D-Ansicht

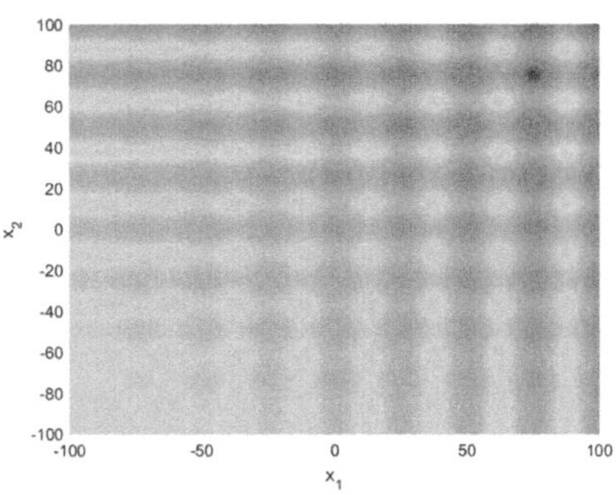

(b) 2D-Ansicht von oben

Abb. A.16 Funktion 16 entsteht durch eine Ebene, die in Richtung der oberen rechten Ecke des Lösungsraums gleitet, kombiniert mit zwei Kosinusfunktionen mit zunehmender Amplitude. Das globale Minimum befindet sich in einer schmalen Mulde nahe der oberen rechten Ecke, innerhalb eines der Minima des kosinusförmigen Wellenmusters.

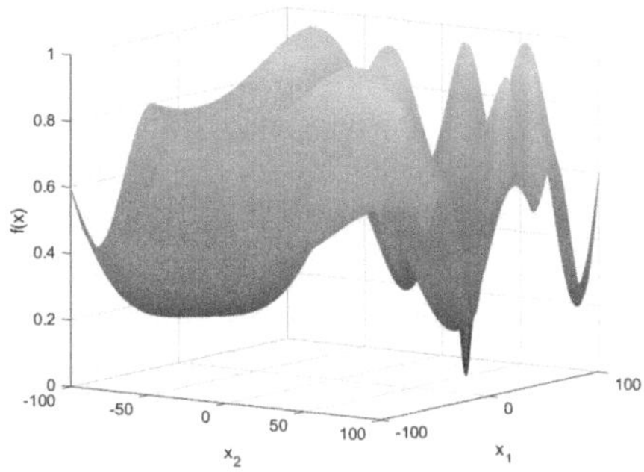

(a) 3D-Ansicht

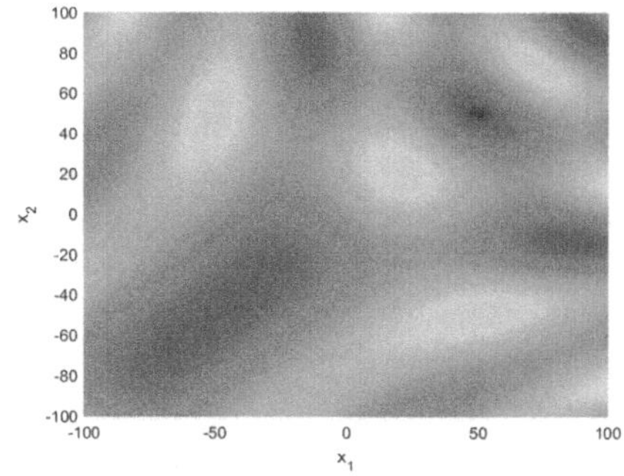

(b) 2D-Ansicht von oben

Abb. A.17 Funktion 17 kombiniert zwei sinusförmige Funktionen mit konstanter Amplitude und variabler Periode. Das globale Minimum befindet sich in einer schmalen Mulde innerhalb eines der Minima der Sinuswelle.

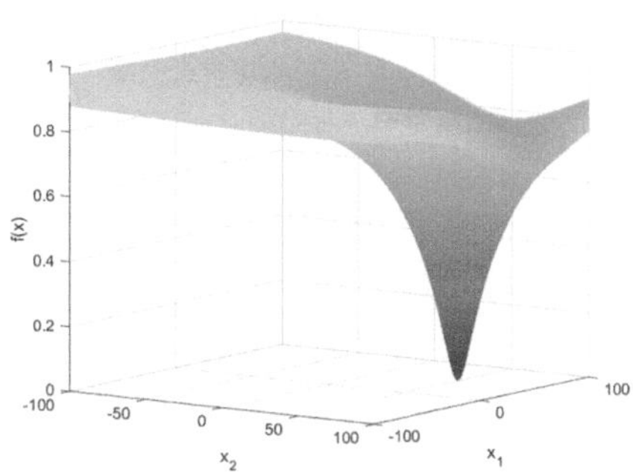

(a) 3D-Ansicht

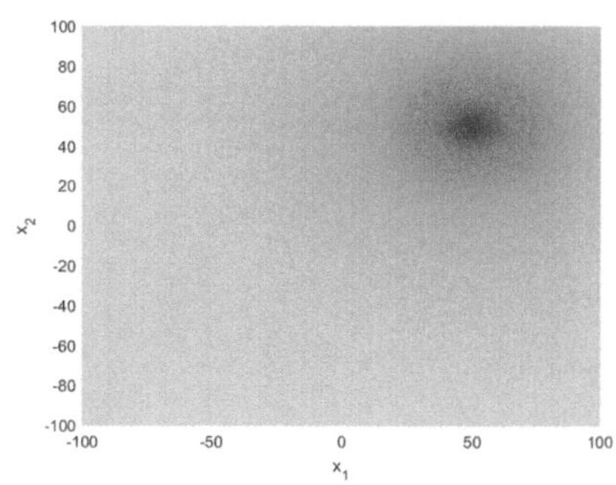

(b) 2D-Ansicht von oben.

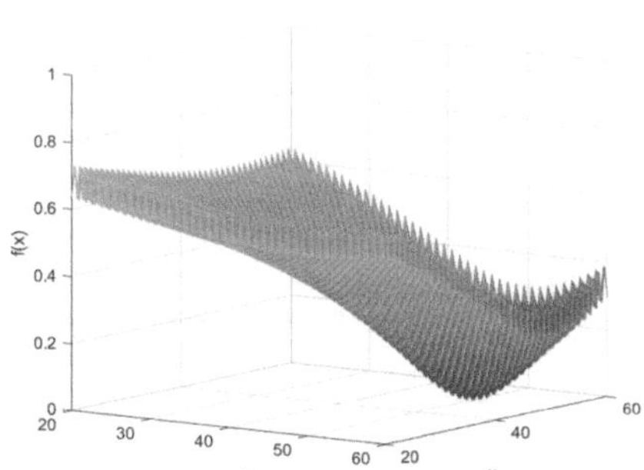

(c) 3D-Ansicht, Detailansicht der Oberfläche mit mehreren Taschen.

Abb. A.18 Funktion 18 weist ein verrauschtes unimodales Verhalten auf. Die Spitze-zu-Spitze-Amplitude des kosinusförmigen Rauschens entspricht 10 % des Ausgabebereichs. Das globale Minimum liegt weit vom Ursprung entfernt.

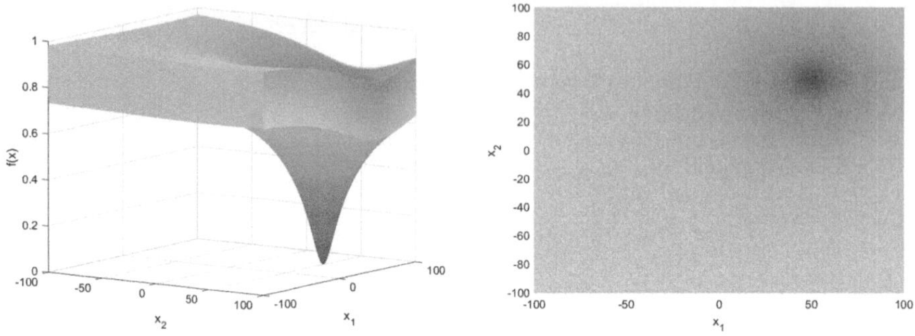

(a) 3D-Ansicht (b) 2D-Ansicht von oben

Abb. A.19 Funktion 19 ähnelt Funktion 18, mit der Ausnahme, dass die Spitze-Spitze-Amplitude des kosinusförmigen Rauschens 25 % des Ausgangsbereichs beträgt.

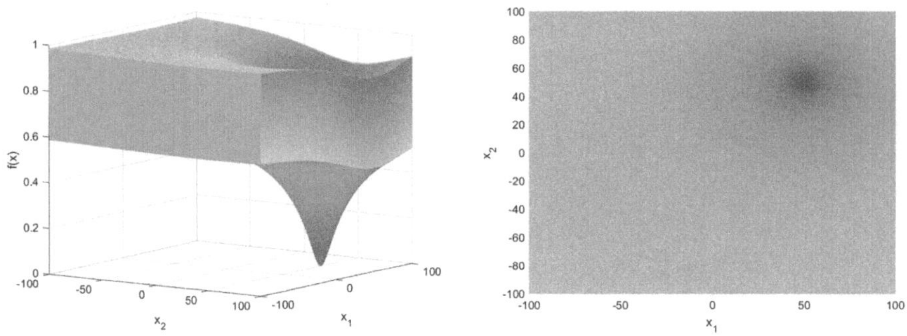

(a) 3D-Ansicht (b) 2D-Ansicht von oben

Abb. A.20 Funktion 20 ist ähnlich wie Funktion 18, mit der Ausnahme, dass die Spitze-Spitze-Amplitude des kosinusförmigen Rauschens 40 % des Ausgangsbereichs beträgt.

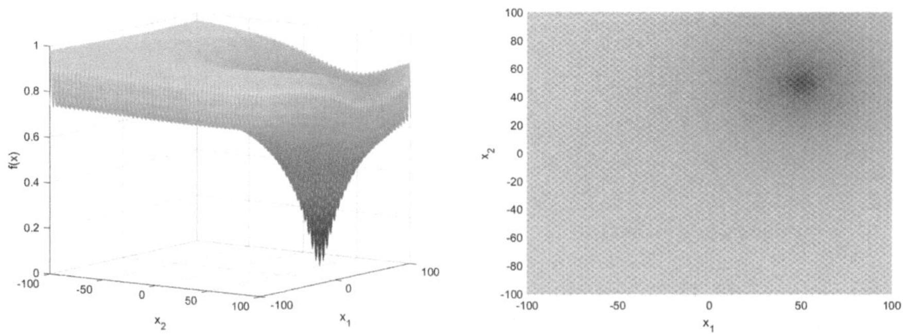

(a) 3D-Ansicht (b) 2D-Ansicht von oben

Abb. A.21 Funktion 21 ähnelt Funktion 19, mit der Ausnahme, dass die Periode des kosinusförmigen Rauschens mit dem Faktor 4 multipliziert wird.

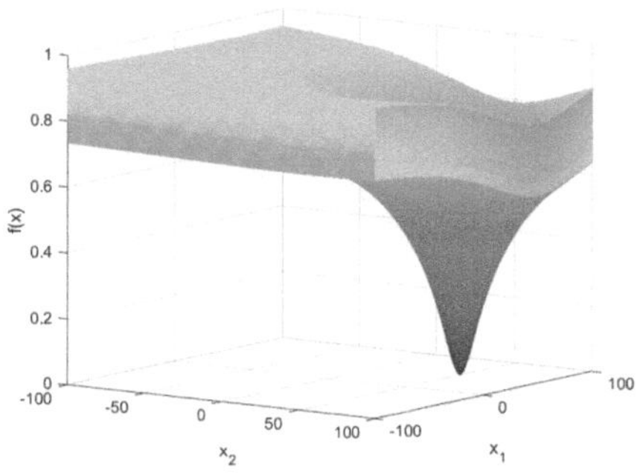

(a) 3D-Ansicht

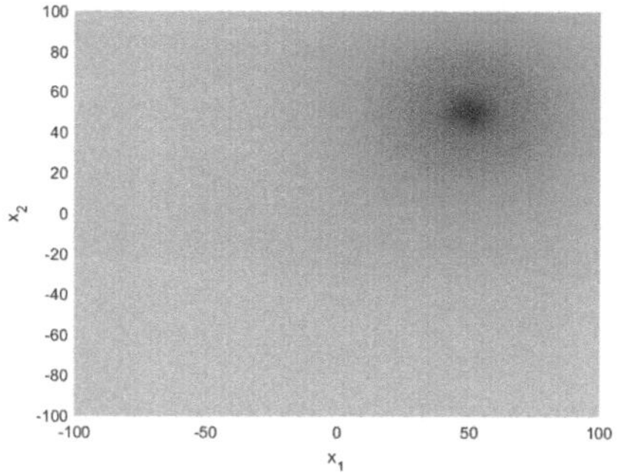

(b) 2D-Ansicht von oben

Abb. A.22 Funktion 22 ähnelt Funktion 19, mit der Ausnahme, dass die Periode des kosinusförmigen Rauschens um den Faktor 4 verkürzt wurde.

Anhang B
Anwendung der Ameisenkolonie-Optimierung zur Lösung des Handlungsreisendenproblems

ACO [2] war die erste und ist bis heute eine der bekanntesten SI-Metaheuristiken. Der Algorithmus ist vom Futtersuchverhalten der Ameisen inspiriert und von ihrem Mechanismus der indirekten Kommunikation durch das Ablegen von Pheromonen [1, 3]. Ameisen legen nämlich während ihres Hin- und Rückwegs zwischen Nest und Nahrungsquelle eine Pheromonspur. Diese Pheromonspur zieht andere Ameisen an, die ihr teilweise oder vollständig folgen und sie mit ihrer eigenen Pheromonspur verstärken. Pheromon sammelt sich auf den kürzesten Wegen zwischen Nest und Nahrungsquelle an, da diese am häufigsten begangen werden, während durch Verdunstung die Pheromonspur auf selten begangenen Pfaden allmählich gelöscht wird. Dieser Mechanismus wird *Stigmergie* genannt [1] und wird von Ameisen genutzt, um schnell den kürzesten Weg vom Nest zur Nahrungsquelle zu finden.

Stellen wir uns nun das TSP als einen Graphen vor, bei dem die Positionen der Städte die Knoten und die Straßen, die die Städte verbinden, die gewichteten Kanten sind. Das Gewicht jeder Kante entspricht der Entfernung zwischen den beiden Knoten (Städten). Abb. B.2 zeigt die Graphendarstellung für ein einfaches TSP mit vier Städten ($n = 4$). Die auf jeder Kante initialisierte Menge an Pheromon ist in Abb. B.2a dargestellt. Das Flussdiagramm der ACO-Metaheuristik ist in Abb. B.1 gezeigt.

Eine gültige Lösung für das TSP ist die Reihenfolge der besuchten Knoten, und die Kostenfunktion ist die Summe der Kantengewichte. Jede künstliche Ameise beginnt ihre Reise an einem Startknoten (Stadt) und erreicht, indem sie die Kanten (Straßen) entlangläuft, alle anderen Knoten. Nehmen wir an, dass die Kolonie im Beispiel in Abb. B.2 aus zwei künstlichen Ameisen besteht ($cs = 2$) und dass beide ihre Reise in der Stadt A beginnen. Die Stadt A könnte beispielsweise die Heimatstadt des Verkäufers sein, von der aus die Reise startet. Von der Stadt A aus kann jede Ameise zu einer der verbleibenden drei, unbesuchten Städte B, C und D reisen. Die Wahrscheinlichkeit, in die Stadt $j \in \{B, C, D\}$ zu reisen, ist gleich:

D. T. Pham et al., *Intelligente Optimierung mit dem Bienenalgorithmus*,
https://doi.org/10.1007/978-3-032-14424-9

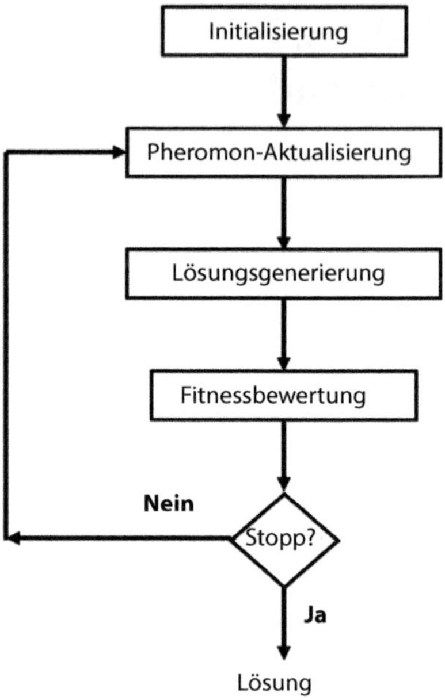

Abb. B.1 Flussdiagramm des Ant Colony Optimisation Algorithmus

$$p_{Aj} = \frac{\tau_{Aj} \times h_{Aj}^{\alpha}}{\sum_{k=1}^{n-1} \tau_{Ak} \times h_{Ak}^{\alpha}} \tag{B.1}$$

wobei $n - 1 = 3$ die Anzahl der noch unbesuchten Städte ist, τ_{Aj} die Menge an Pheromon ist, die auf der Straße (Kante) zwischen der Stadt (Knoten) A und der Stadt (Knoten) j vorhanden ist, h_{Aj} ein heuristischer Term ist, der hinzugefügt wird, um die Suche zu beschleunigen, und $\alpha \geq 0$ ein Hyperparameter ist, der das Gewicht des heuristischen Terms bestimmt. Üblicherweise wird $\alpha = 2$ gesetzt, obwohl einige ACO-Implementierungen eine andere Einstellung verwenden können. Im Beispiel in Abb. B.2 werden der Einfachheit halber $\alpha = 1$ und der Parameter in den folgenden Gleichungen weggelassen. Der Nenner ist ein Normalisierungsfaktor, um die Wahrscheinlichkeit $0 \leq p_{Aj} \leq 1$ zu erhalten. Für das TSP ist der heuristische Term üblicherweise gleich:

$$h_{Aj} = \frac{\lambda}{d(A, j)} \tag{B.2}$$

wobei $d(A, j)$ der Abstand zwischen den Städten A und j ist, und im Beispiel in Abb. B.2 $\lambda = 10$. Der Term h_{Aj} ist daher umgekehrt proportional zur Entfernung zwischen den Städten und begünstigt Bewegungen zu benachbarten Städten, indem er die Ablagerung von Pheromon auf den sie verbindenden Straßen erhöht. Es kann gesagt werden, dass der Term h_{ij} die Nearest-Neighbor-Heuristik [4] implementiert, also „*Gehe immer als Nächstes zur nächstgelegenen Stadt*“.

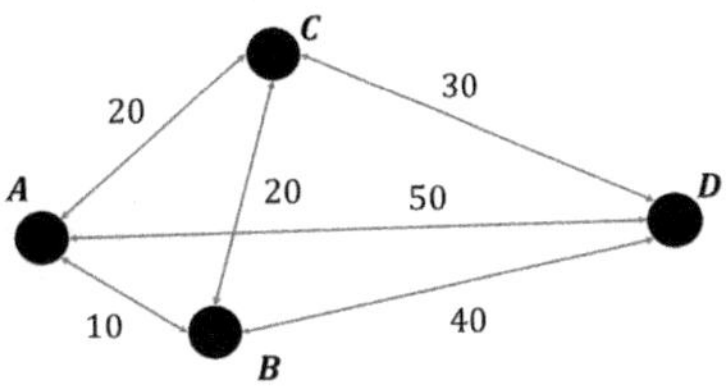

(a) TSP als Graph

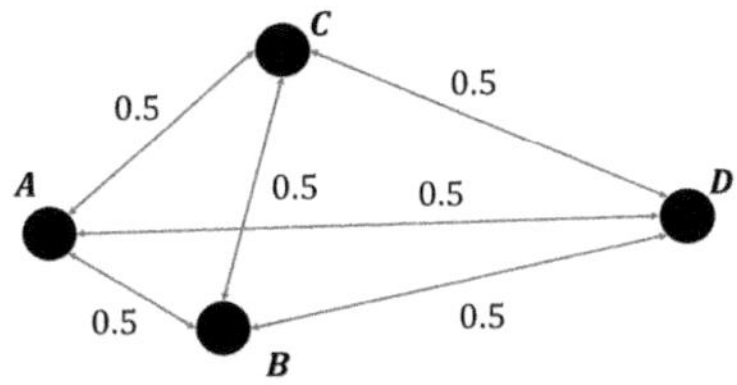

(b) Pheromon zum Zeitpunkt t = 0 (ursprüngliche Pheromonkarte)

$D_1 = w_{AC} + w_{CB} + w_{BD} = 20 + 20 + 40 = 80\ km$

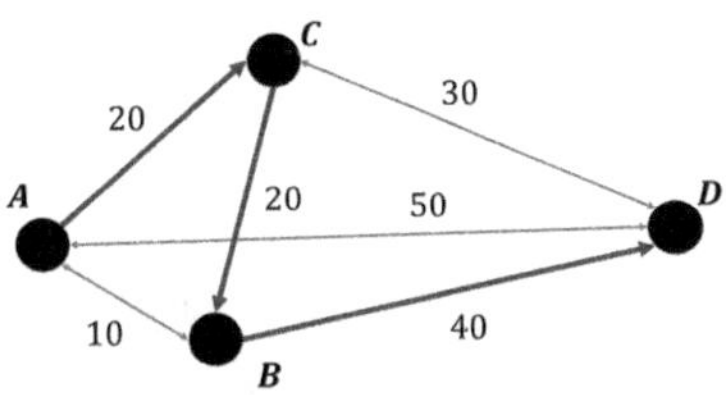

(c) Route und zurückgelegte Gesamtstrecke von Ameise 1 bei t = 0

$D_2 = w_{AD} + w_{DC} + w_{CB} = 50 + 30 + 20 = 100\ km$

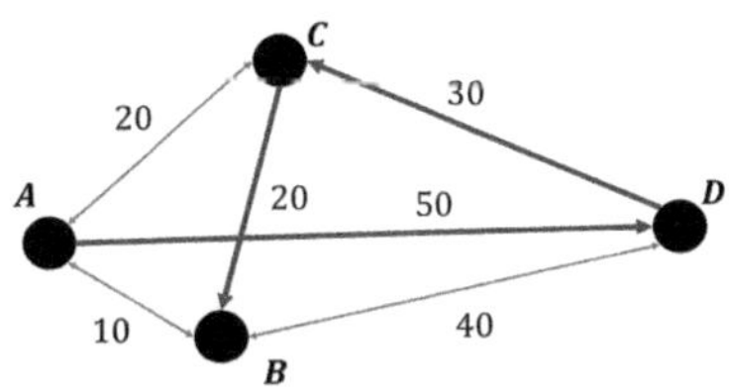

(d) Route und Gesamtstrecke, die von Ameise 2 bei t = 0 zurückgelegt wurde

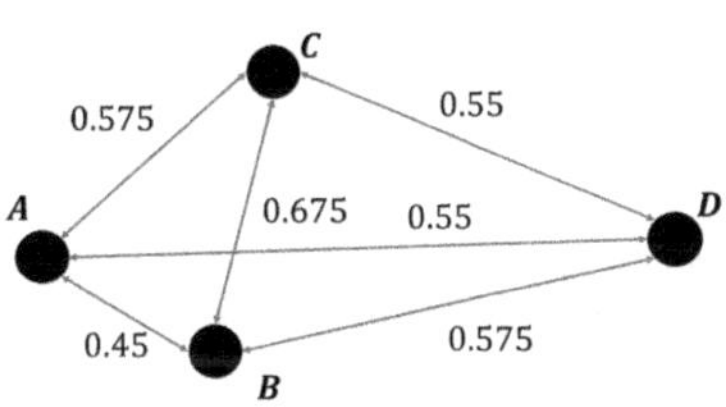

(e) Aktualisierte Pheromonkarte bei t=1

Abb. B.2 ACO-Optimierung eines einfachen TSP mit vier Städten. Abb. B.2a stellt die Karte als Graph dar, die Kantengewichte sind die Entfernungen zwischen den Städten in km. Alle Kanten werden mit demselben Gewicht (Pheromonmenge) initialisiert, wie in Abb. B.2b gezeigt. Zwei künstliche Ameisen durchlaufen die in Abb. B.2c und d dargestellten Routen. Als Ergebnis des von den Ameisen abgelegten Pheromons und der Verdunstung ergibt sich bei $t = 1$ die Karte nach Gl. (B.7)

Nachdem die Pheromonkarte aus Abb. B.2b initialisiert wurde, fährt die ACO-Initialisierungsroutine mit der Erstellung der ersten beiden Kandidatenlösungen fort. Das bedeutet, dass die beiden künstlichen Ameisen ihre erste Route ablaufen. Aus Abb. B.2a und b ergibt sich:

$$
\begin{aligned}
\tau_{AB} \times h_{AB} &= 0{,}5 \times \frac{10}{10} = 0{,}5 \\
\tau_{AC} \times h_{AC} &= 0{,}5 \times \frac{10}{20} = 0{,}25 \\
\tau_{AD} \times h_{AD} &= 0{,}5 \times \frac{10}{50} = 0{,}1 \\
\sum_{k=1}^{3} \tau_{Ak} \times h_{Ak} &= 0{,}5 + 0{,}25 + 0{,}1 = 0{,}85
\end{aligned}
\tag{B.3}
$$

und somit

$$
\begin{aligned}
p_{AB} &= \frac{0{,}5}{0{,}85} = 0{,}59 \\
p_{AC} &= \frac{0{,}25}{0{,}85} = 0{,}29 \\
p_{AD} &= \frac{0{,}1}{0{,}85} = 0{,}12
\end{aligned}
\tag{B.4}
$$

Sobald die zweite Stadt unter Verwendung der Wahrscheinlichkeiten aus Gl. (B.4) ausgewählt wurde, werden die Wahrscheinlichkeiten für den dritten Zug wie in Gl. (B.1) neu berechnet. Wird beispielsweise Stadt C als zweites Ziel gewählt, so werden p_{CB} und p_{CD} wie folgt berechnet:

$$
p_{Cj} = \frac{\tau_{Cj} \times h_{Cj}^{\alpha}}{\sum_{k=1}^{n-2} \tau_{Ck} \times h_{Ck}^{\alpha}}
\tag{B.5}
$$

wobei $n - 2 = 2$, $\alpha = 1$ und $j = \{B, D\}$ gelten.

Nehmen wir nun an, dass bei der Initialisierung die beiden Ameisen die in Abb. B.2c und d dargestellten Routen zurückgelegt haben. Der Algorithmus tritt dann in die Hauptschleife ein, in der die Gesamtlänge der Reise jeder Ameise berechnet und die Pheromonkarte gemäß der folgenden Formel aktualisiert wird:

$$
\tau_{ij}(t+1) = (1-\rho) \times \tau_{ij}(t) + \sum_{k=1}^{n} \tau_{ijk}
\tag{B.6}
$$

wobei $0 \leq \rho \leq 1$ die Verdampfungsrate ist und τ_{ijk} die von der k-ten von n Ameisen auf der Straße zwischen Stadt i und Stadt j abgelegte Pheromonmenge ist. Beachten Sie, dass die rechte Seite von Gl. (B.6) aus zwei Termen besteht: Der erste Term berücksichtigt die Verdampfung des Pheromons, der zweite das von den reisenden Ameisen hinzugefügte Pheromon. Die abgelegte Pheromonmenge τ_{ijk} muss die Qualität der insgesamt zurückgelegten Route widerspiegeln: Je kürzer die Route, desto größer ist die abgelegte Pheromonmenge. Für das TSP ist es üblich, $\tau_{ijk} = \delta^k = \frac{\lambda}{D_k}$ zu setzen, wobei D_k die Länge der von Ameise k insgesamt zurückgelegten Route ist.

Beispielsweise reist die künstliche Ameise 1 zunächst von Stadt A nach Stadt C (Abb. B.2c), dann von Stadt C nach Stadt B und schließlich von Stadt B nach Stadt D, was eine Gesamtroutenlänge von 80 km ergibt. Auf jedem zurückgelegten Abschnitt legt Ameise 1 eine Pheromonmenge von $\delta^1 = \frac{10}{80}$ ab. Das heißt:

$$\tau_{AC1} = \tau_{CB1} = \tau_{BD1} = \delta^1 = \frac{\lambda}{D_1} = \frac{10}{80} = 0.125 \tag{B.7}$$

Ameise 2 legt eine Gesamtroute von 100 km zurück und hinterlässt eine Pheromonmenge von:

$$\tau_{AD2} = \tau_{DC2} = \tau_{CB2} = \delta^2 = \frac{10}{100} = 0.1 \tag{B.8}$$

Angenommen, die Verdampfungsrate beträgt $\rho = 0{,}1$, so wird die Pheromonkarte wie folgt modifiziert (Gl. (B.6)):

$$\begin{aligned}
&\tau_{AD}(1) = (1-\rho) \times 0{,}5 + \tau_{AD2} = (1-0{,}1) \times 0{,}5 + 0{,}1 = 0{,}55\\
&\tau_{DCj}(1) = (1-\rho) \times 0{,}5 + \tau_{DC2} = (1-0{,}1) \times 0{,}5 + 0{,}1 = 0{,}55\\
&\tau_{CB}(1) = (1-\rho) \times 0{,}5 + \tau_{CB1} + \tau_{CB2} = (1-0{,}1) \times 0{,}5 + 0{,}125 + 0{,}1 = 0{,}675\\
&\tau_{AC}(1) = (1-\rho) \times 0{,}5 + \tau_{AC1} = (1-0{,}1) \times 0{,}5 + 0{,}125 = 0{,}575\\
&\tau_{BD}(1) = (1-\rho) \times 0{,}5 + \tau_{BD1} = (1-0{,}1) \times 0{,}5 + 0{,}125 = 0{,}575\\
&\tau_{AB}(1) = (1-\rho) \times 0{,}5 = (1-0{,}1) \times 0{,}5 = 0{,}45
\end{aligned} \tag{B.9}$$

Die Pheromonkarte wird wie in Abb. B.2c aktualisiert. Diese neue Karte wird verwendet, um neue Lösungen (Routen) zu generieren, wobei die Übergangswahrscheinlichkeiten wie in Gl. (B.1) und (B.5) berechnet werden. Die erste Iteration der Hauptschleife wird abgeschlossen, indem die Fitness der neuen Lösungen bewertet und überprüft wird, ob das Abbruchkriterium erfüllt ist. Ist das Abbruchkriterium nicht erfüllt, wird eine neue Iteration der Hauptschleife wie in Abb. B.1 ausgeführt.

In der Regel sind mehrere Iterationen erforderlich, bevor die optimale Route als Ergebnis des Zusammenwirkens der beiden entgegengesetzten Prozesse der Pheromonablage durch die künstlichen Ameisen und der Verdunstung entsteht. Die Verdunstungsrate im ACO spielt eine entscheidende Rolle bei der Bestimmung des Kompromisses zwischen Exploration und Exploitation. Im Detail entfernt eine hohe Verdunstungsrate das abgelegte Pheromon, also das Gedächtnis vergangener Wege, schnell und erhöht den zufälligen, explorativen Charakter der Suche. Im Gegensatz dazu bewirkt eine niedrige Verdunstungsrate, dass die Spur vergangener Wege lange erhalten bleibt, wodurch andere Ameisen angezogen werden, diesen zu folgen und ähnliche Routen zu generieren.

Abschließend ist es wichtig zu beachten, dass ACO einen strukturierten Lösungsraum benötigt, wie beispielsweise einen Graphen oder einen Entscheidungsbaum, um darin zu suchen. Beim TSP zum Beispiel werden Lösungen schrittweise aufgebaut, indem jeweils eine Entscheidungsvariable nach der anderen festgelegt wird, wobei die Festlegung einer Variablen die verbleibenden einschränkt. Das heißt, jedes Mal, wenn eine neue Stadt ausgewählt wird, um ein Element (Variable) der Sequenz der besuchten Städte zu instanziieren, wird diese Stadt aus der Menge der möglichen Optionen für die verbleibenden Elemente der Sequenz entfernt. In Lösungsräumen, in denen eine solche Struktur nicht existiert, wie zum Beispiel im kontinuierlichen $\mathbb{R}^n$ -Raum, schränkt die Festlegung einer Variablen die übrigen nicht ein, und die gesamte Metapher der Routenoptimierung durch Pfadaufbau bricht zusammen.

Anhang C
Beweise von Theoremen

C.1 Erwartete Schrittweite

Proposition C.1 (Erwartete Schrittweite) Gegeben sei eine streng monoton wachsende eindimensionale Fitnesslandschaft in $[0, \ell] \in \mathbb{R}$ (z. B. eine Gerade) und ein Punkt, der in $\boldsymbol{x}(t)^g = \ell/2$ mit Kante $x^e(t) = \ell$ zentriert ist, dann beträgt die erwartete Schrittweite einer lokalen Suchiteration (d. h. der durchschnittliche Abstand zwischen $\boldsymbol{x}(t)^g$ und $\boldsymbol{x}(t+1)^g$) wie folgt:

$$d(\boldsymbol{x}(t)^g, \boldsymbol{x}(t+1)^g) = \ell \frac{0{,}5^{nr+1} + nr}{nr+1} - \frac{\ell}{2} \tag{C.1}$$

Beweis Das Ziel ist es, die erwartete Ausgabe des stochastischen lokalen Suchoperators $\boldsymbol{x}(t+1)^g = L_{nr}(\boldsymbol{x}(t)^g)$, definiert in Gl. (4.3), zu berechnen, wobei der Suchbereich innerhalb $[0, \ell]$. Diese Ausgabe kann als die folgende stetige Zufallsvariable ausgedrückt werden:

$$\begin{aligned} Y &= \arg\max_{y_i}\{\mathcal{F}(\boldsymbol{x}(t)^g), \mathcal{F}(y_1), \ldots, \mathcal{F}(y_{nr})\} = \\ &= \arg\max_{y_i}\{\phi(y_1), \ldots, \phi(y_{nr})\} \end{aligned} \tag{C.2}$$

wobei:

$$y_i \sim U(0, \ell) \quad \text{und} \quad \phi(y_i) = \max\{\mathcal{F}(\boldsymbol{x}(t)^g), \mathcal{F}(y_i)\} \tag{C.3}$$

Der Erwartungswert E einer stetigen Zufallsvariablen Y definiert im Intervall $[a, b]$ wird berechnet als [5]:

$$E[Y] = \int_a^b y \cdot PDF_Y(y)dy \tag{C.4}$$

D. T. Pham et al., *Intelligente Optimierung mit dem Bienenalgorithmus*,
https://doi.org/10.1007/978-3-032-14424-9

wobei $PDF_Y(y)$ die Wahrscheinlichkeitsdichtefunktion von Y ist. Die Wahrscheinlichkeitsdichtefunktion einer Zufallsvariablen Y ist gleich der Ableitung der kumulativen Verteilungsfunktion $CDF_Y(y)$, daher:

$$CDF_Y(y) = \prod_{i=1}^{nr} P(\phi(y_i) \leq y) = CDF_{\phi(y)}(y)^{nr} \tag{C.5}$$

wobei $P(\phi(y_i) \leq y)$ die Wahrscheinlichkeit ist, dass eine Zufallsstichprobe y_i des Suchbereichs kleiner oder gleich y ist. Ableiten $CDF_Y(y)$ und das Einsetzen der Ableitung in Gl. (C.4):

$$E[Y] = \int_0^l \phi(y) \cdot nr \cdot CDF_{\phi(y)}(y)^{nr-1} PDF_{\phi(y)}(y) dy \tag{C.6}$$

Unter Verwendung des *Gesetzes des unbewussten Statistikers* [5] ist es möglich, die folgende Substitution vorzunehmen:

$$\begin{aligned} E[Y] &= \int_0^\ell \phi(y) \cdot nr \cdot CDF_{\phi(y)}(y)^{nr-1} PDF_{\phi(y)}(y) dx \\ &= \int_0^\ell \phi(y) \cdot nr \cdot CDF_y(y)^{nr-1} PDF_y(y) dx \end{aligned} \tag{C.7}$$

Die kumulative Verteilungsfunktion und die Wahrscheinlichkeitsdichtefunktion einer Zufallsvariablen Y mit gleichmäßiger Wahrscheinlichkeit, abgetastet in $U(0, \ell)$, sind:

$$CDF_U(y) = \begin{cases} 0 & y < 0 \\ \frac{y}{\ell} & 0 \leq y < \ell \\ 1 & y \geq \ell \end{cases} \tag{C.8}$$

und

$$PDF_U(x) = \begin{cases} \frac{1}{\ell} & 0 \leq y \leq \ell \\ 0 & \text{an anderer Stelle} \end{cases} \tag{C.9}$$

Aus Gl. (C.2) ist bekannt, dass $x \sim U(0, \ell)$, auch $\mathcal{F}$ wird als monoton angenommen[1], daher:

[1] Im Beweis wird der Fall monoton wachsender Fitness betrachtet. Dies ist kein Verlust an Allgemeingültigkeit, da nur die erwartete Schrittweite betrachtet wird, nicht die Richtung.

$$
\begin{aligned}
E[Y] &= \int_0^{\ell} \max\{y, \boldsymbol{x}(t)^g\} \cdot nr \cdot CDF_U(y)^{nr-1} PDF_U(y) dy = \\
&= \int_0^{\ell/2} \ell/2 \cdot nr \cdot \left(\frac{y}{\ell}\right)^{nr-1} \frac{1}{\ell} dy + \int_{\ell/2}^{\ell} y \cdot nr \cdot \left(\frac{y}{\ell}\right)^{nr-1} \frac{1}{\ell} dy = \\
&= \frac{nr \cdot y^{nr}}{2nr(\ell^{nr-1})}\Big|_0^{\ell/2} + \frac{nr \cdot y^{nr+1}}{\ell^{nr}(nr+1)}\Big|_{\ell/2}^{l} = \\
&= 0.5^{nr+1}\ell + \frac{nr \cdot \ell(1-0.5^{nr+1})}{nr+1} = \\
&= \frac{nr0.5^{nr+1}\ell + 0.5^{nr+1}\ell + nr \cdot \ell - nr0.5^{nr+1}\ell}{nr+1} = \\
&= \ell \frac{0.5^{nr+1} + nr}{nr+1}
\end{aligned}
\tag{C.10}
$$

Daher ergibt sich die durchschnittliche Schrittweite:

$$
d(\boldsymbol{x}(t)^g, \boldsymbol{x}(t+1)^g) = |\boldsymbol{x}(t+1)^g - \boldsymbol{x}(t)^g| = \ell \frac{0.5^{nr+1} + nr}{nr+1} - \frac{\ell}{2} \tag{C.11}
$$

□

C.2 Invarianz der Suchraumvariation

Proposition C.2 (Invarianz der Suchraumvariation) Seien $\mathcal{C}(\boldsymbol{x}(t)^g, x^e(t))$ und $\mathcal{B}(\boldsymbol{x}(t)^g, x^r)$ der lokale Suchraum unter Verwendung von kubischer bzw. sphärischer Stichprobenziehung und $|\mathcal{GR}_{x(t)}|^C$ und $|\mathcal{GR}_{x(t)}|^S$ die relative Abdeckung der $\mathcal{GR}_{x(t)}$ -Region bei Verwendung von kubischer bzw. sphärischer Stichprobenziehung. Wenn das Schrumpfen der Nachbarschaft die $\mathcal{GR}_{x(t)}$ -Region nicht verändert, führt das Schrumpfen der Kante/des Radius des Suchraums um einen Faktor α zur gleichen Änderung in den jeweiligen Abdeckungen:

$$
\begin{aligned}
\mathcal{C}(\boldsymbol{x}(t)^g, \alpha x^e(t)) &\Rightarrow \frac{1}{\alpha^N} |\mathcal{GR}_{x(t)}|^C \\
\mathcal{B}(\boldsymbol{x}(t)^g, \alpha x^r(t)) &\Rightarrow \frac{1}{\alpha^N} |\mathcal{GR}_{x(t)}|^S
\end{aligned}
\tag{C.12}
$$

Beweis Dies lässt sich direkt wie folgt zeigen:

$$
\begin{aligned}
&\frac{\mathcal{V}(\mathcal{GR}_{x(t)})}{\mathcal{V}(\mathcal{C}(\boldsymbol{x}(t)^g, \alpha x^e(t)))} = \frac{\mathcal{V}(\mathcal{GR}_{x(t)})}{(\alpha x^e(t))^N} = \\
&= \frac{1}{\alpha^N} \cdot \frac{\mathcal{V}(\mathcal{GR}_{x(t)})}{(x^e(t))^N} = \frac{1}{\alpha^N} \cdot \frac{\mathcal{V}(\mathcal{GR}_{x(t)})}{\mathcal{V}(\mathcal{C}(\boldsymbol{x}(t)^g, x^e(t)))}
\end{aligned}
\tag{C.13}
$$

$$\frac{\mathcal{V}(\mathcal{GR}_{x(t)})}{\mathcal{V}(\mathcal{B}(\boldsymbol{x}(t)^g, \alpha x^r(t)))} = \frac{\mathcal{V}(\mathcal{GR}_{x(t)})}{V_N \cdot (\alpha x^r(t))^N} = \\ = \frac{1}{\alpha^N} \cdot \frac{\mathcal{V}(\mathcal{GR}_{x(t)})}{V_N \cdot (x^r(t))^N} = \frac{1}{\alpha^N} \cdot \frac{\mathcal{V}(\mathcal{GR}_{x(t)})}{\mathcal{V}(\mathcal{B}(\boldsymbol{x}(t)^g, x^r(t)))} \tag{C.14}$$

□

C.2.1 Abdeckungsreduktion mit konstanter $\mathcal{GR}_{x(t)}$

Lemma C.1 (Abdeckungsreduktion mit konstanter $\mathcal{GR}_{x(t)}$) Sei $\boldsymbol{x}(t)^g$ das Zentrum der Stelle s im Zyklus t im N-dimensionalen Lösungsraum. Falls die lokale Suche für k Zyklen stagniert ($\boldsymbol{x}(t)^g = \boldsymbol{x}(t+k)^g$) und die Region $\mathcal{GR}_{x(t)} \neq \emptyset$ durch die Verkleinerung der Nachbarschaft nicht verändert wird, so werden die relativen Abdeckungen von $\mathcal{LR}_{x(t+k)}$ und $\mathcal{GR}_{x(t+k)}$ zu:

$$|\mathcal{LR}_{x(t+k)}| = \frac{1}{\alpha^{kN}}(|\mathcal{LR}_{x(t)}| - 1) + 1 = 1 - \frac{1}{\alpha^{kN}}|\mathcal{GR}_{x(t)}| \tag{C.15}$$

$$|\mathcal{GR}_{x(t+k)}| = \frac{1}{\alpha^{kN}}|\mathcal{GR}_{x(t)}| \tag{C.16}$$

Beweis Da $\mathcal{GR}_{x(t)}$ nicht verändert wurde, gelten $\mathcal{GR}_{x(t)} = \mathcal{GR}_{x(t+j)}$ und $\mathcal{V}(\mathcal{GR}_{x(t)}) = \mathcal{V}(\mathcal{GR}_{x(t+j)})\ \forall j = 1, \dots, k$. Außerdem, unter Berücksichtigung von Gl. (4.16):

$$\mathcal{LR}_{x(t)} \cup \mathcal{GR}_{x(t)} = \mathcal{C}(\boldsymbol{x}(t)^g, x^e(t)) \Rightarrow \mathcal{V}(\mathcal{LR}_{x(t)}) + \mathcal{V}(\mathcal{GR}_{x(t)}) = \mathcal{V}(\mathcal{C}(\boldsymbol{x}(t)^g, x^e(t))) \tag{C.17}$$

Allerdings verringert die Verkleinerung der Nachbarschaft den lokalen Suchvorteil eines Faktors α (Abschn. 4.1 und Gl. (4.6)). Das bedeutet $x^e(t+1) = \alpha x^e(t)$ und danach k aufeinanderfolgende Wiederholungen der Nachbarschaftsverkleinerung. Das Volumen des Suchbereichs wird entsprechend reduziert:

$$\mathcal{V}(\mathcal{C}(\boldsymbol{x}(t+k)^g, x^e(t+k))) = \mathcal{V}(\mathcal{C}(\boldsymbol{x}(t)^g, \alpha^k x^e(t))) = \alpha^{kN}\mathcal{V}(\mathcal{C}(\boldsymbol{x}(t)^g, x^e(t))) \tag{C.18}$$

Da $\mathcal{GR}_{x(t)}$ ist nicht reduziert, die Reduktion $\mathcal{LR}_{x(t)}$ wird gleich der Reduktion von $\mathcal{C}(\boldsymbol{x}(t)^g, x^e(t)))$. Das heißt:

$$\mathcal{V}(\mathcal{LR}_{x(t+k)}) = \mathcal{V}(\mathcal{LR}_{x(t)}) - \big(\mathcal{V}(\mathcal{C}(\boldsymbol{x}(t)^g, x^e(t))) - \mathcal{V}(\mathcal{C}(x(t+k)^g, x(t+k)^e))\big) \tag{C.19}$$

Aus der Definition der relativen Abdeckung (Gl. (4.18) und (C.18)):

$$|\mathcal{LR}_{x(t+k)}| = \frac{\mathcal{V}(\mathcal{LR}_{x(t+k)})}{\mathcal{V}(\mathcal{C}(x(t+k)^g, x(t+k)^e))} = \frac{\mathcal{V}(\mathcal{LR}_{x(t+k)})}{\alpha^{kN}\mathcal{V}(\mathcal{C}(\boldsymbol{x}(t)^g, x^e(t)))} \tag{C.20}$$

Und aus Gl. (C.19) ist $\frac{\mathcal{V}(\mathcal{LR}_{x(t+k)})}{\alpha^{kN}\mathcal{V}(\mathcal{C}(\boldsymbol{x}(t)^g, x^e(t)))}$ gleich:

$$\begin{aligned}
&\frac{1}{\alpha^{kN}} \cdot \frac{\mathcal{V}(\mathcal{LR}_{x(t)}) - (\mathcal{V}(\mathcal{C}(\boldsymbol{x}(t)^g, x^e(t))) - \mathcal{V}(\mathcal{C}(x(t+k)^g, x(t+k)^e)))}{\mathcal{V}(\mathcal{C}(\boldsymbol{x}(t)^g, x^e(t)))} = \\
&= \frac{1}{\alpha^{kN}} \cdot \frac{\mathcal{V}(\mathcal{LR}_{x(t)}) - (\mathcal{V}(\mathcal{C}(\boldsymbol{x}(t)^g, x^e(t))) - \alpha^{kN}\mathcal{V}(\mathcal{C}(\boldsymbol{x}(t)^g, x^e(t))))}{\mathcal{V}(\mathcal{C}(\boldsymbol{x}(t)^g, x^e(t)))} = \\
&= \frac{1}{\alpha^{kN}} \cdot \frac{\mathcal{V}(\mathcal{LR}_{x(t)})}{\mathcal{V}(\mathcal{C}(\boldsymbol{x}(t)^g, x^e(t)))} - \frac{(1-\alpha^{kN})}{\alpha^{kN}} \cdot \frac{\mathcal{V}(\mathcal{C}(\boldsymbol{x}(t)^g, x^e(t)))}{\mathcal{V}(\mathcal{C}(\boldsymbol{x}(t)^g, x^e(t)))} = \\
&= \frac{1}{\alpha^{kN}} \cdot |\mathcal{LR}_{x(t)}| - \frac{(1-\alpha^{kN})}{\alpha^{kN}}
\end{aligned} \tag{C.21}$$

Gl. (4.24) wird durch Umstellen der letzten Zeile von Gl. (C.21). Unter Berücksichtigung von Gl. (4.19), lässt sich ebenso leicht zeigen, dass:

$$\begin{aligned}
|\mathcal{LR}_{x(t+k)}| &= \frac{1}{\alpha^{kN}}(|\mathcal{LR}_{x(t)}| - 1) + 1 = \\
&= \frac{1}{\alpha^{kN}}(1 - |\mathcal{GR}_{x(t)}| - 1) + 1 = \\
&= 1 - \frac{1}{\alpha^{kN}}|\mathcal{GR}_{x(t)}|
\end{aligned} \tag{C.22}$$

Abschließend Gl. (4.25) wird aus Gl. (4.24) und (4.19)

$$\begin{aligned}
|\mathcal{GR}_{x(t+k)}| &= 1 - |\mathcal{LR}_{x(t+k)}| = \\
&= 1 - \left(1 - \frac{1}{\alpha^{kN}}|\mathcal{GR}_{x(t)}|\right) = \frac{1}{\alpha^{kN}}|\mathcal{GR}_{x(t)}|
\end{aligned} \tag{C.23}$$

□

C.2.2 stlim *gegenüber* nr

Proposition C.3 (stlim gegenüber *nr*) Sei $x(t)$ das Zentrum der Stelle s im Zyklus t im N-dimensionalen Lösungsraum. Unter der Annahme, dass $\mathcal{GR}_{x(t)}$ durch die Verkleinerung der Nachbarschaft nicht verändert wird, verringert eine Erhöhung des Stalling-Limits um einen ganzzahligen Faktor $q > 1$ die Stalling-Wahrscheinlichkeit stärker als eine gleich große Erhöhung der Anzahl der Sammler.

$$P_{nr}(\boldsymbol{x}(t)^g = \boldsymbol{x}(t + q \cdot stlim)^g) < P_{q \cdot nr}(\boldsymbol{x}(t)^g = \boldsymbol{x}(t + stlim)^g) \tag{C.24}$$

Beweis Unter Berücksichtigung der Lemmata 4.2 und 4.3 kann Gl. (4.35) umgeschrieben werden als:

$$A < P_{nr}(\boldsymbol{x}(t)^g = \boldsymbol{x}(t + stlim)^g)^q \tag{C.25}$$

mit

$$A = P_{nr}(\boldsymbol{x}(t)^g = \boldsymbol{x}(t + stlim)^g) \prod_{k=stlim+1}^{q \cdot stlim} \left(1 - \frac{1}{\alpha^{kN}} |\mathcal{GR}_{x(t)}|\right)^{nr} \tag{C.26}$$

mit $P_{nr}(\boldsymbol{x}(t)^g = \boldsymbol{x}(t+stlim)^g)$ einer von Null verschiedenen Wahrscheinlichkeit und somit einer positiven reellen Zahl. Gl. (C.25) kann daher wie folgt umgeschrieben werden:

$$\prod_{k=stlim+1}^{q \cdot stlim} \left(1 - \frac{1}{\alpha^{kN}} |\mathcal{GR}_{x(t)}|\right)^{nr} < P_{nr}(\boldsymbol{x}(t)^g = \boldsymbol{x}(t + stlim)^g)^{q-1} \tag{C.27}$$

Unter Berücksichtigung von Proposition 4.6:

$$P_{nr}(\boldsymbol{x}(t)^g = \boldsymbol{x}(t + stlim)^g)^{q-1} = \left(\prod_{k=1}^{stlim} \left(1 - \frac{1}{\alpha^{kN}} |\mathcal{GR}_{x(t)}|\right)^{nr}\right)^{q-1} \tag{C.28}$$

wird Gl. (C.27) zu:

$$\prod_{k=stlim+1}^{q \cdot stlim} \left(1 - \frac{1}{\alpha^{kN}} |\mathcal{GR}_{x(t)}|\right)^{nr} < \prod_{k=1}^{stlim} \left(1 - \frac{1}{\alpha^{kN}} |\mathcal{GR}_{x(t)}|\right)^{(q-1) \cdot nr} \tag{C.29}$$

Die beiden Terme in den Klammern auf der rechten und linken Seite von (C.29) drücken die relative Abdeckung von $\mathcal{LR}_{x(t)}$ zum Zeitpunkt k aus. Das heißt, sie stellen die Wahrscheinlichkeit dar, innerhalb von $x(t)$ eine Lösung mit geringerer Fitness als $x(t)$ in $\mathcal{C}$ zum Zeitpunkt k auszuwählen. Sie werden kleiner, wenn k zunimmt ($\alpha < 1$), und somit gilt:

$$1 - \frac{1}{\alpha^{stlim \cdot N}} |\mathcal{GR}_{x(t)}| \leq 1 - \frac{1}{\alpha^{kN}} |\mathcal{GR}_{x(t)}| \tag{C.30}$$

für alle $k \in \{1, stlim\}$. Ebenso gilt:

$$1 - \frac{1}{\alpha^{kN}} |\mathcal{GR}_{x(t)}| \leq 1 - \frac{1}{\alpha^{stlim \cdot N}} |\mathcal{GR}_{x(t)}| \tag{C.31}$$

für alle $k \in \{stlim + 1, q \cdot stlim\}$. Dementsprechend gilt:

$$X < Y \quad \text{and} \quad W < Z \tag{C.32}$$

mit

$$\begin{aligned}
X &= \prod_{k=1}^{stlim}\left(1 - \frac{1}{\alpha^{stlim\cdot N}}|\mathcal{GR}_{x(t)}|\right)^{(q-1)\cdot nr}\\
Y &= \prod_{k=1}^{stlim}\left(1 - \frac{1}{\alpha^{kN}}|\mathcal{GR}_{x(t)}|\right)^{(q-1)\cdot nr}\\
W &= \prod_{k=stlim+1}^{q\cdot stlim}\left(1 - \frac{1}{\alpha^{kN}}|\mathcal{GR}_{x(t)}|\right)^{nr}\\
Z &= \prod_{k=stlim+1}^{q\cdot stlim}\left(1 - \frac{1}{\alpha^{stlim\cdot N}}|\mathcal{GR}_{x(t)}|\right)^{nr}
\end{aligned} \tag{C.33}$$

Gl. (C.29) ($W < Y$) ist sicherlich erfüllt, wenn $W < Z \leq X < Y$ gilt.

Die Festlegung von $A = \left(1 - \frac{1}{\alpha^{stlim\cdot N}}|\mathcal{GR}_{x(t)}|\right)$, $Z \leq X$ kann wie folgt umgeschrieben werden:

$$\prod_{k=stlim+1}^{q\cdot stlim}(A)^{nr} \leq \prod_{k=1}^{stlim}(A)^{(q-1)\cdot nr} \tag{C.34}$$

Die Entwicklung der Produktfolge ergibt:

$$(A)^{nr\cdot q\cdot stlim} \leq (A)^{(q-1)\cdot nr\cdot stlim} \tag{C.35}$$

Da A eine Stalling-Wahrscheinlichkeit ist und somit $0 < A \leq 1$, ist die Ungleichung Gl. (C.35) erfüllt, da die linke Seite der Ungleichung mit einer höheren Potenz als die rechte Seite potenziert wird. □

Literatur

1. Bonabeau E, Dorigo M, Theraulaz G, Theraulaz G (1999) Swarm intelligence: from natural to artificial systems, vol 1. Oxford University Press
2. Colorni A, Dorigo M, Maniezzo V et al (1991) Distributed optimization by ant colonies. In: Proceedings of the first European conference on artificial life, vol 142. Paris, France, pp 134–142
3. Dorigo M, Bonabeau E, Theraulaz G (2000) Ant algorithms and stigmergy. Futur Gener Comput Syst 16(8):851–871
4. Johnson DS, McGeoch LA (1997) The traveling salesman problem: a case study in local optimization. Local Search Comb Optim 1(1):215–310
5. Ross SM (2014) Introduction to probability models. Academic Press

D. T. Pham et al., *Intelligente Optimierung mit dem Bienenalgorithmus*,
https://doi.org/10.1007/978-3-032-14424-9

GPSR Compliance

The European Union's (EU) General Product Safety Regulation (GPSR) is a set of rules that requires consumer products to be safe and our obligations to ensure this.

If you have any concerns about our products, you can contact us on ProductSafety@springernature.com

In case Publisher is established outside the EU, the EU authorized representative is:

Springer Nature Customer Service Center GmbH
Europaplatz 3
69115 Heidelberg, Germany

Batch number: 10614843

Printed by Printforce, the Netherlands